JN323624

シリーズ 災害・事故史 ②

地震・噴火災害全史

災害情報センター
日外アソシエーツ 編

earthquake + eruption

日外選書
Fontana

A Whole History of Earthquake and Eruption Disasters
<Disasters & accidents history vol.2>

Compiled by

©Accident & Disaster Information Center
©Nichigai Associates,Inc.

●

Nichigai Associates,Inc.
Printed in Japan

総説
第Ⅰ部　大災害の系譜
第Ⅱ部　地震・噴火災害一覧
第Ⅲ部　地震―震源地とマグニチュード一覧
参考文献

目　次

総　説

　1　はじめに…007　　2　地震時火災…008　　3．建物倒壊…012　　4　津波…015
　5　地震時の土砂災害…019　　6　その他の原因…021　　7　終わりに…024

第Ⅰ部　大災害の系譜

CASE 01	磐梯山噴火	026
CASE 02	濃尾地震	028
CASE 03	東京湾北部地震	030
CASE 04	庄内地震	032
CASE 05	明治三陸地震津波	034
CASE 06	陸羽地震	036
CASE 07	姉川地震	038
CASE 08	桜島噴火	040
CASE 09	関東大震災	042
CASE 10	北但馬地震	044
CASE 11	北丹後地震	046
CASE 12	北伊豆地震	048
CASE 13	三陸地震津波	050
CASE 14	鳥取地震	052
CASE 15	東南海地震	054
CASE 16	三河地震	056
CASE 17	南海地震	058
CASE 18	福井地震	060
CASE 19	十勝沖地震	062
CASE 20	阿蘇山中岳大爆発	064
CASE 21	チリ地震	066
CASE 22	新潟地震	068
CASE 23	松代群発地震	070
CASE 24	えびの地震	072
CASE 25	日向灘地震	073
CASE 26	1968年十勝沖地震	074
CASE 27	根室半島沖地震	076
CASE 28	伊豆半島沖地震	078
CASE 29	1975年大分県中部地震	080

CASE 30	伊豆大島近海地震	082
CASE 31	宮城県沖地震	084
CASE 32	浦河沖地震	086
CASE 33	日本海中部地震	088
CASE 34	山梨県東部地震	090
CASE 35	長野県西部地震	092
CASE 36	千葉県東方沖地震	094
CASE 37	雲仙・普賢岳火砕流発生	096
CASE 38	北海道釧路沖地震	098
CASE 39	北海道南西沖地震	100
CASE 40	北海道東方沖地震	102
CASE 41	三陸はるか沖地震	104
CASE 42	阪神・淡路大震災	106
CASE 43	新潟県北部地震	108
CASE 44	鹿児島県北西部地震	110
CASE 45	三宅島噴火	112
CASE 46	鳥取県西部地震	114
CASE 47	芸予地震	116
CASE 48	東北地震	118
CASE 49	宮城県北部地震	120
CASE 50	十勝沖地震	122
CASE 51	紀伊半島南東沖地震	124
CASE 52	新潟県中越地震	126
CASE 53	福岡県北西沖地震	128
CASE 54	宮城県沖地震	130
CASE 55	新潟県中越沖地震	132

第Ⅱ部　地震・噴火災害一覧

第Ⅲ部　地震―震源地とマグニチュード一覧
　　　　　参考文献

凡例：

1. 本書の内容
   本書は、西暦416年から2007年までに発生した地震・噴火災害、1,847件の記録・解説である。

2. 本書の構成
   総説
   第Ⅰ部：大災害の系譜
   　　　　比較的、資料の豊富なもの55件を選択して解説。
   　　　　背景、概要、特徴等を記した。
   第Ⅱ部：416年以降の、1,847件を時系列で記載した。
   第Ⅲ部：地震―震源地とマグニチュード一覧
   　　　　参考文献

3. 出典参考資料
   災害情報データベース（災害情報センター）
   昭和災害史事典①　　昭和2年～昭和20年　　1995
   昭和災害史年表事典②　昭和21年～昭和35年　　1992
   昭和災害史事典③　　昭和36年～昭和45年　　1993
   昭和災害史事典④　　昭和46年～昭和55年　　1995
   昭和災害史事典⑤　　昭和56年～昭和63年　　1995
   平成災害史事典　　　平成元年～平成10年　　1999
   平成災害史事典　　　平成11年～平成15年　　2004

4. 編集担当
   総説、第Ⅲ部（参考文献）：災害情報センター
   第Ⅰ部、第Ⅱ部、第Ⅲ部（震源地とマグニチュード一覧）：日外アソシエーツ

総　　説

1　はじめに

　明治以降の140年間で、地震による直接の死者は凡そ16万人に及ぶ。最も死者の多いのは関東大震災（42ページに詳述。以下ページ数のみ記載）の約105,000人で、明治三陸地震津波（p.34）の約22,000人がそれに次ぐ。表1は明治以降の死者100人以上の地震であるが、阪神淡路大震災（p.106）と津波を除くとすべて1948年の福井地震以前に起きたものである。

　これを死亡原因別に見ると、焼死が最多の約95,000人、次いで建物倒壊による圧死など約34,000人、津波約27,000人、土砂災害約1,500人の順になる。但し、死亡原因についての調査や集計は、地震規模が大きくなる程、また過去に遡る程あいまいになる傾向があり、これらの数値はあくまで目安である。

　ここでは、地震被害で最重要と言ってもよい死者発生について、原因別の状況と、これまでにとられてきた対策を概観する。

表1　明治以降の死者100人以上の地震・津波

発生年月日	発生時刻	地震名	死不明	火災	建物倒壊	津波	土砂災害
1923年9月1日	11：58	関東大震災	約105,000	92,000	11,500	300	1,200
1896年6月15日	19：32	明治三陸地震津波	約22,000			22,000	5
1891年10月28日	06：38	濃尾地震	約7,500	400	7,000		
1995年1月17日	05：46	阪神淡路大震災	6,437	650	5,600		34
1948年6月28日	16：13	福井地震	5,200	575	4,600		24
1933年3月3日	02：30	昭和三陸地震津波	3,064			3,064	
1927年3月7日	18：27	北丹後地震	2,925	1,300	1,600		
1946年12月21日	04：19	南海地震	1,454	50	250	1,100	
1944年12月7日	13：35	東南海地震	1,253		800	400	
1943年9月10日	17：37	鳥取地震	1,210	40	1,100		61
1894年10月22日	17：35	庄内地震	726	162	564		
1925年5月23日	11：09	北但馬地震	428	333	95		
1930年11月26日	04：02	北伊豆地震	260〜270	4	200		67
1993年7月12日	22：17	北海道南西沖地震	230	2		207	20
1896年8月31日	17：06	陸羽地震	209		209		
1960年5月24日		チリ地震津波	142			142	
1983年5月26日	11：59	日本海中部地震	104		1	100	

2　地震時火災

2.1　逃げ遅れ

　明治以降で最大の死者を出した関東大震災で、約105,000人の犠牲者の9割は焼死者だった。

　地震の揺れが震度5程度以下であれば、火の始末、初期消火、消防機関の出動なども期待できる。しかし、建物が100%近く倒壊するような強い揺れに襲われた場合、多数の人が倒壊建物の下敷きになること、火気器具や薬品などからの多発出火、倒壊や落下物による道路閉塞、断水、消防機関自体の被害、などの状況が同時に発生し、消火しきれずに延焼する火災が出てくる。そのようにして大火が起きた地震は表2のように多数にのぼる。

表2　大火を伴った地震

発生年	地震名	主な火災地域
1891	濃尾地震	岐阜、大垣、笠松、竹ヶ鼻
1894	庄内地震	酒田
1923	関東大震災	東京、横浜、横須賀、小田原、鎌倉、厚木、秦野、浦賀、真鶴
1925	北但馬地震	豊岡、城崎、港村
1927	北丹後地震	城崎、出石、峰山、網野
1933	三陸地震津波	釜石
1943	鳥取地震	鳥取
1946	南海地震	新宮、高知県中村町
1948	福井地震	福井、金津、松岡、春江
1964	新潟地震	新潟
1993	北海道南西沖地震	奥尻
1995	阪神淡路大震災	神戸

　関東大震災の焼死の状況をみると、火に囲まれて逃げ場を失い焼死した場合が約半数を占める。特に本所被服廠跡地では火災旋風も発生し、避難していた約44,000人が犠牲になった。多数の火災が、飛び火や旋風で次々に延焼拡大するという全面的な市街地大火状況下で、浅草区田中小学校約1,100人、本所区横川橋北詰約860人、本所区錦糸町駅約720人、浅草区吉原公園約530人、深川区伊予橋際約340人、本所区枕橋際約160人など各所で逃げ遅れによる大量の焼死者が発生した。

　他の地震時大火ではこのような逃げ遅れによる焼死は見られず、密集市街地の規

模が桁違いに大きい東京や横浜に特有のものである。関東大震災後、空襲による苛烈な都市大火の経験を経て、戦後の地震対策では市街地大火からの安全な避難が重要な目標となった。1964年7月3日、前月に起きた新潟地震（p.68）の災害対策を審議する衆議院・災害対策特別委員会に参考人として出席した東京大学地震研究所所長の河角廣は「南関東大地震69年周説」を紹介するとともに、関東地震が再来して出火の半分が消火できなかったと仮定すると下町一帯は火の海となるという検討結果を示し「これをどういうふうにして未然に防ぐかということがまず第一の問題」と述べた。

この発言を受け、1964年8月、東京都は都防災会議に河角を長とする地震部会を設置。検討の結果、1966年に地震時の市街地大火から人命を守ることを目的とした広域避難場所と避難道路を指定した。神奈川、千葉、埼玉、大阪、愛知などにある大都市も続々と同様の避難場所・避難道路の指定を行なった。

また、安全な広域避難場所の不足が心配される東京下町の江東デルタ地帯について、東京都は、どこからでも30分以内に避難ができるよう、高層不燃アパートで避難広場を囲んだ防災拠点とそれらに連絡する避難路を整備するという「江東再開発基本構想」を1969年11月に決定。白鬚東地区（1986年完成）・白鬚西地区（2005年度完成）、四つ木、亀戸・大島・小松川（2008年度完成予定）、木場、両国、中央（猿江地区、墨田地区）の6カ所を選定した。

しかし、こうした避難場所も大火からの輻射熱に対する安全確保を目標にしたもので、飛び火や火災旋風については一部で研究は進められているものの想定外である。

東京の木造建物の割合は現在でも7割（棟数）を超える。2006年3月に東京都が発表した首都直下地震による被害想定では、東京湾北部地震M7.3、冬の夕方18時、風速15m／秒という最悪のケースで地震火災による焼失345,063棟、死者3,517人と想定している。

2.2 出　火

関東大震災時の焼死者の残り約半数及び他の地震時の大火の犠牲者は、倒壊家屋の下敷きになって逃げることもできず焼死した。これを防ぐ対策の第一は建物の倒壊防止であるが、同様に重要なのが火気器具や薬品類からの出火防止対策である。出火数を少なくできればそれだけ大火の可能性も低くなり避難の安全にも当然寄与する。

<薪炭類>

　関東大震災の東京市での出火の約6割は竈、七輪、火鉢など薪炭類を利用する火気器具からのものだった。終戦直後の南海地震（p.58）では木炭自動車に使用する炭からの出火もあった。薪や炭、石炭などに起因する出火は少数であるが未だ皆無ではない。阪神淡路大震災で七輪、練炭こたつ、練炭コンロなどから5件、2004年新潟中越地震でも薪ストーブからの出火が2件あった。しかし、生活様式の変化と共に暖房や調理に使用するエネルギーも変化し、1964年の新潟地震ではLPガス、1968年2月のえびの地震（p.72）では石油ストーブ、石油コンロによる火災が初めて報告されている。

<石油ストーブ・石油コンロ>

　1968年の十勝沖地震（p.74）では、青森県での出火32件中、石油ストーブ・石油コンロに起因するものが14件にのぼった。東京都防災会議は十和田市で行ったアンケート調査に基づき、石油ストーブ・石油コンロからの出火率を0.96％と推定した。これを当時の東京都にあてはめると21,200件出火という膨大な数字になった。こうしたデータを受けて、東京都は1972年に火災予防条例を改正し、石油ストーブの新製品に地震時の振動により自動的に消火、又は自動的に燃料の供給を停止する対震自動消火装置の設置を義務付けた。自治省消防庁も1973年、同様の規定を含むよう火災予防条例準則（自治体が制定する火災予防条例の内容を例示するもの）を改正し全国の自治体に通達した。

　しかし、その後も1994年三陸はるか沖地震（p.104）では、使用していなかった石油ストーブの脇に積んでいた荷物が崩れて点火レバーが押し下げられ、ストーブ内に落下した伝票に着火する火災が起き、1995年阪神淡路大震災では対震自動消火装置のない旧式使用、対震自動消火装置不作動、可燃物落下・接触などによって石油ストーブ類からの出火が6件あった。

<ガス>

　1974年伊豆半島沖地震（p.78）では、南伊豆町中木地区で地すべりによって20戸前後が土砂に埋まり、LPガスボンベから漏れたガスが埋没家屋の隙間に滞留、地震発生後約30分で爆発、出火。火災は24時間以上燃え続け、山林にも延焼した。また、南伊豆町の揺れの最も激しかった地区でボンベの約9割が転倒、ほとんどのボンベは元栓からガス管が外れ漏洩。この地震をきっかけに、鎖掛けなどのボンベの転倒防止策の徹底や、配管破損によるガス放出を防ぐガス放出防止器の開発などが進められた。

1978年宮城県沖地震（p.84）や1983年の日本海中部地震（p.88）でも、建物損傷に伴って鎖留め金具外れ、鎖切断などが起き、転倒したボンベの半数以上でガスが漏れた。1993年釧路沖地震（p.98）、1993年北海道南西沖地震（p.100）、1994年北海道東方沖地震（p.102）、1994年三陸はるか沖地震、1995年阪神淡路大震災でもボンベ転倒やガス漏れがあった。しかし、ガス放出防止器や震度5程度の地震の揺れを感知するとガスを遮断するマイコンメーターの普及などもあり、その後の地震ではボンベの転倒はあってもガス漏れは次第に減少してきている。
　都市ガスについては、1995年阪神淡路大震災で、建物損壊によって配管が破損するなどして漏洩した都市ガスに着火したケースが20件発生。被災地域での当時のマイコンメーター普及率は約75％だったが、1997年から、都市ガス及びLPガスにマイコンメーターの設置が義務付けられ、現在ではほぼ100％普及している。
　しかし、2004年新潟中越地震（p.126）では、ホテル屋上のガスボイラー（運転時重量約2.5トン）が動いて電磁弁の上流側配管が破断してガスが漏れ爆発した。また、共同住宅で壁が倒壊し、マイコンメーターの外側の配管が破損してガス漏洩・爆発するなど、遮断装置の上流側でのガス漏れ・爆発が起きた。

＜化学薬品＞

　化学薬品の落下・混触による発火は、濃尾地震（p.28）の時から既に起きており、関東大震災や福井地震（p.60）では出火の十数％を占めていた。1964年新潟地震と1968年十勝沖地震では学校の実験用薬品類の落下による出火があり、消防庁は1970年に火災予防条例準則の改正を行ない、化学実験室等における危険物の取扱い及び貯蔵の際の設備構造の基準を示した。しかし、1978年宮城県沖地震では、大学の研究室で計7件、高等専門学校で1件の化学薬品の落下・混触による火災が発生し、あらためて学校や事業所での化学薬品の危険性が注目された。
　その後、薬品戸棚の固定、棚前面に落下防止用の桟設置、混触防止用の仕切り設置、混触のおそれのある薬品の分離保管などの対策の徹底が図られたが、1993年釧路沖地震では、こうした措置を講じていた大学の実験室で、実験中に地震で落下した薬品による出火があり、1995年阪神淡路大震災でも大学などで6件発生した。
　2004年に仙台市消防局が市内の中学、高校、大学の化学実験室や研究室、病院などで実施した調査では、10～15％が薬品容器の転倒防止措置がなかったり、薬品収納庫を固定していなかったりしていた。2004年の新潟中越地震でも、火災にはならなかったもの化学教室で薬品が落下散乱した高校があった

＜電気＞

阪神淡路大震災では、発震から10日後までの全出火285件のうち、発火源が判明した139件の約6割が電気ストーブや鑑賞魚用ヒーター等の電気器具、電灯・電話線等の配線及び配線器具によるものだった。そのほとんどが、地震による停電が復旧した後に、使用中でスイッチが入ったままだったり落下物などでスイッチが入った状態になっていた電気器具や配線の断線箇所などから出火する「通電火災」だった。

こうした通電火災を防ぐため、2004年の新潟県中越地震時の送電再開に当っては住民の立ち会いの下で通電するなどした地区では電気器具による出火はなかった。しかし、住民に広報することなく送電を再開した地区の住宅で、地震で畳上に転倒していた電気蓄熱型暖房機のタイマーが、17：56の地震発生時にはオフだったが、02：30の通電時には停電用バックアップ電池のはたらきでオンとなっていたため蓄熱し、畳に着火、ぼやとなった。この電気蓄熱型暖房機は夜間電力で23：00から翌朝06：00まで内蔵するレンガを数百度にまで加熱して蓄熱する仕組みだった。

3．建物倒壊

3.1　木造建物

1891年の濃尾地震（p.28）では約7,500人の死者うち7,000人近くが木造建物倒壊等による圧死であった。1892年に発足した震災予防調査会（文部省所管）は、1894年の庄内地震の翌年、同地震の被害調査をもとに「山形県下木造耐震町家一棟改良構造仕様」を発表。柱と土台、柱と梁などの接合にボルトを採用、壁に筋交いを入れる、小屋組をトラスにする、などの耐震化策を提案した。1897年に鶴岡に建てられた地元豪商風間家の住宅は震災予防調査会の耐震化の考えを取り入れ小屋組みや梁をトラスにするなどしていた。

こうした震災予防調査会の木造耐震化に関する提案は、1920年施行の市街地建築物法にも大筋で盛り込まれたが、結局、啓蒙的な規定に留まった。震災予防調査会は、その後も地震のたびに詳細な調査を行ない耐震家屋のありかたを提案し続けたが、戦前には耐震構造が一般木造住宅に普及することはなかった。1950年、終戦直後から検討されていた建築基準法が制定され、市街地建築物法の木造構造規定も踏襲されたが、福井地震の被害調査などをもとに、初めて、筋交いを入れて耐力を強めた壁の必要長さを木造建築の床面積に応じて具体的に規定した。同年に発足した住宅金融公庫がこれらの木造構造規定を融資の条件としたことや、生活様式の洋風化などに伴い、耐力壁量を確保した木造建物は次第に普及した。実際、1948

年福井地震以後の地震では、阪神淡路大震災を除くと、木造建物被害による死者は新潟県中越地震の10人が最大である。これには、木造家屋の密集する市街地が広範囲に震度6や7などの強い揺れに襲われることがなかったという幸運もあったが、建築基準法が示した木造耐震構造規定が功を奏した面も否定できない。

　1978年の宮城県沖地震の後、建築基準法について、1）震度5程度の中地震に対しては建物の仕上げ、設備に損傷を与えず、構造体を軽微な損傷に留める、2）震度6程度の大地震に対してはある程度の変位を許すが倒壊を防ぎ圧死者を出さない、という考え方に基づき施行令の改正が行なわれた（1980年の新耐震基準と呼ばれる）。木造については、軟弱地盤での基礎は一体のコンクリート造または鉄筋コンクリート造の布基礎とすることや、2階建て以上の建物の壁の必要長さの増加などが規定された。

　しかし、1995年阪神淡路大震災では、木造建物倒壊等によって濃尾地震に次ぐ大量の死者—全死者約6,400人の9割弱と推測—が発生した。1980年の新耐震基準制定以前に建てられた木造建築で、筋交いがない、耐力壁の不足・配置不均衡、柱と土台の結合不足、柱・梁・筋交い接合に金物を使用していない、などのことから被害が大きかったとされる。これらの被害要因は、戦前に震災予防調査会が指摘したものと基本的に変わるところがなかった。

　こうした事態を受けて同年12月に「建物の耐震改修に関する法律（耐震改修促進法）」が制定され、新耐震基準制定以前の建物に耐震診断が義務づけられることになった。しかし、1998年から2003年までの5年間で耐震改修があったと推計される約32万戸のうち、2003年度末までに耐震改修促進法に基づいて地方自治体が実施または補助した耐震改修は約3,500戸に留まった。

　2004年の新潟県中越地震では木造家屋倒壊等により10人の死者が発生。中央防災会議は2005年9月に、全国約4,700万戸の住宅の耐震化率（1980年新耐震基準によって建てられた住宅の割合）を現状の75％から今後10年間で90％まで引き上げるという「建築物の耐震化緊急対策方針」を打ち出した。これを受けて同年10月には耐震改修促進法が改正され、都道府県が数値目標を盛り込んだ耐震改修促進計画を策定して事業を進めることなど決められた。

3.2 非木造建物

　1891年の濃尾地震では、尾張紡績工場が倒壊して作業中の工員430人中38人が圧死するなど煉瓦造建物の被害が注目された．煉瓦造建物の被害調査をした建築家ら

は施工不良やモルタルの材質不良、壁厚の不足などを指摘し、震災予防調査会は、鉄材を使用するなどした補強工法を提案し、東京裁判所、商工会議所、横浜正金銀行などで補強煉瓦造が採用された。1923年の関東大震災では、補強煉瓦造にはほとんど被害がなかったという調査報告もあったが、東京の煉瓦造の約8割当たる約6,000棟が大破以上の被害を受け、特に工場で多数の死傷者が発生した。

これに対し、鉄筋コンクリート造は、東京にあった700棟余のうち無被害が8割弱、全壊は15棟だった。この後、公共建築や大規模商業建築などは鉄筋コンクリート造に替わっていった。また、1924年には市街地建築物法が改正され、鉄筋コンクリート造などの強度計算に世界で初めて水平方向の地震力を考慮することになった。

関東大震災後も、地震のたびに鉄筋コンクリート造の被害が調査されたが、具体的な被害状況と人的被害との関係についての記録や調査研究は少ない。福井地震以降では、鉄筋コンクリート造被害による死者については、阪神淡路大震災を除いて3件が知られている。

1983年日本海中部地震では、秋田市の1960年建築の本金デパートの塔屋最上階の柱が崩壊するとともにその上の広告塔が倒れ、3階屋上に増築されていた催事場の天井を突き抜けて崩落。1人が死亡し3人が重傷を負った。本金デパートは鉄骨鉄筋コンクリート3階建ての屋上の一角に鉄筋コンクリート5階建ての塔屋（高さ18.7m）があり、さらにその上に鉄筋コンクリート製広告塔（高さ8.65m）が立っていた。

1994年三陸はるか沖地震では、八戸市の鉄筋コンクリート3階（一部4階）建てビル1階のパチンコ店「ダイエー」で鉄筋コンクリート柱が地上から1.5m付近で破壊するとともに四方の壁も二つ折りに崩壊、2階床が約1.5m落下しパチンコ台で支えられた格好となった。2階床落下までの数分間に、1階の店内にいた客100〜200人のほとんどが這うようにして脱出したが、店の中央部にいて逃げ遅れた男性2人は、柱の帯筋が破断して大きくはらみ出した鉄筋とパチンコ台との間に挟まれ死亡、折れた柱や崩れ落ちた1階天井に挟まれ7〜9人が重軽傷。こうした柱の破壊と鉄筋のはらみ出しは1968年十勝沖地震で注目され、1971年の建築基準法施行令改正及び日本建築学会の鉄筋コンクリート構造計算規準改定により柱の補強帯鉄筋間隔をそれまでの30cm間隔から、柱中間部で15cm以下、上下端部で10cm以下としていたが、このパチンコ店のあったビルは1966年の建築だった。

1995年阪神淡路大震災の非木造建物破損による死者は、全死者の1割弱、600人程度であったと推定されるが、個別の建物破損状況と死亡との関係について具体的

な記録は極めて少ない。ただ、犠牲者の遺族が損害賠償を請求した3件の事例から、その一端を窺うことができる。何れも構造規定が不十分だったということではなく手抜き施工や構造の欠陥が争われた。

神戸市東灘区で1964年建築の3階建て賃貸マンションの1階部分が押しつぶされ入居者4人が下敷きになって死亡したケースでは、仲介業者は「鉄筋コンクリート造り3階建て」と借り手に説明していたが、実際は、柱・梁が軽量鉄骨造、外壁・界壁がコンクリートブロック造、床・陸屋根は鉄筋コンクリート造というもので、判決では「建築当時の基準に照らしても通常の安全性はなかった」と認定された。

また、神戸市兵庫区のホテルで、1964年建築の6階建て東棟と1969年増築の7階建て西棟の隙間に床を渡して増設した3階から6階までの4部屋が崩れ落ち、4階に宿泊中の男女が圧死したケースでは、判決では「両棟は基礎や柱が違う建物のため地震で異なる揺れ方をしたが、床が固定されていたため、接合部分に負荷が集中し破壊された」と構造の欠陥を認定した。

神戸市灘区で、隣接する鉄骨4階建てビルの2階から上が折れて木造2階建ての自宅（食料品店）に倒れかかり、2階で寝ていた夫婦が死亡したケース（最終的には和解となった）では、1階と2階をつなぐ部分の溶接が鉄骨をつき合わせて隅肉溶接しただけのもので十分な強度がなかったとの原告側主張に対し、被告の施工業者も溶接の不備を認めた。

4 津波

4.1 高台移転

三陸地方は、1896年の明治三陸地震津波、1933年の昭和三陸地震津波（p.50）、1960年5月24日のチリ地震（p.66）津波と3回大きな津波に襲われた。

明治三陸地震津波の後、青森、岩手、宮城では沿岸の計43の集落が高台へ移転した。うち7集落は村長や篤志家などの指導で集団移転したが、安全な場所に復興することで人口流出を防ぎたいとする思惑も背景にあったようだ。しかし、移転先が海から遠く漁業に不便、飲料水の確保が困難などの理由で元の場所に戻った家も多かった。

37年後の昭和三陸地震津波では、明治三陸地震津波の被災地が同様の規模の津波に襲われた。釜石や田老など元の場所に再建していた町や村、一旦は高台に移転したものの原地に戻った家々が再び被災し、結果として、高台移転の有効性が証明さ

れる形となった。この時、震災予防評議会(震災予防調査会が関東大震災後、調査研究を担当する地震研究所と予防対策を検討する震災予防評議会に改組)も高台移転を推奨し、今村明恒らが熱心に地元を説得した。内務省も、1)釜石、山田、大槌、大船渡のような地方の中心都市は、全市街地が安全地帯に移転するのは不可能なため原地に復興、2)漁業主体の沿岸集落は全村高台移転、という方針を打ち出し、漁業や生活上の不便については、海岸の旧地に共同作業場や倉庫・事務所等非住家を建設し、移転地とを連絡する道路を新設することによって解消できるとした。

岩手県では、町村が事業主体になり、綾里、太田名部、両石、田の浜、小白浜など45集落計約2,200戸が集団移転の事業対象となった。他方、釜石、田老、吉浜、越喜来、山田などは、移転は困難として原地に復興し津波対策として防潮堤を築いた。

中でも、田老では村長の指導の下、高さ10.5mの防潮堤建設を開始、1957年度に延長1.35kmが完成した。その後チリ津波対策事業などでさらに1.08kmが建設され二重の堤防となっている。

4.2　防潮堤建設

1960年のチリ地震津波では、三陸地方の最大津波高さが約5mと明治や昭和の津波に及ばなかったことも幸いし、各地で防潮堤が津波を防いだ。田老では堤防位置まで津波が到達しなかった。チリ地震津波後は防潮堤建設が津波対策の柱となった。岩手県では、チリ津波対策緊急事業として延長約52kmの防潮堤を1966年度までに完成。その後も明治・昭和の三陸地震津波規模を想定して整備、嵩上げを続けている。

チリ地震津波の23年後、1983年の日本海中部地震では三陸と反対側の日本海側各地が大規模な津波に見舞われた。この時、北海道・奥尻島南端の青苗地区では高さ3~5mの津波により21棟が全半壊、漁船250隻以上が沈没・流出・破損した。災害後、同程度の津波を防ぐことを目的に青苗岬地区西側に4.5mの防潮堤を新設するとともに、東側の既設防潮堤を4.5mに嵩上げした。しかし、10年後の1993年北海道南西沖地震では、それらの防潮堤を遥かに越える9~11mの津波に襲われ青苗地区は壊滅的被害を受けた。災害後、奥尻町は島の周囲約84kmのうち青苗地区を含む約14kmに高さ4.5~11.7mの防潮堤を整備するとともに、青苗低地部地区では防潮堤の背後に天端高まで盛土を行なって区画整理して住宅を再建した。青苗岬地区については「防災集団移転事業」(国土庁の補助事業)などにより海抜15m以上の高台

地区4箇所に宅地造成。集団移転対象となった55戸のうち39戸が移転し、昭和三陸地震津波後に行なわれた高台移転以来の大規模な移転事業となった。

一方、日本海中部地震では、男鹿市加茂青砂の海岸で遠足中の小学生13人が津波に巻き込まれて死亡したことが注目を集め、これ以降津波予報と避難対策に重点が置かれるようになる。

4.3 津波予報

公的機関による津波予報は、昭和三陸地震津波後に仙台管区気象台が中心となり三陸沿岸を対象に、1）各地の気象官署が地震観測結果に基づいて震央を推定し津波判定図に従って津波の程度を判定、2）津波の程度は、波高1m以下を軽微な津波、波高2～3mを相当な津波、波高4～5m以上を大津波に分類して警報発表、3）警報は電話で所在地の放送局、警察署に通報すること、を取決めた。警報伝達に要する時間は10～20分と見込まれたが、明治や昭和の三陸地震津波の津波到達時間約30分に間に合うよう設定したとみられる。しかしこの体制が実際に発動したという記録は見当たらない。

日本全国を対象とした津波予報体制は、1949年に連合国軍最高司令部の指令を受け閣議決定された「津波予報伝達総合計画」をもとに整備された。内容は、1）全海岸線を15予報区に分け、札幌、仙台、新潟、東京、名古屋、大阪、福岡の7管区気象台が判定中枢として分担、2）津波来襲は地震発生後約30分の余裕があるものとして運用、管区気象台は地震計記録等をもとに地震後少なくとも15分以内に津波程度を判定し放送局、警察、都道府県知事、海上保安本部等の伝達機関に通報、各伝達機関は直ちに公衆または関係機関等に周知または放送する、というものであった。

1968年十勝沖地震では地震発生の17～19分後、1973年根室半島南東沖地震（p.76）では11分後、1978年宮城県沖地震では7分後に津波警報が発表され、いずれも津波到達に先立っての発表となった。

1980年からは気象資料伝送システムが導入されて地震観測データの迅速な収集が可能となり、津波予報に要する目標時間は14分に短縮。しかし、1983年日本海中部地震では、地震発生の14～15分後に津波警報が発表されたものの、津波は地震後10分程度で押し寄せ約100人の犠牲者が出た。

この後、気象庁は地震観測データをリアルタイムで処理し地震位置・規模の計算、津波の可能性の判定および予報発表までを自動処理するシステムを整備し、予報発表を地震発生後7分以内に行うことが可能となった。1993年北海道南西沖地震では

地震発生後5〜7分で津波警報が発表されたが、震源域内に位置する奥尻島には地震発生から3分で高さ10m前後の津波第1波が到達し、死者・行方不明者は230人に及んだ。1994年、気象庁は津波地震早期検知網を運用開始し地震発生後3分程度での津波予報発表を可能した。
　このように日本近海で発生する地震については、津波予報発表のシステムが強化されていったが、太平洋の彼方から襲来する遠地地震津波に対する津波予報発表体制は後回しとなっていた。
　1960年5月23日04：11（日本時間、以下同様）にチリ南部沖でM9.5の地震が発生。ハワイにある「津波警報センター」は、太平洋各地の検潮所から集まってくる情報をもとに津波勧告を発表。日本の気象庁には米軍を通じて10：20に同内容が入電した。気象庁は、これを受け、津波到達までの所要時間を約22時間、津波高さを約50cmと予測したが直ちに津波警報を出さなかった。その後、ハワイの津波情報センターはハワイ諸島に対し津波第1波の推定到達時刻を夜中頃とする警報及び太平洋各地の米軍信託統治領への推定到達時刻を発表。この情報も米軍を通じて18：57に気象庁に入電したが担当者が退庁した後だったこともありそのまま放置された。
　翌5月24日02：30前後から日本の太平洋沿岸各地に津波が到達し始め、突然の津波に襲われて被害が続出した。各地の気象台や気象庁本庁から津波警報が発表されたのは04：58から07：45にかけてであった。チリ地震津波後、気象庁は、日本沿岸から約600km以遠の地震による津波予報を津波予報全国中枢（気象庁本庁）が担当することとした。

4.4　避難

　1993年の北海道南西沖地震以降、津波予報発表の目標時間は3分程度まで短縮され、津波警報が出された場合には自治体が対象地域住民に対して速やかに避難勧告・指示を行い、警報や避難勧告・指示を受けた住民は直ちに、自治体が指定した、想定される津波に対して安全な避難所に避難する、というのが行政機関の方針として定着した。だが、津波予報が短時間で出されるようになったにもかかわらず、指定避難所に避難する人は少数に留まる例が多かった。
　1994年三陸はるか沖地震、2003年十勝沖地震（p.122）、2004年東海道沖の地震（p.124）、2006年と2007年の千島列島東方の地震（p.336）などでは、避難勧告・指示の対象となった人口に対し、指定避難所への避難率は数%〜十数%だった。こうした事態の主な理由の第一は、親戚、知人宅や高台の空き地など、指定避難所以

外に身を寄せた人が多数にのぼったことにあるようだ。

5．地震時の土砂災害

5.1　山体崩壊による大規模土石流
　土砂災害による死者が圧倒的に多いのは関東大震災だが、中でも最大は、根府川を襲った土石流によるものだった。箱根火山の外輪山の一部が白糸川上流部で幅200m、長さ400m、崩土200〜300万立方mの山体崩壊を起こし、土石流が5km下流の根府川まで約5分で到達して白糸川にかかる国鉄根府川鉄橋を押し流し60〜70戸が深さ約10mの土砂に埋没。住民330〜400人と遊泳中の児童20人が死亡した。根府川駅は土石流の直撃は免れたが、背後の斜面崩壊により、駅舎と停車中の列車が海中に押し出され200人が死亡した。
　このような山体崩壊による大規模な土石流は、1930年北伊豆地震（p.48）でも発生。中伊豆の奥野山（標高411〜413m）頂上付近から40〜60万立方mの土砂が崩壊、約1.3km流下して狩野川沿いの3戸が埋没して15人死亡。土砂は狩野川を一時堰き止めた。
　1984年長野県西部地震（p.92）では御嶽山南斜面で標高1,900〜2,550m、最大長1,200〜1,500m、最大幅480〜750m、最大深さ150mという明治以降最大規模の山体崩壊発生。大量の土砂が伝上川、濁川、王滝川沿いに流下し濁川温泉などで15人死亡。延長約3kmにわたって最大50mの厚さで堆積し濁川・王滝川が堰き止められ天然ダム湖が生成した。

5.2　鉱山や炭鉱の廃棄物崩壊
　大規模な土石流は鉱山廃棄物によっても発生している。1943年鳥取地震（p.52）では日本鉱業岩美鉱山の屑鉱石や鉱泥などを山積みにしていた沈殿物堆積所の堰堤が決壊、土砂約43,000立方mが土石流となって堰堤直下の鉱山住宅2棟、さらに村落の住宅15戸や水田を埋没。鉱山労働者の韓国・朝鮮人29人を含む61人死亡。
　1978年大島近海地震（p.82）では、天城湯ヶ島町にある持越鉱山の鉱滓堆積場（面積3万平方m、堆積量48万立方m）の堰堤（高さ30m、幅73m）が決壊し鉱滓や土砂10万トン前後が持越川に流出、約600m下流の狩野川との合流付近のポンプ室にいた保守員が死亡。シアン化合物等を含むに鉱滓により狩野川や駿河湾が汚染された。この堆積場は鉱滓増加に応じて土盛り堰堤を4段にわたって次々と積み増していた。
　1952年十勝沖地震（p.62）では、太平洋炭鉱釧路工業所のぼた山が崩壊し、炭

鉱住宅2棟を押し潰し8人が死亡。この事故後、1958年に制定された地すべり防止法では「ぼた山崩壊防止区域」の指定と都道府県による管理や崩壊防止工事に関する規定が盛り込まれた。

5.3 谷埋め盛土の地すべり

　太平洋炭鉱で崩壊したぼた山は谷を埋めて堆積させていたものだったが、施設の建設に際して谷を埋めた土砂が崩壊した例もある。1968年十勝沖地震では、約50度の傾斜面の上に建つ中学校の基礎地盤のうち、沢の途中を閉め切って盛土した部分が崩壊して、避難しようと校舎外に出た生徒4人が死亡。校舎裏手の元の沢には地震前から水が溜まり池になっていた。

　1978年宮城県沖地震では、2本の沢が合流する溜池を含む谷を最深25m埋め立てて造成した宮城県住宅供給公社の白石市寿山団地（1975年7月竣工、未分譲、傾斜20度前後）で幅120m、長さ250mの地すべりが発生。マラソンをしていて通りがかった男性が死亡。旧溜池部からの湧水や1976年9月の集中豪雨等で地下水位が上昇していたため、水抜きパイプ敷設等の排水工事が1978年2月に完成していたが効果を発揮できなかった。

　1995年阪神淡路大震災では、西宮市仁川百合野町で、約20度の傾斜地が幅・長さ各100mの地すべりを起こし、13戸全壊、34人死亡、埋没家屋から出火。阪神上水道市町村組合（現・阪神水道企業団）が1955年頃、甲山浄水場建設時にろ過池を掘った土で谷を埋め立てた斜面だった。

　地震時には、1）火山砕屑物（軽石、火山灰等）などの堆積した未固結の地層、2）固結した堆積岩（安山岩、凝灰岩、砂岩、泥岩、粘板岩、石灰岩等）が褶曲作用などを受け破壊、風化した地層（濃尾地震時の根尾谷、新潟中越地震時の東山丘陵など）、3）盛土や切土など人手の加わった斜面—などが地震動を受けて直接崩壊、あるいは湧水や降雨で水分が飽和状態だったところに地震動が作用して流動化して崩壊した。

　このような性状の地層は日本各地に存在する。法規に基づいて指定されたものだけでも、土石流危険渓流が約184,000（2002年公表）、地すべり危険箇所が約11,000（1998年公表）、急傾斜地崩壊危険箇所が約330,000（2002年公表）に及ぶ。これらを合わせた土砂災害危険箇所は約525,000になるが、砂防事業を始めとする各種事業による崩壊防止施設などの整備状況は20〜25％である。土砂災害危険地域からの建物の移転・除却については、「がけ地近接等危険住宅移転事業」で1972年以降約18,500戸が除却されたほか、防災集団移転促進事業（市町村に対して移転先用地取

得、造成、跡地買取などの費用を国が補助）によって、新潟県中越地震の後、長岡市、小千谷市、川口町の計135戸が集団移転した。

6 その他の原因

6.1 人工物の倒壊、落下

　ブロック塀や煉瓦塀、石塀、門柱、石灯籠、煙突、自動販売機、ベランダ、建物外壁、クレーンなど様々な人工物の倒壊、落下による死者は、件数や人数は少ないが、地震のたびに発生している。

　1968年十勝沖地震では青森市で母子3人が避難のため戸外に飛び出したところ煉瓦塀の下敷きになって死亡した他、コンクリート塀の下敷きになって1人が死亡。1970年の建築基準法施行令改正ではブロック塀の構造基準が設けられ、高さを3m以下とする、壁の厚さを15cm（高さ2m以下は10cm）以上とする、壁内への鉄筋の配置、鉄筋入り控壁を3.4m以下の間隔で設置、鉄筋の末端をかぎ状に折り曲げて直交する鉄筋にかぎかけして定着する、基礎のたけを35cm以上とし根入れ深さを30cm以上とすること、などが定められた。

　しかし、1978年宮城県沖地震では死者28人中、ブロック塀・石塀・煉瓦塀倒壊による死者が16人を占めた。ブロック塀の下敷きになって死亡した小学生の両親がブロック塀の所有者に対して起こした民事訴訟では、ブロック塀自体は配筋や基礎の根入れ深さが十分でなく控壁もなかったが、1970年の基準制定以前の建設だったことや想定震度5を超えていた可能性があるなどとして損害賠償請求は棄却された。1980年には建築基準法施行令改正によってブロック塀の高さ制限は2.2m以下となった。宮城県や静岡県、東京都などの地方自治体もブロック塀撤去や生け垣への転換に補助する事業を実施してきた。

　しかしその後も、1987年千葉県東方沖地震（p.94）と2005年福岡県西方沖地震（p.128）で、鉄筋が入っていなかったり控壁がなかったりと構造基準を満たさないブロック塀倒壊により死者が発生。2001年芸予地震（p.116）、2003年宮城県北部地震（p.120）、2007年能登半島地震（p.336）、2007年新潟県中越沖地震（p.132）でも、ブロック塀や石塀の倒壊が多数発生した。

　建物内では、1993年釧路沖地震で、体の不自由な妻をかばった夫（65）が、基部と本体をつなぐ直径約1cmの金属パイプが根元から破断して落下したシャンデリア（約15kg）の下敷きになり死亡。この地震ではサンライフ釧路（釧路中高年齢

労働者福祉センター)の体育室の石膏ボード天井材の3分の1が落下するなどしたが幸い死傷者はなかった。こうした天井材の大規模な落下は、2001年芸予地震で体育館等、2003年十勝沖地震で釧路空港ターミナルビル、2005年宮城県沖地震(p.130)でスポーツ施設「スポパーク松森」の温水プール室でも発生。「スポパーク松森」では水泳中の客2人が重傷、33人が軽傷を負った。国土交通省は、上記の各地震後に、1)天井面の周辺部と周囲の壁との間にクリアランスを確保、2)天井を吊る吊ボルトが長くなる場合には吊ボルト相互をつなぎ材で連結、などの落下防止策を助言として通知したが、2005年の福岡県西方沖地震でも避難所に指定されいる体育館で天井材が落下した。

6.2 高架橋崩落

阪神淡路大震災では、阪神高速神戸線高架橋が神戸市東灘区深江付近で長さ635mにわたって横倒しになり西宮市甲子園高潮町付近で橋桁が落下するなどして計16人が死亡。

道路や鉄道の橋梁や高架橋の崩壊は、濃尾地震時の長良川鉄橋落橋以来、関東大地震や福井地震、1964年新潟地震時の昭和大橋落橋など多数にのぼっていたが、阪神淡路大震災まで人的被害がなかったのは、たまたま通行がなかったというタイミングの結果に過ぎない。関係当局や学会等は地震で顕著な被害が生じるたびに再発防止の工法や耐震基準の見直しを行なってきたが、阪神高速で死亡した男性の遺族が、「橋脚の倒壊は手抜き工事などによる人災」として、阪神高速道路公団に損害賠償を求めた訴訟では、「橋脚の倒壊は設計震度を上回る揺れが原因と推認するのが相当。欠陥や管理の不備は認められない」とされた。

被災した高速道路の再建にあたっては橋脚下部立体免震構造形式採用、PC桁の端横桁下部への免震支承設置、PCケーブルタイプの緩衝性のある落橋防止装置導入などを実施し、全国で道路橋の耐震補強事業が行われた。

一方、阪神淡路大震災では、鉄道橋梁も32箇所で落橋、そのうち山陽新幹線では落橋が8箇所に及んだ。地震発生が新幹線新大阪始発06:00前だったため乗客の被害を免れた。地震後、新幹線高架橋についても緊急耐震補強対策が行われ、1998年には運輸省が、新設される鉄道構造物を対象に新たな耐震設計基準を制定した。

6.3 列車脱線

鉄道では、列車脱線によって関東大震災で11人、福井地震で12人の死者が発生し

た。阪神淡路大震災では運行中の列車90本中16本84両が脱線したが、早朝だったこともあり乗客の死傷者はなかった。新幹線は前述のように始発前だったため脱線を免れた。

　しかし、2004年新潟県中越地震では上越新幹線「とき325号」が滝谷トンネル出口から約50mの十日町高架橋上を時速195kmで走行中10両編成中8両が脱線、最後尾の1号車は、全車軸がすべてレール右側に外れ、融雪排水溝に落ち込んで対向する上り線のレールのコンクリート路盤に車体を接触しながら、脱線後約1.6km走行して停止。乗客は151人だったが、特に傾きが大きかった9号車と最後尾1号車には、それぞれ1人と7人の乗客のみで死傷者はなかった。

　脱線した「とき325号」は、約5分前に上り「MAXとき332号」とすれ違っていたが、もし脱線現場に上り列車が差しかかっていたら衝突の可能性があった。また、列車が逆側に傾いて脱線していれば高架橋から落下した可能性もあった。

　新幹線では1992年以来、早期地震検知・警報システム「ユレダス」を本格運用。ユレダス（UrEDAS＝Urgent Earthquake Detection and Alarm System）は、地震の主要動（S波）の倍の速さで伝わる初期微動（P波）を検知してから約3秒で震源位置・規模を想定して警報を出し、被害のおそれのある地域を走行する列車を緊急停止させるシステムである。新潟県内を走行中だった他の6本の新幹線は、JR東日本が1998年から導入していたコンパクトユレダス（警報を出すまでの時間を1秒に短縮したシステム）が作動し緊急停止した。しかし、新潟県中越地震や阪神淡路大震災のような直下型地震では、P波検知とほぼ同時にS波が到達するため、緊急停止中に大きな揺れに襲われることになり脱線の危険は残る。

6.4　ガス中毒

　1993年釧路沖地震では、都市ガス低圧本管と各家庭へガスを引込む供給管のねじ接合部の数箇所が外れてガス（一酸化炭素を5％含む）が漏洩、地中を通って住宅内に侵入して38人が一酸化炭素中毒になり、うち1人が死亡した。1995年阪神淡路大震災でも、兵庫県洲本市で地下埋設ガス管のねじ接合部からガスが漏れ、アパート内に侵入し計8人が一酸化炭素中毒になりうち4人が死亡した。

　資源エネルギー庁は釧路地震直後からガス地震対策を検討していたが、阪神淡路大震災後の1995年3月にガス事業法の技術基準を改正して低圧管のねじ接合鋼管新設を禁止した。また、既設のねじ接合箇所の更新については「絶対数が多いため更新を積極的に推進しても被害件数を大幅に減少させることは困難。ねじ接合鋼管の

多くはガス導管ネットワークの末端側に設置されているため、その被害の影響範囲は一般的に高・中圧ガス導管の被害に比し小さい」などとして「地震直後の供給停止をより限定的なものとするための供給停止措置を講じるブロックの形成を中心とした緊急対策を積極的に推進する」という方針を打ち出した。一方、一酸化炭素を含まない天然ガスへの転換は2010年終了が予定されている。

7　終わりに

　地震時の火災、建物倒壊等、津波、土砂災害、その他死者を発生させてきた原因については、これまでも営々と対策が講じられてきた。

　都市ガスや、新幹線、高速道路など事業者や関係当局が明確な場合は、地震後の調査研究や対策が目標をもって実施されることが多い。しかし、その地震で実際に起きた被害の対応が優先されることが多く、次の地震で別の新たな被害が現れると今度はその対策にとりかかるという、いわゆる逐次投入に陥りやすい。例えば、新幹線については阪神淡路大震災後には高架の耐震補強に重点が置かれ脱線防止ガード導入などは見送られていたが、2004年の新潟県中越地震で実際に脱線が起きたことで実現段階に入った。結局これからも、地震のたびに対策の目標・重点を見直しながら順々に対応していくことになるであろう。

　一方、多数の犠牲者をもたらした火災、建物倒壊、津波、土砂災害などは、関係機関が法規を整備したり助成などの促進策に努めているが、対策が進展する一方で施設・設備の老朽化、被災のおそれの高い地域の市街化など危険要因も増しつつある。

　また、対策の実施には、一般の居住者、施工者などの自主性や自己責任に負う部分も多く、一定水準の安全性を全体に徹底させるのは容易ではない。それでも、建物の耐震化、石油ストーブ・電気器具類の安全化、薬品類の安全対策、ブロック塀をはじめとする人工物の倒壊・落下防止など徐々にではあるが進んできている。ストックが膨大であるだけに、対策が行き届くにはこれからも多大な時間と手間を要することが見込まれる。しかし、明治以降の先人の通った道を振り返ると、これら個々のストックの地震対策の徹底を後回しにした結果がその後の地震で死者の発生の繰り返しにつながることが多く、改めて不断の安全化努力の大切さを再認識させられる。

（災害情報センター　辻明彦）

第Ⅰ部
大災害の系譜

CASE 01 磐梯山噴火

date 1888年(明治21年)7月15日　｜　scene 東北地方

噴火の背景

　磐梯山（磐梯火山）の活動は古期と新期に分かれ、古期の活動は約25万年前のスコリア噴火（黒色の多孔マグマ片が噴出す噴火）までで、新期活動は7～8万年前のプリニー式噴火（高さ10km以上の噴煙柱が長時間維持される噴火）から始まる。約5万年前には古期活動期に形成された山体北側に安山岩質の小磐梯山体が出来た。

　約4万年前には古期山体の崩壊とプリニー式噴火が同時に発生し、南麓に翁島岩屑なだれと軽石流を堆積させて、崩壊跡地の馬蹄形カルデラ内に安山岩質の大磐梯山体が作り出された。その後、有史から現在にかけてはマグマの噴火はなく、806年（大同元年）と1888年（明治21年）に水蒸気爆発が記録されている。この水蒸気爆発は最近5,000年間で4回発生している。

噴火の概要

　噴火の一週間前頃から鳴動などの予兆があり、1888年（明治21年）7月15日午前7時頃に山麓で山頂からの鳴動が聞えた後、7時半過ぎから強い地震が継続した。この地震の中、7時45分頃に小磐梯山の山頂部で雷鳴のような轟音を伴って水蒸気爆発型の噴火が発生。その黒煙は上空1,300mに達し、噴煙は拡散しつつ1,500mに届き、山麓付近の上空を覆って岩塊や火山礫が山麓周辺に降り注いだ。この噴火の爆音は50～100kmまで響き、降灰は太平洋まで達した。

　噴火は15から20回程度起こり、最後の爆発で小磐梯山の山体が崩壊し、その砕屑物が岩雪崩となって山麓の村々を襲い、北麓にあった長瀬川を埋没して、桧原湖、小野川湖、秋元湖、五色沼などを形成した。なお、噴火の総エネルギーは約1,023erg、爆発の圧力は約60気圧と推定されている。

被害の概要

　この噴火被害の特徴は岩雪崩と噴火後の二次災害である土砂災害であった。

　噴火の被害は最後の噴火で破砕された小磐梯山の北半部部分（1.5km²）が岩雪崩となって3.5km²の範囲を覆って、田畑147ha、山林3,018ha、国有林7,500haが埋没した。そして、灰や粉塵で真っ黒になった空の下、逃げる人々を襲い、461名が犠牲となった。また、この岩雪崩で5村11部落が土砂の下敷きになり、563戸の家屋が被災し、うち166戸が完全に埋没した。そのうえ、噴火

key words【キーワード】：湖形成　岩雪崩　土砂災害

の爆風が山麓の渋谷村などに襲来して、多数の木がなぎ倒されたり、家屋が破壊されたりした。

この噴火では岩雪崩で堆積した土砂が土石流となって二次被害をもたらし、度々河川を決壊させた。噴火で形成された磐梯山北麓の桧原湖、小野川湖、秋元、五色沼などで堰堤の土砂が岩雪崩による堆積物であったために脆弱で、幾度となく決壊、土石流、火山泥流となって長瀬川下流地域を襲った。

また、蓄積した土砂が雪解け期の出水で土石流となり、噴火後の1889年から1913年（大正2年）の24年間では9回もの大規模な土石流が発生した。1915年（大正4年）に電源開発のために桧原湖、小野川湖、秋元湖で大規模な堰堤工事がすすめられて被害は大幅に減少したが、この工事までは当時の土木技術の水準では対応できず、また積雪地域であることから冬期の雪解け水、梅雨や台風によって工事の進捗状況が後退し、難工事となっていた。。

ところで磐梯山噴火の被害状況の写真や精密なスケッチは、明治維新の文明開化によってもたらされた新聞で全国に報道され、視覚訴求力がある磐梯山噴火の報道として読者の視覚に訴え、いわゆる「ビジュアル報道」のさきがけとなったと言われている。この新聞報道によって噴火後、調査のために学者が現地入りしたり、天皇からの恩賜金と新聞の呼びかけによって約6万人から総額約3万8千円（現在の約15億円に相当）が集まったりした。マスメディアによる災害報道が国民に強い関心を呼び起こして、それが各地から義捐金の形で被災地に届けられた初めての事例であった。

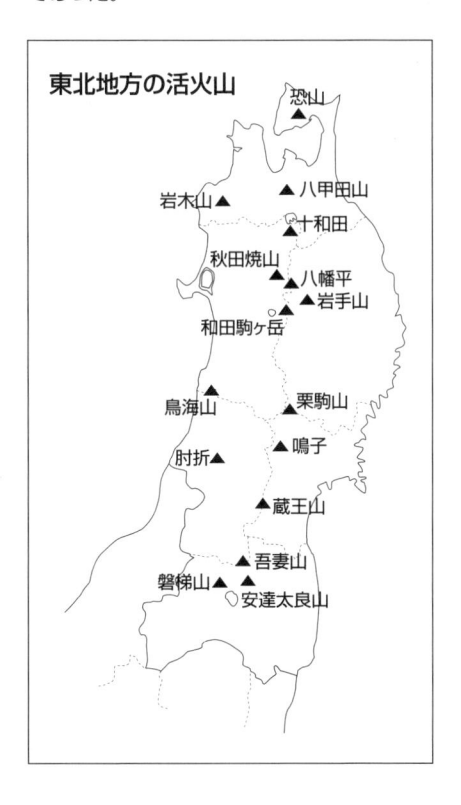

東北地方の活火山

CASE 02 濃尾地震

date　1891年(明治24年)10月28日　｜　scene　岐阜・愛知県

地震の背景

　地震を大別すると、海溝型地震と直下型地震に分けられる。前者は1944年の東南海地震（p.54）など海洋プレートの沈み込みによるものだが、後者は日本列島直下で蓄積された圧縮力が解放される際に発生するとされる。陸上に分布する活断層がずれることで起こる場合が多い。濃尾地震はこの典型的なケースである。

発端と地震の概要

　1891年（明治24年）10月28日午前6時38分、濃尾地方において、北は福井県池田町から、南は愛知県犬山東方までの100kmに及ぶ根尾谷断層が活動した直下型地震が起こった。これにより、上下の差6mもの根尾谷断層が地表に表われた。日本の陸域で発生した地震としては過去最大級のものであった。通常、濃尾地震と呼ばれているが、正式には「美濃・尾張地震」と命名されている。

　震源地は岐阜県西部、揖斐川上流で、震央は東経136.6度、北緯35.6度。地震の規模を示すマグニチュードは8.0と推定されている。東北地方南部から九州地方にまでゆれが起こり、しかも震源地から近い岐阜・愛知県などでは震度6から7に及ぶ激しいものであった。

　各地の震度は以下の通りであった。

5〜6：津、大阪、名古屋、岐阜、金沢
4〜5：伏木、浜松、東京、長野、沼津、境、和歌山、岡山、京都、徳島
2〜3：高知、銚子、宇都宮、広島、大分、松山
0〜1：鹿児島、熊本、佐賀

地震の特徴

　地震は最初は上下水平の動きとともに北・南へゆれていたが、突然大きなゆれが起こり岐阜地方気象台の地震計の針は振り切れてしまった。当日から31日までの4日間で、烈震4回、強震40回、弱震660回、微震1回、鳴動15回、合計720回を数えた。時間的にはちょうど朝食時、あちこちから出火して大きな火災被害となった。岐阜市では2,113戸が焼失した。翌日の午前11時にようやく鎮火した。死者・不明者7,273人、負傷者17,175人、家屋については全壊44,203戸、半壊21,378戸、全焼4,156戸、半焼19戸、合計88,011戸であった。

　死者のうち7,000人近くが木造建物崩壊等による圧死であった。

key words【キーワード】：活断層　火災被害　震災予防調査会

〈倒壊などの被害〉

　被害の大きかったのは岐阜県・愛知県だったが、滋賀県・福井県にも及んでいる。データがいずれの官署で取られたものか、何時のものかによって数字が大きく異なるが、死者7,273名、負傷者17,175名、全壊家屋数142,177棟、半壊家屋数80,324棟という統計もある。震源地付近の山では木がすべて崩れ落ちてはげ山になったと伝えられ、新聞記者は電報で「岐阜無くなる」と報じたという。

　この地震は甚大な被害とともに、大地に大きなずれ（断層）を生じたことが人々を驚かせた。

　建築物では、名古屋城の城壁や江戸時代からの宿場町の建物、長良川の鉄橋など、いずれも耐震構造にはなっていなかったこともあって大きな被害となった。この地震によって建物には耐震構造への関心がたかまり、研究が進むことになった。この後、震災予防調査会が勅令により設置された。

　なお、当時大森房吉東京帝国大学助手（後、同大教授）は、震源付近では断層の動きが地表面まで達し、根尾谷を中心に長さ80キロにもわたって各地で、断層を挟んで反対側が左へずれるという左横ずれの動きがあることを知り、揺れの様子を見るために墓石や石碑の転倒状況を詳しく調べた（図・濃尾地震による断層の動きと揺れの方向）。この図は墓石や石碑の転倒方向と、断層の位置およびその動き方が示されている。断層は主に北西〜南東方向にずれ動いているが、転倒方向から見た地面の揺れは、断層の動きと直交する北東〜南西方向に強かったことが知られる。

　震源での断層の動きは、地下で地震波と呼ばれる波を発生させる。それが伝わってきて地面が揺れる。この70年後、断層の動きと発生する地震の関係を説明する断層モデル理論が確立した。

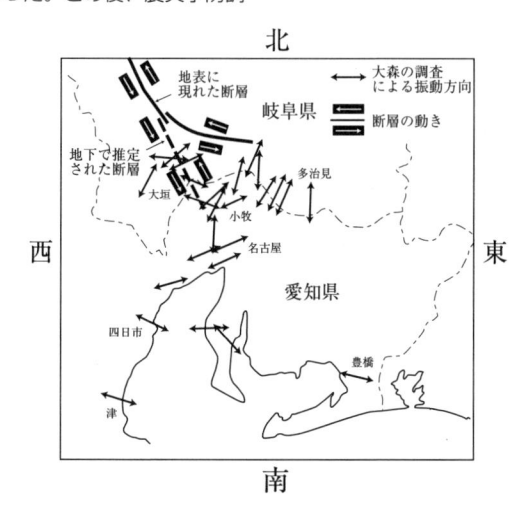

CASE 03 東京湾北部地震

date　1894年（明治27年）6月20日　｜　scene　東京府・神奈川県

地震の背景

　南関東地域の地殻は、太平洋プレートとフィリピン海プレートが、ユーラシアプレートの下にもぐり込みながら衝突するという極めて複雑な構造である。そこから海洋型の巨大地震あるいは内陸地震（いわゆる直下型地震）の発生が多くなる。

　1894年の地震までに東京を襲った過去の大地震には次のようなものがあった。（第Ⅱ部参照）

　　818年（弘仁9年）関東諸国
　　878年（元慶2年）関東諸国
　　1615年（慶長20年）江戸
　　1647年（正保4年）武蔵、相模
　　1649年（慶安2年）武蔵、下野
　　1703年（元禄16年）江戸・関東諸国
　　1782年（天明2年）相模、武蔵
　　1855年（安政2年）江戸

　1703年の地震は、関東大震災の地震と同じく、マグニチュード8クラスの相模トラフ沿いの地震であるが、本地震は、1855年の地震と同じく、南関東地域直下型の地震であった。

発端と地震の概要

　1894年（明治27年）6月20日14時04分、東京湾北部を震源とする大きな地震が発生した。東経139.8度、北緯35.7度の地点で、青森から中国・四国地方まで地震を感じた。東京・横浜など東京湾岸の被害は甚大で、内陸に行くにつれて軽かった。この地震は「東京湾北部地震」と称される。マグニチュード7.5、東京での震度は6。この地震は上述の地殻構造上からいうと、プレート境界面近くで発生したもので、典型的な直下型の地震であった。

地震の特徴

　マグニチュード6以上の地震、あるいは震度5以上の地点では液状化の現象が発生する。液状化とは砂の地盤が地震の衝撃で流れやすくなる現象である。砂粒の間に飽和していた水の圧力の変化で水が動き、砂の粒間結合が破られて砂全体が液体のようにふるまうと考えられる。関東地方では沿岸の沖積地や内陸の河川沿いの低湿地で多く見られる。

　東京湾北部地震においても各地でこれが見られ、赤坂・芝で元の池や沼だったところに亀裂や凹所を生じた。そこから砂や泥を噴出

---

key words【キーワード】：プレート境界面　直下型地震　液状化現象

し、数尺の高さまで噴出したところもあったという。さらに、埼玉県の荒川沿いの村々では、田畑に亀裂が生じ、そこから泥水、砂を噴出した。井戸底から土砂を噴出し、それが2mもたまって井戸水がでなくなったという村もあった。利根川べりでも地面に亀裂が生じ、水、青砂を噴出した。

【地震の被害】

この地震は震災予防調査会が発足してから初めての大地震であった上、東京で起こったこともあり、被害状況はつぶさに調査がなされた。統計も詳細にまとめられた。これらによると、東京では低地に被害が大きく、構造別に見た家屋破損の状況は、石造で3.5％、煉瓦造で10.2％、土蔵造で8.5％、木造では0.5％であった。他には橋梁（石造）破損3、道路堤防破壊5、崖または石垣崩れ71などの被害を生じた。鹿鳴館の正面の甍と軒蛇腹が落ちて馬車馬の圧死1、さらに日枝神社の鳥居が落ちたなど。

統計表でまとめをみると、東京府（市部および郡部を合わせ）で死者24人、傷者157人。家屋の全半壊90戸、破損4,922戸、煙突の倒壊376、亀裂453、地盤の亀裂316カ所、凹落7カ所となる。

神奈川県（横浜市・武蔵国・相模国）では死者7人、傷者40人。家屋の全半壊40戸、破損3,409戸、煙突崩れ194、石垣崩れ14カ所、山崩れ47カ所、地盤亀裂241カ所という状況であった。この他では橋の破損11カ所、もっともひどかったのは横浜市と橘樹郡で横浜のウイルソン茶焙場の煉瓦壁が倒れて死者4、川崎大師の石塀が倒れ死者3などがあった。

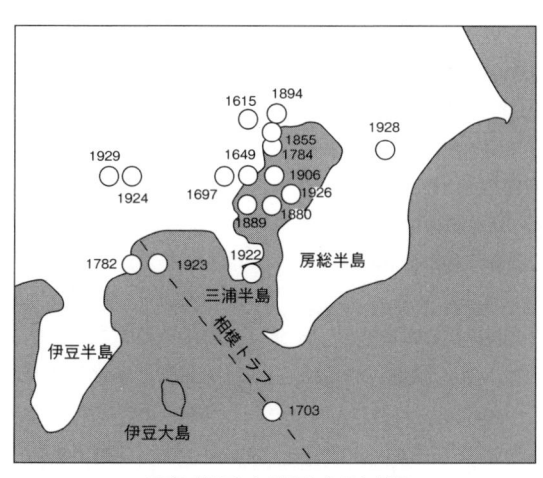

東京（江戸）に被害を与えた地震

CASE 04 庄内地震

date 1894年(明治27年)10月22日 | scene 山形県庄内平野

地震の背景

　庄内平野の大部分は標高10m以下の沖積低地であり、辺縁部は扇状地や完新世段丘と海岸砂丘が発達している。平野北端の吹浦と最上川河口の酒田周辺には低平な三角州が広がり、沖積層の厚さは東部で30～40m、西は約100mにも達する。この地質構造から災害が生じた場合の被害の地域差を生じている。

　山形県は日本海沿岸には庄内平野が広がり、その東側は朝日山地をはさんで最上川沿いにいくつかの盆地が分布している。宮城県境には奥羽山脈が南北に延びている。県内の活断層の多くは平野あるいは盆地と山地との境目に分布しており、庄内平野東縁断層帯、新庄盆地断層帯、山形盆地断層帯、長井盆地西縁断層帯などが存在している。これらはいずれもほぼ南北に延びる活動度はB級の逆断層である。図は「山形県の地形と活断層」を示すものである。

　庄内地震以前に山形県内に被害を及ぼした主な地震としては、以下のようなものが記録に残っている。

　①850年（嘉祥3年）出羽地方、マグニチュード7.0　最上川の岸が崩壊し、海

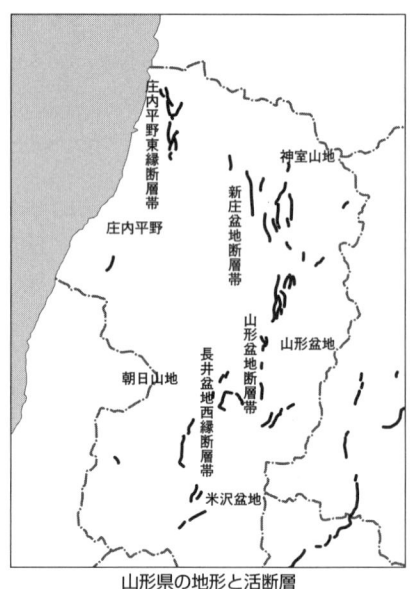

山形県の地形と活断層

水は国府から4kmの距離にまで迫った。国府の城柵が壊れて圧死者多数を出した。

　②1804年7月10日（文化元年6月4日）象潟地震　マグニチュード7.0　酒田では津波で浸水家屋300余戸。飽海、田川郡で大きな被害を出した。死者・不明313人、倒壊家屋5,500戸。

　③1833年12月7日（天保4年10月26

---

key words【キーワード】：活断層　液状化現象

日）羽前、羽後、越後、佐渡地方　マグニチュード7.5　庄内地方で死者42人、倒壊家屋475戸の被害を出し、沿岸を津波が襲いかかったという記録がある。

発端と地震の概要

1894年（明治27年）10月22日17時35分、山形県庄内平野北部を震源とする地震が起こった。地震の規模はマグニチュード7.0と推定されている。最大震度は5。震源は東経139.9度、北緯38.9度であり、現在の山形県酒田市中心部に当たる。

同じ場所で1780年（安永9年）に、マグニチュード6.5の地震があり、死者・不明2人と記録されている。

この地震は庄内平野、特に酒田を中心に局地的かつ集中的に大きな被害を生じたので、酒田地震と呼ばれることもある。

地震による死者・不明者は726人、負傷者8,403人、山形県内における家屋被害は次のようなものであった。全壊家屋3,858戸、半壊家屋2,397戸、焼失家屋2,148戸、破損家屋7,863戸。

ちなみに、この地震はわが国の本格的地震観測体制の整う以前であったため、観測データは正確な記録が乏しい。

地震の特徴

この地震では地盤の亀裂や噴水・噴砂が多く発生した。黒森村（現在の酒田市）の砂丘では約110mにわたって10mの沈下が見られ、浜中村（現在の酒田市）では高さ3mもの小山が出現している。

この時期、建物は皆木造であったから家屋は多く倒壊し、木造建築物の耐震性が問題になった。これをきっかけに、震災予防調査会は木造建築改良仕様を発表した。

地震被害のうち、家屋倒壊率が30パーセント以上に達しているのは　①相沢川完新世段丘　②最上川蛇行帯周辺　③海岸砂丘の縁　④平野東縁の0.5～4km西側の帯状の範囲に集中していた。これに対して出羽丘陵では家屋倒壊率ほぼ0パーセントということで、平野と丘陵での被害差は著しかった。

【火災の被害】

地震が起きたのがちょうど夕食支度時であったため、酒田では市街地の1,300戸余りが焼失した。酒田の中心部や砂越・坂野辺新田では地盤の液状化が起こった。地下からは泥水が吹き上げ、地面には大きな亀裂が走った。建物の被害は庄内平野全体に及んだ。平田町の飛鳥神社山門も、倒壊などの記録が多数残されている。

倒壊した浄福寺（酒田市蔵）

CASE 05 明治三陸地震津波

date 1896年(明治29年)6月15日 | scene 三陸海岸沿岸

地震の背景

　この地域は過去にも度々津波の襲来を見ている。本件までに三陸沿岸を襲った津波には次のようなものがあった。――1611年（慶長16年）、1616年（元和2年）、1677年（延宝5年）、1687年（貞享4年）、1731年（享保16年）、1835年（天保6年）、1856年（安政3年）、1868年（明治元年）1894年（明治27年）。(第Ⅱ部参照)

　三陸沿岸に被害がこのように頻発したのは、海岸特有の地形によるものである。北は青森県八戸市東方の鮫岬から宮城県牡鹿半島までの三陸沿岸は、もっとも複雑な切り込みのあるリアス式の海岸線として有名である。沖合は深海のため、地震によって発生した巨大なエネルギーの海水は、湾口から急に浅くなっているため、湾内に入り込むや急激に膨れあがり、奥の村落に襲いかかる。本件の場合は、さらに満ち潮の時刻にも重なってしまった。最近の研究では、プレート境界が低速で破壊し、堆積層が水平変位を起こすことで巨大な津波が発生すると考えられている。

発端と地震の概要

　1896年（明治29年）6月15日午後7時32分頃、三陸沖を震源としてマグニチュード8.5といわれる大地震が発生した（東経144度、北緯39.5度）。

　人的被害としては死者26,360人、行方不明者44人、負傷者4,398人。物的損害は家屋の流失8,526戸、家屋の倒壊1,844戸、船舶の流失5,720隻、その他家畜、堤防、橋梁、山林、農作物、道路などが流失または損壊した。

地震の特徴

【津波の被害】

　この地震の大きな特徴は、各地の震度は2～3程度で地震による直接の被害は軽微であったにも関わらず、地殻変動が大きく、そのため巨大津波が発生し、これによる被害が甚大なものになったことである。地震の体感震度が小さかったので、人々は大きな津波になるとは誰も考えずに、高所への避難をしなかったのである。

　この事故で最初に海の異変に気づいたのは魚を荷揚げしていた海産物問屋の人々だったという。海の遠雷のような怪音がまず聞こえた。続いて船が大きく傾き、海底にあったはずの岩がむき出しになった。

　津波の波高は最大で38.2mに達した。折

key words【キーワード】：リアス式海岸　堆積層　伝承碑

りしも三陸の村々では、明治29年6月15日、日清戦争に従軍して凱旋した兵士たちの祝賀式典が各戸で開かれていた。また旧暦の端午の節句でもあり、男の子がいる家では親族打ち集まって祝い膳を囲んでいる時間でもあった。朝から何回か弱い地震は感じられていたが、上記の時間遂に三陸沖の大地震が発生し、その後35分たった午後8時7分津波の第1波が襲った。8時15分第2波が来て、残っていた家もすべて流し去った。折悪しく満潮の時間と重なったため、波高は一段と高くなり、リアス式海岸の形状がさらに波のエネルギーを増大した。

最高波高38.2mを記録した綾里村の「明治三陸大津波伝承碑」の碑文によれば、「死者は頭脳を砕き、或いは手を抜き、足を折り名状すべからず」と書かれている。犠牲者は打撲により原型を留めないほどという悲惨なものであった。

他の記録にはこうある。「今より41年前に起こった津波は緩やかに来襲し、家屋の二階にいた者の多くが助かった。明治の津波においては、津波の来襲に驚き慌てて逃げた者は助かり、過去の経験から津波はゆっくりやって来るものだと信じていた者は避難が遅れたために、巻きこまれて亡くなってしまった」。(『風俗画報』1896年)これは安政3年（1856年）に三陸はるか沖で発生した地震津波を体験した者の話。さらに他の記録では「岩手県の某家に滞在していた2人のフランス人宣教師は（中略）一人は靴を履く間も惜しんで慌てて逃げ、何とか九死に一生を得たが、靴を履こうとして一歩出遅れたもう一人の宣教師は巻き込まれて惜しい命を落とした」と。(『南閉伊郡海嘯紀事』1897年)

津波では金や物に執着せず、高所に向かって一目散に走らなければならないことを教えている。

失敗知識データベース－失敗百選より

第Ⅰ部 大災害の系譜

CASE 06 陸羽地震

date　1896年(明治29年)8月31日　｜　scene　秋田・岩手県

地震の背景

　陸羽地震は、内陸直下を震源として発生した地震であり、3,500年前にも、断層が活動して同様の地震があったことが判明している。さらに、このタイプの地震は、この100年余りの間に、10個発生している（図参照）。

　当該地震の前兆は1週間前からあった。秋田県田沢湖町方面で、1896年（明治29年）8月23日午後3時すぎ、地震があった。奥羽山脈仙岩（せんがん）峠への道路では地割れがあらわれた。この日から数回ずつの地震があり、1週間ほど続くという異常が住民に不安を感じさせた。大地震が来るのかと避難の用意をしたという家族もあった。生保内（おぼない）村（現　田沢湖町）の村長は村民に注意をうながした。

発端と地震の概要

　1896年（明治29年）8月31日午後5時06分頃、秋田県と岩手県の境にある真昼山地の直下を震源とする地震が発生した（東経140.7度、北緯39.5度）。この内陸直下型地震を陸羽地震と呼んでいる。マグニチュードは7.2、震度は震源地付近で5から6、あるいは7に及んだという推定もある。死者209人、負傷者736人、全壊した家は4,277戸である。1995年の阪神・淡路大震災（p.106）と同じ規模であった。

　この地震は、この両県県境付近に南北方向に延びる横手盆地東縁断層帯付近で発生したと見られる。地震により、横手盆地東断層帯の北部や岩手県の雫石盆地西縁～真昼山地では東縁断層帯の一部で地表にずれを生じた。千屋断層では東側が西側に対して最大3.5mの隆起が見られ、雫石盆地西縁～真昼山地東縁断層帯では西側が東側に対して最大2mの隆起があった。

　この陸羽地震は断層型の地震といえるもので、千屋断層では、陸羽地震の約3,500年前にも大地震が発生しているという推定がある。

地震の特徴

【地震直接の被害】

　死者209人、負傷者736人、全壊した家は4,277戸というのが、この地震の被害である。

【2断層の出現】

　この地震の詳細が記載されている『秋田震災誌』には、当時の気象庁秋田測候所勤務の

---

key words【キーワード】：内陸直下型地震　断層　『秋田震災誌』

技手がこの時の被害について述べているが、この日は朝から何度も地震を感じ不安を覚えていたという。それが8回目についに大地震となり、家屋は倒壊、大地は亀裂が走る大惨状を呈するに至った。同人のいた小森山の麓では、山腹崩落の音響や山ろく亀裂の間から泥水が噴出する等すさまじい状況になった。住民は逃げるしかなく、慌てて炉中の火をも消すことなく飛び出し逃げてしまう始末に、家屋の焼失も7軒に及んだ。地裂は大は長さ三、四十間（およそ60～70m）、幅4、5尺（およそ1.2～1.5m）にも及ぶものがあった。そしてその間からは泥水が噴き上げる。小森山の麓は西・南北の三方は幅5、6尺（およそ1.5～1.8m）ほど突出し、また崩落した所は数十カ所もあった。こういう山麓は付近に比して堅固だから地震の波動が停滞して突出せざるをえなかった。（これは誤判断で、地震断層が地表に出現したことが後から判明した）

このような断層の活動は北は田沢湖南東の生保内から角館の東方を経て横手に近い六郷付近まで約30kmにわたって地表の食い違い、つまり地震断層を出現させた。この地の千屋村の名から「千屋断層」と名づけられた。

一方、真昼山地の東麓、岩手県側の和賀川に沿っても地震断層が出現した。これは「川舟断層」と名づけられた。

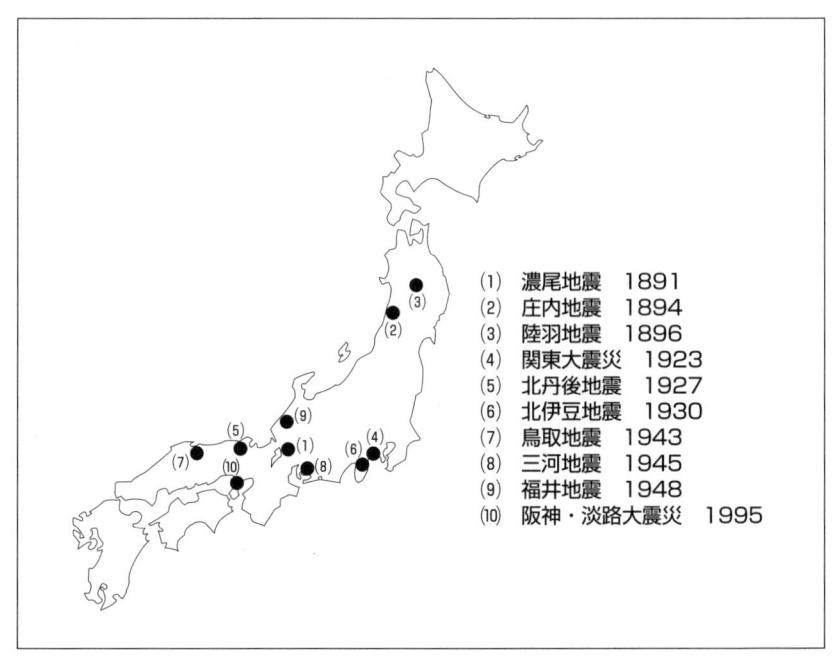

(1) 濃尾地震　1891
(2) 庄内地震　1894
(3) 陸羽地震　1896
(4) 関東大震災　1923
(5) 北丹後地震　1927
(6) 北伊豆地震　1930
(7) 鳥取地震　1943
(8) 三河地震　1945
(9) 福井地震　1948
(10) 阪神・淡路大震災　1995

内陸浅発地震の被害から見た強震動

CASE 07 姉川地震

date　1909年(明治42年)8月14日　｜　scene　滋賀・岐阜県

地震の背景

　滋賀県内の主要な活断層は、琵琶湖の西岸に沿って琵琶湖西岸断層帯、その西側の山地に三方・花折断層帯があり、両断層帯は並行して北北東～南南西方向に延びている。琵琶湖北東部では、柳ヶ瀬断層帯・関ヶ原断層帯が北西～南東方向に延びる。琵琶湖北方では野坂・集福寺断層帯や湖北山地断層帯など比較的長さの短い活断層が存在する。県南東部では鈴鹿西縁断層帯や頓宮断層が三重県に続いている。このように活断層はかなり密集している。活断層調査によれば、花折断層北部では約460年前～360年前の間に、南部では約2,500年前～約1,300年前に活動があったと推定されている。

　近畿地方およびその周辺の発生した地震は、以下のようである。(Ⅱ部参照)
　①1185年（文治元年）　M7.4　滋賀県と京都府の県境付近で発生。
　②1325年（正中2年）　M6.5　滋賀県と福井県の県境で発生。
　③1662年（寛文2年）　M7.6　滋賀県最大の被害をもたらしたといわれる。
　④1707年（宝永4年）　M8.4　日本史上最大級の地震とされ、宝永地震と呼ばれる。
　⑤1819年（文政2年）　M7.4　滋賀県中東部で発生。
　⑥1854年（安政元年）　M8.4　京都府・滋賀県・奈良県・三重県の府県境付近で発生。
　⑦1891年（別掲の濃尾地震、28ページ参照）

発端と地震の概要

　1909年（明治42年）8月14日15時31分、滋賀県東浅井郡一帯（特に虎姫町の被害が甚大）にマグニチュード6.8の激震が起こった。東経136.3度、北緯35.4度の姉川流域を震源とする「江濃姉川大地震」といわれるものである。

　東浅井郡内では、滋賀県内35人中34人が死亡、重軽傷は県内643人中602人、全壊家屋は県内972棟中892棟という報告がされている。死亡者は全部で41人。

　この地震は震源地よりも、地盤が低く軟弱な地域の被害が大きく、特に虎姫町（当時は虎姫村）一帯に大きな被害を生じたので、「虎姫地震」ともいうことがある。

　この地震の資料としては滋賀県彦根測候所の『近江国姉川地震報告』（明治44年）が詳

---

key words【キーワード】：活断層　『近江国姉川地震報告』

細なものであり、他には虎姫町個人所有の『姉川震災記』がある。

地震の特徴

　姉川地震の特徴的なことは、ごく近くに位置する集落にあっても、その被害の発生状況が著しく異なっていたということである。そこでこのような被害発生のメカニズムを解明するために、被害地域での基盤岩構造の詳細な調査が京大防災研等で行なわれた。

　この地震によって震源断層周辺の、琵琶湖東岸の集落では大きな被害が出ている。特に現在の浅井町、虎姫町、湖北町では、半壊以上の家屋が90％に達する地域があり、しかも数百mしか離れていない二つの集落においてまったく被害の発生状況が異なった。こうした局所的な被害の発生動向は、当該地震よりは後の事例になるが、1995年の兵庫県南部地震、1996年中華人民共和国の麗江地震などで多く聞くところである。これらはいずれも表層地質はもとより基盤岩の三次元的構造にも強く依存しているとされる。当地震では、被害地域が比較的狭い範囲に限定されており、地震当時から集落や建造物の構成がほとんど変わっていないこと、当時の写真その他の資料が多数残されていることなどから、今後の地震工学研究のためには期待されるところが大きい。

【被害の詳細】

　この地震では、震央が東浅井郡の北東部に当たる東草野村の山脈下であって、この付近は土地堅牢であり、また被害を受けるような住家などが極めて少なかったため被害は僅少であった。むしろ震央の南西12里（約48km）を隔てた東浅井郡及び阪田郡の平野は第4紀新層に属して震動をもっとも感じやすい地質であり、このため今回の地震で人命を失い、家屋の倒壊したのは専らこの地域であった。被害の過半は近江国というよりは姉川流域に限られている。

　被害地域については、振子時計の停止した地域は西は神戸、東は東京に及び、壁の亀裂・石灯籠の転倒した限界は東は愛知県白石付近まで、西は草津付近にまで及んだが、家屋の倒壊は近江の東浅井、阪田、伊香、犬上の4郡、美濃の揖斐、養老の2郡であった。しかし住家の全壊1％以上に達したのは東浅井郡及び伊香の南部、阪田の北部で、犬上・揖斐・養老あたりは僅かに2、3の全壊住家があったのみである。すなわち、今回の震源地は大被害地と2里（約8km）以上も離れた草野村の山中であり、大被害地と震央は一致しない。

　死者は滋賀県35人、岐阜県6人であった。この地震では、死者数は全壊家屋に比しても、負傷者数に比しても極めて小数であった。その原因は①発震時が午後3時半で多くの人は屋外の仕事に出ていたこと。②夏季で、かつ炊事時間でなかったこと、夜間でなく屋内に火気が少なかったこと。③被害地の家屋構造が優良で、全壊家屋も屋根のまったく地上に接していないものが多かったこと——などによると見られている。

CASE 08 桜島噴火

date　1914年（大正3年）1月12日　｜　scene　鹿児島県

噴火の背景

　桜島は西部にある城山（横山城跡）が約11万年前に存在していたのみで、約2万5千年前の姶良大噴火に伴う入戸火砕流と姶良丹沢火山灰で鹿児島湾が形成された後、約2万2千年前に海底火山として活動を始めた。そして、安山岩やデイサイト質の溶岩を流出して火山島を組成し、約1万1千年前には北岳が海上に姿を現し、約4千年前からは火山活動は南岳に移った。

　記録が残されている有史以降では桜島は30回以上噴火したことが確認でき、中でも文明大噴火と安永大噴火は規模が大きく、1471年（文明3年）に始まる文明大噴火は1476年まで継続し、多数の死者を出し、流れ出した溶岩は沖小島と鳥島を形成した。安永大噴火は1779年（安永8年）に発生し、翌年まで続いたが、火山活動で大量に噴出した火山灰は遠く江戸まで届いたという。この大噴火では153人が犠牲となり、2万3千石にも上る農業被害が生じた。また、桜島の北東海域に燃島、硫黄島、猪ノ子島など6つの火山島が形成されたが、最も大きい燃島（現在の新島）を残して海没した。

噴火の概要

　噴火の予兆としては、噴火の前年である1913年（大正2年）6月29日から30日に伊集院町を震源とした弱い地震が発生したり、12月下旬には井戸水の水位が変化したり、さらに火山ガスによる中毒が原因と考えられる死者も出ていた。12月24日には桜島東側の海域で海水温が上昇して、生け簀内の魚やエビが大量に死んでいた。また、マグマが地表に上昇するにつれて地熱が上がり、噴火が始まる1914年（大正3年）1月には冬眠から覚めたヘビ、カエルなどが目撃された。噴火2日前の1月10日からは鹿児島市付近を震源とする弱い地震が頻発して、微小地震400回以上、弱震33回が噴火前までに観測された。

　噴火は1914年（大正3年）1月12日午前10時5分から始まり、まず桜島西側中腹から黒い噴煙が上がり、その約5分後に大噴火した。そして、南東側中腹でも噴火が始まり、噴煙は上空3,000mに達し、岩石片は1,000mまで吹き上げられた。12日午後には噴煙が上空10,000m以上に届き、桜島全体を黒雲が覆った。午後6時30分には噴火でマグニチュード7.1の地震があり、鹿児島

key words【キーワード】：「科学不信の碑」

市内では民家の石垣や家屋が倒壊するなどの被害があった。

翌日13日午前1時頃に噴火はピークとなり、噴出した高温の火山岩と軽石および火山灰が桜島の各所に落下して、火災が発生。午後8時14分には火砕流が桜島の西北部にあった小池、赤生原、武の集落を呑み込んだ。

1月15日には赤水と横山の集落が桜島西側から流れ出した溶岩流に覆われ、この溶岩流は翌日16日に海岸に達し、1月18日には海上にあった鳥島に到達した。溶岩流は桜島南東側の火口からも流れ出し、1月29日には瀬戸海峡に届き、海に流れて冬期で低温の海水を49度まで熱しながら距離最大400m最深部100mの海峡を塞ぎ、桜島は大隅半島と陸続きになった。

溶岩流は2月上旬に一旦収まったが、同月中旬に桜島東側の鍋山付近に新たな火口が形成され、噴火から1年以上が経つ1915年（大正4年）3月、有村付近に達した溶岩の末端部において再び溶岩流が発生し、桜島の噴火活動が収束したのは1916年（大正5年）であった。

被害の概要

噴火によって1.5km²の溶岩が流出して9.2km²の土地を覆い、溶岩、火山灰等の噴出物は32億tにも上った。桜島島内には多くの農地があったが、そこで栽培されていたミカン、ビワ、モモ、麦、大根といった農作物は全滅。そのうえ多くの農地が耕作困難になったことから、噴火以前は2万人以上であった島民は、その約3分の2が種子島、大隅半島、宮崎県、あるいは朝鮮半島に移住していった。

桜島対岸の鹿児島市内でも噴火で大混乱となり、1月12日夕刻の地震発生以降、津波襲来や毒ガス発生のデマが広がり、鹿児島駅や武駅に人々が殺到して騒然となり、市内の混乱は19日頃まで続いた。

この噴火による被害は死亡者58人、負傷者112人、焼失家屋2,268戸で、犠牲者のうち25人は逃げ遅れて溶岩流に呑み込まれたり、混雑する避難船から落ちて溺死した桜島の住民が大半を占めた。

噴火前に数々の予兆現象について当時の桜島村役場は、桜島対岸の鹿児島市にあった測候所に問い合わせたが、当時の測候所は低倍率の地震計のデータをもとにして避難を勧めなかった。しかし、桜島東部の黒神、瀬戸、脇、桜島北部の西道、松浦では異変を察して、青年会などが女性、子供、老人を優先に避難させたが、桜島西部の横山周辺では測候所の見解を信用したことから噴火直後から避難を開始。そのため、対岸の鹿児島市に避難しようと海岸に住民が殺到して大混乱となった。しかし、瀬戸海峡には海面に浮かんだ軽石が1m以上の層を成し、鹿児島湾内に停泊していた船舶が救護船として急行したが間に合わず、海岸から転落したり、泳いで対岸に渡ろうとして住民が溺死した。

噴火から十年後に建立された石碑には、「住民ハ理論ニ信頼セズ」と刻まれ、「科学不信の碑」と呼ばれている。測候所の判断を鵜呑みにして犠牲者を出したことから、その戒めを人々の記憶に留めている。

CASE 09 関東大震災

date 1923年(大正12年)9月1日 | scene 関東地方

地震の背景

　南関東地域に発生するおそれのある地震には、①相模トラフ(細長い溝状の地形)沿いの地震　②南関東地域直下の地震　③房総半島沖の地震が考えられてきた。1923年の関東大地震は元禄地震(1703年)と同じく①に類するものである。相模トラフ沿いのフィリピン海プレート上面が断層面となった巨大地震である。元禄地震の後のある程度の期間は、江戸直下の震度5程度の地震は発生していなかったが、その後次第に発生を見るようになり、関東大地震以前の50年間には震度5以上の地震が12回、震度6の地震が2回発生した。

発端と地震の概要

　1923年(大正12年)9月1日の午前11時58分32秒、小田原近辺を震源とする地震が発生した。東経139度8分、北緯35度19分の地点。神奈川県小田原市の北、松田町付近の地下で最初の断層の滑りが発生し、次第に周囲の断層を滑らしながら10〜15秒後、三浦半島の地下ではふたたび断層の滑りが発生した。その結果、東北・南西方向に約70kmの幅、北西から南東にかけては約130kmの長さの断層の滑りを生じた。

　当時マグニチュードという震源の大きさを示す尺度はなく、気象庁の前身である中央気象台が計算して1952年(昭和27年)、7.9と発表した。最大震度(阪神・淡路大震災後改定された新しい震度階級表にあてはめてみる)は7、神奈川・東京・千葉・静岡など広範囲で震度5以上の揺れがあった。神奈川県では中でも中南部中心に震度7の地域が相当範囲に広がっている。

　この地震では地震の揺れそのものにより建造物の倒壊、地割れ、山崩れを生じ、沿岸では津波を起こしたが、発生の時刻が昼時であったので、住宅の台所や飲食店などから発生した火災が隣接の倒壊家屋などに延焼し、大火災となって、これによる甚大な被害が生じたのである。

　また相次ぐ余震の発生と不安一方の群集心理からさまざまな流言蜚語が飛び交って、不幸な虐殺事件まで起きることになった。

地震の特徴

　この地震の8年前の1915年11月に東京で有感地震が18回観測されており、その後地震は沈静化したが、2〜3カ月前には著しい群発地震をみた。1923年5月〜6月、茨

key words 【キーワード】：相模トラフ　断層　火災　焼死者

城県東方で200〜300回の群発地震（有感地震は水戸73回、銚子4回、東京17回など）があった。

関東大地震は5分間に起きた3つの地震、計5分以上の揺れにより構成される。9月1日11時58分のM7.8の揺れ。まず小田原の直下で発生、約10〜15秒、その後三浦半島直下に揺れを生じ、東京ではこの2つが連続した揺れと捉えられた。②同日12時01分、M7.3　③同日12時03分、M7.2を併せて本震としている。

地震の数分後、太平洋沿岸地域から伊豆諸島にかけて津波が来襲した。熱海で高さ12m、房総半島で高さ9mを観測した。この他地盤の沈降が発生して丹沢山地を中心に土石流が起きた。地盤の隆起が確認されたのは、房総半島のうち震源に近い南部地域、相模湾に接する三浦半島全域、相模湾北岸（現在の江ノ島がその例）など。

余震は9月1日12時17分、相模湾付近のM6.4のものから、16時30分、山梨県東部のM6.8の8回、9月2日11時46分千葉県勝浦沖でM7.3から22時09分の神奈川県西部M6.5までの3回が大きいものであった。

【地震の被害】

全体で死者・行方不明者を合わせて14万2千余、住家の全壊10万9千余、半壊10万2千余、焼失21万2千余（全半壊後の焼失を含む）という大きな被害を生じた。日本史上最大の大きな被害を生じたと目される。

死者などが多くなったのは火災が原因であった。火災は当時の東京市内では130カ所から発生して3日2晩燃え続け、東京市街の三分の二は完全に焼失した。

地域的に見ると死者・行方不明者の75％が東京府、23％が神奈川県、残りの2％が千葉・静岡・埼玉・山梨・茨城各県であった。百人当たりの被害者数（人口比率）から言うと、東京府と神奈川県は同程度、東京市と横浜市を較べると横浜市の方が東京市に比して2倍強になっている。

東京市内で各警察署が検死した数を見ると、相生署管轄・本所区被服廠跡の44,030人がもっとも多く、次いで日本堤署管轄・浅草区田中小学校敷地内の1,081人、太平署管轄・本所区太平町1丁目46番地先横川橋北詰の773人などがあった。焼死者が多いのは広場や橋の袂であり、安全な場所として避難したつもりが火に追われたものであった。本所被服廠跡（現在の墨田区横網町公園）には約4万人が避難したが、火災旋風が発生し約3万8千人が焼死・窒息死した。火に追われた人たちは橋梁の焼失や破損によってますます逃げ場を失い、多くの人はさらに水中で溺死した。記録によると油堀河岸で溺死417人、永代橋下で溺死334人、伊予橋下で溺死140人、小名木川大富橋付近で溺死132人などとある。

付言すれば、建物の倒壊は死傷の直接的な人的被害と火災の発生を増加させ、火災の発生がさらに人的被害を増したことになる。多くの煉瓦造の建物に被害が集中し、鉄筋コンクリート造や鉄骨造の耐震性が明らかになった。

CASE 10 北但馬地震

date　1925年（大正14年）5月23日　｜　scene　兵庫県但馬地方

地震の背景

　兵庫県の地形は台形状をなし、中央部の北寄りに中国山脈が東西に走って県土を南北に大きく二分している。北部は比較的急峻な地形で海岸も断崖が多い。南部は六甲山系付近では急峻な地形を呈している。この六甲山は六甲変動と呼ばれる地殻変動の激しい上昇運動と大阪湾の沈降運動によってできたものであるため、多くの断層が走っている。そのため、兵庫県では過去にもたびたび大地震に見舞われてきた。

　当地震までには、兵庫県では、868年（貞観10）から1916年（大正5）まで20回程度の災害が起きている。

発端と地震の概要

　大正14年5月23日11時9分　兵庫県但馬地方を震源とするマグニチュード6.8の地震が発生した。震度は兵庫県豊岡、城崎で震度6が観測された。これは当時の震度階級による最大震度である。兵庫県、京都府、滋賀県で震度5、岡山県、鳥取県、和歌山県、三重県で震度4であった。震源地は円山川河口付近とされている。東経134度50分、北緯35度33分の地点。死者・不明者428人、全壊家屋1,295戸、全焼家屋2,180戸。

　円山川河口では地震のゆれを感じる直前、海側から大砲のような音が断続的に聞こえたという。地震発生時には豊岡の町で地面が16秒間に4回も強く波打った。地震の初動で多くの建物が一気に倒壊した。

　以前は、関東大震災やその後も関東地方に地震が頻発したことで「地震は関東で起こるもの」という人々の先入観があったが、ここの地震で地震は他でも起こるということを味わわされた観がある。豊岡や城崎でも地震や火事に強い町をめざす復興が望まれ、道路幅の拡大や耐火建築の促進などが叫ばれた。

地震の特徴

【火災の被害】

　『北丹震災誌』（1926年）は、「大正十二年九月一日関東ニ起リシ大震災ニ比スルモ敢テ譲ラス」と記している。

　本地震は、家屋倒壊に伴う火災による死傷者が多かった。地震直後にあちこちで火の手があがった。民家や旅館などで昼食準備中だったからだろう。倒壊した建物に鋏まれたまま火災によって焼死した女性が多かったといわれる城崎では272人の死者となった。

　さらに、6か所の浴場の客は、2か所を除

key words【キーワード】：『北丹震災誌』　震度6

き、避難できず、焼死が多かった。

また震源地付近と考えられる港村田結（現在の豊岡市田結）では、83戸のうち82戸が倒壊した。10カ所ほどから煙が上ったが住民は救助より消火を優先して延焼は食い止められ、圧死者は7人のみに留まった。

◉城崎郡地方罹災各位◉

●兵庫縣は今回の震災に對し深甚の御同情を以て御見舞を申上げます、震災の範囲は縣下に於て豊岡町及城崎町竝に其の附近であります、震災地に近い香住方面及江原方面は著しい被害はありません、其の他縣下無事です、兵庫縣は不取敢救援部を姫路に設けて直ちに本職の指揮の下に救援に従事いたしました。
●縣は震災地に向け三百名の警察官を急派いたしてあります。
●縣からは内務警察兩部長が夫々部下を引率して御見舞竝救援に赴いて居ります。
●縣の姫路救援部からは昨日米其他必要日用品を調達して震災地に向け發送いたしました、その配給に付いては夫々充分の努力をいたします、尚本日更に必要物資を神戸から發送する事になつて居ります。
●第十師團鳥取聯隊より昨夜一個中隊の救援隊が派遣せられ俵姫路からは憲兵隊の派遣があり、震災地の保護救援に盡して居ります。
●救護は垂十三疋の多數を組織して夫々目的地に向け救護に赴いて居ります。

大正十四年五月二十四日

兵　庫　縣

（此の「ビラ」を御覧の方は成丈多数の人に御知らせ願ひます）

『北丹震災誌』より

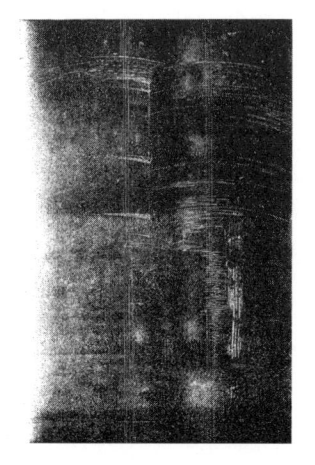

CASE 11 北丹後地震

date　1927年（昭和2年）3月7日　｜　scene　京都府、大阪府、兵庫県

地震の背景

近世以来の近畿周辺には次のような大地震の発生が知られている。①1662年（寛文2年）近江地震M7.6、②1830年（文政13年）京都地震M7.4、③1854年（安政元年）伊賀・上野地震M6.9、④1858年（安政5年）飛騨地震M6.9、⑤1891年　濃尾地震（p.28）⑥1925年　北但馬地震（p.44）など。

昭和初期、地震学者には、地震が、我が国の西部方面に起こるようになるのではないか、という議論が行われていたが、前項北但馬地震と併せて、地震活動の稀な山陰地方に起きた本地震が、その説を証明する格好となった。

発端と地震の概要

1927年（昭和2年）3月7日午後6時27分、丹後半島北方沖を震源とし、京都府・大阪府・兵庫県で地震が起こった。震源は、東経134度56分、北緯35度37分の地点で、京都府南部で震度6、大阪府、兵庫県などで震度5を記録している。

火災の発生が多く、死亡者は2,925人、負傷者7,839人に及んだ。マグニチュードは7.2。

京都府竹野郡網野町生野内に生じた郷村断層は北から10度、西の方向に延長13kmの断層が走り、この付近では水平に1.85m、垂直に0.62mのずれが生じている。（この断層は地質学上貴重なものとされ、昭和4年に国の天然記念物に指定された。）

ちなみに郷村断層帯の平均活動間隔は1万～1万5,000年程度で、地震の規模は北丹後地震程度（M7.3）かそれ以上と推定されている。今後30年以内の地震発生確率はほぼ0パーセントとする評価であった。

被害の特徴

京都府の被害は死者が2,898人、傷者が7,595人に及んだ。住宅は全壊4,899戸、半壊4,603戸、全焼2,019戸。非住家について全壊7,478戸、半壊5,916戸、全焼1,628戸。兵庫県においては死者6人、傷者5人。住宅では全壊80戸、半壊250戸、全焼4,640戸。大阪府の死者は21人、傷者126人。

【火災の被害】

この地震の発生時刻が夕食時前であったため、火災の発生が著しかった。網野・峰山など現在の京丹後市の範囲で6,459戸が全焼、

key words【キーワード】：火災　郷村断層　山田断層

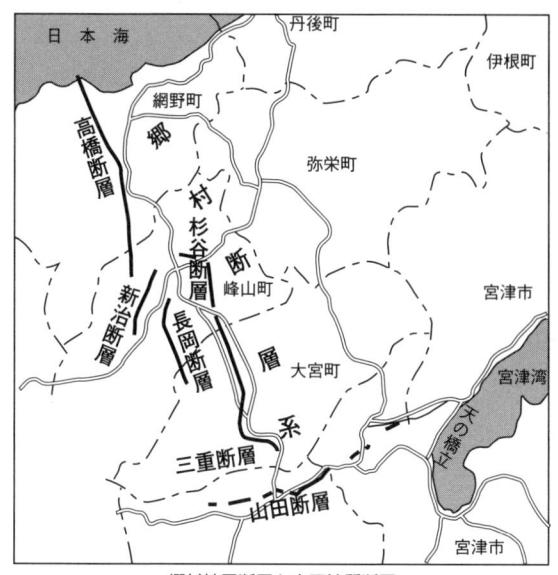

郷村地震断層と山田地質断層

全壊家屋も12,584戸に至った。

【2断層の出現】

北丹後地震でも顕著な地震断層が現れている。地名から「郷村断層」、「山田断層」と呼称される2本の断層である。

郷村断層は、網野町から山田村に向かって続く12本の雁行する断層として続いている。

山田断層は山田村を中心に東西に出現した。

全壊率30％の地域は郷村断層と山田断層に沿って、幅10kmの狭い範囲でT字形に分布する。

【破壊力】

第Ⅰ部に掲載の明治以降の地震を、死者1人に対する戸数の割合で見てみよう。

明治24年	濃尾地震	11戸
明治27年	庄内地震	5.9戸
明治29年	陸羽地震	21.2戸
大正12年	関東地震	4.4戸
大正14年	北但馬地震	8.3戸
本地震		2.2戸

区域と数量は違うが、その破壊力の一端が伺い知れる資料である。

第Ⅰ部　大災害の系譜　047

CASE 12 北伊豆地震

date　1930年(昭和5年)11月26日　｜　scene　北伊豆

地震の背景

　伊豆半島には多くの活断層が存在している。その中で、伊豆半島北東部の三島と熱海の間にあり、南北に8キロほど伸びる丹那断層はもっとも活動度の高い断層として知られている。この断層の地下には、地震発生能力のある震源断層があり、過去8,000年間に9回の地震を惹き起こしている。(『続日本後紀』の承和8年(841)の項に記述有り)

　およそ100万年前、伊豆半島は本州に衝突したとされるが、その伊豆半島をのせているフィリピン海プレートは北西方向になお移動を続けている。伊豆半島をつくる地殻は多数の火山によって温められており軽くなっているので本州の下には沈みこむことができない状態にある。その結果、本州を水平方向に強く押すことになって、丹沢山地や富士川沿いの地層を褶曲させたり赤石山地を盛り上がらせることになる。また伊豆半島自身の地殻にも北西から南東方向に強い力が加わり、ひずみがたまりやすくなるのである。

　1930年に起きた北伊豆地震は、このひずみによって伊豆半島の地殻が引き裂かれる状態となった場所に発生した。

　またこの地震では顕著な前震活動が起こっていたことも知られている。この年2月からは東伊豆・伊東沖で群発地震があり、5月には伊東中心に1,368回もの有感地震があった。11月には伊豆半島の西側に前震地域が移動し、本震前日25日には2,200回を超えた。25日午後4時5分、マグニチュード5.1の強い前震があり、26日未明には本震に至った。加えて、25日午後5時から本震発生後の26日午前5時頃までに静岡県南部を中心に発光現象が見られた。オーロラ状、青色、という報告が多かったという。北関東・近畿地方では地鳴りの音が聞こえたという証言もある。

発端と地震の概要

　1930年(昭和5年)11月26日午前4時02分、北伊豆地方にマグニチュード7.3の地震が発生した。震源地は静岡県伊豆半島北部、東経138度58分、北緯35度2分の地点。震源に近い静岡県三島市では震度6、沼津市、神奈川県横浜市、横須賀市で震度5であった。有感地帯は、北は福島・新潟、西は岡山・徳島に至る広範囲のものであった。早朝の地震であったため火災は少なかったが、死者・行方不明者は272人という大きな被害を出した。

key words【キーワード】：活断層　『北伊豆地震概報』

より仔細な状況は昭和5年12月2日、中央気象台刊行の『北伊豆地震概報』に述べられている。――初震源の震央は丹那付近に存在、さらに実地踏査してみると、地変のもっとも大きなところは箱根南東の元小屋山の大山崩れ、丹那付近を南北に走る大断層、中大見村北部の大陥没、佐野及び上大見村の大山崩れなどで、これらを結んでみると伊豆半島中央部を南北に走る長さ約30キロの一帯となる。この辺りは倒壊家屋のもっとも多かった韮山村付近の地変とは比較にならないほど大きいものであった。

地震の特徴

この地震の後、修善寺の東側山間部から北側へ延びる多くの断層が見つかっている。主なものは左横ずれ断層として丹那断層・浮橋中央断層・浮橋西方断層・箱根町断層、右横ずれ断層として修善寺断層・田原野断層・姫之湯断層・加殿断層・大野断層があった。中で最大の丹那断層は長さ約35km、上下に2.4mずれて北へ2.7m移動した。当時建設中の丹那トンネルの函南口で、トンネル先端が丹那断層付近に到達したところで大量の出水を見、工事は困難を極めた。本坑と別に排水用の坑道が掘られていたが丹那断層によって切断されたのである。ここで崩壊事故となり工事関係者3人が死亡した。トンネルは直線で設計されていたが、この地殻変動でS字にカーブしてトンネルをつながらせるように設計し直された。

地震断層の跡は、現在2か所あり、保存されている。(田代盆地・火雷神社、丹那盆地・畑地区)

なお中央気象台附属布良測候所の験潮儀記象には、11日26日4時21分から約30分間にわたって微弱な津波を現出している。最大振幅約20cm。本地震によるものと見られている。

火雷(からい)神社の断層

神社の右側石段と、残った小さな鳥居左側の柱のズレが目印となる。元は右側石段左側と鳥居左側の柱とが一直線上にあつたのが、ずれて現在のようになった。左側石段は後で設置したと想像される。
函南町Hpより：
http://www.town.kannami.shizuoka.jp/hp/page000001300/hpg000001267.htm

CASE 13 三陸地震津波

date　1933年（昭和8年）3月3日　｜　scene　三陸沿岸

地震の背景

1896年（明治29年）の明治三陸地震津波（p.34）は震度は2〜3で、地震による被害は少なかったが、大きな津波による被害がすさまじいものとなった。1933年、ふたたび同じ地域に災害が起こった。

発端と地震の概要

1933年（昭和8年）3月3日午前2時30分、三陸沖日本海溝付近を震源とするマグニチュード8.1の地震が発生した。震源は、東経144度31分、北緯39度14分の地点。約30分後には津波が来襲し、死者・行方不明者3,064人、家屋流出4,034戸、倒壊1,810戸を出す大惨事となった。

特に被害が激しかったのは岩手県の田老村（後の下閉伊郡田老町、現宮古市）で、人口の42パーセントに当たる763人が亡くなった（当時の村人口は1,798人だった）。津波襲来後の田老村は家がほとんどなくなり、あたかも更地同然の姿になったという。

明治三陸地震津波と今回の昭和三陸地震津波の被害を表として比較してみよう。昭和三陸地震津波では死者1,522人、行方不明者1,542人であったのに対して、明治三陸地震津波では21,915人の死者を出している。

地震の特徴

【津波の被害】

明治の津波は、地震の揺れが弱いのに拘わらず、大津波が押し寄せた。これに対して、昭和の津波は、地震の揺れが強かったため、多くの人が避難した。これは、37年前の体験者が存命だったこと、ラジオ放送・電信・電話の普及、多くの世帯が高台に移転していたことも与って力あった。

作家・吉村昭氏は、津波をこう記述している。「人々は、夜の眠りを破られて飛び起きた。家屋は激しく振動し、時計はとまり棚の上にのせられていたものは音をたてて落下した。壁が剥離し、障子の破れた家もあった。」「強震に驚いた人々は、家から走り出た。」「その頃、海上は急激にその様相を変えていた。海水が徐々に干きはじめ、それにつれて沿岸の川の水は激流のような飛沫をあげて走り、海に吸われていた。」「沖合いに海水と岩の群れをまくし上げた海面は、不気味に盛り上がった。そして壮大な水の壁となると、初めはゆっくりと、やがて速度を増して海岸へ突進し始めた。」（『三陸沿岸大津波』）

key words【キーワード】：体験者　水の壁　マスコミの発達

〈明治三陸地震津波と昭和三陸地震津波　上が明治、下が昭和〉

(『最新版　日本被害地震総覧』より作成)

県		北海道	青森県	岩手県	宮城県	計
死者（人）		6 13	299 23	18,158 1,316	3,452 170	21,915 1,522
傷者		5 54	214 70	2,943 823	1,241 145	4,403 1,092
行方不明		0 0	44 7	未詳 1,397	0 138	44 1,542
家屋（棟）	流出家屋	25 19	602 151	4,801 2,914	3,121 950	8,549 4,034
	倒壊家屋	(流出に含む) 48	264 113	726 1,121	854 528	1,844 1,810
	焼失家屋	未詳 未詳	未詳 未詳	未詳 216	未詳 未詳	未詳 216
	浸水家屋	未詳 131	93 107	1,175 2,259	2,426 1,520	3,694 4,017
流出破損船舶（艘）		84 206	329 632	5,456 5,860	1,145 1,373	7,014 8,071

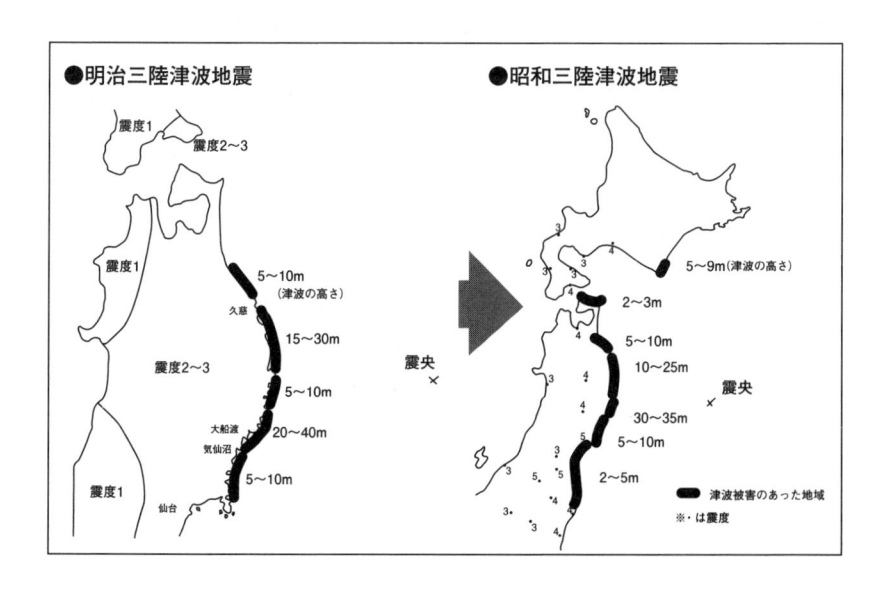

●明治三陸津波地震

震度1
震度2〜3
震度1
5〜10m (津波の高さ)
久慈
15〜30m
震度2〜3
5〜10m
大船渡
20〜40m
気仙沼
震度1
仙台
5〜10m

●昭和三陸津波地震

5〜9m (津波の高さ)
2〜3m
5〜10m
10〜25m
震央
30〜35m
5〜10m
2〜5m

■津波被害のあった地域
※・は震度

第Ⅰ部　大災害の系譜　051

CASE 14 鳥取地震

date　1943年(昭和18年)9月10日　｜　scene　鳥取県

地震の背景

　鳥取県西部にそびえる大山は中国地方の最高峰（1,729メートル）であり、約2,000年前までは活動を続けていた火山である。裾野には火山性の堆積物や火山灰が広く分布している。活断層としては鹿野断層、それに並行して走る岩坪断層があり、また大山の東麓や倉吉市東方には南北に走る活断層もあるが長さは短く、活動の度合いも低いと目されている。

　この地域の地震として、歴史的には880年11月23日（元慶4年10月14日）にマグニチュード7の地震があり、記録によると、「出雲で社寺・民家の破損が多く、余震は（元慶4年の）10月22日に至るも止まらなかった」という記述も見られる。さらに、1710年（宝永7年）10月にマグニチュード6.5、1711年（宝永8年）3月にはマグニチュード6.3の地震があり、相当の被害を生じたことが記録されている。

　さらに鹿野断層のトレンチ調査によれば、これ以前の、4,000年〜8,000年前にも大きな地震が発生したという。

発端と地震の概要

　太平洋戦争最中の1943年（昭和18年）9月10日午後5時37分、鳥取砂丘付近を震源とする地震が発生した。東経134度11分、北緯35度28分の地点。マグニチュード7.2。最大震度は鳥取市で震度6、遠く瀬戸内海沿岸の岡山市でも震度5を観測している。

　死者・行方不明者1,210人、家屋全壊7,485戸、などの被害が出た。

　同年3月4日から5日にかけても鳥取市中心部で、マグニチュード3.5〜6.2の前震が発生しており、若干の被害を記録している。

　震度6という激しい揺れで鳥取市の中心部はほとんど壊滅した。木造家屋は大半が倒壊し、古い街並はすべて失われた。死傷者は人家の密集した鳥取市街がその殆どを占めていた。死傷者の大半は、家屋の下敷きになっており、道路が狭いために通行中倒れかかった家に押しつぶされたという人が多かった。一方、五臓円薬局ビルなど鉄筋コンクリートの建物は比較的持ちこたえていた。全壊率80パーセント以上、死者は854人を数えた。水道管も破裂し、消火は困難を極めたが、市民のバケツリレーなどの努力により、大火は免れた。焼失家屋は251戸に及んだ。

key words 【キーワード】：断層　行政の指揮　家屋の下敷き

岩美郡岩美町荒金の荒金鉱山では、鉱泥を貯めていた堰堤がこの地震で決壊し、直下にあった朝鮮人労働者の宿舎や荒金集落を襲った。労働者・地元住民ら61人が犠牲になった。

関東大震災を体験した知事のもと、一貫した行政の指揮系統の存在と隣組、警防団、軍隊の機動力が指摘されており、これが被害を最小限にくい止めた。

地震の特徴

この地震で、鹿野断層と吉岡断層の二つの断層が出現した。鳥取市西方の気高郡鹿野町（現・鳥取市）から鳥取市上原地区にかけての「鹿野断層」は長さ8kmにわたって延びているものである。断層の南西寄りは北側が最大75cm沈下し、東方へ最大150cm動い

た。また一方の「吉岡断層」は、鹿野断層の北に並行して生じた長さ4.5kmの断層である。北側が最大50cm沈下し、東方へ最大90cm動いている。

被害の大きかった地域は千代（せんだい）川流域に当たる鳥取市からその南方にかけての沖積層地域であった。第三紀層もしくは岩盤地帯に近づくにしたがって倒壊率は急速に低下する。微動計を用いた余震観測によれば、鳥取市内周辺ではこの地の地盤の影響で木造家屋の固有振動周期と一致しており、それが大きな倒壊率になったと看做されている。

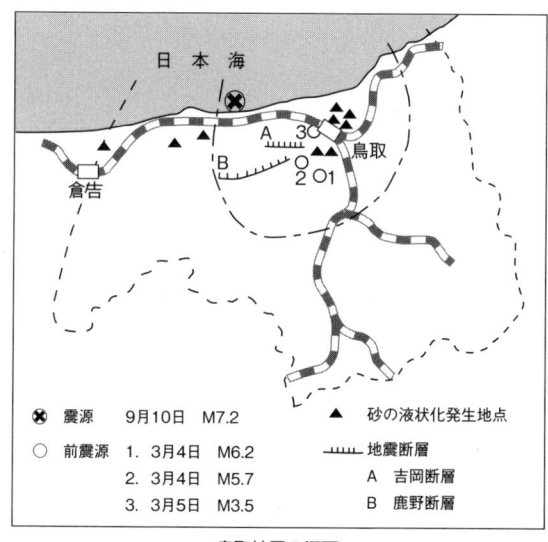

鳥取地震の概要

CASE 15 東南海地震

date　1944年(昭和19年)12月7日　｜　scene　東南海地域

地震の背景

　東海道と南海道の地域では、過去100～200年周期で繰り返してマグニチュード8クラスの巨大地震が発生し、震災と津波でいつも大きな災害を生じてきた。力武常次東京大学名誉教授は、東海道、南海道地域の巨大地震はほぼ117年（標準偏差35年）の平均繰り返し間隔で発生する、と発表している。過去の記録で見ると1707年（宝永4年）の宝永地震の147年後に1854年（安政元年）の安政東海地震があり、その32時間後の翌日、安政南海地震が起きた。その90年後の1944年（昭和19年）本件東南海地震、続いてその2年後にもいずれもマグニチュード8クラスの巨大地震が発生している。

発端と地震の概要

　1944年（昭和19年）12月7日13時35分、三重県志摩半島南南東約20km沖の海底を震源として発生。東経136度10分、北緯33度34分の地点。マグニチュード8.0。エリアから言えば東海地震というべきだが、駿河湾から遠州灘地域の駿河トラフは破壊されないので、完全な東海地震ではないとして、東南海と称されることになっている。

被害は1,253人の死者・不明者、負傷者3,059人を出した。

地震の特徴

【津波の被害】
　地震によって家屋が倒壊した後に大きな津波が来た。三重県・愛知県・静岡県を中心に上記の死者・行方不明者を出した。太平洋戦争中で情報が統制されていたため、被害の全体像はつかみ難くなっていたと思われる。その中で、三重県津市、静岡県御前崎町（現在の御前崎市）、長野県諏訪が震度6、中部・関西地方で震度5を観測していたと確認されている。尾鷲市は津波で壊滅した。

　津波の高さについては3つの地域に分けて見ることができる。その第一は志摩半島の北岸、伊勢灘及び渥美湾の沿岸で、津波の高さは極めて小さく、1mに満たないところが多かった。第二は遠州灘沿岸で、海岸が遠浅のため津波の高さは1～2mに留まった。第三の地域は志摩半島の南岸から紀伊半島の東岸である。海岸は震央に面しており、かつ海岸線の凹凸が極めて複雑で三陸海岸を思わせるほどの典型的なリアス式海岸であって、この地域では津波の高さは6～8m、場所によっては10mにも及んだ。

key words【キーワード】：津波　稲むらの火

地域別に見ると、三重県では錦、吉津、島津等の町村は被害がもっとも著しく、全村のほとんど90％以上が破壊されるという惨状を呈した。錦町は「コ」の字型の湾の奥に位置していた部落で海岸のすぐ近くまで山が迫っている。山麓に近い家屋は難を免れたが、低地にあったほとんどすべての家屋は倒壊流失してしまった。この地は安政の地震津波のときにも甚大な災害を被っており、ふたたび津波に難をのがれることはできなかった。

尾鷲町は尾鷲湾奥に位置し、人口稠密な市街をなしていて、津波による被害も甚大であったが、一方尾鷲湾の北引本湾の湾口近くに位置する引本町は津波の高さ2.5mに過ぎず、流失家屋は皆無だった。

和歌山県では新宮市以南は海岸線が屈曲に富み、災害を大きく受けた。しかし新宮市より宇久井村までは被害は僅か、浸水家屋を生じた程度。那智町は津波でおびただしい災害を被った。勝浦町では和歌山県下最大の被害を生じた。勝浦湾奥に位置するこの町は地震後程なく湾内の水位が増大し、また天満の方から押し寄せて来た海水はすでに浮上倒壊した家屋の解体材を浮かべながら押し寄せたため、通路に当たった家屋は浮遊物の衝突によって多数破壊されたのである。

以上のごとく、津波の襲来の模様は湾の形に支配せられること極めて大であり、津波の高さと湾の形との関係については昭和8年の三陸津波（p.50）の折観察されたことが実証されたことになる。また家屋が流失するのは津波の高さと同時に海水流動の速度が重大な因子となることもまたこの地域の諸現象で十分伺われた。

【地震の被害】

津波による災害が甚大であった地域では地震そのものの被害はどうであったか。志摩半島、紀伊半島海岸の多くは山が海岸の真近まで迫っていて、海岸平野が発達しているところは少ない。どこも地盤は極めて強固であり、為に震害は少なかった。新宮市の例を除けば倒壊家屋は1件もなく、屋根崩れ、壁の亀裂程度のものであった。

【稲むらの火】

南海・東南海・東海の3地域については地続きでもあり、いつも連動した理解が求められる。前述安政の東海地震（1854年）の32時間後に起こった安政の南海地震の時、紀州有田郡湯浅廣村（現・和歌山県有田郡広川町）の濱口儀兵衛は自宅の稲むらに火をともして村民を救ったという有名なエピソードがある。ここに挿話としておこう。この実話は小学校の教科書（1937年、小学国語読本）にも載って津波災害啓発の物語となった。

実在のモデル濱口儀兵衛は、安政の南海地震の翌年から4年の歳月をかけて私財を投じて全長600メートル、幅20メートル、高さ5メートルの大防波堤「広村堤防」を築いた。津波で職を失った人たちを救い、そして後日の南海地震津波などから住民を守ったのである。

第Ⅰ部　大災害の系譜

CASE 16 三河地震

date　1945年(昭和20年)1月13日　｜　scene　愛知県三河地方

地震の背景

この地震までに愛知県で起こった大きな地震は次のようなものがある。
①宝永地震（1707年）
　渥美郡・幡豆郡・碧海郡・宝飯郡に家屋の倒壊や死者が多かった。社寺・土蔵などの倒壊も著しく堤防にも決壊が見られた。渥美郡では特に大きい被害が見られたが野田7郷、吉田（豊橋）、二川など内浜内陸部が目立った。渥美の太平洋岸では津波の被害が大きく、田原・一色・寺津・平坂なども大きい被害が出た。
②安政東海地震（1854年）
　渥美湾沿岸が沈下した。豊橋の吉田城本丸の多門・やぐら・石垣などが大破した。三河地方一帯では多数の家屋が倒壊した。三河湾・遠州灘の沿岸には津波が襲来し、被害が出た。渥美郡表浜通りでは高さ8〜10mの津波に襲われている。
③濃尾地震（1891年）(p.28)
④東南海地震（1944年）(p.54)
　さかのぼって1686年10月3日（貞享3年8月6日）には、遠江と三河の沖合いで遠江三河地震と呼ばれる地震が発生した。被害はこの2地域に及んだ。マグニチュードは6.5〜7とみられている。

発端と地震の概要

　1945年（昭和20年）1月13日午前3時38分、愛知県三河地方を直下型地震が襲った。震源地は三河湾伊良湖岬付近で、東経137度6分、北緯34度42分の地点。マグニチュード7.1（6.8ともいう）。震源の深さは10km以下の浅い所。震域としては関東地方から中国・四国地方まで人体へのゆれが感じられたが、規模としては大きくはなかった。（この地震は1944年12月7日13時36分の東南海地震のわずか37日後に起こっている。）

　被害は、死者2,306人、負傷者3,866人。住家全焼7,221戸、同半壊1万6,555戸、非住家全半壊24,311戸、火災によるものは家屋全焼2戸、同半焼3戸であった。

　この地震で死者が多かったのは、もともと全壊家屋が多かったためであるが、ほとんどは就寝時間中であったことによるものと思われ、火災はほとんど発生しなかった。

　なお、三河地震の前震と思われるものが2日前に集中して発生していた。幡豆町などで、音を伴った地震が多くあったというが、熾烈な戦争下のことゆえ三ケ根山方面に光が発生するのを見た人もアメリカ軍の爆撃かと

key words【キーワード】：断層　就寝時間中

思ったようだ。

　太平洋戦争中であったためあらゆる場面で報道管制が敷かれており、この災害に関する情報は最小限度しか流されなかった。新聞記事の見出しは、このようなものであった。「驚いて戸外に飛び出した中京人は隣組毎に防空班長の指導で敏速に退避が行なわれる」「防空要員はそのまま各戸の残火発生を防ぎ止めて、市街地は被害皆無」、「被害の多くは納屋・物置小屋」、「東海道線をはじめ主要駅も異常なく、夜明けの道を戦場に急ぐ戦士の顔には何の変わりも見られなかった」など。戦時下での厳重な情報管理下で震災報道は徹底せず、被災地域にも救援物資が届かないという状態であったようだ。

　死者が多かったのは幡豆郡福地村、西尾町、三和村（以上現西尾市）、同横須賀村（現吉良町）、碧海郡桜井町（現安城市）、明治村（現西尾市、安城市、碧南市）、宝飯郡形原町（現蒲郡市）などであった。集落ごとに被害の差が見られ、壊滅した集落の隣がほとんど被害がないというようなこともあったという。三和村では名古屋から学童疎開中であった教師・小学生数十人が圧死したという記録もある。

地震の特徴

　愛知県西尾市を南北に走り、南端で東に折れ曲がり、全体として「L」の形を示す横須賀断層がある。一方、額田郡幸田町を東西に、南南東に向きを変えて三河湾海底に延びる深溝（ふこうず）断層がある。三河地震はこの2つの断層によって引き起こされたのである。深溝断層は後に水田の畦などが垂直に2m、水平に最大1.3mにわたってズレているのが見つかった。この部分は愛知県指定の天然記念物として保存されることとなった。

【全体の被害】

　全壊家屋30パーセント以上を震度7、30パーセント以下を震度6として震度の分布を見ると次のようになる。

震度7：明治村、桜井村、三和村、横須賀村、福地村の5町村

震度6：西尾町、室場村、平坂町、寺津町、一色町、吉田町、幸田町など24市町村

　なお先に表示した過去5つの地震（①宝永地震②安政東海地震③濃尾地震④東南海地震⑤三河地震（本件））の三河地域での被害の特徴は、河川流域や旧河川敷、旧湖沼ないし旧海岸部で液状化現象が見られ、その辺りの家屋被害率が高い、などが指摘されている。しかし、当三河地震では他の4地震とは違う次の諸点が特徴として挙げられている。

①地震被害分布は比較的せまいが、被害は規模の割りに大きい。

②住家全壊率30パーセント以上の大部分は断層の上盤側地域である。断層の延長方向に当たる地域で被害の大きいところが多い。矢作川と矢作古川流域の沖積平野の軟弱地盤で全壊率は大きく、液状化現象が見られる

③臨海部の埋立地や干拓地の軟弱地盤では、沖積層厚が大きいほど被害率が高い。

④半壊住家数が全壊住家数より多い地域は、比較的硬い地盤で、地震動が強かったところに見られる。

CASE 17 南海地震

date 1946年(昭和21年)12月21日 | scene 和歌山県潮岬沖

地震の背景

紀伊半島熊野灘沖から四国南方沖を震源とする周期的な巨大地震を「南海地震」と総称している。本件はしたがって、「昭和南海地震」というべきものである。南海地震、東南海地震、東海地震は俗に「地震三兄弟」とまでいわれるのだが、これらは互いに連動して活動しているということが知られている。

南海トラフ沿いで発生する巨大地震のうち、四国沖から紀伊半島沖で発生するものを南海地震という。紀伊半島以東で発生すれば東南海地震、それより東の駿河トラフ沿いで発生すると東海地震と呼ばれる。

1605年の慶長地震(M7.9)、1707年の宝永地震(M8.4)は共に地域的には南海から東海にかけてほぼ同時に起こったと見られる。また1854年の安政南海地震(M8.4)は安政東海地震(M8.4)の32時間後に、1946年の昭和南海地震(本項)は東南海地震(p.54)の2年後に発生したのだが、これらも連動性においてその説を裏付けている。

発端と地震の概要

1946年(昭和21年)12月21日午前4時19分、マグニチュード8.0の地震が和歌山県潮岬沖を震源として発生した。東経135度51分、北緯32度55分の地点。地震発生直後には津波が発生し、紀伊半島、四国、九州の太平洋側などを襲った。

足摺岬、室戸岬および紀伊半島最南端部では地盤が隆起し、その背後の海岸で沈下がみられた。高知市付近の沈下は過去の地震でもしばしば記録されている。白浜、松山市道後、別府市などでは温泉の湧き出しに変化があったという。また紀伊半島から九州にかけての各地で発光現象もあった。

地震の特徴

地震時の地変が著しかったのは、紀伊半島から四国の太平洋臨海地域であった。これらの地域の岬の先端が南上がりの傾動を示した。潮岬で0.7m、室戸岬で1.27m、足摺岬で0.6m隆起した。これらの岬の北側は沈降した。田辺から和歌山にかけては最大1m、室戸岬の北東方の太平洋岸では高知県甲浦で1.0m、徳島県日和佐で0.9m、また高知や須崎では1.2mの沈降を示した。

また地盤の液状化地点は広範囲に及んだ。岐阜県、三重県、和歌山県、大阪港岸壁周辺、兵庫県、岡山県、広島県、鳥取県、香川県、

key words【キーワード】:地震三兄弟 液状化現象 津波

徳島県、高知県、大分県などで、地盤の液状化は埋立地や河川地域の沖積軟弱地において生じており、これは海域に震源がある巨大地震の特性としての地震動周期がやや長かったことによるものと判断されている。

【津波の被害】

津波は房総半島から九州に至る沿岸を襲った。波高は紀伊の南端串本町の北、袋で最高の6.9mに達し、三重・和歌山・徳島・高知各県の沿岸で4〜6mとなった。地震後早く津波が来たところで10分以内、流速は大人の駆け足程度と一般に緩いものであった。三重県、和歌山県、徳島県、高知県、香川県、愛媛県、香川県、静岡県などでそれぞれ家屋の流失、浸水、全壊、半壊などの被害を生じ、その結果多数の死者、傷者が出た。また船舶の損失もあった。

これらの結果、生じた主な被害は死者行方不明者1,454人、傷者2,632人、家屋に全壊11,506戸、半壊21,972戸、流失2,109戸、浸水33,093戸、焼失2,602戸などである。

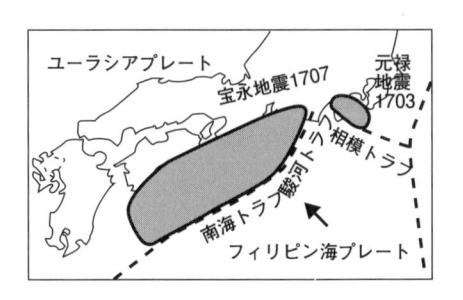

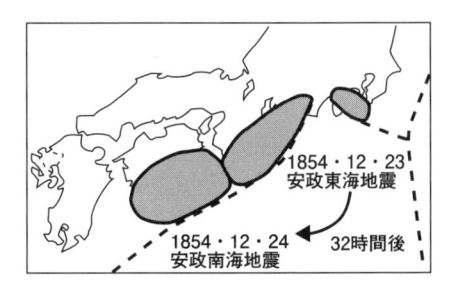

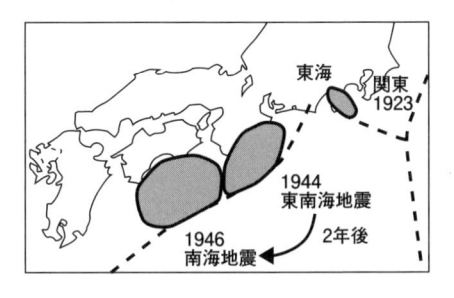

CASE 18 福井地震

date 1948年（昭和23年）6月28日 | scene 福井・石川県

地震の背景

福井地震では地震後、地表に地震断層が現れなかったため確認されている活断層との関係は明確になっていないが、福井平野を南北方向30kmにわたって地層がずれたことによる内陸直下型の地震と考えられている。福井地震は把握されていない活断層が大地震を引き起こすという地震防災上の教訓を示唆している。

地震の概要

1948年（昭和23年）6月28日午後5時13分（当時の日本はエネルギー消費を抑えるためサマータイム制を採用。現在の時間では4時13分過ぎ）、坂井郡丸岡町付近を震源とするマグニチュード7.1の大地震が発生した。震央は福井県北部、東経136度17分、北緯36度10分、震源の深さは20kmより浅いものであった。各地の震度は、震度6は福井市（現在の震度で震度7に相当）。震度4は敦賀市、金沢市、輪島市、舞鶴市、彦根市、京都市、奈良市、富山市、岐阜市。震度3は高山市、名古屋市、大阪市であった。

被害の特徴

関東大地震の約10分の1程度の地震エネルギーであったが、震源が極めて浅く、直下型の内陸地震であったことと、福井平野が九頭竜川沖積層で地盤が弱かったことから、平野部では全壊率が約60％、中でも坂井郡丸岡町、磯部村、春江町などの町村は全壊率が100％とすべてが破壊された。しかし、100％全壊の地区は農村で、地震発生時の午後4時13分、人々は農作業に従事して屋外にいたため、建物被害に比べて人的被害は幸いにも少なく済んだ。それに対して都市部の福井市内では空襲によって住居を空爆された人々が脆弱なバラックで生活を営んでいたことから、約80％と高い全壊率となった。

この福井市内の地震による直接被害は特徴的で、市の中心部から離れるにつれて全壊する建物が増加したという。福井市内では大和百貨店が変形して1階が潰れる等の被害は発生したが、農村の全壊率は低く50から60％程度であった。しかし、市の周辺に行くに従って全壊した建物の割合率が高まっていった。戦争からの復興期で市内の周辺にてバラック等の脆弱な建物に人々が住まざるを得ず、それが地震被害を拡大させた側面は

key words【キーワード】：活断層　震度7

あった。全壊率の高さから見ても福井地震は今日に至るまで阪神大震災に次ぐ被害状況であったことから、気象庁が震度階に震度7（激震）を設けるきっかけとなった。

また、夕食の支度が始まる時間に地震が発生したために台所から出火したり、学校の実験室、工場の薬品発火、配給貯蔵マッチが地震の揺れによって発火して、地震直後に1市20町村で火災が発生。福井市では断水によって消火用水が不足したことも相まって、完全に鎮火するまでに5日間を要し、市の中央部を中心に2,407戸が焼失した。

地震被害とその後の火災によるさらなる被害拡大を受けて、福井県議会は7月1日に連合国軍総司令官および政府各機関あてに復興援助の請願文・決議文を議決し、近隣自治体に救援を要請したが、基幹道路である国道12号線、県道福井加賀吉崎線など総延長599kmが損壊した上に、九頭竜川に架かる各橋が落ちたことから救援物資や応急復旧資材およびボランティアの輸送は迂回を余儀なくされ、地震後1週間して救援物資が届けられた町村もあった。

福井地震の被害状況は、死者・行方不明者5,200人、被害総戸数5万1,124戸にのぼり、農業分野では十郷大堰や芝原用水をはじめ水門、用水路の破損・決壊、農業倉庫や農機具などの生産手段が破壊されたことから約117億6,000万円、消費者物価指数をもとに現在の金額にすると約1,105億円の被害を被った。また、商工業分野でも繊維工場の約6割、中小企業工場の約7割が罹災した。

そのうえ、この地震の1か月後の7月24日から25日にかけて福井県内では山間部で200ミリ、平野部で130ミリの豪雨に見舞われ、地震で強度が弱まった堤防が決壊し、2万8,800戸の家屋が流失・浸水し、福井では戦災、地震そして水害と3年の間に3度の大災害に遭うこととなった。

「福井地震の思い出」

宇津徳治氏（東京大学名誉教授）は、日本地震学会広報紙『なゐふる』1998年9月号に、大要、以下のような思い出を寄せている。
「東大の1年生で20歳であった。理学部地球物理学教室で現地観測の手伝いに行った。

小学校の校舎は完全に倒壊、体育館の屋根が潜り込める程度に残っていた。田圃で取れるドジョウを煮て飢えをしのいだ。

調査区域では、建築中の1軒を除いて、完全に潰れていた。どの家も家財を少し運び出した程度で放置されていた。電柱は傾き、電線は垂れ下がったままだった。

夏時間の5時過ぎに起きたので学校や職場はすでに終わっていたが、農家では外にいた人が多かったと思う。就寝中であれば、死者数は阪神大震災を上回っていたかもしれない。

阪神では、震度7の地帯が大都市を縦走したが、当地震では、倒壊率が90％を超えた地域は、福井平野中部と北部を面状に覆っていて、阪神よりずっと広い。地震動のすさまじさは阪神大震災をしのぐものだった。

戦後3年で、空襲の焼け跡も多い時代で、現地ではあまりショックは受けなかった。それより、帰京時、関東平野に入ると、電柱がすべてまっすぐに立っていることに不思議な感じにとらわれた記憶が残っている。」

CASE 19 十勝沖地震

date 1952年（昭和27年）3月4日 | scene 北海道、東北地方

地震の背景

 北海道十勝地方の沖合を震源とする地震はマグニチュード8規模のものが60〜80年の間隔で発生すると言われており、1995年の阪神大震災を機に設置された地震調査研究推進本部においても30年以内に発生する確率は60％と予想されている。現に2003年に1952年の地震と同じ震源でマグニチュード8の地震が発生した。

 地震発生のメカニズムは十勝沖からカムチャツカ半島沖にかけて横たわる平均深度7,000mの千島海溝において太平洋プレートが北アメリカプレートの下に沈む境界で固着域（アスペリティ）が破壊され、そのエネルギーが原因と考えられている。

 なお、十勝沖を震源とする地震は定間隔で発生することから、発生年を冒頭に付けて「〇年十勝沖地震」と公称されている。1968年十勝沖地震については後の調査で震源は三陸はるか沖であったと判明したが、津波警報発令時に震源を十勝沖と発表したことから十勝沖地震の名称が付せられている。

地震の概要

 1952年（昭和27年）3月4日午前10時23分、十勝沖の東経144度8分、北緯41度48分（襟裳岬東方沖約70km）を震源とするマグニチュード8.2の大地震が発生し、北海道では池田、幕別、音別、豊頃、厚真、十勝大津で震度6、釧路、帯広、浦河他2市5町村で震度5、苫小牧他で震度4の揺れが起きた。

 地震後に津波が発生し、厚岸湾で3〜4m、最大で6.5m、霧多布で3m、青森県八戸で2mの津波が観測された。この津波が押し寄せた地域では海水が家屋を破壊し、特に北海道の太平洋沿岸で釧路町から東の沿岸地域では、海氷が建物にぶつかり被害が拡大した。

被害の特徴

 北海道南部から東北北部にかけて地震と津波が襲い、死者28人、行方不明5人、負傷者287人の人的被害が発生した。また、十勝川下流域の低湿地にある住宅等を中心に被害が拡大し、全壊815、半壊5,448、非住宅被害1,621。地震後の津波、火災により、流失91、浸水399、全半焼20および船舶768が被害を受けた。また、一部の農地が縦横に地割れを起こし、土壌に深い溝を刻んでいた。

 被害は浦幌町、池田町を中心に生じた。池

key words【キーワード】：津波　鉄道路線への被害

田町では当時2,646戸、1万5,825人（昭和27年3月時）が暮らしていたが、罹災戸数2,114戸、罹災者1万2,174人と約8割近くが生活基盤を失った。池田町の中でも川合小学校や兼松歯科医院が全壊し、利別郵便局はピサの斜塔のように傾く等した利別地区は地盤がゆるかったため、建物が老朽化しており被害は甚大で、池田町警察署は利別に臨時派出所を設けた。また、池田町内にあった亜麻工場等の煙突が倒れそうな位に傾斜するなど、池田町内全域にわたって地震による被害が発生したため、地震発生日に庁内で昭和27年度の予算編成の打ち合わせを行っていた池田町役場では、町長が池田町震災復旧対策本部を設置し、町の職員は、消防団、消防署員とともに救助、防疫活動を行った。そして、消防団員らは被災地の警戒や罹災者の救助を行い、3月20日までの10日間、被災地に留まり、救助、支援活動に従事した。

この地震は鉄道路線に被害を与え、浦幌・新吉野間で貨物列車7両が脱線転覆して、根室本線、網走本線が不通になった。直別・尺別間ではトンネル内で地震にあった車両がトンネルを出た途端に線路がなく、機関士の機転で脱線事故を免れたケースもあったが、地震によって車両、線路は大きな被害を被り、両本線の線路で55か所（約7km）に最大5mの沈下が認められるなどの損壊が生じ、また鉄橋等でも80個所に変形等が確認された。

これらの損壊個所の復旧には約200人の保線区員が徹夜で工事にあたり、土俵300俵、砂利8車、炭殻7車の資材を要して、3月10日にすべての路線が開通したが、国鉄は5、6億円の費用を要したと言われている（うち4から5億円が地震被害の著しかった中釧鉄管理局の応急復旧工事費）。

また、池田町は終戦で植民地からの引揚者1,971人、1,329戸が帰国し、さらに昭和26年まで毎年発生する冷害、集中豪雨に加えて、昭和27年に十勝沖地震に見舞われた。この地震で池田町では12億円の被害が出て、町税の徴収率の悪化に直結し、地震から2年後の昭和29年の納税率は71％まで低下、昭和31年4月に「地方財政再建特別処置法」による財政再建団体、民間企業で言うところの破産状態となる等、戦争や天災で疲弊した同町を含む十勝地方をさらに厳しい状況に追い込んだ。

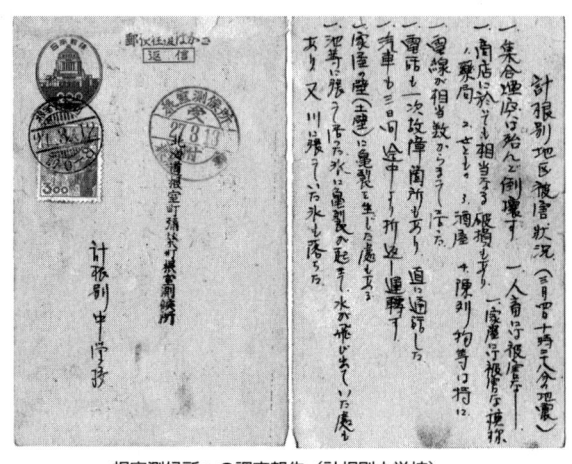

根室測候所への調査報告（計根別中学校）

CASE 20 阿蘇山中岳大爆発

date　1958年（昭和33年）6月24日　｜　scene　熊本県

噴火の背景

　阿蘇山は東西17km、南北25kmのカルデラ内に主峰の高岳など十数座の中央火口丘がほぼ東西方向に配列されている。このカルデラは約30万年前から9万年前までの4回の大規模な火砕流の流出に伴って形成され、カルデラの周囲には広大な火砕流台地が発達した。中央火口丘のうち中岳が有史後も噴火を繰り返しているが、この中岳は安山岩・玄武岩の成層火山で、その山頂火口は数個の火口が南北に連なる長径1,100mの複合火口である。近年活動している第1火口は、非活動期には「湯溜り」（火口湖）が形成されるが、活動期には湯溜りがなくなって黒色砂状の火山灰（地方名ヨナ）を放出し、赤熱噴石・スコリアの放出を伴うストロンボリ式噴火も起きて、時には水蒸気爆発やマグマ水蒸気爆発が発生する。

　有史後に記録上で確認できる中岳の活動は、日本後記に記載されている延暦15年（796年）の活動である。しかし、この活動は溶岩流を伴う噴火ではなく、噴石や火山灰を噴出するものであったと思われる。明治以前には記録上60回程の噴火活動があり、明治以後から現在までの近現代においてはその倍の120回となっている。これは現在に近づくにつれて記録の質が高まり、噴火活動が克明に留められるようになったためで、阿蘇山の火山活動が盛んな訳ではない。

　近年の大噴火は昭和7から8年にストロンボリ型の噴火（比較的短い間隔で周期的に火口からマグマの破片や火山弾などを放出する噴火。流動性がある玄武岩質マグマの活動を伴うことが多い噴火）が発生し、その後は火山灰を噴出する噴火となっている。

噴火の概要

　1958年（昭和33年）6月24日22時15分に第1火口が突然爆発し、その噴石は火口の西1.2kmの阿蘇山測候所に達するなど広範に落下した。また、火口付近では厚さ20cmの火山灰が堆積し、山腹一帯にも多量の火山灰をもたらした。その後は、同年7月と9月から12月にも噴石活動が発生している。

被害の概要

　阿蘇火山の中岳火口はロープウェーや有料道路で観光地となっているため、突発的な噴火による人的被害が発生しやすい。昭和年間では5回も噴火によって観光客が犠牲になっている。昭和28年（1953年）4月27日に

key words【キーワード】：観光客　火口

は観光客5人が死亡し、90人余が負傷している。

　昭和33年（1958年）6月24日午後10時15分の噴火では、低温火砕流が山上広場方向に流れ、12人が死亡し、1人が行方不明、そして28人が負傷（重傷者6人、軽傷者22人）した。12人の犠牲者は火口から1km離れた山上広場にいた観光バスや茶店の従業員等で、当時100人余りがそこで勤務していたという。

　建物被害については測候所、博物館、神社および完成直後のロープウェーの駅舎などが爆風を受け、全壊5戸、半壊7戸、破損4戸の被害が出た。

　この昭和33年の噴火以後も昭和54年（1979）9月6日の爆発では3人が死亡、16人が負傷している。火口を観光地としている阿蘇山では、火口に集まる観光客やガイドに火口から突然吹き出る岩石、火山灰および火山ガスが直接、直ちに降り注ぐことから、避難できる時間は非常に少なく、犠牲者が出やすい。阿蘇山の噴火による被害は他の火山被害と異なり、観光地特有のものと言えよう。

> 山は煙をあげてゐる。
> 　中岳の頂から　うすら黄ろい　重つ苦しい噴煙が濛々とあがつてゐる。
> 　空いちめんの雨雲と
> 　やがてそれはけぢめもなしにつづいてゐる。
> 　　　　　　　　　三好達治『大阿蘇』より

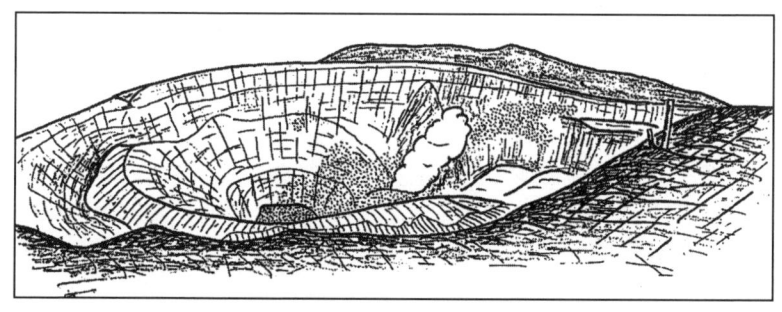

阿蘇山中岳第1火口の南西火口縁から第1、第2、第3火口を望む
（気象研究所技術報告　第12号　1984より）

CASE 21 チリ地震

date　1960年（昭和35年）5月22日　　scene　チリ、日本太平洋岸

地震の背景

　1960年5月22日午後7時11分（日本時間23日午前4時11分）に南米チリ中南部の太平洋沖南緯38度17分、西緯72度57分を震央とするマグニチュード9.5という観測史上最大の地震が発生した。チリ中南部沖では、ナスカプレートが南米プレートに沈み込んでおり、このプレート境界を震源とするマグニチュード9.5の巨大地震が発生した。地震はマグニチュード7.5の前震から始まり、マグニチュード7程度の地震が5、6回続いた後に、マグニチュード9.5の本震が発生。その後の余震もマグニチュード7クラスであったため、チリの首都サンティアゴ始め、全土が壊滅状態になり、チリ全土では死者5,000人に上る大惨事となった。

　長さ約800kmの断層がずれるエネルギーを発した地震は、アタカマ海溝が盛り上がり、海岸沿いの山脈が2.7メートルも沈下する大規模な地殻変動を起こした。

津波の概要

　この大地震により発生した津波は時速750kmのジェット機並みの速さで15時間後にハワイ諸島に到達して、61人が犠牲となった。チリ地震の津波はハワイ以外にも太平洋沿岸地域に襲来して各地域に大きな被害をもたらし、遠く18,000kmを隔てる日本にも地震発生から22時間後に津波が到来した。

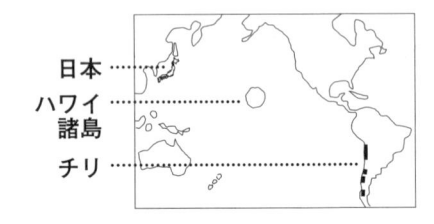

津波被害の特徴

　チリ地震の津波は日本には24日早朝にまず北海道東部沿岸へ津波が到来し、その後、太平洋沿岸の町を次々と襲った。津波の高さは1から4m程度であったが、複雑な地形で海岸が形成される、いわゆるリアス式海岸である三陸海岸では、湾の深度や地形が影響して津波のエネルギーを増幅させて大被害をもたらし、大船渡市では53人が津波の犠牲となった。

　また、最大波高5.8mを記録した八戸港では早朝3時過ぎから夕方までに10波が押し寄せ、中でも午前6時頃には押し寄せた数波の津波は湾奥にある街を呑み込んだ途端、

key words【キーワード】：津波　就寝中

あらゆるものを巻き込みながら海岸線から300mも潮が引き、通常の3倍の広さの浜が姿を表したと思うと、次の津波が押し寄せて建物や船舶を破壊し、引き潮がその残骸を海中に引きずり込んでいった。押しては引くを繰り返す津波の猛威の中で、防波堤や民家の屋根、電信柱には逃げ遅れた人々が捉まり救助を待った。この津波の惨状について罹災者は押し寄せる波よりもあらゆるものを急速に海中にひきずり込む引き波の方に破壊力があったと証言している。

このチリ地震の津波による被害は北海道、三陸海岸を中心に死者・行方不明142人、負傷者873人、家屋全半壊3,754棟、家屋流失1,259棟、船舶被害2,273隻の大災害となった。中でも岩手県の被害は甚大で、死者62人、負傷者277人、家屋流出2,171棟、被害総額は115億円余であった。

このチリ地震による津波が大被害をもたらした原因は、①津波の襲来が早朝で人々が就寝中で逃げ遅れたこと、②通常津波は地震後30分で襲来することから体感地震でなかったチリ地震の津波が到来すると予測しなかったこと、③長距離を移動する中で津波の波長のうちエネルギーが小さい長周波が先に到達し、その波高から備えを解いて最も波高がある第二波以降の津波で被害拡大を招いたこと、そして④津波警報の発令が遅れたこと、が挙げられる。ハワイ観測所はチリで地震が発生して間もなく、津波の観測情報をアメリカ沿岸測地局に伝え、その情報が同局から日本にもたらされた。日本の気象庁には「ハワイでは23日午後7時頃（日本時間）、被害を伴う津波が起こる可能性がある」との連絡が入り、日本に津波の第一波が到達した24日午前3時の8時間前にあたる23日午後7時頃に、アメリカ沿岸測地局からさらに「チリにおける激震は太平洋全域に広がる津波を引き起こした。ハワイにも間もなく到達する見込みで、この被害が他地域の被害の目安になるだろう」との情報が気象庁に伝えられた。しかし、この情報に接した気象庁職員は事態の深刻さに気付かず、すでに帰宅していた予報官に連絡していなかった。そして、津波が日本の太平洋沿岸地域に高波となって、漁村等を呑み込んだ直後の24日午前5時過ぎに津波警報を発令した。気象庁の対応が拙速であったことが、津波による被害拡大を招くことになった。また、環太平洋地域が甚大な津波被害を被ったことから、このチリ地震の津波被害を教訓に環太平洋諸国では津波早期警戒システムが確立され、地震、津波情報の共有化が図られることとなった。

津波に呑み込まれた陸地
http://www.city.hachinohe.aomori.jp/index.cfm/12,1493,43,65,html

第Ⅰ部　大災害の系譜　067

CASE 22 新潟地震

date 1964年（昭和39年）6月16日 ｜ scene 東北地方、関東地方、甲信越地方

地震の背景

　新潟地震は新潟県北部の沖合、粟島付近を震源域とする日本海東縁部の地震であり、新潟県周辺で発生した地震としては規模が大きかった。新潟地震後の調査では、地震発生10年前から震源近くの日本海沿岸の水準点で地殻の急激な隆起が観測されていた。

地震の概要

　1964年（昭和39年）6月16日午後1時1分、粟島付近の東経139度13分、北緯38度22分（新潟市より40km沖合）、深さ40kmを震源とするマグニチュード7.5の大地震が発生し、新潟市、村上市で震度6、仙台市、酒田市等で震度5、秋田市、青森市、盛岡市等で震度4の揺れが起きた。

被害の特徴

　1955年（昭和30年）10月1日の大火で市役所や百貨店および新聞社といった主要機関が焼失し、ようやく復興を遂げた新潟市は新潟地震で再び大災害に見舞われた。
　地震から15分後に新潟市へ波高4mの津波が到来して家屋が浸水し、佐渡島、粟島、島根県隠岐島でも冠水被害を被った（最高波高は山北町大島崎の5m）。新潟市では信濃川筋を津波が遡り、信濃川右岸の山ノ下地区など市内を冠水させて、信濃川の水系である栗ノ木川付近などでは1か月も水が引かなかった。
　この新潟地震は液状化現象と長周期地震動が鉄筋コンクリート造の建物や工業施設に被害を与え、地震に対する都市の脆弱性を露呈させた。市内の信濃川左岸では液状化によって地盤の強度が弱まって川岸町の鉄筋コンクリート造の県営住宅がドミノ倒しになり、右岸の新潟空港では津波と液状化で噴出した水が滑走路を冠水させた。新潟港でも火災が発生する等、海、空の交通機関ともに被害を被った。また、長周期地震動で信濃川に架かる鉄筋コンクリート造の橋梁が被害を受けた。萬代橋は橋脚と橋の取り付け部分が破損した程度であったが、八千代橋は橋脚が倒れて深刻な被害であった。架橋し、開通直後であった昭和大橋が落橋し、その姿はドミノ倒しとなった県営住宅とともに被害状況のランドマーク的な存在となった。これら信濃川筋の橋梁は、軽被害であった萬代橋を除いて車両の交通が不可能となり、被災地への物資の輸送等に支障を来たすこととなった。さらに昭和石油新潟製油所の石油タンクが炎上し、

key words【キーワード】：液状化現象　長周期地震動

周囲の民家60棟が延焼した。新潟市は石油火災を消火する化学消防車を装備しておらず、化学火災の消火体制が不十分であったため、自治省消防庁経由で東京消防庁に応援を要請。蒲田消防署を中心とする消火隊が結成されて新潟市に向かい、7月1日午後5時に鎮火した。この火災被害は甚大で、現在でも国内で起きたコンビナート火災としては史上最悪と言われている。

新潟市以外でも山形県庄内地方は被害が大きく、庄内地方では明治27年（1894年）の地震（p.32）に次ぐ大地震となった。そして、庄内地方の中心地である鶴岡市では、大山、水沢、西郷地区を中心に家屋が倒壊し、市内にある京田幼稚園では老朽化した園舎が倒壊して幼児3人が圧死し、さらに14人の幼児と1人の保母が生き埋めとなった。酒田市の市立第三中学校では運動場に生じた地割れに生徒が転落して死亡する等、児童生徒が犠牲となる事故が発生した。地震発生が平日の昼過ぎであったため、学校や幼稚園にいた児童、幼児が犠牲となった。

これらの事故の原因は当時、液状化現象によるものとされ、鉄筋コンクリートの耐震性を増強するため、1971年（昭和46年）に建築基準法が改正された。しかしながら、今日の研究では長周期地震動によるスロッシング現象によるものと考えられており、2003年の十勝沖地震（p.122）における苫小牧市の石油コンビナート火災もこれが原因と言われている。現存する多くの建物の制震、免震構造は長周期地震動と建物強度の弱体化を十分考慮していないことから対応策が課題となっている。

なお、新潟地震による被害は新潟県、山形県および秋田県等北陸、東北地方の日本海側に及び、死者26人、家屋全壊1,960棟、家屋半壊6,640棟、家屋浸水15,334棟であった。地震の規模に比べて人的被害が死者26人に止めることが出来たのは奇跡と言われている。地震が発生する4日前まで新潟では国体が開催されていたことから、地震が国体開催中であれば、選手、関係者、マスコミが地震に巻き込まれ、犠牲者が増えていた可能性もある。

昭和大橋の落下 「新潟街角今昔」より
http://www2biglobe.ne.jp/~makoto_w/niigata/kikaku/jisin_1.htm

第Ⅰ部 大災害の系譜 069

CASE 23 松代群発地震

date　1965年(昭和40年)8月3日～1970年(昭和45年)6月5日　｜　scene　長野県

地震の背景

　日本で発生する群発地震は、火山地帯で岩盤が粉砕する際に発生する。その群発地震の多くは震源の深さが浅く、震度の小さい地震が連続して起こるが、時にマグニチュード5程度の揺れを伴うことがある。

　ちなみに松代群発地震では、地震が発生した期間に住民が浮遊する発光体を目撃している。その原因として、岩盤同士の圧力で岩石が破砕される際に電磁波が放出され、それが発光要因とされている。また、破砕された岩石が花崗岩等石英を多く含む場合には青い発光が起こると言われている。

地震の概要

　1965年（昭和40年）8月3日に皆神山南東部を震源地とする群発地震が発生し、1970年6月5日に収束宣言されるまでの5年間に有感地震約6万回、無感地震を合わせると約73万回に及ぶ地震が起こった。最大震度は、1966年4月5日17時51分に発生したマグニチュード5.4のもので、東経138度19分、北緯36度35分、深さ0kmで発生した。

　松代群発地震の活動は大きく5期に分けられ、第1活動期は1965年8月～1966年2月の期間で皆神山を中心に半径5km圏内を震源域とし、第2活動期は1966年3～7月の期間で震源域が北東、南西方向に拡大し、第3活動期は1966年8～12月の期間で震源域が皆神山付近から川中島、真田に広がり、第4活動期は1967年1～5月の期間で震源域がさらに北東、南西方向に伸びていった。第5活動期の1967年6月～1970年6月になって漸く群発地震は沈静化に向かい、1970年6月5日に終息宣言が出されたが、その後も余震と見られる小規模の地震が続いた。これらの期間における群発地震のエネルギーの総計はマグニチュード6.4に相当すると言われている。

被害の特徴

　松代群発地震は5年という長期間に小規模な地震が度々発生するこれまで例がない地震であったが、地震動の積み重ねによって地割れが発生し、地すべりを引き起こしたことが被害の特徴である。

　この群発地震で長野県東方山地では地殻が変動した。皆神山を中心にして北方地域は北西に、南方地域は東南、南西に移動し、全体に東西方向に圧縮されて、南北方向に地殻が

key words【キーワード】：群発地震　松代地震センター

引き伸ばされた。この地殻変動は第2活動期（1966年3～7月）から第3活動期（同年8～12月）に起こり、表層地層や地震断層沿いの地表に地割れを引き起こし、特に皆神山北方に、北西から南東においては雁行状の大きな地割れが出来た。さらに、地割れは地表に留まらず、地下水脈に影響を及ぼし、地割れから大量の水が湧き出て、第3活動期だけで約1,000万m³に上った。

また、付近の温泉では温度や湧出量に異変がみられたり、また地下水が枯渇したりし、中には雨水に由来する地下水脈の成分と異なる炭酸ガスと塩分を多量に含む水が湧き出た地域もあり、地下水脈は山肌から地下に浸透する天水性の地下水脈のみならず、地殻変動によって地下深部から水が押し出されて起こっていると推測された。

こうした地下水脈の変化の後に、皆神山東方の山腹で崩壊性の地すべりが連続して発生した。特に1966年9月17日の牧内地区での地すべりは大規模で、2回にわたる滑落によって幅150m、長さ200mの土砂約40万m³が雪崩れ落ちて、11棟の家屋が被害を受けた。

松代群発地震の被害は、牧内地区の土砂崩れを含めて、1967年10月までに負傷者15人、住宅全壊10棟、半壊4棟、一部損壊7,857棟、道路損壊29か所、山崩れ・崖崩れ60個所であった。また、地震が長期にわたって発生したため、ノイローゼの症状を訴える住民も出た。さらに、繰り返し起きた地震によって、重要文化財であった善光寺の三門の下層軸部が破損して、一時的な応急修復が行われ、2002年から「平成大修理」が施されている。

なお、群発地震に見舞われた長野県、長野市は総合的な地震研究を行なう機関の開設を国に要望。地震が続く最中の1966年11月29日に松代地震センターの設置が閣議で決定され、翌年2月8日に業務を開始した。現在は気象庁精密地震観測室とともに松代地震等の群発地震の資料収集、データベース化および公表を行い、地震知識の啓蒙活動を担っている。

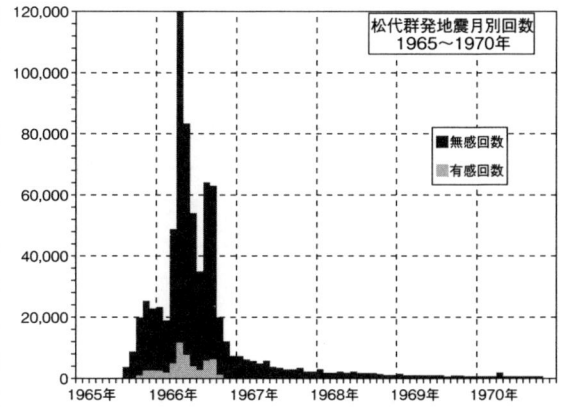

CASE 24 えびの地震

date　1968年（昭和43年）2月21日　｜　scene　熊本・宮崎・鹿児島県

地震の背景

　鹿児島県と宮崎県の県境に位置する霧島山は二十数個の火山群から成り、ここ数百年間、大小の噴火を繰り返している。えびの地震の前には、1959年に霧島山系の新燃岳が噴火し、1961年に霧島山系の火山群の北にある加久藤カルデラ（えびの盆地）で群発地震が発生するなど、えびの盆地付近の地震は火山活動と関連性があると考えられている。

地震の概要

　1968年2月21日午前8時51分にえびの高原付近を震源とする地震が発生し（東経130度43分、北緯32度1分）、震度5を観測した。その2時間後の午前10時45分にもえびの町真幸地区でマグニチュード6.1の揺れがあり、震度6の大地震となった。

　3月25日午前1時21分にも震度5の強震が発生し、震度5以上の地震が計5回起こった。気象庁は21日午前10時45分の地震を「えびの地震」と命名し、一番初めの21日午前8時51分の地震を「前震」、「本震」であるえびの地震以降の地震を「余震」と捉えたが、現在では地震の連続具合から群発地震と考えられている。

被害の特徴

　地震による被害は宮崎、鹿児島、熊本県の3県にわたり、震源地に近いえびの町と吉松町では堤防の亀裂、護岸の沈下等が12か所において確認された。また、無数の空気を含み、軽くて脆いシラスの土質が災いして、鉄道や道路の分断、橋の損壊および耕地が埋没した。

　えびの地震の全体の被害は、死者3人、負傷者46人、罹災世帯数5,175世帯。建物被害は全壊498戸、半壊1,278戸、一部損壊4,866戸。その他にも鉄道3か所、道路226か所、橋梁22か所に分断、損壊が確認された。農業被害としては、57.3haの耕地が埋没し、林地が449か所崩壊した。

　また、えびの地震から4年を経た1972年（昭和47年）7月6日に、群発地震の最大震度を観測したえびの市（昭和45年市制施行）真幸地区で山津波が発生。土砂は1.5kmにわたって流出し、肥薩線と4戸の住居、29戸の非住居建物を押し流し、これにより4人が犠牲となった。この山津波はえびの地震で山腹斜面に亀裂が生じたことが原因であった。

key words【キーワード】：群発地震

CASE 25 日向灘地震

date　1968年（昭和43年）4月1日　｜　scene　中国・四国・九州地方

地震の背景

日向灘では九州を頂くプレートの下に、太平洋からフィリピン海へ連なる海のプレートが沈み込んでいる。2つのプレートが接する境界では両プレートの圧力で接地面が破壊されて、そのエネルギーが地震をもたらす。日向灘地震はいわゆるプレート間地震と呼ばれている。

地震の概要

1968年（昭和43年）4月1日午前9時42分、日向灘沖東経132度32分、北緯32度17分を震源とするマグニチュード7.5の大地震が発生し、宮崎、高知県内で最大震度5を観測した。大分、鹿児島、愛媛県などでも最大震度4の地震に見舞われた。

また、地震後に津波が発生して、四国南西部の細島では198cm、油津では66cmの津波が確認された。

被害の特徴

被害は高知、愛媛両県に集中。地震動により住宅や道路が損壊し、松山市などでは約42,000戸が停電した。地震動と津波被害で沿岸にある漁港、養殖施設に被害が及び、

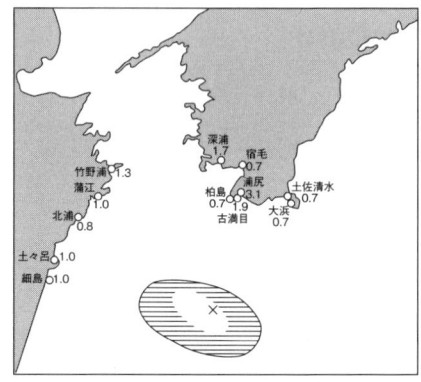

1968年日向灘地震の実測による津波の高さ（m）と波源

中でも御荘町では養殖真珠の施設500台、西海町では湾岸施設に20か所の損害があった。宮崎県でもハマチやアジの養殖所に津波が押し寄せて、養殖魚が逃げ出した。

この日向灘地震の被害全体は、死者1人、負傷者24人、住宅全壊1戸、半壊33戸、道路損壊32か所、山崩れ9か所、堤防亀裂、床下浸水56棟、船沈没破損3艘であった。

key words【キーワード】：プレート間地震

CASE 26　1968年十勝沖地震

date　1968年（昭和43年）5月16日　｜　scene　北海道、東北・関東地方

地震の背景

　東北地方の太平洋沖合では太平洋プレートが東北地方に向かって年8cmの速さで近づき、太平洋プレートが陸プレートの下に沈み込んでいる。このプレート同士の圧力でプレートが弾性力を蓄積して、それがばねのように跳ねて地震が発生する。

地震の概要

　1968年（昭和43年）5月16日午前9時48分、青森県東方沖の東経143度35分、北緯40度44分を震源とするマグニチュード7.9の大地震が発生。北海道函館市・苫小牧市・浦河町・広尾町、青森県青森市・八戸市・むつ市、岩手県盛岡市で最大震度である震度5を観測した。
　さらに、同日午後7時39分にも余震があり、浦河町・広尾町で震度5の地震に見舞われた。
　この地震は、三陸はるか沖地震（1994年）付近の震源地が発生源であり、三陸沖地震と公称することが適当であるが、気象庁が津波警報発令時に十勝沖地震と発表したことから、現在も「十勝沖地震」と称されている。

被害の特徴

　この地震の最も大きな被害は青森県内において発生した斜面崩壊によるものであった。地震前日までの3日間に大型低気圧が100mm以上の雨をもたらし、大雨で緩んだ青森県内のシラス地帯の地盤が地震で滑落・陥没して、土砂崩れ、盛土の崩壊で32人が死亡。そのうえ、用水路等の農業施設に被害を与え、南部鉄道全線は至る所で被害を受け、復旧の見込みが立たずに廃線となった。また、函館大学、むつ市庁舎といった公的機関の鉄筋コンクリート構造物が強度不足もあって大きな被害を受け、十分な耐震性が備わっていると考えられていた公共施設が修復不能なまでに被害を受けたことで、近代的建築物の耐震性に対する人々の不安を醸し出し、建築工学上の課題も露わにした。
　さらに、地震動で本州と北海道を結ぶ海底の通信ケーブルが切断され、北海道と本州間の電話等が途絶し、北海道の災害被害、復旧状況が中央等に連絡できない状況になった。これを教訓にその後、災害時応急復旧用無線電話・孤立化防止用無線電話が開発された。
　他方で、被害拡大が未然に防がれたこともあった。北海道では石油ストーブが転倒した

key words【キーワード】：斜面崩壊　津波

り、家庭用の集合煙筒が崩壊して火災が発生したが、その他の地域では採暖期を過ぎ農耕期に入る時期でストーブを使用する機会が少なくなっていたうえに、地震発生時間が食事時でなかったことから家屋密集地での火災発生の件数は少なく、また発生した火災も幸いにして出火後直ちに消火された。

地震後に海岸部に襲来した津波についても干潮の潮目であったことに加えて、チリ津波後に三陸沿岸の各港では防潮堤が設けられたり、住宅が高台に移転するなどの防災対策が講じられたりしたことから、チリ地震の際よりも高い津波が押し寄せた港もあったが、港湾付近の人的被害はチリ地震のような甚大なものには至らずに済んだ。漁業被害については、牡蠣などの養殖用の筏が津波により損壊、流失して大きな被害を被ったが、漁船への被害は軽微であった。サケ、マス漁の大型漁船は出漁後に地震、津波が発生したことから地震動や津波による直接的な被害を回避することができ、小型の漁船についても前日まで大型低気圧で出漁を見合わせ、漁港に揚陸されていたことが漁船への被害が軽微であった要因である。しかしながら、この地震による津波はこの地域の過去の地震と比べて特徴的で、地震発生後も波動現象が長期にわたった地域があり、不測の事態に備えて出港しない漁船もあった。

この地震の被害は甚大で死亡52人、重軽傷者812人、全壊928戸、半壊3,004戸、一部損壊15,697戸、浸水825戸で非住家被害についても1,781戸が被害を受けた。産業被害も水田の被害456か所・水田冠水572か所・畑の被害12か所・畑冠水8か所、道路損壊は420か所、鉄軌道（線路）被害60か所、船舶被害358に及んだ。被災世帯数は4,538戸、被災者数は22,343人で被害は北海道、東北地方にわたった。「1968年十勝沖地震調査報告」（「気象庁技術報告 第68号」）では、この地震被害について地震、津波の規模に比べて被害状況が軽微であったとし、その要因として大要次のように述べられている。

「火災被害については、採暖期の地震でなかったことから地震後の火災発生件数が少なく、速やかに消火された。しかし、厳寒期での地震であれば多数の火災が発生する可能性がある。

津波被害については、干潮時に最大波高という幸運もあったが、チリ地震による津波の経験で三陸沿岸の各港に防潮堤が設けられ、高地への住宅移転が促進されたことなど防災に対する投資効果、この地方の住民、行政の津波防災への努力を高く評価している。」

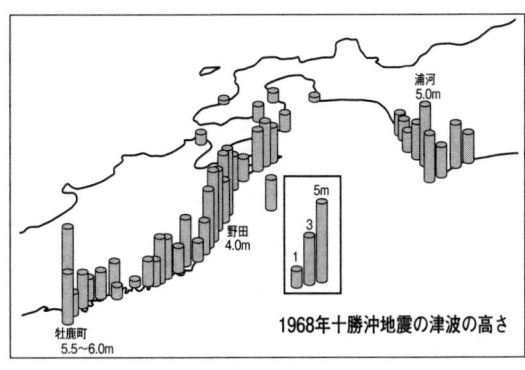

1968年十勝沖地震の津波の高さ

牡鹿町 5.5～6.0m
野田 4.0m
浦河 5.0m

第Ⅰ部 大災害の系譜 | 075

CASE 27 根室半島沖地震

date　1973年(昭和48年)6月17日　｜　scene　北海道、東北・関東・北陸地方

地震の背景

　北海道、色丹島、および択捉島を頂く陸のプレート下に太平洋プレートが沈み込んでいる千島海溝では、陸のプレートと太平洋プレートの境界や太平洋プレート内で地震が発生する。このエリアはマグニチュード8クラスの大地震が発生するが、十勝沖、根室沖、色丹島沖、択捉島沖の4つの地帯に分けられ、それぞれの地帯を震源とする地震は「十勝沖の地震」、「根室沖の地震」、「色丹島沖地震」、「択捉島沖の地震」と呼ばれている。
　「根室沖」はマグニチュード7から8の地震を繰り返し発生させる地帯で、本地震がマグニチュード7.4と地震エネルギーが十分放出されたと言い難いこと、その地震から30年以上経過したことから現在大規模な地震への警戒が必要と言われている。

地震の概要

　1973年(昭和48年)6月17日12時55分、根室半島南東沖約55kmの東経145度57分、北緯42度58分を震源(深さ約40km)とするマグニチュード7.4の地震が発生。根室、釧路で震度5、網走、帯広、浦河、広尾、青森で震度4、北見、苫小牧、札幌、室蘭、倶知安、枝幸、八戸、宮古、釜石等で震度3、紋別、羽幌、岩見沢、小樽、函館、森、江差、仙台、石巻で震度2、浜頓別、留萌、旭川で震度1を観測し、花咲では波高2.8mの津波が確認された。
　地震はその後も続き、1週間後の6月24日11時43分にもマグニチュード7.1の地震が発生している。ちなみにこの余震の震源は根室半島南東沖約100kmの北緯42度5分、東経146度4分で深さは約30km、震度は釧路で震度5、根室、浦河で震度4であった。

被害の特徴

　被害は根室管内に集中したが、同管内の平野部は約2万年前の主ウルム亜氷期以降の海水面の上昇によって形成された軟弱地盤で、その厚さは30から100mと言われている。軟弱地盤は未凝固砂、シルト、粘土等の組成となっており、極めて緩い土壌であった。また、丘陵部、山地では洪積世から沖積世にかけて噴出した火砕流、軽石流で形成された地盤で、これも海水面の上昇で形成された地盤と同じく地震で崩壊しやすい地質であった。
　マグニチュード7.4の地震で釧路の国道は一般国道44号で9か所、272号で1か所の計10か所で路面、路肩が破壊、沈下して、

key words【キーワード】：軟弱地盤　津波　防波堤

うち5か所は橋梁の一部が損壊した。北海道開発庁所管（室蘭、釧路）の道路等の被害は16か所、全被害総額2.5億円にのぼった。

また、人的、家屋被害については、負傷者26人、家屋全壊2棟、一部損壊5,034棟で、6月24日のマグニチュード7.1の余震でも1人が負傷し、2棟の家屋が一部破損した。特に、道路被害が大きかった姉別では、30mにわたって縁石付近から鉛直に法面が破壊され、ガードケーブルが宙吊りになった。

また、津波は、花咲港、霧多布港、これら港の繋留施設および港付近の住居に浸水して被害をもたらした。花咲港では6月17日、同24日の2度の地震で突堤の先端から50m付近まで岸壁の法線が海側に大きく傾斜し、エプロンのコンクリート舗装は舗装下の土砂が沈下して、陥没、破損した。このコンクリート舗装の破損は港内全体にみられ、岸壁取付部分ではエプロンのコンクリート舗装が破損して水没し、堤体は転倒した。地震動による直接的な被害とともに、港内では、液状化現象も確認された。

霧多布港にも花咲港と同様に地震による津波が押し寄せたが、この港は1952年（昭和27年）の十勝沖地震（p.62）、1960年（昭和35年）のチリ地震（p.66）で被害を被った経験から防波堤が建設されていたため、被害は軽微であった。荷揚場の取付袖が沈下していたり、コンクリート舗装が緩やかに沈下したり、軽い地割れが生じたりする程度であった。しかしながら、霧多布港でも液状化現象が確認されている。

津波被害については家屋への浸水が275棟、船舶の流失・沈没が10隻であった。ちなみに、花咲港では、地震の翌年1974年（昭和49年）2月9日に根室東海上を通過した低気圧が発生させた6mから7mの高波が襲来し、港湾施設6か所と花咲港流通センターが損壊して、総額7,800万円の損害を被った。

花咲（根室市）の状況
気象庁根室測候所Hpより
http://www.sapporo-jma.go.jp/hokkaido/nemuro/web/zisin-photo/hikaku nemuro/hikaku nemuro3.htm

CASE 28 伊豆半島沖地震

date 1974年(昭和49年)5月9日 | scene 東北・関東・中部・近畿地方

地震の背景

100万年前、伊豆半島を載せたフィリピン海プレートが本州に衝突し、フィリピン海プレートは伊豆半島を軸に西側の駿河トラフから東側の相模トラフにて本州の下に沈み込み、東海地震、南海地震の発生源となっている。

伊豆半島は多数の火山があることから地殻が温まって軽くなり、本州の下に入り込むことができずに年4cmのスピードで本州を水平方向に押し、丹沢山地、富士川沿いの地層や赤石山地を盛り上げている。こうして伊豆半島は北西から南東方向に圧力が掛かって歪み、この歪みの蓄積と解放が伊豆半島内や周辺海域での地震の原因となっている。

地震の概要

1974年(昭和49年)5月9日午前8時33分、伊豆半島石廊崎沖南南東約35kmの東経138度48分、北緯34度34分を震源(深さ約10km)とするマグニチュード6.9の地震が発生、各地の震度は石廊崎で震度5、網代、三島、静岡で震度4、御前崎、浜松で震度3であった。

本震後、有感、無感の余震が続き、本震の約1時間後にマグニチュード4.5の地震があった。この1974年の地震は伊豆半島やその周辺域の地殻変動を誘発し、1976年8月に河津地震(M5.4)が、1978年(12月に伊豆大島近海地震(M7.0)が発生し、地殻が変動し、1989年7月には伊東市沖で海底火山が噴火するに至った。また、この伊豆半島沖地震で石廊崎から北西に5.5kmに及ぶ断層(石廊崎断層)が出来た。

なお、津波は静岡県御前崎で12cmが確認される等、その規模は極めて軽微であった。

被害の特徴

被害は伊豆半島最南端の南伊豆町に集中し、道路・橋梁破壊、水道管破損などの被害が生じ、石廊崎にある灯台も崩壊し、付近を航行する船舶に方位信号を送ることができなくなった。

南伊豆町の中木地区は三方を標高約150mの山で囲まれた狭い地区で、85世帯約300人が生活を営んでいた。この中木地区の中央部にせり出していた城畑山の斜面が標高約100m部分から幅約60mにわたって崩落し、城畑山周辺の22戸の集落を約5万m³の土砂が呑み込んだ。そのうえ土砂の下敷きになった家屋からプロパンガスが漏れ

key words【キーワード】：土砂崩れ　斜面崩落

て、引火し、土砂の下で家屋が数日間燃えて、土砂崩れに巻き込まれた27人全員が死亡した。地震は朝8時33分に発生し、通勤、出漁、あるいは通学時間帯であったため、青壮年の男性や学生は家を出た直後であった。そのため、この斜面崩落で犠牲になった住民は、老齢者や主婦、幼稚園未満の幼児で、幸いにも土砂災害に遭遇しなかった父親、学生が家族と生き別れになってしまった。

南伊豆町などを管轄する下田警察署は地震発生直後、速やかに管内にある派出所、駐在所に対して被害状況の確認や報告、被災者の救護および津波への警戒を呼びかけた。地震発生時は、ちょうど下田警察署が派出所等に定時電話連絡を行っていた最中で、各派出所の警察官が電話連絡のため待機していたこともあって、この迅速な対応に繋がったようである。

各派出所等の被害報告から被害状況を把握した下田警察署は「地震災害警備本部」を設けるとともに静岡県警察本部に急報し、下田警察署長は土砂崩れが発生した南伊豆町の中木地区に現地指揮所を設営して、署長が陣頭指揮に当たった。静岡県警察本部でも「地震災害警備本部」を設置し、本部機動隊、県管区機動隊、熱海、伊東両警察署に応援出動を指示。警備部長以下幹部が下田警察署に入り、また警視庁、神奈川県警にも応援派遣を求めた。この土砂崩れで生き埋めとなった人々の捜索・救助作業や被災救助のために地震発生から2週間で延べ8,000人の警官が動員された。

伊豆半島における被害の総計は、死者30人、負傷者102人。建物は地震後に確認された石廊崎断層に沿って家屋の全半壊が多発し、南伊豆町以外でも下田市等で家屋の瓦が落下したり、ブロック塀が倒壊したりして、家屋全壊98戸、半壊810戸、一部損壊666個、全焼・半焼7戸に上り、道路損壊は58か所、山崩れ・崖崩れは92か所に上った。

崩落した石廊崎灯台
資料提供：応用地質(株)

CASE 29 1975年大分県中部地震

date 1975年(昭和50年)4月21日 | scene 大分県

地震の背景

　大分県に被害を及ぼす地震は、南海トラフ、フィリピン海プレート内、日向灘から豊後水道といった海域を震源とする地震と、陸地の浅いところを震源とする直下型地震がある。海域を震源とする地震は津波を伴い、1968年日向灘地震（p.73）では大分県南部で1mを越える津波が押し寄せた。この海域を震源とする地震としては、1769年の日向・豊後の地震（M7.4）、1854年の伊予西部（豊後水道付近）の地震（M7.3～7.5）、1941年の日向灘の地震（M7.2）、1968年日向灘地震（M7.5）、1984年の日向灘の地震（M7.2）が該当する。

　陸地の地震は大分県中部付近を東西に伸びる別府－島原地溝帯に沿って発生し、この地溝帯には別府－万年山断層群が分布。別府湾内にもほぼ東西に走る正断層が数多く確認され、大分県内には直下型地震の発生源となり得る断層が横たわっている。

地震の概要

　1975年4月21日午前2時35分にマグニチュード6.4の地震が発生。震源は庄内町の花牟礼山付近で、東経131度20分、北緯33度8分の地点。

　各地の震度は湯布院で震度5、大分で震度4、日田、津久見で震度3を観測し、その後30日までに有感地震9回（うち21日に6回）、無感地震36回（うち21日に19回）の小規模な地震があった。この大分県中部地震の前に、同じ年の1975年1月22日に阿蘇山カルデラ北部を震源とするM6.1の地震が発生していた。

　また、4月21日の地震前には住民が遠くで大砲を発射したような低い地鳴りを聞いたり、オレンジから赤色の発光体を北西の空で目撃するなど地震の予兆と思しき事象を見聞きしていた。

被害の特徴

　地震被害の範囲は狭く、被害地域は大分県内の庄内町（直野内山、下直野）、湯布院町（山下池周辺、田伏、扇山、湯平）、九重町（奥双石〔おくなめし〕、寺庄、千町無〔せんちょうむ〕）、直入町、野津原町の5町に止まったが、震源域に最も近い庄内町内山地区ではほとんどの住家が全半壊した。

　道路の被害は、別府と阿蘇を結ぶ観光道路であり、かつ生活幹線道路であるやまなみハイウェーにおいて路面や盛土の崩壊が各所

---

key words【キーワード】：建築物の耐震改修に関する法律

に発生し、小田野池料金所の幅8mの屋根が地面に落下した。山下池付近の道路も大きな被害を受け、内山地区から下直野地区に通じる道路は、至るところで崩壊、落石で不通になった。建物被害では、地上4階、地下1階で鉄筋コンクリート造の山下池湖畔のホテル（レークサイドホテル）の1階の柱が曲がって玄関付近などがつぶれ、3階建てのようになった。この鉄骨鉄筋コンクリート造のホテルの損壊は、耐震補強や診断技術のあり方を検証するきっかけとなり、鉄骨鉄筋コンクリート構造物の耐震・診断技術を向上させる機運が高まった。しかし、コストの問題や耐震補強を施すことで構造物の使い勝手が損なわれることなどから東海地震が想定される静岡、神奈川県で耐震基準の引き上げが行われた程度であった。レークサイドホテル以外にも山下池周辺を中心に住家が倒壊、損壊する被害が多数発生した。

　大分県中部地震の教訓が活かされたのは、1995年1月の阪神淡路大震災後で再度鉄骨鉄筋コンクリート構造物が飴のように曲がったことから、1995年12月に「建築物の耐震改修に関する法律（通称「耐震改修促進法」）が施行され、全国的に耐震性の強化が図られたことである。

　なお、大分県中部地震の被害は、4月24日に大分県災害対策本部が取りまとめた被害状況によると、人的被害としては重傷者3人、軽傷者19人。住宅被害は全壊58戸（268人、56世帯）、半壊93戸（387人、91世帯）、一部破壊2,089戸（7,938人、1,980世帯）、非住居の全半壊102戸であった。学校等教育施設は全壊1校、一部損壊13校。河川被害は6か所、道路被害は182か所であった。また、地震後に、沢を流れる水が白濁し、そのうえ簡易水道が破損したことから、しばらくの間、飲料水が被災地で不足する事態が発生した。

レークサイドホテル全景、右側が玄関

レークサイドホテル玄関の崩壊
（文部科学省研究開発局地震・防災研究課Hpより）

CASE 30 伊豆大島近海地震

date　1978年（昭和53年）1月14日　｜　scene　東京都大島町、静岡県

地震の背景

　伊豆半島を載せたフィリピン海プレートは本州を年4cmずつ水平方向に押している。フィリピン海プレートは伊豆半島を軸に西側の駿河トラフから東側の相模トラフにて本州の下に沈み込んでいるが、伊豆半島は多数の火山があることから地殻が温まって軽くなり、本州の下に入り込むことができずに、丹沢山地、富士川沿いの地層や赤石山地を盛り上げている。こうして伊豆半島は北西から南東方向に圧力が掛かって歪み、この歪みの蓄積と解放が伊豆半島内や周辺海域での地震の原因となっている。

地震の概要

　1978年（昭和53年）1月14日午後0時24分、伊豆大島西岸沖約15kmの東経139度15分、北緯34度46分を震源としたマグニチュード7.0の地震が発生した。静岡県東伊豆町で震度6相当、伊豆大島と神奈川県横浜市で震度5を、東京、静岡、網代、三島等で震度4を観測した。この地震では前日から前震があり、地震前日の1月13日17時頃から夜半過ぎまで伊豆大島西方で最大マグニチュード3.7を含む数十回の地震が起きた。本震発生当日の14日朝8時過ぎにもマグニチュード4.9の地震2回等、多数の地震が発生したため、同日10時50分に気象庁は、「多少の被害を伴う地震が起こるかもしれない」という地震情報を発表した。その約1時間半後に本震に見舞われたが、本震後も100回を越える余震があり、本震翌日の15日にはマグニチュード5.8の最大余震があった。

　津波については大島町岡田地区で70cm、南伊豆で14cm、千葉県布良で22cmの津波を観測した程度で、大きな被害はなかった。

　この地震の3日前から犬がほえ続けたり、池の魚が発作を起こしたように泳いだといった「予兆」が報告され、1日前に急増。半日前には40件以上に上っていた。

　また、地震後に東伊豆町においては伊豆急行の稲取トンネル内で「稲取断層」が、河津町に「根木の田断層」が確認された。

被害の特徴

　被害は震源に近い伊豆大島よりも伊豆半島東部に集中し、特に火山性の土質が災いして、地震動が崖崩れを誘発して多数の死者を出した。河津町見高入谷地区では田尻川上流部右岸側の斜面で長さ約300m、幅は約200m、高さ約30m、体積にして4万㎡に及ぶ大規

key words【キーワード】：崖崩れ　余震

模な地滑りが発生し、一瞬のうちに4世帯、10戸が土砂に埋まり、7人が死亡。土質が火山性で脆かったことに加えて、傾斜が危険斜面の基準である30度に達せず（崩壊面の傾斜24度、冠頂部から土砂到達地点の角度15度）、行政が危険個所と認識していなかったこともあり、惨事を招いた。これ以外にも天城湯ヶ島町でも県道を走行中のバスが崖崩れに遭遇して、乗客3人が死亡、8人が負傷した。その他にも落石や山崩れにより各所で交通が遮断され、家屋、水道施設に被害をもたらした。見高入谷地区や近隣の大池周辺では斜面の滑落が上記2か所以外にも10数か所も発生したが、これら一連の土砂被害は、地質と関係していた。見高入谷地区などではロームとスコリアが重層を成す地層が形成されていた。斜面に対する抵抗値がローム（粘性質の高い土壌）とスコリア（火山噴出物の一種で、暗色の塊状で多孔質のもの）で異なることから、スコリアが堆積安息角を超えたために滑落したと考えられている。

また、天城湯ヶ島町にある持越鉱山の鉱滓ダムが決壊し、金製錬で副生されたシアン化合物を含む鉱滓が持越川に流出し、狩野川を経由し駿河湾に流れ出して魚介類や生活用水、飲料水の汚染が懸念された（除去作業済み）。持越鉱山の鉱滓ダムが決壊した原因は、地震によって堰堤に液状化現象が発生し、さらにダム内に水が貯まり、その水抜きが不十分で、液状化現象で綻んだ堰堤から汚水が流出したことにあった。

この地震の被害の総計は、死者23人、行方不明者2人、負傷者211人、全壊96戸、半壊616戸、地滑り・崖崩れ264か所、道路損壊1,141か所。東伊豆町、河津町、天城湯ヶ島町で総被害の大半を占めているが、他方で震源に近い伊豆大島は、人的被害、家屋の全半壊ともに確認されなかった。

この地震では静岡県が全国で初めて「余震情報」を伊豆南部と中部の市町村に発令し（1月18日）、マグニチュード6程度の余震が発生する可能性を伝えたが、「マグニチュード6」を「午後6時」と住民が勘違いして避難騒ぎが発生。地震情報の伝え方に課題を残した。

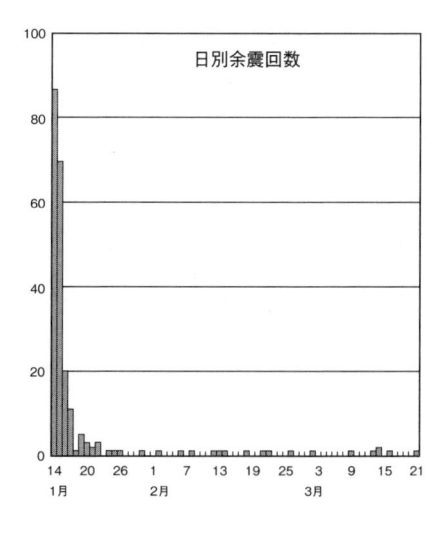

CASE 31 宮城県沖地震

date　1978年（昭和53年）6月12日　｜　scene　東北・関東地方

地震の背景

東北地方東方沖には、海洋プレート（太平洋プレート）が陸のプレート（東北地方などが載る北アメリカプレート）の下に潜り込み、これらプレート間の圧力が蓄積。そのエネルギーが解放されることでマグニチュード7.5前後の地震が発生する。

東北地方東方沖を震源とする地震は25から40年の間隔で発生しており、2007年時点で今後10年以内の地震発生の確率は約60％、30年以内で99％と評価されている。

地震の概要

1978年（昭和53年）6月12日17時14分、宮城県沖で東経142度10分、北緯38度9分（深さ40km）を震源とするマグニチュード7.4の地震が発生した。各地の震度は、震度5が大船渡、仙台、石巻、新庄、福島。震度4が秋田、八戸、鷹巣、宮古、盛岡、一ノ関、酒田、山形、白河、小名浜、会津若松、宇都宮、水戸、前橋、東京、銚子、横浜、勝浦、館山、大島等。震度3が青森、むつ、函館、高田、秩父、甲府、三島、網代等。震度2が苫小牧、室蘭、新潟、長野等。震度1が森、江差、深浦等。

仙台管区気象台が地震発生から7分後の17時21分に、東北地方の太平洋沿岸に津波警報を発表した。北海道から東北地方の太平洋沿岸で軽微な津波が観測されたが、被害の報告はもたらされず、同日20時30分に津波警報は解除された。

被害の特徴

この地震は、当時としては大都市であった仙台市（人口約65万人）が震度5の地震に見舞われたことから、被害は都市特有のものとなった。地震により仙台市では電気、電話等といったライフラインが被害を受け、電気、電話は地震後1日で復旧が進んだが、水道は8日後に復旧、13万戸が供給停止となった。都市ガスは地震発生27日後に復旧した。

また、建物被害は仙台市卸町団地では286社の社屋のうち全壊3社、半壊262社に及び、地震時に屋外に避難した人々にガラス片などが落下した。仙台市内では負傷者が10,000人と言われているが、その多くがガラス片などの落下物によるものであった。さらに、宮城県内での死者16人のうち11人が倒壊したブロック塀の下敷きによる圧死であった点、新興住宅地の造成地が地盤沈下するなど住宅被害が数多かった点もこの地震被

key words【キーワード】：ライフライン

害の特徴であった。

　そのうえ、仙台市内では停電で交通信号機が全て点灯しなくなり、地震が夕方のラッシュ時に起きたため、激しい交通渋滞が発生したが、電気が復旧し始めて渋滞は緩和。仙台駅前で午後11時頃、国道45号線では午後11時半頃に渋滞は解消された。幸いもこの渋滞で事故や混乱といった二次災害は発生せずに済んでいる。

　火災については本震が発生する8分前に震度2の前震があったことから、その際各戸でガス栓を閉じたため大事に至らなかった。宮城県沖地震での火災発生件数は8件のみで、事前の予測を大きく下回っていた。その原因としては、仙台市では前記の前震があったことに加えて、次のような要因を挙げている。
① 地震が来たら火の始末という意識が市民に定着していたこと。
② 初夏に入り、石油ストーブなどの暖房器具が使われていなかったこと。
③ 本震が17時14分で、まだ夕食の支度時間に早く、火を使っている家庭が少なかったこと。

　また、仙台市では実験用薬品が発火して、火災発生の要因になる懸念を示唆している。

　火災被害は免れたとは言え、宮城県沖地震の被害は決して小さくはない。旧仙台市の被害は死者16人、重傷者170人、軽傷者9,130人。家屋被害は全壊769戸、半壊3,481戸、一部損壊74,487戸、宅地被害11,740か所、ブロック塀の損壊30,891か所。東北全県の被害は、死者28人、負傷者2,995人（軽傷者を除く）、家屋の全壊1,379棟、半壊6,170棟、半焼7棟、一部破損60,124戸、その他建物の被害21,241棟、水田被害233ha、道路損壊888か所、橋梁流失98か所、堤防決壊17か所、崖崩れ等529か所、鉄軌道（線路）被害140件、通信施設被害2,687件、船舶沈没2隻・破損16隻で、被害総額は2,700億円に上り、1995年の阪神・淡路大震災発生まで都市が経験した地震災害としては最も甚大なものであった。

　都市における地震被害の大きさに鑑み、この地震後の1981年に改正建築基準法が施行され、建物の耐震性が見直された。また、宮城県ではいわゆる「防災の日」（9月1日）以外に6月12日を「県民防災の日」として防災訓練を毎年行っている。

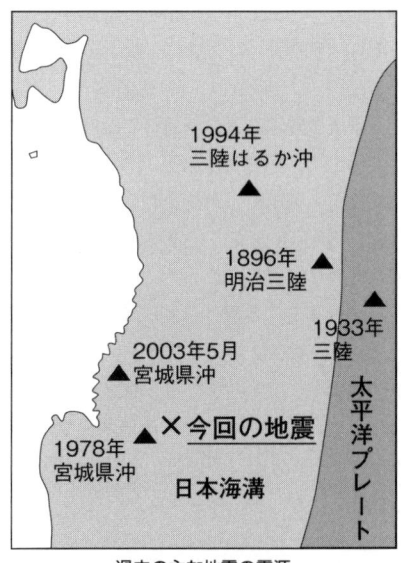

過去の主な地震の震源

CASE 32 浦河沖地震

date 1982年（昭和57年）3月21日 ｜ scene 北海道、関東・東北・甲信越地方

地震の背景

日高山脈（日高衝突帯）では千島列島（千島弧）と日本列島東北部（東北日本弧）の地殻が地下約23kmで衝突。そして、千島弧の地殻が上下に裂け、その裂けた上部は持ち上がって日高山脈となり、下部は太平洋プレートにぶつかっている。この太平洋プレートにぶつかっている付近で地震が発生する。

地震の概要

1982年（昭和57年）3月21日午前11時32分、北海道浦河郡浦河町南西沖20km（東経142度36分、北緯42度4分）を震源とするマグニチュード7.1の地震が発生した。震度は震源に近い浦河町で震度6、札幌市、帯広市、小樽市、岩見沢市、苫小牧市、倶知安町、広尾町、青森県むつ市で震度4を観測。震度6を北海道で観測したのはこの浦河沖地震が初めてであった。

この地震では本震から約8時間後の午後7時22分最大余震マグニチュード5.8（浦河町で震度4）が発生する等、地震が継続的に発生した。また、本震後に津波が発生して、地震から約4分後に浦河町に135cmの津波を観測したが、特に被害はなかった。

被害の特徴

被害は震源に近い浦河町やその周辺に集中し、浦河町では常盤町商店街の商店が傾き、外壁が崩れ落ちたり、あるいはショーウインドーが壊れて、さらに店内では柱が折れ、商品が散乱した。また、浦河町内の各所ではブロック塀や自動販売機が倒れたり、電柱や煙突が傾いたりした。

浦河町に隣接する静内町（現・新ひだか町）では静内川にかかる静内橋の橋脚8基うち6基が損傷し、静内町側から3番目の橋脚は斜めに亀裂が入り、横揺れによってずれていた。この静内橋の損傷により日高地方の海岸線を唯一結ぶ幹線道路である国道234号線が不通となり、山回りで15kmの迂回を余儀なくされた。また、鉄道では日高本線も静内－浦河間、浦河－様似間が不通となった。

三石町では三石漁港の護岸胸壁が傾斜して岸壁のエプロンが陥没。木造平屋建ての三石小学校は教室の壁は崩れ落ち、窓ガラスは割れる被害があった。なお、教育施設について地震から10日後の国会での調査報告によると、公立学校107校（被害金額は約7,300万円）、私立学校4校（被害金額約1,000万円）が被害を受けていた。

key words【キーワード】：震度6　津波　ライフライン

被害が浦河町を中心に広域的であったため、北海道庁内に「北海道地震災害対策連絡本部」を、浦河町ほか七市町に「市町災害対策本部」を設置して被害状況の情報収集や救援活動の策定にあたり、消防機関による防災活動も始まった。北海道警察は地震発生から13日間にわたり延べ345人の機動隊員を被災地に常駐させるなどして、警察官延べ約3,100人を災害警備活動に動員。そして、沿岸住民に対して津波警報を伝達するとともに、浦河町等の住民約2,750人を避難誘導したり、交通規制、警戒等の諸活動を行った。また、被災地では余震が続いたことから、防犯パトロール、交通規制等の諸活動を行い、住民の不安感の除去に努めた。

　こうした支援活動の中、ライフラインは電気、電話が地震発生の翌日22日に復旧し、水道については浦河町では老朽化も手伝って150か所も水道施設に漏水か所が見つかって、その復旧に時間を要した。断水中は自衛隊等の給水車が応急給水を実施したが、30日には全家庭の水道が復旧した。不通となっていた日高本線も、静内－浦河間が同年4月5日に開通するなど復旧していった。また、被災地は前年8月に台風15号により甚大な被害に見舞われたことから、政府が被災地に財政的支援を行い、住宅被災者に対しては住宅金融公庫から災害復興住宅資金の貸し付けを行った。中小企業関係に対しても中小企業金融公庫、国民金融公庫、商工組合中央金庫から災害復旧貸し付け等の融資を実施し、地方公共団体にも地方債、特別交付税等の財政的な支援を行った。

　なお、この地震の全体的な被害は、負傷者248人、家屋全壊13棟、半壊28棟、一部損壊675棟、その他22棟、船舶転覆等6隻であった。

損傷した静内橋橋脚
資料提供：基礎地盤コンサルタンツ(株)

CASE 33 日本海中部地震

date 1983年(昭和58年)5月26日　　scene 東北地方、北海道

地震の背景

日本海東縁部のプレート境界を震源とする地震で、深度が浅く、地震による海底の隆起、沈降により、津波が発生することが多い。また、震源が陸地に近いため、陸域では強い振動に見舞われ、さらに海岸部には地震後直ちに津波が襲来する。大陸と日本列島に囲まれている日本海では津波の伝わり方が複雑で、高い波高の津波が押し寄せたり、最大波高の津波が地震から数時間を経て、到達したりする場合もある。

地震の概要

1983年5月26日11時59分に、男鹿半島北西沖約70km（東経139度4分、北緯40度2分）を震源とするマグニチュード7.7の地震が発生し、秋田市、むつ市、深浦町で最大震度5を観測、青森、八戸で震度4を観測した他、北海道から中部地方の広範囲で有感地震を測定した。東北地方日本海側を震源とする地震としては最大であったこの地震は、5月1日頃からすでに前震が起きており、5月14日にはマグニチュード5の地震があり、秋田、盛岡では震度1の地震を観測していた。

地震発生から8分後の12時8分には深浦に津波の第一波が押し寄せ、13時36分に最高波高65cmを観測した。津波は山形、秋田、青森県の日本海側沿岸に10m以上の波高を伴って押し寄せ、峰浜村では14mの津波が襲来した。

被害の特徴

この地震では長周期地震動によるスロッシングで秋田市の東北電力秋田火力発電所内の原油浮屋根タンクにて火災が発生し、新潟でも石油タンクが損傷を受けた。鉄道についても五能線（106か所）、津軽線（44か所）、大畑線（5か所）、奥羽本線（1か所）で軌道狂い、路盤陥没、築堤崩壊、橋梁・トンネル変状等が発生し、一部、または全区間が不通となり、バスでの代行輸送が行われた。

これらの被害に加えて、津波によって多くの人命が犠牲になった。地震による被害の全体像は、死者104人、住家全半壊3,049棟、船舶沈没・流失706隻など被害総額は1,800億円に及んだが、死者104人のうち100人が津波による犠牲者であった。

津波は地震発生後約7分で青森県深浦町に引き波として到達したが、津波警報が発令されたのは地震発生後14分後であった。最

key words【キーワード】：津波　スロッシング　津波警報関係省庁連絡会議

も津波が高かった場所は峰浜村で、波高は14mに及び、海岸近くにあった砂丘を乗り越えて津波が押し寄せて、農作業中の3名が死亡している。

　津波による死者104人は、港湾工事従事者（41人）、釣り人（17人）、遠足中の教師・小学生（13人）、海上操業中の漁師（8人）、チューリヒからきていたスイス人女性も犠牲となったが、被害が大きくなった原因として犠牲者に津波情報が伝達できておらず、仙台管区気象台が12時14分に発表した津波警報が届く前に津波が押し寄せたこと、遠足などで屋外にいたことから犠牲者が地震の大きさを認識できなかったこと、日本海側では大地震が少なかったことから地震後に津波が押し寄せると思っていなかったことなどが挙げられている。

　この地震の津波は報道用、家庭用ビデオで映像として記録され、貴重な研究記録として現在も活用されている。能登半島の石川県輪島市ではNHK金沢放送局の記者が輪島川河口を遡上する津波とその波にまかれ転覆する漁船から脱出する船長の姿を映像に留めた。また、男鹿市北浦小学校では全校児童が校庭に避難する中、津波が延々と押し寄せ、逃げ惑う児童の様子が撮影され、青森県十三湖でも人々や車が津波に呑み込まれる衝撃的な写真が撮られた。この日本海中部地震が津波被害を動画として初めて記録化したと言われており、前記の通り研究記録として貴重であるとともに、ニュース映像等の形で国内、国外に配信されて、津波被害の恐ろしさを視覚に訴えた。

　この地震の津波は対岸の韓国にも到達して1人が死亡、2人が行方不明となっているが、日本海中央部にある大和堆によって津波が増幅され、朝鮮半島で津波被害を発生させたことが原因と考えられている。ソ連（ロシア）のウラジオストックでは日本海中部地震発生の情報を把握した後、住民を高台に避難させたが、津波は軽微で被害はなかった。

　津波によって多くの犠牲者が出たことについて、地震後の1983年6月に総理府、警察庁、国土庁、海上保安庁、気象庁など7省庁が「津波警報関係省庁連絡会議」を設立し、7月15日に「沿岸地域における津波警戒の徹底について」の申し合わせがされた。秋田県では津波情報の伝達体制の整備を進め、5月26日を「県民防災の日」とした。

日本海中部地震の犠牲者内訳

死亡者数	原因	内訳（人）	
計 104	津波 100	港湾工事中	40
		釣人・海藻採り	23
		遠足・観光	14
		漁船転覆	10
		海岸で作業中	5
		港内見回り中	3
		農作業・放牧中	3
		海岸で飲酒中	2
	地震動による 4	地震のショック	2
		広告塔崩壊による	1
		煙突崩壊による	1

CASE 34 山梨県東部地震

date　1983年（昭和58年）8月8日　｜　scene　関東地方南部

地震の背景

　山梨県と神奈川県の県境は地震活動の活発な地域である。この地域では伊豆半島を載せたフィリピン海プレートと陸側のプレートが衝突しているとみられている。

　この付近で発生した主な地震には、1923年の関東大地震がある。その後も1924年1月の丹沢地震、1929年7月、1931年9月と、マグニチュード6〜7の大きな地震が起きている。（p.42、p.185、p.187、p.189）

発端と地震の概要

　1983年（昭和58年）8月8日12時48分ころ、山梨県と神奈川県の県境付近で関東、甲信、静岡地方の広い範囲に及ぶ地震が発生した。震源地は大月の南方、東経139度1分、北緯35度31分、深さは22kmで、規模はマグニチュード6.0であった。
　各地の震度は下記の通り。
　震度4：東京、横浜、甲府、三島
　震度3：河口湖、熱海、静岡、伊豆大島、新島、宇都宮、熊谷、秩父、千葉、館山、諏訪
　震度2：浜松、石廊崎、御前崎、三宅、日光、勝浦、長野、水戸、前橋、田原、彦根
　震度1：銚子、盛岡、福島、いわき、上越、福井、岐阜、高山、名古屋、大阪、奈良

　この地震の被害は、山梨県で負傷者5人、住宅の半壊1棟、一部破損278棟、神奈川県では死者1人、負傷者28人、一部破損674棟であった。

被害の特徴

【落石の被害】

　神奈川県足柄上郡山北町本棚沢の山中、西丹沢にある箒沢の滝で地震による落石があり、観光していた女性グループのうち1人が左足切断などによる出血多量により死亡、8人が手足などに軽傷を負った。

　松田署の調べによると女性グループは総勢132名で西丹沢に日帰り旅行に来ており、12時前に本棚沢入り口から滝へと向かった。滝に到着し、それぞれ自由に散策をしていたところで地震による落石が発生した。バスケットボール大の岩が、滝を背に記念撮影をしていた女性1人を直撃したという。

　滝のそばにいたのは、落石の直撃を受けた女性とほか数人だけであったが、突然の地震と落石で女性達はパニック状態に落ち入り、

key words【キーワード】：落石　国鉄

悲鳴をあげながら岩場を逃げまどい、落石を避けようとして川に飛び込みずぶぬれになるなどした。

けがをした女性たちは箒沢の滝から、仲間の手を借りながら山道を歩き、約1時間がかりで下山した。そこから近くにあった山荘の車で足柄上郡松田町にある県立病院まで運ばれ、手当てを受けた。けがは落石にあたった他、逃げたときに岩場で転んだりして負ったものであった。

西丹沢方面ではこの他にも、箒沢から約3km上流にある白石沢キャンプ場で3人、丹沢湖で1人、国鉄御殿場線山北駅から南西約2kmの洒水の滝で1人、計5人が落石により重軽傷を負った。

【帰省客らを直撃】

国鉄（現・JR）の東海道・山陽新幹線と、首都圏を中心とした在来線で運休や遅れが続出し、東京駅は一時、帰省客ら約1万3千人であふれかえった。

地震により東海道・山陽新幹線では一時運転を全面ストップ、運転を再開したのは発生から2時間42分後の15時半であった。この影響でひかり22本、こだま19本が運休となり、東京発博多行きのひかり25号の3時間20分遅れを最高に、102本に遅れが生じた。東北、上越新幹線では大宮―那須塩原間、大宮―越後湯沢間が7分ストップし、その影響で計5本が遅れた。

東海道、山陽新幹線の運転ストップを受けて東京駅は4か所ある新幹線用の改札口をすべて閉鎖し、新幹線を利用する予定であった帰省客ら約5千人は運転再開までの間、構内で待たされることとなった。

運転再開後もダイヤの乱れは終日続いた。新大阪発の最終ひかり530号は約300人の乗客を乗せて、翌日9日午前0時38分に56分遅れで東京駅に到着した。このひかり530号に接続させるため、首都圏内の在来線では最終電車の東京駅発車を遅らせる措置が取られた。

在来線は、東海道線国府津―原間をはじめ、中央、伊東、横浜、相模、南武、青梅、武蔵野、総武、御殿場、身延などの15線で全線または一部が運転を見合わせ、計203本が運休となり、181本が遅れを出した。

【停電の被害】

東京電力のまとめによると、地震のため変圧器などが故障し、東京、神奈川、山梨、静岡の4都県で計84万4千戸が停電した。この影響で、町田市では信号機が機能不能に落ち入り、渋滞が発生した。

停電は8日18時9分に全面復旧した。

CASE 35 長野県西部地震

date　1984年（昭和59年）9月14日　｜　scene　中部・近畿地方

地震の背景

地震発生6年前の1978年、御岳山の王滝村付近では5月ごろから地震が起きはじめ、同年10月をピークに翌年まで続く群発性地震が発生していた。この地震活動で御岳山の王滝村付近では地震のエネルギーが放出され尽くし、当面は大きな地震は起こらないと推測されていたため、1984年のこの地震の発生はまったく予想外であった。

震源付近には既知の断層が存在した。しかし、この地震とは関係がなかった。のちに地震の原因となった新たな断層が発見され、地表に痕跡を残さない「伏在断層」の恐ろしさを改めて印象づけた。

発端と地震の概要

1984年（昭和59年）9月14日8時49分ころ、長野県西部の王滝村付近を震源に、東北から中国地方に及ぶ広い範囲で有感となる大きな地震が発生した。気象庁の発表によると、震源地は東経137度33分、北緯35度49分、深さは2㎞で、規模はマグニチュード6.8であった。長野県を震源とした地震では、明治以来最大の規模であった。

各地の震度は次の通り。

震度4：諏訪、飯田、甲府、舞鶴
震度3：長野、松本、東京、横浜、熊谷、秩父、前橋、静岡、浜松、名古屋、豊岡、岐阜、富山、福井、輪島、津、彦根、京都、大阪

記録されている最大震度は震度4であるが、長野県地方気象台によると、震源に近い王滝村役場の職員から「体感で震度6の激しい揺れだった」との報告があったという。

この地震の被害は、死者1人、行方不明者28人、負傷者10人、住宅の全半壊・流失110棟、道路損壊388か所、山・がけ崩れ129か所であった。

地震による直接の被害は少なかったが、震源地周辺では地震発生の5日前から強い雨が断続的に降っており、14日の11時までにその総雨量は169㎜に達していた。その雨が地盤をゆるませ多くの土砂崩れを誘発した。

被害の特徴

【土砂崩れの被害】

土砂崩れは特に震源に近い王滝村で甚大だった。

同村松越地区の大又川と王滝川の合流点付近では、幅約150m、高さ約200m、長さ約500mの大規模な土砂崩れが発生した。

key words【キーワード】：土砂崩れ

崩れた土砂は真下にあった生コンクリート製造会社の工場と事務所、建設会社事務所、対岸の同村森林組合作業所を呑み込み、13人の死者を出す大惨事となった。大又川の谷底にあった生コンクリート製造会社の建物の一部は、土砂によって対岸の鞍部まで押し上げられ、無惨な姿をさらした。

度重なる余震と雨で二次災害が心配され、同村は避難命令を発令、住民1,200人が王滝小学校などに避難した。

【難航した救出作業】

村内は停電し、電話は長野県木曽地方事務所に通じる緊急無線電話1本を除いて不通となった。

道路は、木曽郡福島と王滝村を繋ぐ唯一の幹線道路である県道福島御岳線が、松越地区の土砂崩れで崩れ落ち、大又川にかかる橋も土砂に呑み込まれ、村は孤立状態となった。

さらに村内でも、氷ヶ瀬トンネルが土石流で天井まで埋まり通行不能になるなど、落石や亀裂のために至る所で道路が寸断され、被災現場へ近づくことすら困難になった。

被災現場では、流失した住宅のがれきや石が混じった泥状の土砂が、行方不明者の捜索活動を邪魔した。土砂は最深2.5mに及び、ブルドーザーなどの重機も土砂の固まった部分でしか使えず、遅々として進まない捜査を見兼ねた被災者の肉親らは、捜索活動に加わった。

【御嶽山が崩壊】

震源地の北西に位置する御嶽山は、8合目付近から大規模な崩落を起こし、推定3,400〜3,600万㎥の土砂が伝上川・濁川の両岸を削りながら王滝川へと流れ込み、濁川上流にあった濁川温泉の旅館1軒を押し流し、旅館の経営者家族4人、伝上川周辺にいた旅行客ら5人が犠牲となった。

王滝川では大量の土砂でダムが埋没。さらに王滝村柳ヶ瀬から氷ヶ瀬付近に堆積して川を塞ぎ止めた。堆積した土砂は幅50m、長さ3.5kmにも及び、そこへ雨や伏流水がさらに流れ込んで、"自然のダム"を作り上げた。ダムは日を追うごとに水位を上げ、村道が水没し、下流に向けて徐々に動きだしたため二次災害が心配されたが、結局崩壊せず、さらなる惨事は回避された。

長野県災害体験集*には、以下の教訓が寄せられている。

- 情報不足の中でデマが飛び交った。水が豊富だと思って備蓄していなかった。タオル、紐や新聞紙は用意しておくと便利。
- 職場の書庫やロッカーが飛んでいった。「堅い岩盤の土地だから大丈夫」といった先入観があった。
- 日ごろの火の元の注意(ガスの元栓を閉める等)が火事による二次災害を防いだ。
- 大災害の折には地元自治体だけでは情報をつかみきれない。関係機関の情報連携が必要。直前に総合防災訓練を行い、広報活動がスムーズにできた。

*(http://www.pref.nagano.jp/kikikan/bosai/taiken/htm/index.html)

CASE 36 千葉県東方沖地震

date 1987年(昭和62年)12月17日 　scene 関東・東北地方

地震の背景

　千葉県東方沖は、陸側のプレートに、日本海溝からは太平洋プレートが、さらに相模トラフからはフィリピン海プレートが沈み込んでいる場所である。三つのプレートが交差するため、頻繁に地震が発生する「地震の巣」として知られるエリアである。
　千葉県東方沖地震は、この地震の巣でフィリピン海プレートの先端部が、ほぼ垂直に断層運動を起こしたために発生した。
　この地震は、1923年（大正12年）の関東大地震以来の首都圏の広い範囲に被害を及ぼした地震として注目を集めた。だが、千葉県東方沖付近では、1950年9月10日、1986年6月24日にマグニチュード6を超える地震が発生している。（p.207、p.258）

発端と地震の概要

　1987年（昭和62年）12月17日11時8分ころ、千葉県東方沖を震源に、東北地方から山陰地方の広い地域でゆれが観測された。震源地は東経140度30分、北緯35度22分、深さは58kmで、規模はマグニチュード6.7であった。
　各地の震度は以下の通りであった。

震度5：千葉、銚子、勝浦
震度4：水戸、熊谷、河口湖、横浜、東京
震度3：前橋、甲府、大島、小名浜、宇都宮、八丈島、静岡、秩父、軽井沢、三宅島
震度2：会津若松、福島、仙台、名古屋、酒田、上越、豊岡、諏訪
震度1：富山、長野、石巻、秋田、彦根、金沢、盛岡、新潟、津、鳥取

　被害内容は、死者2人、負傷者144人、建物全壊16棟、半壊102棟。その他の報告で目立ったのは、ブロック塀や石塀の倒壊が2,792件、屋根瓦などの落下が71,212件と非常に多かったことである。死者の出る被害と建物損傷の大半は、千葉県内で起きている。

被害の特徴

【都市部が混乱】

　この地震により、東京都市部の機能は一時マヒ状態に落ち入った。
　ビルではエレベーターが停止し閉じ込められるといった被害が相次いだ。東京都新宿区富久町の都営アパートで住人の1人が地震直後にアパートのエレベーターに乗ったところ9階と10階の間で突然停止し、救出までに1

key words【キーワード】：塀倒壊　ライフライン

時間を要した。千代田区、練馬区でも同様の被害が発生した。新宿住友ビルでは、閉じ込められた人はいなかったが、約1時間30分の間、40基あるエレベーターが停止した。

年末のセールなどで賑わっていた同区の中心にある超高層ビル街の高層階では、早く下に降りたいという人がエレベーター前に殺到し一時騒ぎとなった。

交通機関も大きな混乱をみせた。

JR東海道、東北、上越新幹線が首都圏内を中心に運転をストップ、在来線も山手、京浜東北、中央、東海道など計22線が全線または一部で運転を見合わせた。JR新宿駅は混雑を防ぐため、地震発生直後から一時改札口を閉鎖し構内は多くの人であふれかえった。運転再開後には、山手線では朝のラッシュを超える乗車率250％を記録した。

鉄道各線は同日夕方ころには運転を再開したが、ダイヤの乱れはしばらく続いた。

羽田空港は、地震の影響で約1時間閉鎖され、成田空港では窓ガラスが数か所で割れるなどしたため一時大混乱となった。

東京都と千葉県では電話が一斉に使用されたため、一時不通となった。一部地域では消防署などにある、一般電話より優先的に発信できる災害時優先電話ですら、かかりにくい状況となったという報告もあった。

【千葉県で多数の被害】

千葉県各地ではブロック塀の倒壊が多数発生し、同県市原市根田では1人が死亡、1人が重傷を負った。同県茂原市小林では倒れた石灯籠の下敷きとなって1人が死亡した。

ライフラインへの被害も大きく、同県長南町では全世帯の8割に当る2,120世帯で断水、ガスも2,420世帯がストップした。同町と同県東金市では給水車が出動し、水を求める住民が列を作った。

同県市原市の姉ヶ崎火力発電所では1・4・5号機が、五井火力発電所では4・5号機が自動停止し、房総変電所も機能がストップした。その影響で市原市、木更津市、茂原市を中心に30万世帯が約1時間停電した。

また、大きな被害こそ発生しなかったが、液状化現象が九十九里浜周辺、利根川の下流、東京湾沿岸の埋め立て地の各所でみられ、地盤の液状化対策の必要性が注目された。

屋根瓦の落下
千葉県消防地震防災課Hpより
http://www.pref.chiba.lg.jp/syozoku/abousai/jishin/eikyo.htm

CASE 37 雲仙・普賢岳火砕流発生

date　1991年(平成3年)6月3日　｜　scene　長崎県

噴火の背景

　雲仙岳は島原半島中央部に位置し、普賢岳、国見岳、妙見岳の三峰、野岳、九千部岳、矢岳、高岩山、絹笠山の五岳からなる。北部九州の西方海上にある上部マントルには高い電気伝導度が計測できる箇所がある。この部分では高温のため岩石の一部が溶融し、高温物質が深部から普賢岳に供給されていると見られており、それが普賢岳の噴火の原因と考えられている。

噴火の概要

　1990年（平成2年）11月17日、普賢岳は198年ぶりに噴火した。前回の噴火は寛政4年（1792年）で、噴火後に島原市街地の背後にある眉山（まゆやま）が崩壊して岩雪崩となり、島原城下を半分埋没させた。土砂はさらに有明海に流れ込み、その勢いで大津波が発生して対岸の肥後（熊本）に押し寄せた。この岩雪崩と津波で約15,000人が死亡した（島原大変肥後迷惑、名称される）。

　1990年11月17日から始まった噴火は、前年1989年11月からの橘湾（千々石カルデラ）での群発地震という予兆が見られ、1990年7月に地震源が普賢岳山頂に拡大し、その後に噴火に至った。そして、1990年11月17日に九十九島・地獄跡火口での水蒸気爆発を始めとして屏風岩新火口が水蒸気爆発して、1991年5月12日から同月19日にかけては普賢岳の山体が膨張したり、火口直下での地震激増、地割れが頻発した。

　同年5月20日から溶岩が噴出、同月24日には火砕流の発生が始まり、噴出した溶岩が普賢岳山頂部東端から東斜面にかけて溶岩ドームを形成した。この溶岩ドームは傾斜面で出来た上に次々と噴出する溶岩が極めて不安定に累積したために、溶岩ドーム（ローブ）の形成過程で局部的に崩壊して、火砕流を度々発生させた。

噴火の背景

　1991年6月3日16時8分に溶岩ドームの一部が崩落して、火砕流が発生。時速約130kmで普賢岳の傾斜を駆け下り、2分足らずで麓の上木場地区を襲った。火砕流本体は3.5kmも流れ出て、その熱風はさらに700m先の家屋や畑を焼き焦がした。

　この火砕流では死者、行方不明者合わせて43人が犠牲となり、9人が負傷した。20人が現場の報道に当たっていた報道陣だった。

key words【キーワード】：火砕流　平成新山

人的被害が拡大した背景には、フランスの火山学者で火山の撮影の専門家であったカティア・クラフト（Katia Krafft）と彼女の夫、モーリス・クラフト（Maurice Krafft）が火砕流に巻き込まれて犠牲となっていることからも窺えるが、火砕流の進路が予想と異なっていたことが挙げられる。

また、報道合戦が加熱したことも被害が拡大した要因であった。クラフト夫妻に同行していた報道関係者20人は「定点」と呼ばれた山と火砕流が正面から望める地点で報道していたが、無人となった人家に侵入してトラブルになっていた。そのため、消防団員12人、警察官3人が彼らに付き添い、報道陣に引きずり込まれる形で危険地域に入って犠牲となった。

この6月3日の火砕流では179棟の家屋が焼失し、同月8日にも207棟が、9月15日にも218棟の家屋が火砕流により焼失して、噴火活動を通しての被害は820棟に上った。

この火砕流以降、島原市など地元自治体は立ち入り等を強制的に禁止する警戒区域を設定し、最大11,000人が避難生活を余儀なくされた。しかし、この区域設定以後は功名心で先走った報道関係者が立ち入って書類送検されたものの、犠牲者は1人に抑えられている。

火砕流は第2期（1993年1月から10月）、第3期（1993年11月から1995年2月）と継続し、1995年2月にようやく溶岩の流出が停止した。新溶岩ドームは「平成新山」と命名された。噴火活動期間中の噴出物の総量は 約2億m³と言われている。この噴出物のうち山麓に大量に降り積もった火山灰は雨が降ると土石流となり下流の集落、国道を下って約1,300棟の家屋を損壊した。このため、噴火活動が停止した後に治山、砂防事業によるダムの設置、緑化工事、導流堤の設置など大規模な防災施設の設置が進められている。

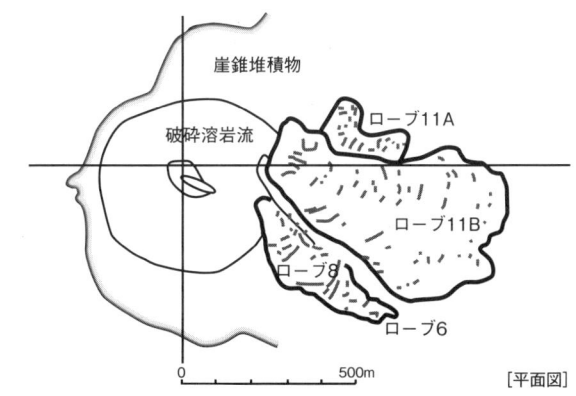

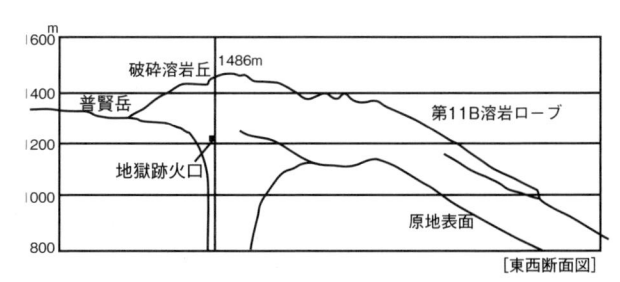

[平面図]

[東西断面図]

第Ⅰ部　大災害の系譜　097

CASE 38 北海道釧路沖地震

date 1993年(平成5年)1月15日 | scene 北海道、東北地方

地震の背景

 北海道地方周辺の太平洋側沖合で起きた大きな地震としては、1973年の根室半島沖地震以来となる（p.76）。

 北海道太平洋側で起こる大地震の多くは、北海道南東沖の千島海溝で、北米プレートとその下へ沈む太平洋プレートのプレート境界付近で発生し、その境界でずれ動くことによって発生するプレート間地震と、沈み込む太平洋プレートの内部で発生する地震の二つに分けられる。

 釧路沖地震は後者にあたり、沈み込んだ太平洋プレートがほぼ水平に割れた事により発生した地震であるとみられている。

発端と地震の概要

 1993年（平成5年）1月15日20時6分ころ、北海道釧路沖で、北海道から東北、関東甲信越にまでおよぶ広い範囲の大きな地震が発生した。震源地は東経144度21分、北緯42度55分、深さは101kmで、規模はマグニチュード7.5であった。

 地震の震源地と規模は当初、「北海道西方沖、マグニチュード7.8」と発表され、その5分後には、「釧路沖、マグニチュード6.7」に修正されたが、その後9時2分にまた修正されるといった混乱があった。

 地震の翌16日発行の毎日新聞夕刊によると、その時点での死者は2人、負傷者は471人であった。

 海域で起きた地震だが、津波は発生しなかった。震源が深かったため津波は伴わなかったとみられている。

被害の特徴

【ライフラインの被害】

 最も大きな被害は、ライフラインの破壊だった。

 地震発生時に道東方面を中心に約4万7千戸で停電が起こったが、その後順次復旧し、翌日16日には全面復旧した。

 しかし、都市ガスと水道への被害が甚大で、16日早朝4時すぎに、釧路市内の市営住宅で、地震でガス管が壊れたことが原因とみられるガス漏れが発生し、17人が病院に運ばれ、このうち1人がガス中毒で同日7時ころ死亡した。釧路署市消防本部によると、地震発生後、市営住宅の住民から「ガスが漏れている」と通報があったという。

 水道は、水道管の破損と停電により断水し、また、厳冬期で地面が凍結していたため復旧

key words 【キーワード】：ライフライン

作業は困難を極めた。

釧路市では、断水の全面復旧は2月1日、都市ガスの全面復旧は同6日までかかった。

【交通機関の被害】

JR北海道のほぼ全線が運転中止となり、帯広―釧路―根室の道東の主要都市を結ぶ根室本線と、根室本線と直結し釧路と網走を結ぶ釧網本線での被害箇所は、計150か所を超え、翌月になっても徐行区間が多数残る大きな被害が出た。JR東日本は地震直後十数分、東北新幹線の盛岡～一ノ関間の運転を中止し、在来線でも青森県内を中心に六線区の運転を見合わせた。

道路では停電により信号機が点灯しなくなり、陥没や路肩崩壊、がけ崩れ、国道38号線にある橋が崩落するなど、国道への被害だけでも9路線230か所にも及び、交通が遮断された。

【地盤災害の被害】

港湾や低湿地などの埋め立て地では、振動によって地盤が液状化する、液状化現象が多数発生した。

港湾地区では地面の亀裂から砂や水が吹き出す噴砂・噴水が発生し、釧路市内の埋め立て地では、マンホールが浮き上がるといった現象がみられた。

また標茶町で発生した15棟の全半壊、厚岸町糸魚沢の国道44号線や釧路～標茶間の国道391号線の崩壊、先の根室本線・釧網本線の被害など、鉄道や道路、住宅地などの盛土地域では斜面の崩落と変形が顕著であった。

これらの地盤災害は主に人工地盤で起き

た。自然地盤でも、液状化現象は一部で確認されたものの、切土斜面や自然斜面の崩落はJR根室本線で1例報告された以外、発生は確認されていない。

【冬期特有の火災の被害】

地震発生が冬期であったことによる被害も報告されている。この時期は、ほとんどの家庭がストーブを使用しているが、石油ストーブが転倒し火災が発生した例もあった。

また、揺れている最中にストーブを消そうとしたため、上に乗せていたやかんのお湯をかぶりやけどを負ったという報告もあった。

ライフラインの復旧（資料提供：毎日フォトバンク）

CASE 39　北海道南西沖地震

date　1993年(平成5年)7月12日　｜　scene　北海道、東北地方

地震の背景

　北海道の南の沖からカムチャツカまで2,500kmにもわたって延びる千島海溝は地震活動が活発な海溝で、いわゆるユーラシアプレートと北海道をのせた北米プレートが接していると考えられており、そこから地球の奥深くに潜り込んでいくプレートは、東西圧縮によって逆断層運動を起こし易い。北海道はこのようなプレート境界型の海底大地震のほかに内陸直下型地震、火山性地震、群発地震などあらゆる種類の地震が起きる「地震のデパート」と言われている。

　18世紀以降、このプレート境界で発生した地震は、
- 1741年　渡島大島付近
- 1833年　庄内沖
- 1940年　積丹半島沖
- 1964年　新潟地震
- 1983年　日本海中部地震

と挙げられる。

発端と地震の概要

　1993年（平成5年）7月12日22時17分ころ、北海道南西沖を震源とする大きな地震が発生した。この地震の震源は東経139度11分、北緯42度47分、深さ34kmであり、マグニチュードは7.8であった。これは、同年1月15日に発生した釧路沖と同規模であり、関東大震災に匹敵する地震であった。

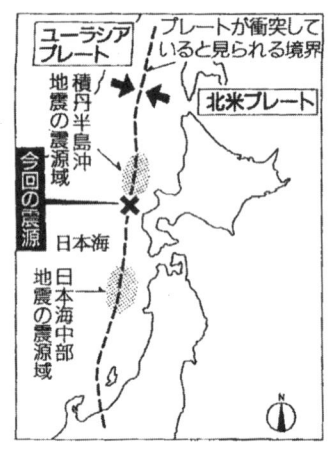

　震度は、震度5が、江差、小樽、深浦、震度4が、倶知安、むつ、震度3が、岩見沢、羽幌、雄武、震度2が、新庄であった。

　この地震に伴い、札幌管区気象台は地震発生5分後の22時22分に津波予報区3区（北海道の日本海沿岸）に「オオツナミ」の津波警報、2区(北海道の太平洋沿岸)に「ツナミ」の津波警報、1区(北海道のオホーツク海沿岸)に「ツナミチュウイ」の津波注意報を発表した。

　翌13日、気象庁はこの地震を「平成5年

key words【キーワード】：津波　青苗地区　火災

（1993年）北海道南西沖地震」と命名、1月の釧路沖地震に加え、はじめて年間2度の命名を経験した。

被害の特徴

【津波の被害】

この地震の津波により、奥尻島をはじめ大成町、瀬棚町、寿都町などの北海道南西部の日本海沿岸は大きな被害をこうむった。津波の被害はこれがはじめてではなかった。10年前の1983年5月26日におきた、日本海中部地震の折（p.88）にも、今回もっとも被害の大きかった奥尻島青苗地区が、死者2人、家屋被害60棟の被害を出している。

その記憶もあり、この地震の直後に、「津波襲来」を感じた人は多かったが、今回の津波はこれを上回る速さ、あたかも新幹線並みの速さで沿岸を直撃した（時速500kmと推測されている）。

後日の聞き取りでは、揺れから3〜5分後には、5〜10mを越える津波が港南部から、さらに港東部からも襲ってきて、丘の斜面を這い上がってきた、という証言が多かった。

以下のような住民の行動が生死を分けた。
1) 自分で津波を直感、あるいは他人に言われて、とるものもとりあえず、真っ先に高台に避難した。
2) 避難しなかった、あるいはできなかった、避難が遅れた。
3) 歩いて避難したり、遅れて車で避難した。
4) いったん避難したのに再び戻った。

死者は、2)のケースががもっとも多く、これは、老齢や身体障害、津波を予想しなかった、予想したがあまりに速かった、家族を助けようとして避難が遅れた、などが理由として挙げられる。

【火災の被害】

地震発生から18分後の11時35分頃、青苗地区東側の津波に流されなかった地域で原因不明の火災が発生した。出火場所付近は無人状態に近く初期消火が行われなかったこと、さらに津波による瓦礫散乱で消防車が稼働できなかったこと、消防用の水が確保できなかったこと、折からの風に煽られたこと等が被害を大きくした。

11時間にわたって燃え続けた火災は、焼失棟数189、延焼範囲51,000㎡、焼失床面積19,000㎡、罹災世帯108、罹災者311人という市街地火災の惨状を呈した。

死者・行方不明者は、230人にのぼり、これは1948年に起きた福井地震（死者・行方不明者5,200人）以後の45年間では最高のものであった。

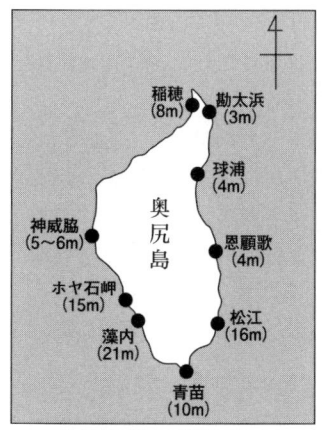

奥尻島を襲った津波の高さ
- 稲穂 (8m)
- 勘太浜 (3m)
- 球浦 (4m)
- 神威脇 (5〜6m)
- 恩顧歌 (4m)
- ホヤ石岬 (15m)
- 松江 (16m)
- 藻内 (21m)
- 青苗 (10m)

CASE 40 北海道東方沖地震

date　1994年（平成6年）10月4日　｜　scene　北海道、東北・関東地方

地震の背景

地震発生当初は、1973年（昭和48年）根室半島沖地震（p.76）と同じ、太平洋プレートと北米プレートの境界で発生したプレート間の地震で、根室半島沖地震で解放されなかったエネルギーが残っていた可能性があるとされていた。しかし、現在では、1993年（平成5年）の釧路沖地震（P98）と同じメカニズムの、太平洋プレート内部で発生した地震であった可能性が高いという見方が強まっている。

発端と地震の概要

1994年（平成6年）10月4日22時23分ころ、北海道東方沖を震源とする極めて大きな地震が発生した。震源地は東経147度41分、北緯43度22分、深さは28kmで、規模はマグニチュード8.2と、北海道地域周辺では1952年（昭和27年）の十勝地震（p.62）と同じ規模の、過去最大級の地震であった。

揺れは北海道で震度6を観測した他、東北、関東、関西でも観測され、非常に広い範囲におよんだ。

この地震に伴い、札幌管区気象台は22時28分、北海道の太平洋沿岸に津波警報を、オホーツク海沿岸に津波注意報を発表した。

津波は根室半島・花咲港の173cmをはじめに、釧路97cm、函館50cmなど、オホーツク海沿岸と太平洋沿岸の各地で観測された。

消防庁によると、発生から9日後の13日の時点で負傷者343人、家屋の被害2,099棟、道路の損壊1,318か所であった。

被害の特徴

【津波などの被害】

津波警報の発表に伴い、北海道の太平洋沿岸では17市町が住民に避難を勧告し、自主避難を含めると31市町で約2万5千人の住民が高台などに避難した。

津波は本州の太平洋側でも観測された。宮城県では津波により、床上浸水28棟、床下浸水237棟の被害がでた。

宮城県では津波の他に、気仙沼市の気仙沼港で海水が約2m盛り上がり、同港南町地区などが海岸線から約100mにわたり冠水した。気仙沼消防本部によると、同地区で床上浸水が約20棟、付近の魚町地区などで床下浸水が約170棟発生する被害となった。

key words【キーワード】：震度6　津波　教訓

【生かされた教訓】

1993年1月の釧路沖地震で震度6の地震に見舞われ死者2人、重軽傷者400人以上をだした北海道釧路市は、この地震でまた震度6を観測した。だが震度の割には被害が少なく、死者はゼロ、重軽傷者40数人に留まった。

釧路沖地震の後、多くの人が箪笥や食器棚を固定する、落下する恐れのある所に重い物を置かないなど、防災意識が高まったためだとみられている。

また、1993年7月の北海道南西沖地震（p.100）で津波警報が遅れ、大きな被害を出した反省から、気象庁は1994年7月に地震情報伝達の仕組みを変更し、震度4以上の地震発生や津波警報の発表に伴い、コンピューターによって自動的に報道機関へ情報が送信されるようになり、各報道機関でも地震発生時のマニュアルの見直しなどが行われていた。

NHKを例に取ると、気象庁より情報を受信した際は自動的に「揺れを感じました。念のため津波に注意してください」との字幕がテレビ画面に表示される仕組みが作られた。

また、見直されたマニュアルにより、震度6を観測した場合はNHKのすべてのテレビ・ラジオ番組が地震速報へ切り替えられるようになった。この地震の際には発生から5分後の22時28分に地震速報が始まり、住民へすばやい情報提供が行われた。

【北方領土の被害】

震源地に近い北方領土では、地震の他に大きな津波にも襲われ甚大な被害が発生した。現地調査を行ったロシアやアメリカの地震・津波学者らの報告によると、震源に最も近い色丹島では最大9.5mの津波が発生し、国後島でも5〜1.5mに及んだ。この津波により国後島の古釜布（ユジノクリリスク）では、海岸線から2〜300mも海水が浸入した。

被害は4島全体で、死者11人、負傷者242人、建物約100棟が損傷し、1万人近くの住民がサハリンやロシア本土への移住を迫られた。

日本は早くから北方領土の被災地へ政府、民間を問わず人道支援を実施し、旅券・ビザなしの渡航が行われた。しかし、北方領土問題のため、非公式にロシア側から一部の支援は必要がないといった通達があり、政治的要因から見送られた支援もあった。

【根室市の被害】

根室市有磯町にある市立病院では、5階建ての建物の屋上にある貯水タンクが倒れ、5階から3階に水が大量に流れ込み、そこへ入院していた約90人の入院患者が1階へ避難した。

また、防衛庁は根室市にある航空自衛隊・第26警戒郡のレーダーサイトのレーダー機能が地震のため一時ストップしたと、報告した。

CASE 41 三陸はるか沖地震

date 1994年（平成6年）12月28日 ｜ scene 東北地方、北海道

地震の背景

古くから「地震の巣」として知られる、太平洋プレートが北米プレートの下へ潜り込むプレートの境界で発生した、典型的なプレート間の地震であった。

この地震の震源域は1968年におきた十勝沖地震（p.74）の震源域と一部が重なっている。このエリアは十勝沖地震では比較的破壊の小さかった部分で、十勝沖地震で十分にエネルギーが解放されなかったため再び発生した地震とみられている。

震源域や余震の震源分布図などの分析から、最初の地震が起きた地点から西に向かって岩盤の破壊が進行したため、その延長線上にあった青森県八戸市を中心に大きな被害が発生したことがわかっている。

のちに、この地震の震源付近では、地震発生前の約1ヵ月間地震活動が静穏化していたことがわかった。

発端と地震の概要

1994年（平成6年）12月28日21時19分ころ、青森県八戸市の東方沖約180km付近を震源とする、北海道から中部地方までの広い範囲で体に感じる大きな地震が発生した。震源地は東経143度45分、北緯40度26分、深さは0kmで、規模はマグニチュード7.6であった。

各地の震度は、震度6が、八戸、震度5が、青森、むつ、盛岡、震度4が、函館、苫小牧、浦河、帯広、宮古、大船渡、花巻、大館、震度3が、札幌、小樽、倶知安、岩見沢、室蘭、釧路、深浦、秋田、仙台、石巻、酒田、新庄、福島、いわき、石岡、震度2が、旭川、寿都、羽幌、留萌、山形、白河、会津若松、水戸、千葉、東京、横浜、諏訪、震度1が、網走、紋別、根室、日光、秩父、銚子、上越、長野、軽井沢、静岡、三島、名古屋、輪島であった。

この地震に伴い、仙台管区気象台は21時23分に東北地方の太平洋沿岸に津波警報、東北地方の日本海沿岸に津波注意報を発表した。津波は岩手県宮古市の55cmを最大に、北海道から東北地方の太平洋沿岸で観測されたが、被害発生の報告はなかった。

明けて1995年1月12日時点の消防庁の調べでは、死者3人、負傷者784人、建物全壊が48棟、半壊が378棟、一部破損が5,803棟で計6,229棟であった。ライフラインの被害はそれぞれピーク時で、断水が約4万2千戸、停電が約10万6千戸、ガスの供給ストップが約1千5百戸であった。

key words【キーワード】：余震活動　ライフライン　プレート間地震

【最大余震がマグニチュード7.2】

　この地震は余震活動が活発だった。本震は三陸はるか沖の北部であったが、余震域は岩手県東北沖から青森県東方沖まで広がり、三陸はるか沖の中部でも一時活発な活動をみせた。その数は地震発生から半年の95年4月30日までに2,590回以上、体に感じる余震は74回観測され、うちマグニチュード5を超える余震は23回もあった。

　最大余震は1月7日に岩手県北部沿岸で発生したマグニチュード7.2の地震で、青森県八戸市、岩手県盛岡市で震度5を記録している。この地震と、1月1日に発生したマグニチュード6.4の地震でも津波注意報が発表されたが、津波は観測されなかった。

被害の特徴

【建設物への被害】

　最大震度6を記録した青森県八戸市では建物の被害が甚大で、特に市街地に集中していた。同市朔日町（ついたちまち）にある三階建てのパチンコ店の1階店舗中央の柱が折れ2・3階部分が押しつぶすように崩落し、崩れた天井の下敷きとなって2人が死亡した。

　八戸東高校では校舎の1階にある柱が破損し内部の鉄筋が折れ曲がった他、柱や壁面に剥落があった。旧市庁舎やNTT局舎なども柱や壁面に亀裂、壁面の剥落などの被害があり、旧市庁舎は建て替えを余儀無くされた。

　同市売市（うるいち）にある市営長根スケートリンクでは、機械室にある冷却機のパイプが破損し冷媒が漏れ出した。リンクの床部分の埋め込みパイプも破損、破損部ではリンクの氷にひびが入り、割れた氷の破片が凍結して盛り上がるといった被害があった。

【鉄道の被害】

　JR東北本線では八戸〜陸奥市川駅間で上り線路の盛り土が崩壊した影響で、同線八戸〜野辺地駅間約50kmが不通となった。不通区間ではバスによる代替輸送が実施され、復旧には31日までかかった。

　その他の青森、秋田、岩手各県の在来線は地震が発生した28日夜は運転を見合わせたものの、翌29日には運転を再開した。

　東北新幹線は地震発生直後から白石蔵王〜盛岡駅間で運転を見合わせた。運転が再開されたのは翌29日の深夜となり、最終の下り「やまびこ」は4時間遅れの29日3時半すぎに盛岡に到着、乗客約500人がホームの列車内で夜を過ごした。

　1月7日の余震では、東北新幹線が仙台〜盛岡駅間で約3時間運転を中止し、上下7本が運休となった。在来線は東北本線、釜石線、北上線、山田線、田沢湖線、花輪線、八戸線、大湊線の8線が線路点検のため運転を見合わせた。

　これらの鉄道の被害は、ちょうど年末年始の帰省・Uターンラッシュと重なり、多くの旅行者に大きな影響を及ぼした。

CASE 42 阪神・淡路大震災

date 1995年(平成7年)1月17日 | scene 近畿・中国・中部・四国・九州地方

地震の背景

活断層がずれたことによって発生した、内陸直下型地震である。活断層は地質時代（数10万年～200万年前以降）において繰り返し動き、将来も動く可能性のある断層のことで、この地震は六甲・淡路断層帯の一部である野島断層の活動によって引き起こされた。

近畿地方でマグニチュード7を超える地震が発生したのは1946年の南海地震（p.58）以来であった。長く大地震が発生していなかったため、一般的には地震は起きない地域だと思い込まれていた。しかし、専門家・研究者の間では、地震発生前から、多数の活断層が存在し、大地震のおそれのある地域として知られていた。

発端と地震の概要

1995年（平成7年）1月17日5時47分ころ、兵庫県淡路島北部を震源とする非常に大きな地震が発生した。震源地は東経135度2分、北緯34度36分、深さは16kmで、規模はマグニチュード7.3。

この地震で日本の観測史上初の震度7が、神戸市須磨区鷹取、長田区大橋、兵庫区大開、中央区三宮、灘区六甲道、東灘区住吉、芦屋市芦屋駅付近、西宮市、宝塚市、淡路島の津名郡北淡町・一宮町・津名町（現・淡路市）の一部で記録された。

そのほかの各地の震度は、震度6が、神戸、洲本、震度5が、京都、彦根、豊岡、震度4が、岐阜、四日市、上野、福井、敦賀、津、和歌山、姫路、舞鶴、大阪、高松、岡山、徳島、津山、多度津、鳥取、福山、高知、境、呉、奈良であった。

前日16日には、前震とみられる4回の地震が観測されていた。

平成17年末の消防庁のまとめでは、その被害は、死者6,434人、行方不明者3人、負傷者は重傷・軽傷合わせ43,792人、建物全壊104,906棟、半壊144,274棟、一部破損263,702棟の計512,882棟と、戦後最悪となった。

被害の特徴

【建設物の被害】

ビルの倒壊や破損が相次ぎ、その下敷きとなった犠牲者が多かった。

神戸市長田区にあった鉄筋7階建ての市立病院は5階の西半分がつぶれ、入院患者44人と看護婦3人が下敷きとなった。地震発生から9時間後、消防局員や機動隊員により救

key words【キーワード】：震度7　家屋倒壊　火災　PTSD

出活動が開始され、5階の天井と床の間にできた30cmほどの隙間から患者らが救出された。このような10階程度の中層ビルが、4～6階の中間階から破壊されるといった被害が多くみられた。過去の震災では、ほとんど例を見ない被害だった。

神戸市災害対策本部の調べでは、同市三宮地区の建物は約18パーセントが倒壊したり大破して使用できない状態になっていた。

住宅の倒壊は神戸市長田区、兵庫区、須磨区が特に多く、これらは戦後間もなく建てられた古い木造住宅の多い地域であった。

この地震の犠牲者は9割近くが倒壊した建物や倒れた家具の下敷きとなった圧死で、約7割が即死であった。

【火災の被害】

神戸市では地震発生直後から火災が多発し、長田区、須磨区、灘区、中央区では夜遅くまで燃え続けた。神戸市消防局はポンプ車などを全車両出動させ、大阪府内からもポンプ車、タンク車が応援に駆けつけたが、貯水槽が遠い、用水が不足しているなどの要因から消火活動は難航した。

火災は、地震発生後数日経っても続発した。19日に神戸市中心の三宮センター街で火災が発生、雑居ビルや木造民家が延焼した。中央区のポートアイランドでも倉庫から出火、火災の被害が甚大だった長田区でも倒壊した住宅から新たに出火し近くの民家へ燃え広がった。これらの火災は、地震で損傷していた屋内配線などが、電気の復旧によってショートを起こして漏れたガスに引火するなどして発生したとみられている。

【高速道路・鉄道の被害】

阪神高速道路神戸線では、神戸市東灘区内で約500mが横倒しになり、名神高速道路、中国自動車道、舞鶴自動車道でも柱や高架が落下し、ジョイント部分に段差ができた。その惨状は日本の高速道路の安全神話を根底から覆した。

山陽新幹線では兵庫県内の橋桁が9か所落下した。このため新大阪－姫路間が不通となり、新幹線は同年4月8日まで東西に分断された。

比較的地震に強い地下鉄でも、地下鉄神戸高速鉄道大開駅構内の天井支柱が破壊され大きく陥没した。そのため同駅の真上を通っていた国道28号線の道路中央が陥没するといった被害もあった。

震災後は、いわゆる「こころのケア」の活動が行われた。兵庫県こころのケアセンターでは、その活動として以下が紹介されている。

「1995年4月になると、PTSDなどの問題については、長期的な取組みが必要という認識が現場には生まれていた。災害後のメンタルヘルスケアの必要性がいくら強調されようとも、一般住民にとって抵抗感がなくなるものではない。ことに生活の立て直しが主な課題となり、多くの二次的ストレスに曝される復興期にあっては、メンタルヘルスケアをそれだけで提供しようとしても、ほとんど受け入れられることはない。

こころのケアセンターの活動は、以前はほとんど関心の持たれなかった精神保健上の問題に光を当てたものであった。」

CASE 43 新潟県北部地震

date　1995年(平成7年)4月1日　｜　scene　北陸・東北地方

地震の背景

　新潟県周辺では1964年（昭和39年）の新潟地震（p.68）以降、大きな地震が起きていなかったが、地震発生の前年10月ころから群発性の地震が発生しており、同12月に同県北部でマグニチュード4を超える地震が起きていた。のちの調査からこの地震は、その群発性地震と一連の活動であったことがわかっている。

　震源地の東方約4～5km付近には、五頭連峰に沿うように月岡断層が存在している。被害が集中した地域と月岡断層がほぼ平行であることなどから、この断層の運動で地震が発生したとも考えられていたが、調査の結果、月岡断層の変化は確認されなかった。このため、月岡断層と同じグループの未確認の断層があると考えられている。

発端と地震の概要

　1995年（平成7年）4月1日12時49分ころ、新潟県下越地方を中心に広い地域で地震が発生した。震源地は東経139度15分、北緯37度53分、の新発田付近、深さは16kmで、規模はマグニチュード5.6であった。

　地震発生当初は「新潟沖が震源」と発表されたが、のちに同県北部沿岸が震源の内陸直下型地震であると訂正された。

　各地の震度は、震度4が、新潟、相川、笹神、震度3が、酒田、白河、高田、震度2が、新庄、会津若松、小名浜、諏訪、輪島、長野、震度1が、秋田、山形、仙台、石巻、福島、宇都宮、松本、軽井沢、水戸、前橋、日光、熊谷、金沢、富山、東京、横浜、千葉であった。

　しかし、「最大震度4」は気象台の計測震度計による数値で、実際のところ、震源域の真上にあたる北蒲原郡豊浦町（現・新発田市）周辺では震度5以上の揺れ、笹神村（現・阿賀野市）の一部では震度6以上の揺れであったと推測されている。

　この地震の被害は、負傷者82人、住宅の全壊55棟、半壊181棟、一部損壊1,376棟であった。

　本震発生の翌日2日にマグニチュード4.7、さらに5日にマグニチュード4.2とやや大きな余震があったが、その後は徐々に減退していった。

被害の特徴

【指定文化財が全壊】
　この地震で、豊浦町天王にある県指定文化

key words【キーワード】：湖月閣　断層

財・市島邸内の、木造2階建て湖月閣が全壊した。

市島邸は明治初期に造られた敷地約8千坪の広大な回遊式庭園と、建坪約600坪の大邸宅で表門、玄関、説教所など12棟1構が新潟県文化財に指定されている。湖月閣は明治30年竣工、108畳の大広間を持ち文化財としても非常に重要とされており、復元が予定されている。

地震発生時には内部に見学者がおり、2人が下敷きとなったが、1人は自力で脱出し、もう1人も消防レスキュー隊により救出され無事であった。

【建物の被害】

被害は北蒲原郡豊浦町、笹神村、水原町（現・阿賀野市）と豊栄市に集中した。被害がごく一部に集中するのは内陸直下型地震の特徴である。

豊浦町では市島邸の倒壊の他、天王小学校の木造体育館が傾き、内部の壁がはげるといった被害があった。

笹神村藤屋の稲荷神社では社殿など4棟が全壊、同村高田の熊野神社では土台石から社殿がずれ落ちた。ブロック塀の倒壊、墓石や灯籠の倒壊も多くみられた。同村では、340人が神山小学校など4か所に避難した。

笹神村では、52棟の住宅が全壊、92棟が半壊した。特に高田地区と上高田地区での被害が目立った。内陸直下型地震ゆえの被害の一極集中に加え、高田の柔らかい地質、上高田の軟弱な低地の上にある自然堤防が大きな原因と考えられている。

建物全壊の被害が発生しているにもかかわらず、鉄道や道路、盛土部の被害の少なさは驚くべきものであった。この地震では、一般に被害が起きやすい人工地盤の盛土部で被害が発生しなかった。鉄道はJR上越新幹線が一時運転を中止したが、線路の破損は報告されていない。道路にも大きな被害は確認されていない。

【余震の被害】

2日に発生した余震では、北蒲原郡笹神村や新発田市で震度4を記録した。

この余震で笹神村で土砂崩れが発生、豊浦町では水道管が破裂する被害があった。同県東蒲原郡三川村ではJR磐越西線が落石と倒木のため列車が一時運休した。

新潟県文化財市島邸湖月閣の崩壊（豊浦町天王）

国土地理院Hpより
http://www.gsi.go.jp/REPORT/JIHO/vol84/6-pho-l.gif

CASE 44 鹿児島県北西部地震

date 1997年(平成9年)5月13日 | scene 九州地方

地震の背景

　地震発生の1ヵ月半前、3月26日にも震央から西南西約5kmの地点でマグニチュード6.6の地震が起こっていた。その後、この地震の余震は順調に減り、再びこの地域でこれほど大きな地震が発生するとはだれも予想もしていなかった。

　後述する5月13日の地震の余震域(余震が発生している地域)は、3月26日に起きた地震の余震域から南に幅2km程度離れており、東西に走る面と南北に走る面とでL字型の分布を示している。このことから、5月と3月の地震はそれぞれ独立した断層で発生したことが分かった。

　2つの地震は、同規模の地震が連続して起こる「双子地震」であった。双子地震の代表的な例としては、1854年の安政東海・南海地震や、2004年・05年のスマトラ島沖地震(インドネシア)があげられる。

　実はこの半世紀の間、鹿児島県ではマグニチュード5～6の地震がたびたび発生していた。1961年の吉松地震、1968年のえびの地震、1994年の鹿児島県北部地震などだ。これらの地震は、鹿児島大学理学部付属南西島弧地震火山観測所・角田寿喜氏によると、「ともに宮崎市南東海域から霧島火山域を経て九州西方へ続く地震列上に発生した地震で、有感地震を含む余震が長く続くという傾向も共通」(日本地震学会・広報誌『なゐふる』より)していた。

発端と地震の概要

　1997年(平成9年)5月13日14時38分ころ、鹿児島県薩摩地方を震源とする大きな地震が発生した。震源地は東経130度18分、北緯31度57分、深さは9kmで、規模はマグニチュード6.4であった。

　各地の震度は下記の通り。
　震度6弱:薩摩川内(中郷)
　震度5強:宮之城
　震度5弱:阿久根
　震度4:鹿児島、枕崎、大口、霧島、八代、宇城、人吉、芦北、上天草、都城
　震度3:薩摩川内(下甑町青瀬)、指宿、鹿屋、熊本、多良木、天草、宮崎、日南、久留米、雲仙、大分
　震度2:錦江、志布志、南阿蘇、玉名、延岡、宮崎都農、福岡、大牟田、長崎、佐世保、諫早、豊後大野、日田、宇和島、佐賀
　震度1:西之表、日向、飯塚、福津、五島、

key words【キーワード】:高齢化地域　PTSD

国東、別府、中津、臼杵、松山、唐津、山口、萩、下関、豊岡、境港、広島、徳島、高知

最大震度が記録された川内市では、地域によって震度差があった。地盤の性質による差である。同市に流れる川内川が作り上げた、形成年代が若く水分が多く含まれる軟弱な地盤では揺れが大きく、それよりも古い年代に堆積した固い地盤の地域では小さかったのである。同市内には川内原子力発電所があったが、こちらは後者の固い地盤の地域であったため、大きな揺れを免れることができた。

鹿児島県発行『災害の記録』によると、この地震による被害は重傷・軽傷含め負傷者74人、住宅の全壊4棟、半壊31棟、一部損壊4,635棟であった。

被害の特徴

【高齢化地域を直撃】

地震に襲われた鹿児島県北西部の一部は、非常に高齢化の進んだ地域であった。たとえば、宮之城町泊野区における65歳以上の住民の割合は、当時の全国平均の3倍に近い38％にも達し、4人に1人が一人暮しであった。

この泊野区では、3月の地震で町民約90人が避難所での生活を強いられた。そこへ、さらに5月の地震が追い討ちをかけた。住民の中には、避難所の運営が終了した後も地震を怖れて町役場へ泊まり込むなど、一人暮しができなくなる人が続出した。度重なる大地震と長引く余震に対する不安から、畑のビニールハウスで暮らす人もいた。自宅が半壊した世帯は仮設住宅への入居を余儀無くされ、70歳以上の高齢者は住宅の復旧を希望しても融資を受けることが難しく、公営住宅の斡旋を受けるしか為す術がなかった。

地震被害者が受けた経済的打撃に加え、目前に迫っている梅雨や台風による土砂崩れの危険性など、震災によるストレスは相当なものであった。これによるPTSD（心的外傷後ストレス障害）の発症が心配され、震災時の心のケアに関するパンフレットの配付や心のケア研修会が行われた。

【集落ごと避難】

鹿児島県東郷町の藤川本保地区は地震による落石・土砂崩れが多発し、林道などが寸断された。梅雨や台風による集落の孤立や、土石流発生の危険があったため、34世帯77人が約5km離れた仮設住宅などへ避難し、約5ヶ月間の避難生活を送った。避難先で同地区の集落自主防災会は、自主的に土砂崩れの危険箇所にシートを張るなど災害防止の活動を行い、建設大臣により表彰された。

CASE 45 三宅島噴火

date 2000年(平成12年)6月26日以降 | scene 東京都三宅村

噴火の背景

　三宅島は東京から南へ約180kmにある直径8kmの円形をした島で、第四紀更新世の後期（約1万～15万年前）において海底の噴火で出来たと言われている。約7千年前から1万年前の大規模な噴火で山頂が陥没し、最初のカルデラである桑木平カルデラが出来た。この桑木平カルデラは後にカルデラ内で発生した噴火の噴出物で埋め尽くされたが、現在の三宅島の標高300mから400m付近にあり、その概観は島の北西部にある伊豆岬から見ることが可能である。

　約2200年前から2500年前には桑木平カルデラ内で再び大きな噴火が起き、2000年前の噴火で大きく陥没した八丁平カルデラが形成されたと考えられている。その後、1469年までは噴火活動は収まっていたが、同年に活動を再開し、1983年までに12回噴火があった。

　この三宅島の噴火の仕組みは、地下10kmに粘り気が弱く二酸化硫黄を含有する玄武岩質のマグマ溜まりと、地下1.5から2kmに粘り気が強い安山岩質のマグマ溜まりがあり、1469年から1983年までの噴火では地下10kmのマグマ溜まりにある玄武岩質マグマが上昇、地表に近いマグマ溜まりにある安山岩質マグマと混じり合って噴出した。

　しかし、2000年の噴火からその仕組みが変わったと考えられている。2000年の噴火のうち、海底噴火では地下1.5kmから2kmにある安山岩質マグマ系の物質が検出され、山頂噴火では地下10kmにある玄武岩質マグマ系の物質がそれぞれ単独で確認されていた。このことから、2000年の噴火は浅いマグマ溜まりにあった安山岩質マグマが島の西海域に移動して海底噴火を起こして、神津島などの群発地震を誘発。マグマの移動で地下に空洞が出来たことから雄山の山頂が陥没し、深部の玄武岩質マグマが上昇して安山岩質マグマと混ざることなく山頂から噴火したとみられている。

噴火の概要

　三宅島では2000年6月26日から火山性地震が増加していた。同月27日には三宅島の西方海域で海水が変色していることが確認されて、水深80m付近で海底噴火が発生した。その後、噴火活動は沈静化の傾向にあると考えられていたが、同年7月8日に雄山山頂から噴火し、7月から8月にかけて雄山が大きく陥没した。この噴火は9月まで続いた

key words【キーワード】：火山性地震　避難生活

が、その間8月10日、18日、29日には噴煙が高さ14,000mに達する大噴火が起こり、さらに8月29日の噴火では火砕流が発生。また噴火活動を通して、雄山火口から二酸化硫黄の噴出が続いたことから、9月1日に三宅村役場は全島民に避難を命じ、同月4日までに全島民が島外に避難する事態となった。

被害の概要

6月26日からの火山性地震で新島・神津島等において、震度6弱を6回、震度5強を7回、震度5弱を18回観測し、7月1日に発生した地震に伴う崖崩れにより神津島では1人が犠牲となった。

火山性地震の発生を受けて気象庁は26日午後7時33分、緊急火山情報を発表し、「地震が増え始めてから噴火までの時間が短いのが特徴の山で、近く噴火する可能性がある」と三宅島の島民に向けて厳重な警戒を呼びかけた。さらに気象庁火山課長が同日午後8時過ぎに記者会見し、「26日午後6時半ごろから地震が増加し始めた。現在も地震は継続している。あと2時間ほどで噴火する可能性もある」と重ねて警戒を伝えた。

気象庁の緊急火山情報により警視庁は災害警備本部を設置して、指揮体制及び警備体制を強化した。そして、現地に機動隊等を派遣して、避難所への島民の誘導、避難指示地域の外周での災害警備活動等を実施した。

三宅村役場は1983年の噴火において溶岩流で埋没した阿古地区の住民649世帯、計1,516人に災害対策基本法に基づいて、三宅小、中学校等への避難を勧告した。さらに、海上保安庁と海上自衛隊は26日夜、艦船計10数隻を三宅島に派遣し、東京都三宅支庁も島民の避難に備え、島の漁船を阿古地区に集めるよう指示した。

その後、噴火活動に沈静化の傾向が見られたことから避難勧告は解除されたが、7月8日に雄山が噴火したため、再度避難勧告が出された。そして、8月29日の雄山の噴火では火山灰が最高で15cmも降り積もり、折しも関東地方に大雨の恐れがあり、それにより泥流の危険性があったことから9月1日に三宅村は防災関係者を除く全島民に島外避難指示を発令した。先に避難を開始していた小中高校生に続き、避難期限の4日までに約3,000人が島を脱出して、東京・渋谷の「国立オリンピック記念青少年総合センター」等の施設に避難した。島に残った防災関係者も、島外に避難したことから三宅島は無人となった。

三宅島の島民が島に戻ることが出来たのは、2005年2月1日に避難指示がようやく解除されてからであった（2007年3月現在で2,903人、1,760世帯が帰島）。しかし、火山灰に埋没したり、二酸化硫黄により民宿や店舗が腐食して廃墟となっていたりするなど生活基盤を失った島民も多く、生活基盤を再度作り上げることが出来るかという不安と、故郷で生活を営みたい望郷の念の狭間で揺れる中での帰島であった。また、4年5か月におよぶ長期の避難生活で東京都内において職を得た島民は、避難指示解除後に直ちに島に戻ることが出来なかった場合もあった。

CASE 46 鳥取県西部地震

date　2000年（平成12年）10月6日　｜　scene　鳥取県、中国地方

地震の背景

山陰地方には、地表面から深さ10kmのところに、岩盤に力が加わることによって歪みが蓄積された震源断層が形成されている。

山陰地方では、880年の出雲地震（マグニチュード7）以降、鳥取県中部と西部、島根県東部で大地震は発生していなかった。しかし1970年以降になると、地震活動は主にこの地域に集中するようになり、1989年からは震源断層と同じところに地震が繰り返し発生している。

1989年（平成元年）10月27日に、マグニチュード5.3の地震が鳥取県日野町であった。以後、マグニチュード5クラスの中地震が群発しているが、この1989年の地震が2000年に発生する鳥取県西部地震の始まりと考えられる。

発端と地震の概要

2000年（平成12年）10月6日13時30分ころ、鳥取県西部の山間部を震源とする大きな地震が発生した。この地震の震源は東経133度21分、北緯35度16分、深さ9kmであり、マグニチュードは7.3だった。地震の種類は直下型地震、左横ずれ断層型の地震であった。この地震により、震源断層は北北西～南南東の方向に、長さ約20km、幅約10kmにわたりずれた。主な震度は以下のとおり。

震度6強：鳥取県日野郡日野町根雨、境港市東本町

震度6弱：鳥取県西伯町、会見町、岸本町、日吉津村、淀江町、溝口町。

震度5強：鳥取県米子市。島根県安来市、仁多町、宍道町。岡山県新見市、哲多町、落合町、大佐町、美甘村。香川県土庄町

この地震の特徴は、震度の大きな地域が岡山県から四国まで南側に広がっているのに、松江や鳥取、出雲など、震源までの距離が近い地域では震度が小さいことである。

被害の特徴

負傷者は182人、住宅被害は全壊住家435棟、半壊住家3,101棟、一部破損住家18,544棟だった。

被害は震度6の地域に集中しているが、マグニチュード7.3という大地震にしては予想より被害が小規模だった。これは、発生時間が午後1時30分であったこと、震源が山間部で激震域も都市部でなかったことが原因のひとつと考えられる。死亡・行方不明者はゼ

key words【キーワード】：液状化現象

口だった。

物的被害は、大別すると、家屋の倒壊や山間部での斜面崩壊、落石などの地震動による被害と、沿岸部での液状化現象による地盤災害の2つに分けられる。

【地震動による被害】

日野町や下榎地区、西伯町、溝口町などで建物の全壊や半壊の被害が出たが、地盤が比較的良かったためか、全壊を覚悟するような建物が半壊で済んだというケースも見られた。しかし、山間部を走る道路や鉄道は斜面崩壊などで大きな被害を受け、多くの箇所で不通になった。

【液状化現象による地盤災害】

境港市や米子市では都市型の被害が発生した。代表的なのは鳥取県境港市北部の竹内団地。ここは美保湾を埋め立てて造成されたところで、団地内南部の未利用地に広い範囲にわたり液状化現象が発生し、噴砂によって覆いつくされる被害を受けた。ほかにも、港湾岸壁の崩壊やマンホールの抜き上がり、電柱の沈下などが各地で起こった。液状化現象による港湾の破損は地場産業に大きな打撃を与えた。また、電気や水道、ガスなどライフラインの被害が随所に見られた。

この地震による津波は観測されていない。

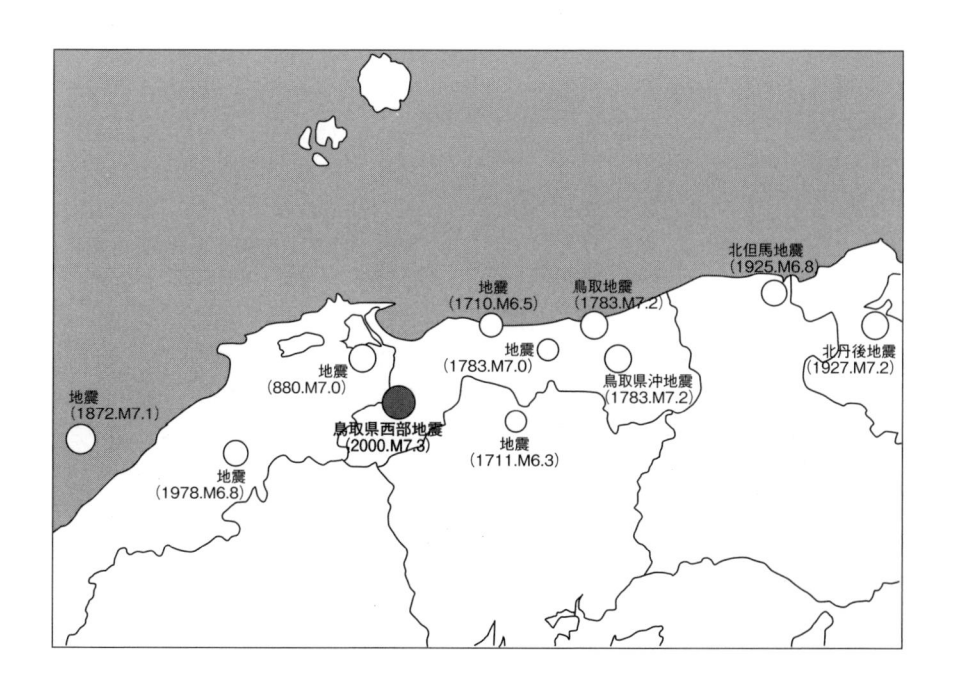

第Ⅰ部 大災害の系譜

CASE 47 芸予地震

date　2001年（平成13年）3月24日　｜　scene　中国・四国地方

地震の背景

広島県で起きる地震のほとんどは瀬戸内海に集中している。特に安芸灘や伊予灘で多く、マグニチュード4以上の地震は毎年数回発生している。ただし、震源の深さが50km以上と深い場所で発生するため、揺れの規模はそれほど大きくない。その代わり、広範囲にわたり震度の大きなところが観測される。これが、深い震源で地震が発生する「深部地震」の特徴といえる。

この地震は、中国・四国地方に沈み込むフィリピン海プレート内部の破壊が原因だと考えられている。

広島県には、以下のような重要文化財に指定された「断層」が多い。
1）広島市安芸高田市高宮町志府部府・広島県三次市畠敷・「船佐・山内衝上断層」
2）広島県三次市和知・「和知衝上断層」
3）広島県庄原市・「山内逆断層」
4）広島県安芸太田市・「押ヶ峠断層」

発端と地震の概要

2001年（平成13年）3月24日15時27分ころ、広島県安芸灘を震源とする大きな地震が発生した。この地震の震源は東経132度42分、北緯34度8分、深さ46kmであり、マグニチュードは6.7であった。

震度5強以上を記録した主な市町村は以下のとおり。なお市町村名は当時のもの。

震度6弱：広島県賀茂郡河内町中河内、豊田郡大崎上島町中野、安芸郡熊野町

震度5強：広島県広島千代田町、三原市、豊栄町、広島本郷町、安芸津町、川尻町、広島豊浜町、豊町、向島町、広島西区、広島安佐南区、呉市、府中町、海田町、音戸町、倉橋町、下蒲刈町、能美町、大柿町、黒瀬町。山口県阿東町、岩国市、柳井市、久賀町、山口大畠町、山口東和町、橘町、和木町、大畠町、田布施町、平生町。愛媛県今治市、丹原町、波方町、大西町、菊間町、吉海町、弓削町、生名村、岩城村、上浦町、大三島町、松山市、久万町、愛媛松前町、砥部町、三瓶町、宇和町、愛媛吉田町

余震活動も活発で、翌25日19時19分のマグニチュード4.4（最大震度4）、翌々26日5時40分のマグニチュード5.0（最大震度5強）など、比較的規模の大きい地震が数日間にわたって発生したが、3月末には、震度1以上を観測する余震の発生回数は1日あたり0～1回程度となった。

key words【キーワード】：深部地震　断層

なお、「芸予地震」と名がついた地震は1905年と2001年の2回あり、区別するために発生年を冠して前者は「1905年芸予地震」、後者は「2001年芸予地震」と呼ばれる。

被害の特徴

広島・愛媛両県を中心に中国・四国地方で多くの被害が発生した。4月12日時点の総務省消防庁の発表によると、広島県呉市でブロック塀の倒壊により家屋にいた住民1人が死亡、愛媛県北条市でも1人が亡くなった。

ほかに、負傷者は広島県、愛媛県、高知県、福岡県、岡山県など7県で計261人、物的被害は8県にのぼり、住家全壊48棟、半壊274棟、一部破損32,530棟などの被害があった。さらに、断水は各県を合わせると48,284戸、停電は43,514戸、ガス漏れは443戸など被害が多く発生した。

また、広島県廿日市市と広島市の海岸部で液状化現象が発生した。

この地震による津波はなかった。

気象庁は、25日から27日にかけて、気象庁本庁や大阪・福岡管区気象台、広島・高松・松山・下関の各地方気象台から職員を派遣し、現地調査を行った。この調査によれば、震度5弱以上のところは、震度が大きかった地域ほど、被害の状況が大きくなるという傾向があり、全般に震度相当の揺れであったと推測される。

【鉄道の被害】

新幹線は三原～新岩国で24日の本震の影響で軌道の異常が見つかったため、その日のうちに運転再開の見通しがたたなかったが、翌25日8時36分に運転を再開した。しかし、26日の余震により、新尾道～徳山間で徐行運転を余儀なくされた。平常運転に戻ったのは4月2日の始発からだった。

JR西日本では、24日の本震で岡山・米子・広島支社管内の全線が点検のため運休した。JR四国の予讃線でも24日の本震で運休し、その日のうちに運転が再開されたが、26日の余震で運転を見合わせることになった。

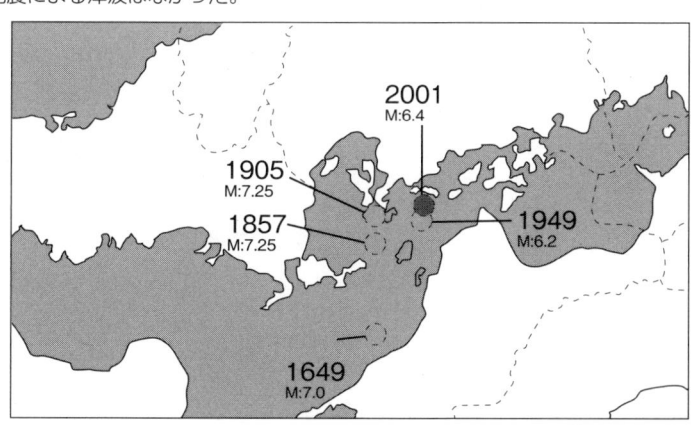

CASE 48 東北地震

date　2003年(平成15年)5月26日　｜　scene　東北地方

地震の背景

日本列島の周辺域は，ユーラシアおよび北米（あるいはオホーツク）の両大陸プレートの下に太平洋プレートが東から沈み込み，さらに南からフィリピン海プレートが押し寄せて潜り込んでいるという複雑な構造が形成されている。

この地震があった領域から南南東の海域では，1855年、1897年、1936年、1978年と、おおよそ37年の間隔で繰り返しマグニチュード7クラスの地震が発生している。この地震は、太平洋プレートの内部で南北の方向に約20kmにわたってひび割れが起こり、縦方向に約2mずれたため発生したと見られる。

発端と地震の概要

2003年（平成15年）5月26日18時24分ころ、宮城県気仙沼沖を震源とする地震が発生した。この地震の震源は、東経141度39分、北緯38度49分、深さは72kmで、マグニチュード7.1であった。

この地震で、岩手県大船渡市、江刺市（現：奥州市）、衣川村（同）、平泉町、室根村（現：一関市）、宮城県石巻市、涌谷町、栗駒町（現：栗原市）、高清水町（同）、金成町（同）、桃生町（現：石巻市）で震度6弱を観測した。

震度5強を記録した各市町村の震度は以下のとおり。

震度5強：青森県階上町。岩手県一関市、釜石市、二戸市、花巻市、陸前高田市、胆沢町、大迫町、金ケ崎町、住田町、東和町、藤沢町、矢巾町、大野村、川崎村、玉山村、宮守村。秋田県西仙北町。宮城県気仙沼市、古川市、一迫町、岩出山町、鹿島台町、加美町、河南町、唐桑町、色麻町、志津川町、志波姫町、瀬峰町、田尻町、登米町、中田町、南郷町、迫町、鶯沢町、松山町、矢本町、米山町、若柳町、花山村。山形県中山町

震度1以上を観測した地域は、北海道から近畿地方にいたるまで広範囲にわたった。

本震後の余震も多く、5月27日に発生した最大余震（マグニチュード4.9、震度4）を含め、6月30日までに有感地震は216回、大船渡猪川の地震計で観測された無感地震を含む総回数は507回を数えた。

被害の特徴

震源地から近い気仙沼市や石巻市湊地区では崖崩れが、宮城県築館町（現：栗原市）で

key words【キーワード】：37年間の間隔　ライフライン

は地滑りが、大船渡市の海岸部では液状化現象が発生するなど、多くの地域で被害がでた。

震度5強を観測した中山町では国道112号の橋梁の舗装部分が一部隆起したほか、震度5弱を観測した村山市楯岡の市道でも隆起が確認された。

また、震度4を観測した山形市飯田西では電線破断により停電が発生した。

6月30日の時点での総務省消防庁発表によると、宮城県と岩手県を中心に174人の負傷者が出たが、死亡・行方不明者はいなかった。

物的被害は、住家全壊2棟、住家半壊21棟、住家一部損壊2,342棟、火災発生4件、道路破損173箇所となった。

この地震による津波は観測されなかった。

【鉄道の被害】

26日の地震発生後に、東北新幹線や在来線の一部が運転を見合わせた。このうち、仙山線の仙山トンネルで壁が数カ所はがれているのが確認され、運転の見合わせが長引いた。翌27日の午後6時には東北新幹線が全面復旧。宮城県内の在来線でも午前中までダイヤの乱れが続いた。

また、水沢江刺〜新花巻間の数か所で東北新幹線の橋梁の柱の外壁が剥げ、鉄骨がむき出しになった。

【携帯電話は使用可能】

仙台近郊では、一般電話は不通であったが携帯電話の使用は可能で、モバイルによるインターネット接続は地震直後でも可能だった。携帯電話のつながりにくい状況の地域もあったが、同日23時46分にすべて解消された。

【透析の中止】

日本透析医会災害時情報ネットワークによると、岩手県の地の森クリニックと宮城県のやすらぎの里サンクリニックでは、透析液供給装置の使用が不可能になり、宮城県の泉黒澤クリニックでは、透析を2時間前後中止（翌日の午後に再開）せざるを得なくなるなど、地震の影響で透析治療に支障をきたす病院があった。

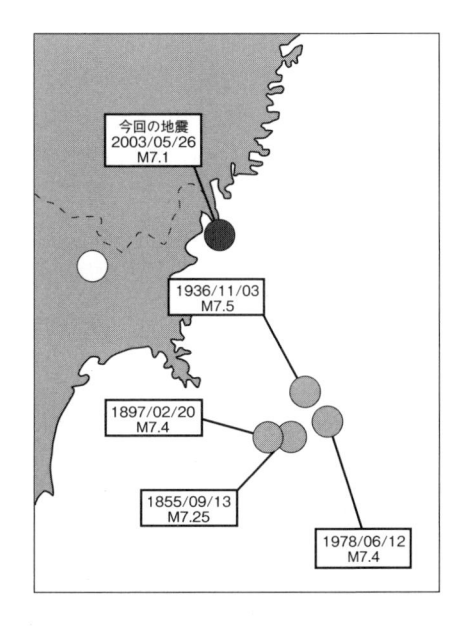

第Ⅰ部 大災害の系譜

CASE 49 宮城県北部地震

date 2003年(平成15年)7月26日 | scene 東北地方

地震の背景

　宮城県北部には、鳴瀬町と矢本町の境界付近から河南町にかけて長さ約8kmの南北に走る「旭山撓曲」(あさひやまとうきょく)とよばれる推定活断層がある。この地震の震源は旭山撓曲のすぐ下にあったため、この断層が活動したのではないかと地表踏査が行われたが、地表の震源断層は確認されなかった。しかしその後の調査の結果、別の活断層が旭山撓曲の東側で発見され「須江断層」と命名された。この断層は2,000万年以上前に形成されており、それが再活動したと考えられている。須江断層を地下へ延長すると、この地震の震源に重なることから、この断層が震源である可能性が高い。

　この地震の2カ月前、5月26日に発生した東北地震(p.118)は「太平洋プレートの内部」が原因で、1978年の宮城県沖地震は「プレート間地震」が原因だった。

発端と地震の概要

　2003年7月26日、宮城県北部の鳴瀬町や矢本町、河南町周辺を震源として、最大震度6弱を超える地震が1日の内に連続的に発生した。内訳は以下のとおり。

【26日0時13分発生の地震・前震】
　震源地：東経141度10分、北緯38度26分、深度12km、マグニチュード5.5。最大震度6弱：宮城県鳴瀬町小野、矢本町矢本。震度5強：宮城南郷町木間塚、鹿島台町平渡。震度5弱：宮城河南町前谷地、宮城田尻町沼部、涌谷町新町、宮城松山町千石、大郷町粕川、石巻市泉町。

【26日7時13分発生の地震・本震】
　震源地：東経141度10分、北緯38度24分、深度12km、マグニチュード6.2。最大震度6強：宮城県鳴瀬町小野、矢本町矢本、宮城南郷町木間塚。震度6弱：宮城県桃生町中津山、宮城河南町前谷地、小牛田町北浦、涌谷町新町、鹿島台町平渡。震度5強：宮城県米山町西野、宮城田尻町沼部、宮城松山町千石、古川市三日町、石巻市泉町。震度5弱：中田町宝江黒沼、仙台泉区将監、三本木町三本木、宮城河北町相野谷、迫町佐沼、志波姫町沼崎、金成町沢辺、瀬峰町藤沢、一迫町真坂、高清水町中町、大郷町粕川。

【26日10時22分発生の地震】
　震源地：東経141度10分、北緯38度27分、深度13km、マグニチュード4.8。最大震度5弱：宮城南郷町、矢本町、鳴瀬町。震度4：古川市、大郷町、涌谷町、宮城田尻町、

key words【キーワード】：前震　本震

小牛田町、宮城河南町、桃生町

【26日16時56分発生の地震・最大の余震】

　震源地：東経141度11分、北緯38度30分、深度12km、マグニチュード5.3。最大震度6弱：宮城河南町前谷地。震度5強：涌谷町新町、宮城南郷町木間塚。震度5弱：桃生町中津山

　2日後の28日4時8分にも本震並みの余震が発生。震源地は東経141度9分、北緯38度27分、深度14kmで、マグニチュード5.0。最大震度は5弱で、宮城松山町、涌谷町、宮城南郷町、桃生町、鳴瀬町で観測された。

　この地震の特徴は、本震と錯覚するほどの強い前震の後に、さらに強い揺れの本震が発生したことである。ちなみに9月30日までに前震、本震を含む有感地震が490回、石巻大瓜の地震計で観測された無感地震を含む総回数は2,036回を数えた。

被害の特徴

　宮城県では崖崩れが82件、地滑りが2件発生し、山沿いの家屋などが半壊や一部損壊などの被害を受けた。

　総務省消防庁の発表による、9月5日時点での被害は以下のとおり。

【人的被害】

　宮城県で重傷50人、軽傷624人、山形県で軽傷2人、計676人が負傷した。死亡・行方不明者はゼロだった。

【住宅被害】

　宮城県で全壊は1,029棟、半壊は2,298棟、一部破損は宮城県で8,233棟、岩手県で1棟、合計11,561棟であった。火災は宮城県で3件発生した。

【断水の被害】

　宮城県で13,721戸、岩手県で204戸で断水し、30日4時には全戸で復旧した。

【停電の被害】

　宮城県で115,000戸に被害を及ぼした停電は26日23時15分に、全戸で復旧した。

　これらの被害の多くは7時13分に発生した本震によるもので、死者が出なかったのは0時13分に発生した前震で住民の警戒感が高まっていたからだと推測されている。

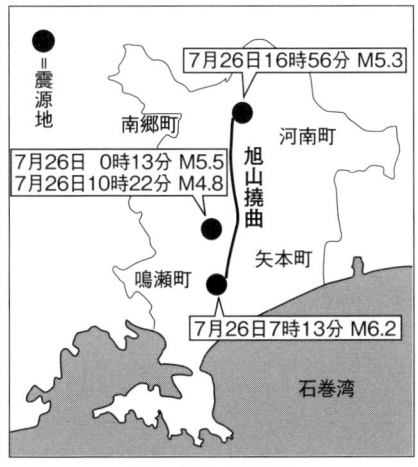

宮城県北部の震源分布

CASE 50 十勝沖地震

date 2003年(平成15年)9月26日 | scene 北海道、東北地方

地震の背景

　北海道十勝沖からロシア連邦のカムチャツカ半島沖にかけて千島海溝が存在する。この海溝では、太平洋プレートが北アメリカプレートの下に年間数cmの速度で沈み込んでいるため、両プレートの境界で歪みが生じ、その歪みの開放により逆断層型の地震が発生する。地震の規模はマグニチュード8前後が想定され、発生間隔は約60～80年と言われている。この地域を震源として過去に発生した大地震は以下のとおり。

- 1952年十勝沖地震　震源は東経144度08分、北緯41度48分の十勝沖で、マグニチュードは8.2。北海道南部から東北北部で揺れや津波などの被害があり、28人が死亡、5人が行方不明、287人が重軽傷を負った。(p.62)
- 1968年十勝沖地震　震源は東経143度35分、北緯40度44分の三陸沖で、深さは不明、マグニチュードは7.9。北海道から東北北部で揺れや津波の被害があり、52人が死亡、812人が重軽傷を負った。(p.74)

発端と地震の概要

　2003年(平成15年)9月26日4時50分ころ、北海道釧路沖を震源とする大地震が発生した。震源地は、東経144度4分、北緯41度46分、深さ42km、マグニチュード8.0であった。

　最大震度は震度6弱で、北海道新冠町、静内町、浦河町、鹿追町、幕別町、豊頃町、忠類村、釧路町、厚岸町で観測された。この地震で震度5強弱を記録した地域は以下のとおり。

震度5強：北海道厚真町京町、足寄町上螺湾、
　　　　帯広市東4条、本別町北2丁目、更別村
　　　　更別、広尾町並木通、弟子屈町美里、釧
　　　　路市幸町、音別町尺別、別海町常盤。
震度5弱：北海道新篠津村、栗沢町、南幌町、
　　　　空知長沼町、栗山町、中富良野町、清里
　　　　町、北見市、訓子府町、苫小牧市、上士
　　　　幌町、音更町、十勝清水町、芽室町。

　気象庁は、4時56分に北海道太平洋沿岸東部と北海道太平洋沿岸中部に津波警報を、また北海道太平洋沿岸西部と青森県日本海沿岸、青森県太平洋沿岸、岩手県、宮城県、福島県に津波注意報を発表した。その後の津波の状況に鑑み、9時00分には北海道太平洋

key words【キーワード】：津波　出光興産原油タンク

沿岸東部と北海道太平洋沿岸中部に発表していた津波警報を津波注意報に切り替えた。すべての予報区で津波注意報を解除したのは18時30分だった。

その後、26日6時8分に最大余震が発生した。震源は十勝沖で東経143度42分、北緯41度42分、深さは21kmで、マグニチュードは7.1であった。最大震度は北海道浦河町の震度6弱で、震度5強は北海道新冠町北星町で、震度5弱は北海道厚真町、静内町、青森県野辺地町、むつ市、東通村で観測された。

被害の特徴

この地震により、行方不明2人、負傷者849人、全壊家屋21棟、半壊家屋33棟等の被害が発生した（10月3日現在、総務省消防庁による）。津波による死者・行方不明者が出たのは、平成5年（1993年）の北海道南西沖地震時以来だった。

【津波の被害】

釧路で1.2m、根室市花咲で0.9m、浦河で1.3mなどの津波を観測した。最も高い津波が観測されたのは、十勝港の2.5mだったが、その後、津波が引いたあとに実施された気象庁による現地調査の結果では、えりも町百人浜で観測された4.0m（遡上高）が最も高い値である。

【火災の被害】

北海道苫小牧市にある出光興産北海道製油所では、この地震直後に原油タンクが炎上した。12時9分に鎮火した。

このほか、河東郡音更町木野にある道東双葉の亜鉛メッキ工場で約450度の高温の亜鉛が流出し、付近の雑品等が若干焼損したが、北十勝消防事務組合消防本部の消防職員が消火器により消火し、5時10分に鎮火した。その後ナフサタンクの火災が数日続いた。

また、石狩市にある双葉工業社メッキ工場では、メッキ釜から亜鉛メッキ溶剤が流出し、付近の電気配線の一部が焼損。消防車が7台出動し、放水により消火、5時22分に鎮火した。

CASE 51 紀伊半島南東沖地震

date 2004年(平成16年)9月5日　｜　scene 東海・中部・近畿・中国地方

地震の背景

本地震の原因は、フィリピン海プレート内部で発生したものと考えられる。フィリピン海プレートは日本列島に常に押し寄せているため、内陸周辺のプレートには歪みが蓄積されている。この地震は紀伊半島沖で、海洋プレートが陸側プレートの下に急な角度で、沈み込むような形で押し寄せたため、これまで歪みを蓄積してきた陸側プレートが耐え切れずに元に戻ろうとした結果、開放されるエネルギーが大きくなり、震度5弱の大規模な地震になった。

周辺では、1944年12月7日に東南海地震（マグニチュード8.0）、1946年12月21日に南海地震（マグニチュード8.0）という大地震が発生しているが、紀伊半島沖ではこれまで大きな地震が起きていない。（p.54、p.58）

本地震は場所、メカニズムとも前例のない地震だったと言える。

発端と地震の概要

2004年(平成16年)9月5日19時07分ころ、和歌山県紀伊半島南東沖で、また同日23時57分ころにも、東海道沖を震源とする地震が発生した。前者の震源は東経136度48分、北緯33度2分で、深さは38km、マグニチュードは6.9。後者の震源は東経137度8分、北緯33度8分で、深さは44km、マグニチュード7.4であった。（図参照）

前者と後者を合わせた震度は以下のとおり。

震度5弱：奈良県下北山村、和歌山県新宮市
震度4：奈良県天理市、桜井市、和歌山県海南市、御坊市、岐阜県、愛知県、三重県、大阪府
震度3：千葉南部、東京新島、神奈川県横浜市

このように関東でもゆれるなど、地震の規模は広範囲に及んだ。

地震に伴い、気象庁は5日19時14分に三重県南部と和歌山県に、5日20時16分に伊豆諸島、小笠原諸島、静岡県、愛知県外海、徳島県、高知県に津波注意報を発表した。

また東海沖の地震に関して、大阪管区気象台は9月6日00時3分に和歌山県に津波警報を、徳島県、高知県に津波注意報を発表し、気象庁本庁は9月6日00時3分に愛知県外海、三重県に津波警報を、千葉県九十九里・外房、伊豆半島、小笠原諸島、静岡県、伊勢・三河湾に津波注意報を発表した。

key words【キーワード】：地震同日2回

9月7日8時29分には、マグニチュード6.4の最大の余震があった。

被害の特徴

【津波の被害】

　消防庁は地震発生と同時に災害対策室を設置し、震度4以上を記録した岐阜県、愛知県、三重県、滋賀県、京都府、大阪府、奈良県、和歌山県に被害報告を要請した。その結果、津波により港で停泊中の漁船の一部が壊れるなどの被害が報告されたが、津波による人的被害は生じていないことがわかった。これは6日0時22分に串本町袋港で観測された90cmが最大の津波で、ほかは80cm以下という小さな津波で済んだためと考えられる。さらに、三重県の磯部町（40人）、志摩町（2人）、海山町（4人）、尾鷲市（45人）、熊野市（4人）の5市町の住民が自主避難したことも、「人的被害ゼロ」に大きく貢献した。

【火災の被害】

　大阪府堺市で建物火災が1件発生したが、9月6日2時34分に鎮火した。ほかには和歌山県本宮町で水道管の破裂、自動車のフロントガラスの破損が報告されたが、建物の倒壊などの大規模被害は確認されなかった。

　火災以外では、地震の影響で京都市の89歳の女性が転倒し後頭部を打撲、また94歳の男性が時計の落下で左手甲部を打撲するなどのけが人が出たが、大怪我をした人はいなかった。

　広範囲にわたる地震が同日に2回、しかも5時間をおかずに発生したにもかかわらず、死者や行方不明者は皆無。そのうえ、負傷者も二桁台（46人）という人数で収まったことは地震の大きさからいって奇跡的だった。

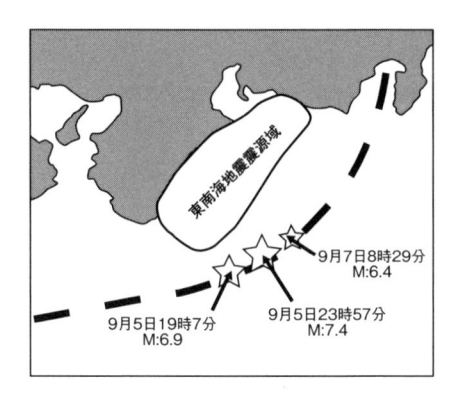

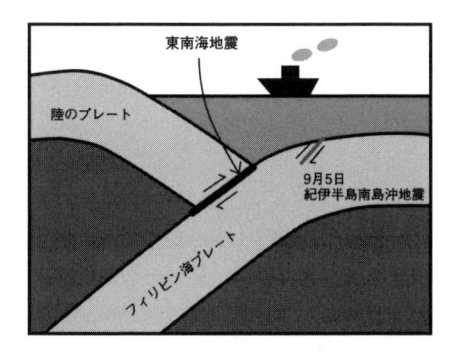

CASE 52 新潟県中越地震

date 2004年(平成16年)10月23日 | scene 東北・中越・関東・甲信越地方

地震の背景

この地震は、新潟県中越地方に存在するユーラシアプレートと北米プレート間の断層がズレることによって発生した、北西〜南東圧縮の逆断層型の地震である。震源域の北西浅部の層には日本海拡大時に形成された堆積物が、震源域の南東側には基盤岩があり、地殻構造の不均質の影響も受けた結果、地震が発生したと考えられる。

発端と地震の概要

2004年(平成16年)10月23日17時56分に、新潟県のほぼ中央に位置する小千谷市を震源とする地震が発生した。この地震の震源は東経138度52分、北緯37度17分で、マグニチュードは6.8、震源の深さ13kmの直下型の地震だった。

震度は、新潟県北魚沼郡川口町の最大震度7をはじめ、震度6強が小千谷市、山古志村(現在の長岡市)、小国町(同・長岡市)、震度6弱が長岡市、十日町市、栃尾市(同・長岡市)、越路町(同・長岡市)、三島町(同・長岡市)、堀之内町(同・魚沼市)、広神村(同・魚沼市)、守門村(同・魚沼市)、入広瀬村(同・魚沼市)、川西町(同・十日町市)、中里村(同・十日町市)、刈羽村などで記録された。

震度5強は、安塚町(同・上越市)、松代町(同・十日町市)、松之山町(同・十日町市)、見附市、中之島町(同・長岡市)、与板町、和島村、出雲崎町、小出町(同・魚沼市)、塩沢町、六日町(同・南魚沼市)、大和町(同・南魚沼市)、津南町で記録され、震度5弱にいたっては新潟県以外の福島県只見町、群馬県北橘村、群馬県高崎市、埼玉県久喜市、長野県三水村などでも記録された。震度1も北は青森県蟹田町で、西は兵庫県神戸市で記録されるなど、新潟を中心に日本国内の広い範囲で揺れを観測した。

この地震で特徴的なのは余震活動が活発なことで、18時03分(マグニチュード6.3、最大震度5強)、18時11分(マグニチュード6.0、最大震度6強)、18時34分(マグニチュード6.5、最大震度6強)と、本震発生後2時間の間に震度6、マグニチュード6.0以上を記録する3回の地震が発生。地震発生日に計164回の有感地震、翌日も計110回の有感地震を観測し、10月31日までに計600回、11月30日までに計825回の有感地震を計測したことだった。

key words【キーワード】: 直下型　余震活動　山古志村

被害の特徴

2007年8月23日時点で、小千谷市や十日町市、長岡市、見附市周辺では、高齢者や子供を中心に68人が死亡、4,805人が負傷、避難した住民は最大で約103,000人（10月26日現在）を数えた。家屋の全半壊はおよそ16,000棟に上った。一部で火災が発生したが、家屋や人口の密度が低い地域で発生した地震であったため、阪神・淡路大震災と比べれば被害は予想より小規模だった。これは、山間部で人口が密集する都市が少なかったこと、豪雪地帯のため雪に押し潰されないよう建物が頑丈に作られていたこと、また小千谷市などでは阪神・淡路大震災以来災害に備えた街づくりを進めていたことなどが、被害を抑えた要因だといわれている。

【土砂崩れ・山崩れの被害】

山国の新潟県が震源であったため、山崩れや土砂崩れなどによる被害が発生した。とくに、上越新幹線が開業以来初めて脱線したほか、在来線の線路や橋脚が破壊され、加えてトンネルの路盤が盛り上がったりするなど、鉄道関係の被害は甚大だった。また、北陸自動車道や関越自動車道などの高速道路、17号や8号などの多くの一般国道、多くの県道や生活道路に亀裂や陥没が起きた。このため、山間部の集落の一部はすべての輸送手段を失い孤立することになり、取り残された村民を、自衛隊のヘリコプターにより長岡市や小千谷市などへ避難させる作業が行われた。

被害は、地震前に起きていた次の2つの天災が影響していた。①地震発生の3カ月前の7月13日に新潟県地方で起きた大規模な水害。②過去最多、夏から秋に10個が上陸した台風。これらによる例年にない多雨が、元々地滑りの発生しやすい地盤を緩ませ、地震発生時に多くの土砂崩れを引き起こした。

【ライフラインの被害】

土砂崩れなどの影響で、電気、ガス、水道、電話、インターネットなどのライフラインが寸断された。電話線は新潟県への電話が集中し、交換機に発信規制もかけられたため、連絡不通の状態が続いた。また、山間部へ続く通信ケーブルや、その迂回路までもが破壊され、外部から孤立する自治体が出た。中でも携帯電話は、中継局そのものの機能が停止し、通話不能となるなど、広範囲で使用不能となった。携帯電話は災害に強いと思われてきただけに、上記のような事態は今後の災害対策に及ぼす影響があると思われる。

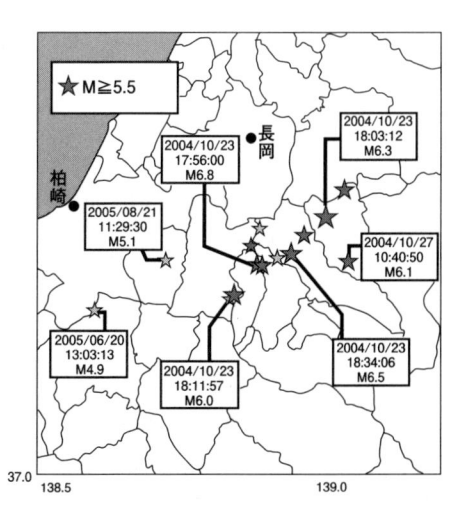

CASE 53 福岡県北西沖地震

date 2005年(平成17年)3月20日 | scene 九州・四国地方

地震の背景

 福岡市から北西30kmほどの地点にある、長さ30km、幅20kmほどの断層が、北西と南東の方向にそれぞれ60cm程度、逆にずれたために地震が発生した。
 これまで福岡市付近を震源とする地震は、1898年に発生した地震(マグニチュード6.0)があるが、マグニチュード7.0クラスの大地震の発生は初めてのことだった。

発端と地震の概要

 2005年(平成17年)3月20日午前10時53分ころ、福岡県北西沖の玄界灘で地震が発生した。震源は玄海島付近、東経130度11分、北緯33度44分、深さ9km、マグニチュード7.0で、横ずれ断層型の直下型地震であった。
 観測された震度5以上は以下のとおり。
震度6弱:福岡市東区、中央区、西区、前原市。
　　佐賀県三養基郡みやき町。
震度5強:福岡市早良区、西区、大川市、春日市、久留米市、糟屋郡須恵町、新宮町、糸島郡志摩町、二丈町、嘉穂郡碓井町、穂波町、糟屋郡久山町、粕屋町、佐賀県三養基郡上峰町、杵島郡白石町、東松浦郡七山村。長崎県壱岐市。
震度5弱:福岡市博多区、城南区、南区、北九州市八幡西区、戸畑区、中間市、大野城市、福津市、柳川市、小郡市、うきは市、直方市、飯塚市、宗像市、宗像郡大島村、筑紫郡那珂川町、志免町、宇美町、篠栗町、遠賀郡遠賀町、鞍手郡若宮町、三池郡高田町、朝倉郡夜須町、朝倉町、三潴郡大木町、三井郡大刀洗町。佐賀県小城市、唐津市、鳥栖市、多久市、佐賀郡久保田町、諸富町、川副町、大和町、東与賀町、神埼郡千代田町、三田川町、三瀬村、藤津郡嬉野町、杵島郡江北町、北方町。大分県中津市。長崎県対馬市
 さらにその1ヶ月後の4月20日午前6時11分、この余震と考えられる、最大震度5強の地震が発生した。震源は、本震の南東12km程度に位置する志賀島付近の深さ14km、マグニチュード5.8であった。
 この余震では、福岡市博多区博多駅前、中央区舞鶴、南区塩原、早良区百道浜、春日市原町などで震度5強が観測された。

被害の特徴

 消防庁のまとめでは、死者1人、重傷者76人、軽傷者1,011人の被害が確認された。

key words【キーワード】:横ずれ断層　余震

住宅などの被害は、九州北部や山口県、大分県で全壊133棟、半壊244棟、一部損壊8,620棟が確認された。震源地が沖合だったため、直下型の地震による都市部の甚大な被害は免れた。

【玄界島の被害】

だが、震源地に近い福岡市西区玄界島では被害が大きかった。本震で半壊だった住宅が余震により全壊するなど、建造物や構造物の大半が大きな被害を受けた。

気象庁本庁は、3月20日の本震直後に地震機動観測班を現地に派遣して、福岡管区気象台と合同で調査を実施。全壊した家屋の多くは島の南東側の急な傾斜地に密集しており、地震動による傾斜地の崩落や、上部に位置する家屋の崩落で2次的に損害を受けたものが目立った。また、海岸付近では大きな被害を受けた家屋は少ないが、岸壁の亀裂や陥没、ケーソンのつぎ目に段差が生じるなどの被害があり、神社の鳥居上部の脱落、石碑の倒壊なども確認された。

なお、福岡県は3月20日12時40分ころ、陸上自衛隊に玄界島への救助派遣を要請した。17時5分ころから島民の避難が開始し、18時23分ころに、福岡市中央区の九電記念体育館に島民が到着。21時23分には、玄界島の現地対策本部が漁協役員など10人を残して「全員避難」を決定し、最終的に島民430人が一夜を過ごした。

【津波の被害】

気象庁は、本震発生直後の3月20日10時57分に福岡県福岡地方と長崎県壱岐・対馬で津波注意報を発表したが、津波が観測されなかったため、12時00分に解除した。マグニチュードが大きい割に津波が発生しなかったのは、地震の発生原因が、地面の盛り上がりを伴わない「横ずれ断層」だったためで、津波が起こりやすい逆断層や正断層だったら、2～3m級の津波が沿岸地域に到達していた可能性もあった。

マグニチュード7.0弱クラスの地震にしては、被害が小規模に止まったのは奇跡的だが、日本ではどんな場所でも大地震が起こりうることを、改めて認識させる地震だった。

日付	余震の回数（単位：回）	
3/20	112	本震は含まない。被害のひどかった玄界島は未明までに全島避難。
3/21	34	
3/22	26	15時55分にM5.4、最大震度4の地震。
3/23	11	
3/24	16	
3/25	15	
3/26	11	
3/27	10	
3/28	8	
3/29	2	
3/30	0	
3/31	14	
4/1	3	21時52分にM4.5、最大震度4の地震。
4/2	3	
4/3	8	
4/4	8	
4/5	6	
4/6	4	
4/7	5	0時10分ごろに、最大震度4の地震。
4/8	3	
4/9	0	
4/10	3	20時30分にM4.8、最大震度4の地震。
4/11	1	
4/12	2	
4/13	2	
4/14	2	
4/15	1	
4/16	2	
4/17	0	
4/18	1	
4/19	0	
4/20	13	6時11分にM5.8、震度5強の地震、他に震度4の地震が2回。
4/21	14	15時現在。

CASE 54 宮城県沖地震

date 2005年(平成17年)8月16日 | scene 東北・関東地方

地震の背景

宮城県東方沖では、海洋プレートの太平洋プレートが東北地方などが載る北アメリカプレートの下に沈みこんでいる。2つのプレートの境目は南北に通っており、両プレート間で両側のプレートから圧力を受けて歪みが生じ、プレート間にある活断層が活動することで地震が発生する。

宮城県ではこれまで25～40年という比較的短い間隔で地震が発生しており、過去には、以下のような大地震があった。

- 1793年2月17日：マグニチュード8.2程度
- 1835年7月20日：マグニチュード7.3程度で前の地震から42年後
- 1861年10月21日：マグニチュード7.0程度で前の地震から26年後
- 1897年2月20日：マグニチュード7.4で前の地震から35年後
- 1936年11月3日：マグニチュード7.4で前の地震から39年後
- 1978年6月12日：マグニチュード7.4で前の地震から41年後

地震調査研究推進本部の長期評価によると、2007年1月1日から10年以内でのマグニチュード7.5前後の地震発生確率は60％程度、30年以内では99％とされ、東北地方では将来、再び大地震の発生が予想されている。

発端と地震の概要

2005年（平成17年）8月16日11時46分25秒に、宮城県東方沖を震源とする大地震が発生した。地震の震源は東経142度17分、北緯38度9分、震源の深さは約42kmで、マグニチュードは7.2。大陸プレートと陸のプレートの境界で発生した地震と考えられる。

震度5以上を観測した主な地区は以下のとおり。

震度6弱：宮城県川崎町

震度5強：岩手県藤沢町。宮城県石巻市、涌谷町、宮城田尻町、栗原市、登米市、東松島市、仙台宮城野区、仙台泉区、名取市、蔵王町。福島県国見町、川俣町、相馬市、新地町、鹿島町

震度5弱：岩手県陸前高田市、二戸市、花巻市、北上市、一関市、江刺市、矢巾町、岩手東和町、金ケ崎町、前沢町、胆沢町、衣川村、花泉町、平泉町、千厩町、室根村。宮城県古川市、気仙沼市、大

key words【キーワード】：天井パネル板落下　大陸プレート　陸プレート

郷町、大衡村、加美町、宮城松山町、鹿島台町、女川町、志津川町、歌津町、仙台若林区、塩竈市、白石市、角田市、岩沼市、大河原町、村田町、柴田町、亘理町、山元町。福島県福島市、桑折町、梁川町、保原町、霊山町、福島東和町、中島村、田村市、原町市、小高町、飯舘村。茨城県日立市

東北地方のほか、北海道地方から近畿四国地方の一部にかけて、最大約850kmの範囲で震度5強〜1を観測した。

気象庁は、地震発生直後の11時50分に宮城県に津波注意報を、11時55分に北西太平洋津波情報を発表。12時12分に宮城県石巻市鮎川で高さ13cmの津波を観測するなど、東北地方の太平洋沿岸で津波を観測したが、津波注意報は13時15分に解除した。

被害の特徴

仙台管区気象台と盛岡地方気象台、福島地方気象台、小名浜測候所は、8月16日〜18日に震度5以上を観測した地域について聞き取り調査を行った。震度5強を観測した宮城県仙台市泉区のスポパーク松森では、室内プールの天井パネル板が割れて降り注ぎ、26人の負傷者が出た。最大震度6弱を観測した川崎町では鉄筋なしのブロック塀の倒壊や亀裂が、震度5強を観測した小牛田町では、小牛田公園内戦没者忠魂碑の石碑の倒壊が見られた。ほかには、震度5弱を観測した亘理町の陸上競技場では、トラックの一部で砂、砂利、小石などが噴出する液状化現象の跡が見られた。

消防庁が8月22日17時00分に発表した人的被害は、負傷者が岩手県10人、宮城県71人、山形県1人、福島県5人、埼玉県4人の91人だったが、死亡者はいなかった。

住家被害は、一部破損が岩手県8棟、宮城県294棟、福島県554棟で、全壊は埼玉県加須市で民家1棟だけだった。

【新幹線が不通】

東北新幹線は列車に電気を送る主要架線が切断したため不通になった。復旧作業の後、16日午後9時47分に東京-仙台間の上り線で、下り線は同11時2分に運転を再開したが、地震の揺れで新幹線の架線が切断された例はこれまでほとんどなかった。

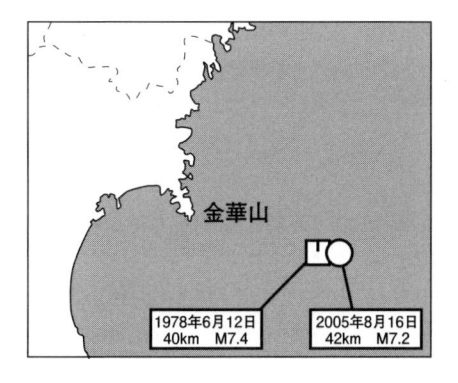

金華山

1978年6月12日　40km　M7.4

2005年8月16日　42km　M7.2

CASE 55 新潟県中越沖地震

date 2007年(平成19年)7月16日 | scene 新潟・長野県

地震の背景

日本海東縁部から近畿地方北部にかけては、地殻変動で歪みが特に集中する「歪集中帯」が存在している。この歪集中帯の特徴は逆断層が多いこと。新潟県中越沖地震は、この歪集中帯に沿う領域で発生した。

この領域では地震が多く、過去には、1964年(昭和39年)6月16日に新潟地震、1983年(昭和58年)5月26日に日本海中部地震、1993年(平成5年)7月12日に北海道南西沖地震が発生した(p.68、p.88、p.100)。また、新潟地震より南で発生した、2004年(平成16年)の新潟県中越地震(p.126)、1965年(昭和40年)8月3日の松代群発地震(p.70)でも歪集中帯で発生したと見られる。

なお、本震では、断層構造の北西傾斜、南東傾斜につき議論があるが、まだ判明していない。

発端と地震の概要

2007年7月16日10時13分、新潟県上中越沖を震源とする地震が発生した。気象庁の発表では、震源は東経138度36分、北緯37度33分で、震源の深さは17km、マグニチュードは6.8だった。新潟県中越地方では、2004年の新潟県中越地震以来のマグニチュード6以上および震度5弱以上を観測した大地震となった。

主な震度は以下のとおり。

震度6強：新潟県柏崎市、長岡市、刈羽村。長野県飯綱町

震度6弱：新潟県上越市、小千谷市、出雲崎町

震度5強：新潟県燕市、三条市、十日町市、南魚沼市。長野県中野市、飯山市、信濃町

震度5弱：新潟県見附市、弥彦村、新潟市西蒲区、川口町、加茂市、南魚沼市、魚沼市、五泉市。石川県能登町、輪島市、珠洲市。長野県長野市

新潟地方以外にも、北陸地方を中心に東北地方から近畿中国地方にかけて広範囲で震度5強～1を観測した。

また15時37分には、新潟県長岡市と出雲崎町で最大震度6弱を観測した余震(マグニチュード5.8)が発生。この余震でも、新潟県だけでなく、北陸地方を中心に東北から東海地方にかけて震度5強～1を観測した。

key words【キーワード】：原子力発電所　断層の傾斜

被害の特徴

地震発生から3週間後、8月8日の時点での被害状況は以下のとおりだった。

【人的被害】

新潟県では死者11人、重軽傷者1,957人。長野県では重軽傷者29人。富山県では軽傷者1人。

【住宅被害】

新潟県では全壊1,109棟、半壊3,026棟、一部破壊31,389棟。長野県では一部損壊318棟。

ほかには、柏崎市で約42,600戸が断水するなど、新潟、長野両県で計6万戸以上が断水した。また柏崎市、上越市、刈羽村、長岡市、三条市、燕市、加茂市、新潟市などでは本震発生時に35,344戸が停電し、長野市北部などでも本震直後の10時14分に約21,200戸が停電した。

気象庁の調査によると、震度6強を観測した観測点の近くでは、古い木造家屋や木造の瓦屋根の家の全壊、液状化などが見られ、震度6弱を観測した観測点の付近では、全壊の建物は見られず、屋根瓦および窓ガラスの破損等の被害に留まった。

【津波の被害】

本震の発生直後、10時14分に佐渡島を含む新潟県全域の沿岸に津波注意報が出された。柏崎市で60cm、佐渡市小木で27cmの津波が観測されたが、津波注意報は、本震の1時間後の11時20分に解除された。

【柏崎原子力発電所の火災】

16日10時25分ころ、東京電力の柏崎刈羽原子力発電所3号機変圧器から火災が発生、12時10分ころに鎮火した。これに伴う放射能漏れは確認されなかった。

23日、東京電力はこの火災をタービン建屋から変圧器に電気を送るケーブルを支える橋げた部分が、地震の影響で約20～25cmほど沈み込んだ結果、ケーブルを保護していた金属製の筒が傾き、銅製のケーブルと接触して発生した火花が変圧器内部から漏れ出した絶縁油に引火したために発生したと、経済産業省原子力安全・保安院に報告した。

9月18日の時点で3号機は停止しており、東京電力は翌19日から第10回定期検査を開始すると発表した。

さらに、同ホームページでは、「新潟県中越沖地震での発電所状況」として、以下を報告している。（2007.12.3現在）

「このたびの新潟県中越沖地震により、被災されました皆さまに、柏崎刈羽原子力発電所一同、心からお見舞い申し上げます。

発電所は地震発生とともに運転・起動中の4基が自動停止いたしましたが、現在は定期検査中の3基も含め、7基全ての原子炉が安定した状態にあります。」

第Ⅱ部
地震・噴火災害一覧

416年～

(注)年月日は、太陽暦に換算。

0001 地震 416年8月23日
近畿地方

8月23日、遠飛鳥宮付近で地震があった。「日本書記」記載。真偽不明である。

0002 噴火 510年
関東地方

群馬の榛名山二ツ岳が噴火した。

0003 噴火 550年6月
関東地方

6月、群馬の榛名山二ツ岳が噴火した。下黒井峰村が埋没した。

0004 地震 599年(推古天皇7)5月28日
近畿地方

5月28日、大和地方で地震があった。建物倒壊など被害大。

0005 地震 679年(天武天皇7)1月
九州地方

1月、筑紫で地震があった。マグニチュード6.5～7.5。地割れで、農家が倒壊。五馬山が崩れ、温泉が湧出した。

0006 噴火 684年(天武天皇12)
関東地方

大島の三原山が噴火した。

0007 地震 684年(天武天皇12)11月29日
四国地方、中部地方

11月29日、土佐南方上で地震があった。マグニチュード8.4。山崩れ、津波で寺塔、神社倒壊、道後温泉枯れ、田畑水没などがあった。白鳳南海地震、と呼ばれる。

0008 地震 701年(大宝1)5月12日
近畿地方

5月12日、丹波地方で地震があった。若狭湾内の丹海郷が海に没する?「冠島伝説」があった。

0009 噴火 708年(和銅1)
九州地方

鹿児島の桜島が噴火した。

0010 地震 715年(霊亀1)7月4日
中部地方

7月4日、遠江地方で地震があった。マグニチュード6.5～7.5。山崩れが発生し、天竜川を塞ぎ、数十日後に決壊した。民家170余区が水没した。

0011 地震 715年(霊亀1)7月5日
中部地方

7月5日、三河地方で地震があった。マグニチュード6.5～7。正倉、民家に被害があった。

~827年（天長4）

0012　地震 734年（天平6）5月18日
近畿地方

5月18日、畿内の七道諸国で地震があった。民家崩壊し圧死者多数を出した。山崩れ、川塞ぎ、地割れが無数あった。

0013　地震 745年（天平17）6月5日
中部地方、近畿地方

6月5日、美濃で地震があった。マグニチュード7.9。櫓館、正倉、仏寺、堂塔、民家の多くが倒壊した。摂津で余震が2間続いた。

0014　地震 762年（天平宝字6）6月9日
中部地方

6月9日、美濃、飛騨、信濃で地震があった。マグニチュード7.4。

0015　噴火 764年（天平宝字8）
九州地方

錦江湾北部で海底噴火があった。3島新生。死者、埋没家屋が多数あった。

0016　噴火 781年（天応元）8月
中部地方

8月、富士山が噴火した。降灰があった。

0017　噴火 800年（延暦19）4月15日
中部地方

4月15日、富士山が噴火した。降灰が多量。

0018　噴火 801年（延暦20）
中部地方

富士山が噴火した。

0019　噴火 802年（延暦21）
中部地方

富士山が噴火した。

0020　噴火 806年（大同1）
東北地方

福島の磐梯山が噴火した。

0021　地震 818年（弘仁9）
関東地方

関東諸国で地震があった。マグニチュード7.5以上。山崩れ、谷埋まること数里。百姓の圧死者多数を出した。津波もあった。

0022　噴火 826年（天長3）6月
中部地方

6月、富士山が噴火した。

0023　地震 827年（天長4）8月11日
近畿地方

8月11日、京都で地震があった。マグニチュード6.5〜7。舎屋の多くが潰れた。余震が翌年6月まで続いた。

第Ⅱ部　地震・噴火災害一覧

0024 地震 830年(天長7)2月3日
東北地方

2月3日、出羽で地震があった。マグニチュード7〜7.5。城廊、家屋が倒壊した。地割れ多く、長いものは60〜90mあった。
●死者・不明15名

0025 噴火 838年(承和5)8月2日
神津島

8月2日、神津島で噴火があった。

0026 地震 841年(承和8)
中部地方

伊豆で地震があった。マグニチュード7。丹那断層の活動によるものとの説あり。

0027 地震 850年(嘉祥3)12月7日
東北地方

12月7日、出羽で地震があった。マグニチュード7.0。地裂け、山崩れ。津波により最上川の岸が崩れた。

0028 地震 856年(斉衡3)
近畿地方

京都で地震があった。マグニチュード6〜6.5。京都および南方で屋舎が破壊、仏塔が傾いた。

0029 地震 863年(貞観5)7月10日
北陸地方

7月10日、越中、越後で地震があった。山崩れ、谷埋まり、水湧き、民家破壊し、圧死者多数を出した。直江津付近の小島が壊滅した。

0030 噴火 864年(貞観6)
中部地方

富士山が大噴火した。焼石が本栖湖を埋没させた。鳴沢の富士青木ケ原で熔岩スパイラクル群（溶岩水蒸気噴気孔）が出来上がった。

0031 噴火 864年(貞観6)6月
中部地方

6月、富士山の北西山腹が噴火した。多量の降砂れき、溶岩が流出し、精進湖、西湖が誕生した。

0032 噴火 865年(貞観7)
中部地方

富士山が噴火した。

0033 地震 868年(貞観10)8月3日
近畿地方

8月3日、播磨、山城で地震があった。マグニチュード7.0以上。建物が倒壊。山崎断層系の活動で発生したもの。

0034 地震 869年(貞観11)7月13日
東北地方

7月13日、三陸沖を震源とする地震があった。マグニチュード8.3。城廓、門櫓、垣壁崩れ、倒壊無数。多賀城下に津波が襲来した。
●死者・不明5,000名

0035 噴火 870年(貞観12)
中部地方
富士山が噴火した。

0036 地震 878年(元慶2)11月1日
関東地方
11月1日、相模で地震があった。マグニチュード7.4。相模、武蔵で被害がひどく、地が陥り、家屋が破損した。死者多数を出した。京都、奈良で有感。

0037 地震 880年(元慶4)11月23日
中国地方
11月23日、出雲で地震があった。マグニチュード7。社寺、民家が多数破損した。余震が続いた。

0038 地震 881年(元慶4)1月13日
近畿地方
1月13日、京都地方で地震があった。マグニチュード6.4。官庁、民家などに損害大。余震が続いた。

0039 噴火 885年(仁和1)
九州地方
薩摩半島の開聞岳が噴火した。

0040 噴火 886年(仁和2)
関東地方
東京の新島で噴火があった。

0041 地震 887年(仁和2)7月6日
北陸地方
7月6日、越後で地震があった。マグニチュード6.5。津波があった。
● 死者・不明5,000名

0042 地震 887年(仁和3)8月26日
中部地方
8月26日、長野の信濃北部で地震があった。山崩れが発生し河川をふさぎ、決壊。北部6郡で大被害があった。

0043 地震 887年(仁和3)8月26日
近畿地方、四国地方
8月26日、紀伊半島沖を震源とする地震があった。マグニチュード8.0～8.5。京都、大阪などで民家が多数倒壊した。徳島に津波があった。

0044 噴火 888年(仁和4)
中部地方
八ケ岳で噴火があった。山崩れ、洪水の被害が出た。松原湖が形成された。

0045 地震 890年(寛平2)7月10日
近畿地方
7月10日、京都で地震があった。マグニチュード6。倒潰寸前まで傾く家屋が多かった。

0046 噴火 915年(延喜15)
東北地方
御倉山で軽石で噴火があった。火山灰により

桑など枯れた。十和田カルデラが形成された。

0047 噴火 932年(承平)
中部地方

富士山が噴火した。浅間神社が焼失した。

0048 地震 934年(承平4)7月16日
近畿地方

7月16日、京都で地震が2回あった。マグニチュード6。京中の築垣が多く転倒した。

0049 噴火 937年(承平7)11月
中部地方

11月、富士山が噴火した。

0050 地震 938年(天慶1)5月22日
近畿地方

5月22日、京都で地震があった。マグニチュード7。宮中の内膳司がくずれ死者が出た。舎屋、築垣など多数倒れた。余震が続いた。
●死者行方不明4名

0051 地震 976年(貞元1)7月22日
近畿地方

7月22日、京都で地震があった。清水寺で僧俗の死者が50人以上でた。寺社の大門、大仏の倒壊多数、余震が相当数あった。

0052 噴火 999年(長保元)3月7日
中部地方

3月7日、富士山が噴火した。

0053 噴火 1017年(寛仁)
中部地方

富士山の北方山腹3ケ所で噴火があった。

0054 噴火 1033年(長元5)
中部地方

富士山が噴火した。

0055 地震 1038年(長暦2)
近畿地方

紀伊半島中部で地震があった。高野山中の伽藍、院寺が転倒した。

0056 地震 1041年(長久2)8月25日
近畿地方

8月25日、京都で地震があった。法成寺の鐘楼が転倒した。

0057 地震 1042年(長久2)
関東地方

武蔵に地震があった。深さは浅かった。草寺が壊滅した。

0058 地震 1050年(永承5)
近畿地方

奈良、斑鳩に地震があった。法隆寺の西円堂が転倒した。

~1213年（建保1）

0059	地震 1070年（延久2）12月1日
	近畿地方

　12月1日、山城、大和で地震があった。マグニチュード6〜6.5。東大寺の巨鐘の鈕切れて落ちた。京都で家々の築垣の被害があった。

0060	噴火 1083年（永保3）3月25日
	中部地方

　3月25日、富士山が噴火した。

0061	噴火 1085年（応徳2）
	関東地方

　三宅島で噴火があった。

0062	地震 1091年（寛治5）9月28日
	近畿地方

　9月28日、山城、大和で地震があった。マグニチュード6.2〜6.5。法成寺の仏像が倒れ、その他の建物にも被害があった。

0063	地震 1093年（寛治7）3月19日
	近畿地方

　3月19日、京都で地震があった。マグニチュード6〜6.3。所々の塔が破壊された。

0064	地震 1096年（嘉保3）12月17日
	近畿地方、中部地方

　12月17日、畿内、東海道で地震があった。震源は、遠州灘南方沖。マグニチュード8.0〜8.5。津波が伊勢、駿河を襲った。仏神舎屋、百姓家の流失が400余あった。

0065	地震 1099年（康和1）2月22日
	近畿地方、四国地方、中国地方

　2月22日、近畿、四国、中国地方で地震があった。震源は、紀伊半島南方沖。マグニチュード8.0〜8.3。寺などに被害。徳島に津波があった。

0066	噴火 1108年（天仁1）9月5日
	関東地方、中部地方

　9月5日、浅間山が噴火した。火砕流が発生した。

0067	地震 1177年（治承1）11月26日
	近畿地方

　11月26日、奈良で地震があった。マグニチュード6〜6.5。東大寺で巨鐘が落ちるなどの被害があった。

0068	地震 1185年（元暦2）8月13日
	近畿地方

　8月13日、近江、山城、大和で地震があった。マグニチュード7.4。京都特に白河辺の被害が大であった。倒壊多く死者多数。宇治橋が落ちた。

0069	地震 1213年（建保1）6月18日
	関東地方

　6月18日、鎌倉で地震があった。山崩れ、地裂け、舎屋破潰が目立った。

1227年(安貞1)〜

0070	地震 1227年(安貞1)4月1日
	関東地方

4月1日、鎌倉で地震があった。地裂けや所々の門扉、築垣が転倒した。

0071	地震 1230年(寛喜2)3月15日
	関東地方

3月15日、鎌倉で地震があった。大慈寺の後山がくずれた。

0072	地震 1240年(仁治1)3月24日
	関東地方

3月24日、鎌倉で地震があった。鶴岡の神宮寺が倒れた。北山が崩れた。

0073	地震 1241年(仁治2)5月22日
	関東地方

5月22日、鎌倉で地震があった。マグニチュード7.0。由比ケ浜の大鳥居内拝殿が流失した。

0074	地震 1245年(寛元3)8月27日
	近畿地方

8月27日、京都で地震があった。壁、築垣や所々の屋々が破損した。

0075	地震 1257年(正嘉1)10月9日
	関東地方

10月9日、関東南部で地震があった。震源は、相模湾内。マグニチュード7.0〜7.5。山崩れ、家屋転倒、地割れなどの被害があった。

0076	噴火 1281年(弘安4)
	中部地方

浅間山が噴火した。

0077	地震 1293年(正永6)5月27日
	関東地方

5月27日、鎌倉で地震があった。マグニチュード7。鎌倉で強震 諸寺つぶれ、死者数千、2万3千余とも言われた。
● 死者・不明5,000名

0078	地震 1317年(文保1)2月24日
	近畿地方

2月24日、京都で地震があった。マグニチュード6.5〜7.0。前震、余震が頻発した。
● 死者・不明5名

0079	地震 1325年(正中2)12月5日
	近畿地方、北陸地方

12月5日、近江北部で地震があった。マグニチュード6.5。荒地中山がくずれた。竹生島の奥院が湖中へ崩落した。

0080	地震 1331年(元弘1)8月15日
	近畿地方

8月15日、紀伊半島西部で地震があった。マグニチュード7以上。紀伊国千里浜の遠干潟20余町が隆起して陸地になった。

0081 地震 1331年（元弘元）8月19日
中部地方

8月19日、富士山で地震があった。

0082 噴火 1338年（延元3）
三原山

三原山が噴火した。元町溶岩と呼ばれる溶岩流が流出した。

0083 地震 1341年（興国2）10月31日
東北地方

10月31日、青森県西方沖を震源とする地震があった。十三湊に大津波が襲った。
● 死者・不明 26,000名

0084 地震 1350年（正平5）7月6日
近畿地方

7月6日、京都で地震があった。マグニチュード6。祇園社の石塔に被害。余震があった。

0085 地震 1360年（正平15）11月22日
近畿地方

11月22日、紀伊、摂津で地震があった。震源は、紀伊半島沖。マグニチュード7.5～8。津波来襲して、人馬牛が死亡した。

0086 地震 1361年（正平16）8月1日
近畿地方

8月1日、畿内諸国で地震があった。法隆寺の築地が多少崩れた。

0087 地震 1361年（正平16）8月3日
近畿地方、四国地方

8月3日、畿内、土佐、阿波で地震があった。震源は、紀伊半島沖。マグニチュード8.25～8.5。諸堂が倒壊破損、津波もあった。
● 死者・不明 5,000名

0088 噴火 1387年（元中4）
九州地方

阿蘇山で噴火があった。

0089 地震 1408年（応永14）1月21日
近畿地方

1月21日、紀伊、伊勢で地震があった。震源は、紀伊半島沖。マグニチュード7～8。熊野で被害がでた。津波もあった。

0090 噴火 1410年（応永17）3月5日
関東地方

3月5日、那須岳が噴火した。
● 死者・不明 180名

0091 噴火 1421年（応永28）
三原山

三原山が噴火した。

0092 地震 1423年（応永30）11月23日
東北地方

11月23日、羽後で地震があった。マグニチュード6.7。建物の倒壊、人畜の死傷が多かった。

1425年（応永32）〜

0093　地震　1425年（応永32）12月23日
近畿地方

12月23日、京都で地震があった。マグニチュード6。築垣が多く崩れた。余震があった。

0094　地震　1433年（永享5）11月6日
関東地方

11月6日、相模灘を震源とする地震があった。マグニチュード7以上。鎌倉で寺社の被害多く、余震が夜明けまで30余回、さらに2日間続いた。

0095　地震　1449年（宝徳1）5月13日
近畿地方

5月13日、山城、大和で地震があった。マグニチュード5.75〜6.5。山崩れ、人馬多数が死んだ。余震が続いた。

0096　地震　1456年（康正1）2月14日
近畿地方

2月14日、紀伊で地震があった。熊野神社の宮殿や神倉が崩れた。

0097　地震　1466年（文正1）5月29日
近畿地方

5月29日、奈良で地震があった。天満社、糺社の石灯籠が倒れた。

0098　噴火　1473年（文明5）
九州地方

桜島で噴火があった。

0099　地震　1494年（明応3）6月19日
近畿地方

6月19日、大和で地震があった。マグニチュード6。民家破損し、余震が続いた。

0100　地震　1498年（明応7）7月9日
九州地方、四国地方

7月9日、日向灘で地震があった。マグニチュード7〜7.5。九州で山崩れ、地裂け、泥が湧出した。伊予で地変があった。

0101　地震　1498年（明応7）9月20日
中部地方、近畿地方

9月20日、東海道で地震があった。震源は、伊豆沖〜紀伊沖。マグニチュード8.2〜8.4。津波が紀伊から房総の海岸を襲った。この地震によって、浜名湖が海に通じた。明応地震、と呼ばれる。
●死者・不明40,000名

0102　地震　1502年（文亀1）1月28日
北陸地方、東北地方

1月28日、越後南西部で地震があった。マグニチュード6.5〜7。潰家の被害があった。

0103　地震　1510年（永正7）9月21日
近畿地方

9月21日、摂津、河内で地震があった。マグニチュード6.5〜7。潰死者があった。余震が続いた。

0104 噴火 1511年(永正8)
中部地方
富士山が噴火した。

0105 地震 1512年(永正9)9月13日
四国地方
9月13日、徳島の宍喰で地震があった。津波も襲来。
●死者・不明3,700名

0106 地震 1517年(永正14)7月18日
北陸地方
7月18日、越後で地震があった。倒壊家屋が多数あった。

0107 地震 1520年(永正17)4月4日
近畿地方
4月4日、紀伊、京都で地震があった。震源は、紀伊半島沖。マグニチュード7〜7.75。寺院が破壊。津波で民家が流失した。

0108 地震 1525年(大永5)9月20日
関東地方
9月20日、鎌倉で地震があった。由比ケ浜の川、入江、沼が埋まって平地となった。

0109 噴火 1532年(享禄4)
中部地方
浅間山が噴火した。家屋、道路に被害がでた。

0110 噴火 1552年(天文12)
三原山
三原山が噴火した。

0111 地震 1553年(天文22)10月11日
関東地方
10月11日、鎌倉で地震があった。鶴岡八幡宮および堂舎が破損した。

0112 噴火 1560年(永禄3)
中部地方
富士山が噴火した。

0113 地震 1573年(天正1)
関東地方
小田原で地震があった。震度6。

0114 地震 1579年(天正7)2月25日
近畿地方
2月25日、摂津で地震があった。マグニチュード6。四天王寺の鳥居崩れる。余震が続いた。

0115 噴火 1585年(天正13)
中部地方
焼岳で噴火があった。泥流が発生し、家屋300余が埋没した。

0116	地震 1586年(天正14)1月18日
	近畿地方、北陸地方、中部地方

1月18日、畿内、東海、東山、北陸諸道で地震があった。震源は、岐阜・美濃近辺。マグニチュード7.8。山崩れで飛騨白川の帰雲城が埋没した。
●——

0117	地震 1586年(天正14)7月9日
	S-America-Peru、東北地方

7月9日、ペルーで地震があった。マグニチュード8.25。宮城に2～3mの津波が押し寄せた。
●——

0118	地震 1589年(天正17)3月21日
	中部地方

3月21日、駿河、遠江で地震があった。マグニチュード6.7。民家が多数破損し、城塀が破壊された。
●——

0119	地震 1592年(文禄1)
	関東地方

下総で地震があった。マグニチュード6.7。江戸に多少の被害がでた。
●——

0120	噴火 1596年(慶長1)5月1日
	関東地方、中部地方

5月1日、浅間山が噴火した。噴石で死者が多数でた。
●——

0121	地震 1596年(慶長1)9月1日
	九州地方、四国地方

9月1日、豊後で地震があった。マグニチュード7.0。高崎山などが崩れる。大津波で別府湾岸に被害が出た。瓜生島が80％陥没した。豊後大地震、と呼ばれる。
●死者708名

0122	地震 1596年(慶長1)9月5日
	近畿地方

9月5日、京都、畿内で地震があった。マグニチュード7.5。伏見城の天主が大破した。大阪、神戸でも壊家が多かった。
●死者1,200名

0123	地震 1597年(慶長2)9月10日
	九州地方

9月10日、豊後で地震があった。マグニチュード6.4。鶴見岳が崩壊した。久光島が海底に没した。
●死者40名

0124	噴火 1600年(慶長5)
	三原山

三原山が噴火した。
●——

0125	地震 1605年(慶長9)2月3日
	関東地方、中部地方、近畿地方、四国地方、九州地方

2月3日、東海、南海、西海諸道で地震があった。震源は、遠州灘沖。マグニチュード7.9。太平洋岸各地で津波の被害大。死者・不明2,610人以上。慶長地震、と呼ばれる。
●死者・不明2,610名

0126 地震 1606年(慶長10)11月
関東地方

11月、房総で地震があった。山崩れあった。家屋が倒壊した。
●──

0127 地震 1611年(慶長16)9月27日
東北地方

9月27日、会津で地震があった。マグニチュード6.9。社寺民家が倒壊し大破2万余。山崩れで会津川、只見川が塞がれ多数の沼が出来た。
●死者・不明3,700名

0128 地震 1611年(慶長16)12月2日
東北地方、北海道

12月2日、三陸、北海道東岸で地震があった。震源は、三陸東方沖。マグニチュード8.1。津波が来た。
●死者・不明2,853名

0129 地震 1613年(慶長18)
関東地方、中部地方

群馬、静岡で地震があった。大谷崩が、崩壊の度を高めた。
●──

0130 地震 1614年(慶長19)11月26日
近畿地方、関東地方、中部地方

11月26日、越後高田で地震があった。マグニチュード7～7.5。伊勢、高田に津波襲来。京洛で死者2人でた。
●死者2名

0131 地震 1615年(慶長20)6月26日
関東地方

6月26日、江戸で地震があった。マグニチュード6.25～6.75。家屋破損、地割れが見られた。死者が多かった。
●──

0132 地震 1616年(元和2)9月9日
東北地方

9月9日、金華山沖を震源とする地震があった。マグニチュード7.0。仙台城で石壁、櫓など破損。陸中の沿岸に大津波が押し寄せた。
●──

0133 地震 1619年(元和5)5月1日
九州地方

5月1日、肥後八代で地震があった。マグニチュード6.0。城や家屋が破損した。
●──

0134 地震 1625年(寛永1)1月21日
中国地方

1月21日、安芸で地震があった。広島で城中の石垣、多門、塀などが崩壊した。
●──

0135 地震 1625年(寛永2)7月21日
九州地方

7月21日、熊本で地震があった。マグニチュード5～6。熊本城の火薬庫が爆発した。
●死者・不明50名

0136 噴火 1627年(寛永4)
中部地方

富士山が噴火した。江戸に黒灰が降った。
●──

0137 地震 1627年（寛永4）10月22日
中部地方

10月22日、松代で地震があった。マグニチュード6.0。家屋の倒潰80戸を数えた。死者もでた。

0138 地震 1628年（寛永5）8月10日
関東地方

8月10日、江戸で地震があった。マグニチュード6.0。江戸城石垣崩れるなどの被害があった。

0139 地震 1630年（寛永7）8月2日
関東地方

8月2日、江戸で地震があった。マグニチュード6.25。江戸城で石垣崩れ、塀の破損などの被害があった。

0140 地震 1633年（寛永10）3月1日
中部地方、関東地方

3月1日、相模、駿河、伊豆で地震があった。震源は、相模湾。マグニチュード7.0。小田原城が破壊され、民家の倒壊が多かった。箱根山も崩れ、熱海に津波が来た。
●死者・不明150名

0141 地震 1635年（寛永12）3月12日
関東地方

3月12日、江戸で地震があった。マグニチュード6.0。長屋の塀などが壊れた。増上寺の石灯籠がほとんど倒れた。余震が2回あった。

0142 地震 1636年（寛永13）12月3日
北陸地方

12月3日、越後中魚沼郡で地震があった。家屋3戸が被害。土砂が川を堰き止めるなどの被害も出た。

0143 地震 1639年（寛永16）
北陸地方

福井で地震があった。マグニチュード6.1。福井城が破損された。

0144 地震・噴火 1640年（寛永17）7月31日
北海道

7月31日、北海道で地震があった。駒ケ岳で噴火があった。津波も襲来。
●死者・不明700名

0145 地震 1640年（寛永17）11月23日
北陸地方

11月23日、越前加賀で地震があった。マグニチュード6.25～6.75。家屋が損壊、人畜に死傷多数あった。

0146 地震 1642年（寛永19）3月
関東地方

3月、千葉で地震があった。安房地方に津波が襲来した。

0147 噴火 1643年（寛永20）3月
三宅島

3月、三宅島で噴火があった。溶岩が流出し、阿古村が全焼した。

0148 地震 1644年（正保1）10月18日
東北地方

10月18日、羽後本庄で地震があった。マグニチュード7.0。本荘城が大破、屋倒れ、石沢村も壊家があった。院内村で地裂け、水湧いた。
●死者63名

0149 地震 1645年（正保2）11月3日
関東地方

11月3日、小田原付近で地震があった。小田原震度5。江戸で震度3。小田原城廻り端々破損などの被害があった。

0150 地震 1646年（正保3）6月9日
東北地方、関東地方

6月9日、陸前、岩代、下野で地震があった。震源は、蔵王近辺。マグニチュード6.5〜6.7。仙台城、白石城で被害、会津で地割れがあった。江戸でも大きな揺れを観測した。

0151 地震 1646年（正保3）12月7日
関東地方

12月7日、江戸で地震があった。石垣、家屋の損壊が見られた。地割れなどもあった。

0152 地震 1647年（正保4）6月16日
関東地方

6月16日、武蔵、相模で地震があった。マグニチュード6.5。江戸城破損、大名屋敷や民家が破損。死者少なからず。余震が多かった。

0153 地震 1647年（正保4）9月3日
関東地方

9月3日、江戸で地震があった。東京震度5。江戸城の石垣破損などの被害があった。

0154 地震 1648年（慶安1）6月13日
関東地方、近畿地方

6月13日、相模湾を震源とする地震があった。マグニチュード7.1。小田原、箱根震度5。江戸震度4。石垣の崩壊など被害があった。京都でも有感。

0155 地震 1649年（慶安2）3月17日
四国地方、中国地方

3月17日、伊予、安芸で地震があった。震源は、伊予。マグニチュード7.0。松山城の城壁が崩れ、壊家少々。宇和島の石垣116間が崩れ、民家が破損した。

0156 地震 1649年（慶安2）7月30日
関東地方

7月30日、武蔵、下野で地震があった。マグニチュード7.0。江戸城の石垣が破損。家屋が破損、圧死者が多かった。余震日々40〜50回を数えた。

0157 地震 1649年（慶安2）9月1日
関東地方

9月1日、江戸、川崎で地震があった。マグニチュード6.4。川崎駅の民家140〜150、寺が7棟崩壊した。近くの村で民家破倒、死者傷多し。

1650年(慶安3)〜

0158 地震　1650年(慶安3)4月24日
関東地方

4月24日、日光で地震があった。マグニチュード6〜6.5。日光東照宮で石垣などが破損した。

0159 噴火　1657年(明暦3)
九州地方

雲仙岳が噴火した。古焼熔岩が流れ出た。

0160 地震　1659年(万治2)4月21日
関東地方、東北地方

4月21日、岩代、下野で地震があった。震源は、白河西方。マグニチュード7.0。南山田嶋町で人家297、土蔵30が倒れ、塩原温泉一村が土砂に埋まった。
●死者・不明33名

0161 地震　1662年(寛文2)6月16日
近畿地方

6月16日、近畿で地震があった。震源は、琵琶湖西方。マグニチュード7.6。比良岳付近で被害大。唐崎で田畑85町が没し、壊家1,570を数えた。諸所の城が破損した。
●死者・不明22,300名

0162 地震　1662年(寛文2)10月31日
九州地方

10月31日、日向、大隅で地震があった。震源は、日向灘東方。マグニチュード7.5〜7.75。諸城邑で被害が出た。山崩れ、津波、壊家3,800。宮崎県沿岸7ケ村、没して海に消えた。
●死者・不明200名

0163 噴火　1663年(寛文3)7月14日
北海道

7月14日、有珠山が噴火した。小有珠が生成した。家屋、山林、耕地に被害があった。
●死者・不明5名

0164 噴火　1663年(寛文3)12月11日
九州地方

12月11日、雲仙岳が噴火した。

0165 地震　1664年(寛文3)1月4日
近畿地方

1月4日、山城で地震があった。マグニチュード5.9。築垣が所々で崩れた。神社の石灯籠が倒れ、余震が続いた。

0166 地震　1664年(寛文4)8月3日
近畿地方

8月3日、紀伊熊野で地震があった。新宮、丹鶴城の松の間が崩れた。

0167 地震・噴火　1664年(寛文4)
琉球

琉球の鳥島で地震があった。海底で噴火があった。津波も襲来。

0168 地震　1665年(寛文5)6月25日
近畿地方

6月25日、京都で地震があった。マグニチュード6。二条城の石垣が12〜13間崩れ、二の丸殿舎などが小破損した。

0169	地震 1666年（寛文5）2月1日
	北陸地方

2月1日、越後西部で地震があった。マグニチュード6.4。高田城が破損。侍屋敷700余が破壊。夜火災があった。積雪は14〜15尺だった。
●死者・不明1,500名

0170	地震 1667年（寛文7）8月22日
	東北地方

8月22日、八戸で地震があった。マグニチュード6〜6.4。建物が損壊。津軽、盛岡で有感。
●──

0171	地震 1668年（寛文8）6月14日
	北陸地方

6月14日、越中で地震があった。損家があった。高岡城の橋が潰れた。
●──

0172	地震 1668年（寛文8）8月28日
	東北地方、関東地方

8月28日、仙台で地震があった。マグニチュード5.9。石垣が崩れた。道割れ、家が破損した。江戸で有感。
●──

0173	噴火 1670年（寛文10）
	北海道

十勝岳、中央火口が噴火した。溶岩が望岳台付近まで流下した。
●──

0174	地震 1670年（寛文10）6月22日
	北陸地方、東北地方、関東地方

6月22日、越後中・南蒲原郡で地震があった。マグニチュード6.75。農家503棟が潰れた。盛岡、江戸でも有感。
●死者・不明13名

0175	地震 1670年（寛文10）7月21日
	関東地方

7月21日、相模で地震があった。マグニチュード6.4。大住郡で民家100余軒が潰れ、植田約200haが無田となった。
●──

0176	地震 1671年（寛文11）
	東北地方

花巻で地震があった。町屋が10軒ほど倒れ、庇の落下が多かった。
●──

0177	地震 1674年（延宝2）4月15日
	東北地方

4月15日、八戸で地震があった。城内、諸士の屋敷、町屋に破損が多かった。
●──

0178	地震 1676年（延宝4）7月12日
	中国地方

7月12日、津和野で地震があった。津和野城や侍屋敷の石垣などに被害。家屋倒壊133を数えた。
●死者・不明7名

0179	地震 1677年（延宝5）4月13日
	東北地方

4月13日、下北半島東方沖を震源とする地

震があった。マグニチュード7.25～7.5。陸中南部、八戸に震害。余震多く、大つき浦、宮古浦などでは津波の被害があった。

0180	地震　1677年（延宝5）11月4日
	関東地方、東北地方

11月4日、房総半島東方沖を震源とする地震があった。マグニチュード8.0。磐城から房総にかけて津波襲来。延宝地震、と呼ばれる。
●死者・不明500名を超える

0181	地震　1678年（延宝6）10月2日
	東北地方、関東地方

10月2日、陸中で地震があった。震源は、三陸海岸東方沖。マグニチュード7.5。花巻で城の石垣が崩壊した。秋田と米沢で家屋が破損した。
●死者・不明1名

0182	地震　1680年（延宝8）
	関東地方

江戸で地震があった。暴風雨も加わり、江戸城が一部破壊。武家、商家の倒壊3,720戸に及んだ。延宝8年の大水害、と呼ばれる。
●死者・不明700名

0183	地震　1683年（天和3）6月17日
	関東地方

6月17日、日光で地震があった。マグニチュード6.0～6.5。東照宮などの石の宝塔の九輪が転落、石垣が多く崩れた。

0184	地震　1683年（天和3）6月18日
	関東地方

6月18日、日光で地震があった。マグニチュード6.5～7.0。御宮、御堂、本坊寺院の石垣が崩れた。巳の下刻大地震、と呼ばれる。

0185	地震　1683年（天和3）10月20日
	関東地方

10月20日、日光で地震があった。マグニチュード7.0。山崩れが発生。二本松城の石垣が崩れた。余震多数。

0186	噴火　1684年（貞享1）
	三原山

三原山で大噴火があった。熔岩流が北東海岸に達した。

0187	地震　1685年（貞享2）
	中部地方

三河で地震があった。マグニチュード6.5。山崩れがあった。、家屋が壊れた。人畜の死亡が多かった。

0188	地震　1686年（貞享3）1月4日
	中国地方、四国地方

1月4日、安芸、伊予で地震があった。家屋などに被害が多かった。

0189	噴火　1686年（貞享3）3月
	東北地方

3月、岩手山が噴火した。溶岩が流出し、泥流や降灰が家屋を破損した。

~1700年（元禄13）

0190 地震 1686年（貞享3）10月3日
中部地方

10月3日、遠江、三河で地震があった。マグニチュード6.5〜7。

0191 地震・噴火 1687年（貞享4）4月
東北地方

4月、岩手山が噴火した。噴石、地震が群発した。噴煙も記録。

0192 地震 1687年（貞享4）10月20日
S—America—Peru、東北地方

10月20日、ペルーのリマで地震があった。三陸海岸の陸前せん理郡に海しょうが襲来した。
● 死者・不明5,000名

0193 地震 1691年（元禄4）
北陸地方

加賀大聖寺で地震があった。マグニチュード6.2。壊家があった。

0194 地震 1694年（元禄7）6月19日
東北地方

6月19日、能代で地震があった。マグニチュード7.4。震度6。能代地方42ケ所が大被害を被った。壊家1,273戸を数えた。
● 死者・不明394名

0195 地震 1694年（元禄7）12月12日
近畿地方

12月12日、丹後で地震があった。地割れて泥噴出。家屋破損。特に土蔵が大破損した。

0196 地震 1696年（元禄9）6月1日
宮古島

6月1日、宮古島で地震があった。石垣が倒壊した。

0197 地震 1697年（元禄10）11月25日
関東地方

11月25日、相模、武蔵で地震があった。マグニチュード6.5。日光で有感。鶴ケ岡八幡宮の鳥居が倒れ、江戸城の石垣が崩れるなどの被害があった。

0198 地震 1698年（元禄11）5月12日
関東地方

5月12日、江戸で地震があった。

0199 地震 1698年（元禄11）10月24日
九州地方

10月24日、豊後で地震があった。マグニチュード6.0。大分城の石垣、壁などが崩れた。

0200 噴火 1700年（元禄13）
中部地方

富士山が噴火した。

0201 地震 1700年（元禄13）1月26日
USA、Cascadia Subduction Zone

1月26日、米国西海岸、カスケード（北米カスケード沈み込み帯）で地震があった。マグ

第Ⅱ部 地震・噴火災害一覧　153

1700年(元禄13)〜

ニチュード9。日本にも大津波襲来。アメリカ先住民の伝承に「冬の夜に大地が絶え間なく揺れ、海が内陸に及んだ」とある。

0202 地震 1700年(元禄13)4月15日
九州地方

4月15日、壱岐、対馬で地震があった。マグニチュード7.0。石垣、墓所がことごとく崩れ、屋宅の大半が崩れた。

0203 地震 1700年(元禄13)11月22日
関東地方

11月22日、日光で地震があった。

0204 地震 1703年(元禄16)12月31日
九州地方

12月31日、豊後で地震があった。マグニチュード6.5。家屋が多数潰れ、人馬が死亡した。

0205 地震 1703年(元禄16)12月31日
関東地方、中部地方、北陸地方、近畿地方

12月31日、江戸、関東諸国で地震があった。震源は、房総半島沖。マグニチュード7.9〜8.2。元禄地震、と呼ばれる。
●死者・不明5,233名

0206 地震 1704年(宝永1)2月29日
関東地方

2月29日、千葉で地震があった。下総地方で山崩れがあった。

0207 地震 1704年(宝永1)5月27日
東北地方

5月27日、羽後、津軽で地震があった。マグニチュード6。能代で被害最大。1,193戸中、倒壊435、焼失758。山崩れが多く、12湖が生まれた。
●死者・不明58名

0208 地震 1705年(宝永2)5月24日
九州地方

5月24日、阿蘇付近で地震があった。

0209 地震 1706年(宝永3)
宮古島

宮古島で地震があった。

0210 地震 1706年(宝永3)1月19日
東北地方

1月19日、羽前、湯殿山付近で局地的地震があった。マグニチュード5.75。家屋損壊や地割れが目立った。

0211 地震 1706年(宝永3)10月21日
関東地方

10月21日、江戸で地震があった。マグニチュード5.7。江戸震度5。江戸城の石垣、塀などが破損した。

0212 地震 1707年(宝永4)10月28日
中部地方、近畿地方、中国地方、四国地方、九州地方

10月28日、五畿七道で地震があった。震源は、紀伊半島沖。マグニチュード8.4。津波に

よる被害大。潰家、29,000を数えた。宝永地震、と呼ばれる。
●死者・不明4,900名

0213	地震 1707年（宝永4）11月21日
	中国地方

11月21日、周防で地震があった。佐波郡上徳地村で倒家289軒、死者3。徳山でも町家、侍屋敷の破損が多かった。
●死者・不明3名

0214	地震 1707年（宝永4）11月25日
	関東地方

11月25日、日光で地震があった。

0215	噴火 1707年（宝永4）12月16日
	中部地方

12月16日、富士山で大噴火があった。噴出物総量8億m³。川崎5cmの降灰。大被害を被った。

0216	噴火 1708年（宝永5）
	中部地方

富士山が噴火した。山梨、静岡　三河、駿河、相模、武蔵に降灰。

0217	地震 1708年（宝永5）2月13日
	近畿地方

2月13日、紀伊、伊勢、京都で地震があった。汐溢れて山田吹上町に至った。宝永地震の余震とも見られる。

0218	地震 1708年（宝永5）11月14日
	関東地方

11月14日、日光で地震があった。

0219	地震 1708年（宝永5）11月15日
	関東地方

11月15日、日光、茂木で地震があった。

0220	地震 1709年（宝永5）1月24日
	関東地方

1月24日、日光、茂木で地震があった。

0221	地震 1709年（宝永6）4月13日
	関東地方

4月13日、日光、茂木で地震があった。

0222	地震 1709年（宝永6）4月14日
	関東地方

4月14日、日光で地震があった。

0223	地震 1710年（宝永7）3月21日
	関東地方

3月21日、日光、茂木で地震があった。

0224	地震 1710年（宝永7）9月15日
	東北地方

9月15日、いわき沖を震源とする地震があった。マグニチュード6.5。城の櫓4カ所で壁や瓦落、石垣に被害が出た。

1710年（宝永7）〜

0225 地震 1710年（宝永7）10月3日
中国地方

10月3日、伯耆、美作、因幡で地震があった。マグニチュード6.5。河村、久米両郡で被害最大。倉吉で土蔵損じ、八幡町で60余戸壊れた。

0226 地震 1711年（宝永8）3月19日
中国地方

3月19日、伯耆、美作、因幡で地震があった。マグニチュード6.3。家屋破壊、大山に山崩れ。京都に有感。

0227 噴火 1712年（正徳2）2月
関東地方

2月、三宅島で噴火があった。溶岩発生。阿古村では泥水の噴出により多数の家屋が埋没した。

0228 地震 1712年（正徳2）9月29日
関東地方

9月29日、日光、江戸で地震があった。

0229 地震 1713年（正徳3）5月23日
関東地方

5月23日、日光で地震があった。

0230 地震 1714年（正徳4）4月28日
中部地方

4月28日、白馬付近で地震があった。現JR大糸線沿いの谷に被害。多くの家が流出した。善光寺でも石垣崩れた。松代領で家潰等被害が多かった。

0231 地震 1714年（正徳4）8月31日
関東地方

8月31日、日光で地震があった。

0232 地震 1715年（正徳4）2月2日
中部地方、北陸地方、近畿地方、中部地方

2月2日、大垣、名古屋、福井で地震があった。マグニチュード6.5〜7。大垣城、名古屋城で石垣が崩れた。福井で崩家があった。

0233 地震 1715年（正徳5）3月8日
関東地方

3月8日、江戸、日光で地震があった。

0234 地震 1715年（正徳5）5月10日
関東地方

5月10日、江戸、日光で地震があった。

0235 地震 1715年（正徳5）8月28日
関東地方

8月28日、日光で地震があった。

0236 地震 1715年（正徳5）9月18日
関東地方

9月18日、日光で地震があった。

~1725年(享保10)

0237 地震 1717年(享保1)1月1日
関東地方

1月1日、日光で地震があった。

0238 地震 1717年(享保2)5月13日
東北地方、関東地方

5月13日、東北、関東で地震があった。震源は、金華山沖。マグニチュード7.5。仙台、花巻で家屋の破損多く、地割れ泥が噴出。津軽で天水桶がこぼれた。

0239 地震 1718年(享保3)3月8日
関東地方

3月8日、日光で地震があった。

0240 地震 1718年(享保3)8月22日
中部地方、関東地方

8月22日、信濃、三河で地震があった。マグニチュード7.0。伊那遠山谷で山崩れ、堰き止められた遠山川が後に決壊した。
●死者・不明50名

0241 地震 1718年(享保3)8月31日
関東地方

8月31日、日光で地震があった。

0242 噴火 1719年(享保4)
東北地方

岩手山が噴火した。北東山麓で熔岩流が流れ出た。

0243 地震 1721年(享保6)5月27日
関東地方

5月27日、江戸、日光で地震があった。

0244 噴火 1721年(享保6)6月22日
関東地方、中部地方

6月22日、浅間山が噴火した。噴石で登山者らが死亡した。

0245 地震 1721年(享保6)12月27日
東北地方、関東地方

12月27日、盛岡、日光で地震があった。

0246 地震 1722年(享保7)12月18日
関東地方

12月18日、日光で地震があった。

0247 地震 1723年(享保8)12月19日
九州地方、九州地方

12月19日、肥後、豊後、筑後で地震があった。マグニチュード6.5。倒家980などの被害。
●死者・不明2名

0248 地震 1725年(享保10)5月29日
関東地方

5月29日、日光で地震があった。マグニチュード6.0。石灯籠倒れるなどの被害。

第Ⅱ部 地震・噴火災害一覧

1725年(享保10)〜

0249 地震 1725年(享保10)6月17日
北陸地方

6月17日、加賀小松で地震があった。マグニチュード5.9。城の石垣、蔵等が少々破損した。

0250 地震 1725年(享保10)8月14日
中部地方、関東地方、近畿地方

8月14日、高遠、諏訪で地震があった。高遠城、諏訪高島城の被害大。倒家347などを数えた。
●死者・不明4名

0251 地震 1725年(享保10)11月25日
関東地方

11月25日、日光で地震があった。

0252 地震 1727年(享保12)3月22日
関東地方

3月22日、日光で地震があった。

0253 地震 1727年(享保12)7月17日
関東地方

7月17日、日光で地震があった。

0254 地震 1728年(享保13)4月8日
関東地方

4月8日、日光で地震があった。

0255 地震 1729年(享保14)3月8日
中部地方

3月8日、伊豆で地震があった。大地割れ、川筋に水湧いた。下田で家、土蔵が傾倒。余震が続いた。

0256 地震 1729年(享保14)8月1日
北陸地方

8月1日、能登半島北部で地震があった。マグニチュード6.6〜7.0。損潰家791。山崩れ1,731などを数えた。
●死者5名

0257 地震 1730年(享保15)7月8日
S-America-Chile、東北地方

7月8日、チリのコンセプシオン、サンティアゴで地震があった。陸前国、宮城本吉牡鹿桃生第4郡に津波が襲来。田畑に被害があった。

0258 地震 1731年(享保16)3月10日
関東地方

3月10日、江戸、日光で地震があった。

0259 地震 1731年(享保16)10月7日
東北地方

10月7日、岩代で地震があった。マグニチュード6.5。桑折で家屋300余崩れ、橋が84落ちた。陸中海岸に小津波が来た。

0260 地震 1731年(享保16)11月13日
近畿地方

11月13日、近江八幡、刈谷で地震があった。

~1745年（延享2）

石垣が破損、塀が倒れた。

0261 地震 1733年（享保18）9月18日
中国地方、四国地方、近畿地方

9月18日、安芸で地震があった。マグニチュード6.6。奥郡に被害があった。因幡でも大揺れが生じた。

0262 地震 1734年（享保19）4月15日
関東地方

4月15日、日光で地震があった。

0263 地震 1735年（享保20）5月6日
関東地方、東北地方

5月6日、日光で地震があった。東照宮の石垣少しくずれた。江戸で有感。

0264 地震 1736年（元文1）4月30日
東北地方、関東地方

4月30日、仙台付近を震源とする地震があった。マグニチュード6.0。城の石垣や澱橋などが破損した。

0265 地震 1738年（元文2）1月3日
北陸地方、中部地方

1月3日、越後・中魚沼郡で地震があった。蘆ヶ崎村付近で14日朝まで80回余、14日は150回余があった。。

0266 地震 1739年（元文4）8月16日
東北地方

8月16日、陸奥で地震があった。蔵潰れ、諸士町家で被害があった。。

0267 地震 1739年（元文4）12月4日
関東地方

12月4日、江戸、日光で地震があった。

0268 地震・噴火 1741年（寛保1）8月28日
北海道、東北地方、北陸地方

8月28日、渡島西岸、津軽、佐渡で地震があった。旧暦13日大島（現・松前町）で噴火があった。各地に津波襲来。
● 死者・不明 1,473名

0269 地震 1742年（寛保2）11月24日
関東地方

11月24日、江戸、日光で地震があった。

0270 地震 1743年（寛保3）9月28日
関東地方

9月28日、江戸、日光で地震があった。

0271 地震 1745年（延享2）9月4日
関東地方

9月4日、江戸、日光で地震があった。

1745年(延享2)〜

0272	地震 1745年(延享2)10月6日
	関東地方

10月6日、日光で地震があった。

0273	地震 1746年(延享3)3月13日
	関東地方

3月13日、日光で地震があった。

0274	地震 1746年(延享3)5月14日
	関東地方、近畿地方、東北地方

5月14日、江戸、日光で地震があった。日光東照宮の石矢来約20間が倒れた。京都、津軽でも有感。

0275	地震 1747年(延享4)11月22日
	関東地方

11月22日、江戸、八王子、日光で地震があった。

0276	地震 1749年(寛延2)5月25日
	四国地方、九州地方、中国地方

5月25日、宇和島で地震があった。マグニチュード6.75。宇和島城で所々破損、矢来大破。大分で千石橋が破損した。

0277	地震 1749年(寛延2)11月11日
	関東地方

11月11日、江戸、日光で地震があった。

0278	地震 1749年(寛延2)11月17日
	関東地方

11月17日、日光で地震があった。

0279	地震 1751年(宝暦1)3月26日
	近畿地方、中国地方、北陸地方

3月26日、京都で地震があった。マグニチュード5.5〜6.0。諸社寺の築地や町屋など破損。越中で強い揺れを感じた。

0280	地震 1751年(宝暦1)5月21日
	中部地方、北陸地方、関東地方

5月21日、直江津で地震があった。マグニチュード7.0〜7.4 高田城下被害。各地で山崩れ。津波被害。三条地震、と呼ばれる。
●死者・不明1,847名

0281	地震 1751年(宝暦1)5月24日
	S-America-Chile、東北地方

5月24日、チリ、コンセプシオン沖を震源とする地震があった。三陸沿岸に津波が来襲した。

0282	噴火 1754年(宝暦4)
	中部地方

浅間山が噴火した。山林耕地に被害があった。

0283	地震 1754年(宝暦4)11月25日
	関東地方

11月25日、日光で地震があった。

0284 地震 1755年（宝暦5）3月29日
東北地方

3月29日、陸奥八戸で地震があった。殿中、外通りにて破損、廟所も破損。津軽、盛岡で有感。

0285 地震 1755年（宝暦5）4月21日
関東地方

4月21日、日光で地震があった。東照宮の石矢来、石垣などに被害。

0286 地震 1756年（宝暦6）2月20日
関東地方

2月20日、銚子で地震があった。マグニチュード5.5〜6.0。酒、しょう油の桶を揺り返し、石塔が倒れた。

0287 地震 1760年（宝暦10）12月22日
関東地方

12月22日、江戸、日光で地震があった。

0288 地震 1762年（宝暦12）10月18日
四国地方、中国地方、九州地方

10月18日、土佐で地震があった。瓦落ち、山崩れがあった。

0289 地震 1762年（宝暦12）10月31日
北陸地方

10月31日、佐渡東方沖を震源とする地震があった。マグニチュード6.6。津波発生し、両津で家屋が流失。地割れがあった。

0290 地震 1763年（宝暦13）1月29日
東北地方

1月29日、陸奥八戸北東沖を震源とする地震があった。マグニチュード7.4。寺の仏殿や野辺地役所、土蔵など破損。小船破船。函館で津波があった。
●死者・不明3名

0291 地震 1763年（宝暦13）3月11日
東北地方

3月11日、陸奥八戸東方沖を震源とする地震があった。マグニチュード7.25。建物被害多数。

0292 地震 1763年（宝暦13）3月15日
東北地方

3月15日、陸奥八戸東方沖を震源とする地震があった。マグニチュード7.0。城の塀倒れ、御朱印蔵の屋根が破損した。

0293 地震・噴火 1763年（宝暦13）8月17日
関東地方

8月17日、雄山山頂で噴火があった。降灰。翌日も鳴動、地震があった。

0294 地震 1766年（明和3）3月8日
東北地方

3月8日、津軽で地震があった。マグニチュード6.9。弘前城破損。各地で倒壊焼失多数。
●死者・不明1,500名

| 0295 | **地震** 1767年（明和4）5月4日
東北地方

5月4日、陸中で地震があった。潰家1、焼失20余であった。

| 0296 | **地震** 1767年（明和4）10月22日
関東地方

10月22日、江戸で地震があった。マグニチュード6.0。瓦落ち、14～15軒が潰れた。

| 0297 | **地震** 1768年（明和5）7月19日
関東地方

7月19日、箱根で地震があった。マグニチュード5.0。矢倉沢で田畑に損害。

| 0298 | **地震** 1768年（明和5）7月22日
琉球

7月22日、琉球で地震があった。玉城、三ヶ寺、王陵、極楽陵の石垣が崩れた。津波で民家9戸が損害。

| 0299 | **地震** 1768年（明和5）9月8日
東北地方

9月8日、陸奥八戸で地震があった。和賀郡沢内で振動が強かった。

| 0300 | **噴火** 1769年（明和6）1月23日
北海道

1月23日、有珠山が噴火した。火砕流発生し、民家などが焼失した。

| 0301 | **地震** 1769年（明和6）7月12日
東北地方

7月12日、八戸で地震があった。所々破損。大橋が落ちた。

| 0302 | **地震** 1769年（明和6）8月29日
九州地方、四国地方、中国地方

8月29日、豊後佐伯湾付近で地震があった。マグニチュード7.4。大分城、寺社町屋で破損多し。高鍋、延岡城も破損。宇和島で強かった。

| 0303 | **地震** 1771年（明和8）4月24日
沖縄県

4月24日、石垣島南方を震源とする地震があった。マグニチュード7.4。津波もあり。住家全壊2,176。八重山地震津波、と呼ばれる。
●死者・不明9,313名

| 0304 | **地震** 1772年（安永1）6月3日
東北地方

6月3日、陸中・釜石で地震があった。マグニチュード6.9。地割れ、崖崩れ、住宅被害などがあった。前後に余震が多発した。

| 0305 | **噴火** 1777年（安永6）8月31日
三原山

8月31日、三原山が大噴火した。熔岩流、北東及び南西海岸に達した。有史以後、最大の噴火であった。

～1786年(天明6)

0306　地震 1778年(安永7)2月14日
中国地方

2月14日、石見・津和野東方で地震があった。石垣が崩壊。落石もあった。
●——

0307　地震・噴火 1779年(安永8)11月8日
九州地方

11月8日、桜島で地震があった。燧島が生成。家屋、耕地に被害。安永大噴火、と呼ばれる。
●死者・不明153名

0308　地震 1780年(安永9)5月31日
北海道

5月31日、ウルップ島付近で地震があった。マグニチュード7.0。同島ワニノウに碇泊中のロシア船が山に打ち上げられ、4人の溺死者が出た。
●死者・不明4名

0309　地震 1780年(安永9)7月20日
東北地方

7月20日、酒田で地震があった。マグニチュード6.5。土蔵倒れかかり、家潰れるなどの被害があった。
●死者・不明2名

0310　地震・噴火 1781年(天明1)
九州地方

桜島で地震があった。高免沖の島で噴火があった。津波も襲来した。
●死者・不明15名

0311　地震 1782年(天明2)8月23日
関東地方、中部地方、北陸地方

8月23日、相模・丹沢山地を震源とする地震があった。マグニチュード7.3。小田原城で被害。民家1,000戸倒壊。箱根山が崩れて、江戸で壊家、死者も出た。
●——

0312　噴火 1783年(天明3)
関東地方

青ケ島で噴火があった。焼失家屋、61軒を数えた。
●死者・不明7名

0313　噴火 1783年(天明3)5月9日
関東地方

5月9日、浅間山で大噴火があった。鬼押出ができた。噴出物2億m^3。気候異変を助長した。
●死者・不明1,151名

0314　地震 1784年(天明4)8月29日
関東地方

8月29日、江戸で地震があった。マグニチュード6.1。傾いた家、瓦の落ちた家が多かった。
●——

0315　噴火 1785年(天明5)4月
関東地方

4月、青ケ島で噴火があった。死者130～140。家屋焼失。カルデラ内の噴石丘が生成。島民は八丈島へ避難した。
●死者・不明130～140名

0316　地震 1786年(天明6)3月23日
関東地方

3月23日、箱根・熱海付近で地震があった。マグニチュード5.0～5.5。2日間で100回余。大石落ち、人家破損。石垣も破損した。
●——

第Ⅱ部　地震・噴火災害一覧

0317 地震 1789年(寛政1)5月11日
四国地方、中国地方

5月11日、四国・阿波で地震があった。マグニチュード7.0。阿波地方に被害があった。
●ー

0318 地震 1791年(寛政3)
九州地方

雲仙岳西山麓で火山性地震があった。山崩れあり、番小屋の老夫婦が圧死した。
●死者2名

0319 地震 1791年(寛政3)1月1日
関東地方

1月1日、川越で地震があった。マグニチュード6.0〜6.5。堂塔が転倒、土蔵などが破損した。
●ー

0320 地震 1791年(寛政3)7月23日
中部地方

7月23日、松本で地震があった。マグニチュード6.75。松本城の塀、石垣、人家、土蔵も多く崩れた。27日まで地震があり、79回を数えた。
●ー

0321 地震 1792年(寛政4)5月21日
九州地方

5月21日、雲仙・温泉岳で噴火があり、同所を震源とする地震もあった。マグニチュード6.4。眉山が崩壊し、津波が押し寄せた。
●死者・不明15,030名

0322 地震 1792年(寛政4)6月13日
北海道

6月13日、積丹半島沖を震源とする地震があった。マグニチュード6.9。津波襲来。出漁中の夷人5人が溺死、美島でも溺死者が若干いた。
●死者5名以上

0323 地震 1793年(寛政5)1月13日
中国地方

1月13日、長門、周防で地震があった。マグニチュード6.25〜6.5。人家の損壊が多かった。
●ー

0324 地震 1793年(寛政5)2月8日
東北地方

2月8日、津軽半島西方沖を震源とする地震があった。津波も襲来。
●ー

0325 地震 1793年(寛政5)2月17日
東北地方、関東地方

2月17日、三陸はるか沖を震源とする地震があった。マグニチュード8.25。陸中、陸前沿岸で津波、仙台藩内で家屋損壊などが出た。寛政三陸地震、と呼ばれる。
●死者・不明39名

0326 地震 1794年(寛政6)11月25日
関東地方、中部地方

11月25日、江戸で地震があった。鳥取藩上屋敷、幕府書物方番所で被害があった。日光、甲府、矢祭、花巻で有感。
●ー

0327 地震 1796年（寛政7）1月3日
中国地方

1月3日、鳥取・因幡で地震があった。マグニチュード5.0～6.0。倉の壁落ち、石塔が倒れた。地下水に異常を来した。翌年正月まで余震があった。

0328 地震 1799年（寛政11）6月29日
北陸地方

6月29日、加賀で地震があった。マグニチュード6.4。上下動が著しかった。金沢城下の石垣破損28、壊家26などを数えた。
●死者・不明15名

0329 噴火 1801年（享和1）
東北地方

鳥海山が噴火した。新山が生成した。
●死者・不明8名

0330 地震 1801年（享和1）5月26日
関東地方

5月26日、上総地方で地震があった。マグニチュード6.5。久留里城内の塀などが破損、民家が多数倒れた。

0331 地震 1802年（享和2）11月18日
近畿地方、中部地方

11月18日、鈴鹿山脈付近で地震があった。マグニチュード6.5～7.0。石灯籠などが倒れた。

0332 地震 1802年（享和2）12月9日
北陸地方、東北地方

12月9日、佐渡で地震があった。マグニチュード6.5～7.0。焼失328、潰家732。西南海岸で最大2m隆起した。
●死者・不明19名

0333 噴火 1804年（文化1）
北海道

樽前山が噴火した。

0334 地震 1804年（文化1）7月10日
東北地方

7月10日、羽前、羽後で地震があった。マグニチュード7.0。由利、飽海、田川郡で死者。象潟湖が隆起。津波があった。象潟地震、と呼ばれる。
●死者・不明313名

0335 地震 1810年（文化7）9月25日
東北地方

9月25日、羽後で地震があった。マグニチュード6.6。全壊1,018、半壊400。八郎潟西岸で約1m隆起。小津波があった。
●死者・不明57名

0336 地震・噴火 1811年（文化8）1月27日
関東地方

1月27日、三宅島を震源とする地震があった。噴火活動によるもの。

0337 地震 1812年（文化9）4月21日
四国地方、中国地方

4月21日、土佐で地震があった。マグニ

チュード6.9。土佐、因幡でも強く感じた。
●──

0338 **地震** 1812年(文化9)12月7日
関東地方

12月7日、神奈川で地震があった。マグニチュード6.6。神奈川、保土ケ谷、品川で激しく、家がつぶれ死者が多く出た。
●──

0339 **地震** 1813年(文化10)2月23日
北陸地方

2月23日、石川・大聖寺で地震があった。
●──

0340 **地震** 1815年(文化12)3月1日
北陸地方、中部地方、中国地方

3月1日、加賀小松で地震があった。マグニチュード6.0。小松城が破損。飛騨、因幡でも震動が強かった。
●──

0341 **地震** 1817年(文化14)12月12日
関東地方

12月12日、箱根で地震があった。マグニチュード6.0。落石もあった。
●──

0342 **地震** 1819年(文政2)8月2日
中部地方、近畿地方、北陸地方

8月2日、近江で地震があった。マグニチュード7.4。琵琶湖東岸から木曽川下流にかけて被害が著しかった。
●──

0343 **地震** 1821年(文政4)9月12日
東北地方

9月12日、青森で地震があった。小店の屋根が落ち、城に被害があった。
●死者・不明1名

0344 **地震** 1821年(文政4)12月13日
東北地方

12月13日、福島・岩代で地震があった。マグニチュード5.5〜6.0。130軒壊れ、300余軒に破損。山崩れもあった。
●──

0345 **噴火** 1822年(文政5)3月12日
北海道

3月12日、有珠山が噴火した。一村落が全滅。家畜や山林・耕地に被害があった。
●死者・不明50名

0346 **地震** 1823年(文政6)9月29日
東北地方

9月29日、陸中岩手山北東で地震があった。マグニチュード5.75〜6.0。山崩れ、潰家105などの被害。
●死者・不明73名

0347 **地震** 1826年(文政9)8月28日
中部地方

8月28日、飛騨大野郡で地震があった。マグニチュード6.0。地裂け、石垣崩れるなどの被害。
●──

0348 **地震・噴火** 1828年(文政11)5月26日
九州地方

5月26日、長崎で地震があった。マグニ

チュード6.0。天草の海中で噴火に似た現象を認めた。
●――

0349 地震 1828年(文政11)12月18日
北陸地方

12月18日、越後で地震があった。マグニチュード6.9。三条、見付が全壊全焼。
●死者・不明30,000名

0350 地震 1830年(文政13)8月19日
近畿地方

8月19日、京都西方で地震があった。マグニチュード7.4。御所、二条城、諸寺が破損、京中の全土蔵が破損。民家の倒壊が若干あった。
●死者・不明280名

0351 地震 1831年(天保2)11月14日
九州地方

11月14日、肥前佐賀で地震があった。マグニチュード6.1。佐賀城で石垣が崩れた。
●――

0352 地震 1832年(天保3)3月15日
東北地方

3月15日、八戸北方で地震があった。マグニチュード6.5。土蔵破損などの被害。
●――

0353 地震 1833年(天保4)5月27日
中部地方、中国地方、近畿地方

5月27日、美濃西部で地震があった。マグニチュード6.4。大垣付近、山崩れで死傷者が出た。余震が続いた。
●――

0354 地震 1833年(天保4)12月7日
東北地方、北陸地方

12月7日、酒田西方沖を震源とする地震があった。マグニチュード7.4。庄内地方の被害最大。各地で津波襲来。
●死者・不明85名

0355 地震 1834年(天保5)2月9日
北海道

2月9日、石狩平野で地震があった。マグニチュード6.4。余震が続いた。アイヌの家23潰、3半潰。
●――

0356 地震 1835年(天保6)
東北地方

綾里と野蒜の海岸へ、地震により津波が遡上した。
●――

0357 地震 1835年(天保6)3月12日
中国地方

3月12日、石見三瓶山南で地震があった。マグニチュード5.5。石地蔵、石塔、墓石などが倒れた。
●――

0358 地震 1835年(天保6)7月20日
東北地方、関東地方

7月20日、宮城県沖を震源とする地震があった。マグニチュード7.0。津波も発生。岩手で石垣崩壊などの被害。関東まで有感。
●――

1835年(天保6)〜

0359 噴火 1835年(天保6)11月10日
三宅島

11月10日、三宅島で噴火があった。噴石、溶岩流、地割れを認めた。

0360 地震 1836年(天保7)3月31日
伊豆新島

3月31日、伊豆新島で地震があった。マグニチュード5.0〜6.0。神社の石垣崩れた。江戸で有感。

0361 地震 1837年(天保8)11月7日
S-America-Chile、東北地方、USA-Hawaii

11月7日、チリのバルディビアで地震があった。陸前本吉、気仙沼等、4郡の沿岸で津波。ハワイでも被害あり。

0362 地震 1839年(天保10)5月1日
北海道、東北地方

5月1日、釧路、厚岸で地震があった。マグニチュード7.3。

0363 地震 1841年(天保12)1月19日
東北地方、関東地方、北海道

1月19日、宮城県北部で地震があった。マグニチュード6.0以下。関東まで有感。

0364 地震 1841年(天保12)4月22日
中部地方、関東地方、近畿地方、北陸地方

4月22日、駿河・清水で地震があった。マグニチュード6.4。駿府城の石垣崩れ、東照宮破損。地割れで水噴出。三保松原で沈下あり。
●死者・不明12,000名

0365 地震 1841年(天保12)11月3日
四国地方

11月3日、宇和島で地震があった。マグニチュード6.0。城の塀、壁など破損。

0366 地震 1843年(天保14)3月9日
関東地方、中部地方

3月9日、御殿場付近で地震があった。マグニチュード6.3。津久井、御殿場震度5。江戸震度4。小田原城などに被害。

0367 地震 1843年(天保14)4月25日
北海道

4月25日、釧路南東沖を震源とする地震があった。マグニチュード7.5。釧路、根室地方で被害。津波で家屋や船舶に被害。
●死者46名

0368 地震 1844年(弘化1)8月8日
九州地方

8月8日、肥後北部で地震があった。久住北里で特に強かった。落石で百姓屋が崩れた。

0369 噴火 1846年(弘化3)
三原山

三原山が噴火した。

~1854年(安政1)

0370 地震 1847年(弘化4)2月15日
北陸地方

2月15日、越後高田で地震があった。
●──

0371 地震 1847年(弘化4)5月8日
中部地方、北陸地方

5月8日、長野・善光寺付近で地震があった。マグニチュード7.4。犀川堰止めが決壊し洪水、善光寺で大火。善光寺地震、と呼ばれる。
●死者・不明12,000名

0372 地震 1847年(弘化4)5月13日
北陸地方、中部地方

5月13日、越後頸城郡で地震があった。マグニチュード6.5。尼飾山の大岩が崩落。高田城下で全壊293、直江津で150軒つぶれた。
●死者・不明250名

0373 地震 1848年(弘化5)1月10日
九州地方

1月10日、筑後で地震があった。マグニチュード5.9。家屋が倒潰した。
●──

0374 地震 1848年(弘化5)1月13日
東北地方

1月13日、津軽で地震があった。マグニチュード6.0。弘前城内、城下で被害があった。
●──

0375 地震 1848年(弘化5)1月25日
九州地方

1月25日、熊本で地震があった。城の石垣が損壊した。
●──

0376 地震 1853年(嘉永6)1月26日
中部地方

1月26日、信濃北部で地震があった。マグニチュード6.5。善光寺で被害。潰家23。
●──

0377 地震 1853年(嘉永6)3月11日
関東地方

3月11日、相模小田原付近で地震があった。マグニチュード6.5。天守の瓦壁落ちた。壊家3,300、山崩れ341。
●死者・不明24名

0378 噴火 1853年(嘉永6)4月22日
北海道

4月22日、有珠山が噴火した。大有珠が形成された。
●──

0379 地震 1854年(安政1)7月9日
近畿地方

7月9日、伊賀上野で地震があった。マグニチュード6.9。上野、四日市、奈良で大被害。断層が発生した。
●死者・不明2,104名

0380 地震 1854年(安政1)8月28日
東北地方

8月28日、陸奥八戸で地震があった。マグニチュード6.5。地割れがあった。
●──

0381 地震 1854年(安政1)12月23日
中部地方、近畿地方、北陸地方、四国地方、中国地方、九州地方、関東地方

12月23日、遠州灘南沖を震源とする地震があった。マグニチュード8.4。房総から九州

第Ⅱ部 地震・噴火災害一覧

1854年(安政1)～

まで津波襲来。全壊2万、半壊4万、焼失6千、流失1万5千。安政東海地震、と呼ばれる。
●死者・不明30,000名

0382	地震 1854年(安政1)12月24日
	近畿地方、中部地方、中国地方、四国地方、九州地方

12月24日、紀伊半島南西沖を震源とする地震があった。マグニチュード8.4。東海地震の32時間後に発生。津波大きく、串本で波高15mを記録。安政南海地震、と呼ばれる。
●死者・不明5,000名

0383	地震 1854年(安政1)12月26日
	四国地方

12月26日、伊予西部沖を震源とする地震があった。マグニチュード7.3～7.5。潰家があった。
●――

0384	地震 1855年(安政2)3月15日
	中部地方

3月15日、遠江、駿河で地震があった。大井川の堤が揺れ込み、焼津で地割れから水が噴き出した。
●――

0385	地震 1855年(安政2)3月18日
	中部地方、北陸地方

3月18日、飛騨白川で地震があった。マグニチュード6.75。民家破損などがあった。
●死者・不明12名

0386	地震 1855年(安政2)8月16日
	中国地方

8月16日、米子で地震があった。城内石垣が崩れた。
●――

0387	地震 1855年(安政2)9月13日
	東北地方

9月13日、金華山沖を震源とする地震があった。マグニチュード7.25。寺の石塔、灯籠が崩れるなどの被害。
●――

0388	地震 1855年(安政2)11月7日
	中部地方、東北地方、中国地方

11月7日、遠州灘を震源とする地震があった。マグニチュード7.0～7.5。浜松などで家屋全壊など。有感は山形～広島に及んだ。安政東海地震の余震。
●死者・不明2名

0389	地震 1855年(安政2)11月11日
	関東地方

11月11日、東京湾を震源とする地震があった。マグニチュード6.9。下町で被害大。壊家焼失14,346、有感半径500km、30ケ所出火、2.3km^{2}焼失。安政江戸地震、と呼ばれる。
●死者・不明4,741名

0390	噴火 1856年(安政3)
	北海道

駒ケ岳で噴火があった。1村落が焼失した。
●死者・不明20名

0391	地震 1856年(安政3)8月23日
	北海道東北地方

8月23日、三陸はるか沖を震源とする地震があった。マグニチュード8.0。北海道、三陸に津波襲来。南部領で家屋流失93、死者も出た。
●死者・不明26名

~1858年(安政5)

0392 地震 1856年(安政3)11月4日
関東地方

11月4日、所沢付近で地震があった。マグニチュード6.0～6.5。江戸で壁の剥落、家屋倒壊などがあった。

0393 噴火 1857年(安政4)
北海道

十勝岳で火山の噴火があった。

0394 地震 1857年(安政4)7月8日
中国地方

7月8日、萩で地震があった。マグニチュード6。石垣など小被害。

0395 地震 1857年(安政4)7月14日
中部地方

7月14日、駿河・大井川下流付近で地震があった。マグニチュード6.25。田中城が被害。人家が倒れた。

0396 地震 1857年(安政4)10月12日
四国地方、中国地方

10月12日、伊予松山北方で地震があった。マグニチュード7.25。潰家があった。
● 死者・不明5名

0397 地震 1858年(安政5)4月9日
近畿地方

4月9日、丹後宮津で地震があった。地割れが生じ、家屋が大破した。

0398 地震 1858年(安政5)4月9日
中部地方、北陸地方

4月9日、飛騨神岡付近で地震があった。マグニチュード6.9。飛騨北部で全半壊704。鳶山の崩壊により、常願寺川の上流が堰止められた。飛騨地震、と呼ばれる。
● 死者・不明203名

0399 地震 1858年(安政5)4月23日
中部地方

4月23日、信濃大町で地震があった。松代城下、近隣の村々で壊家、けが人があった。

0400 地震 1858年(安政5)7月8日
東北地方

7月8日、八戸東方沖を震源とする地震があった。マグニチュード7.0～7.5。土蔵、堤水門、橋などが破損した。

0401 地震 1858年(安政5)8月24日
近畿地方

8月24日、紀伊で地震があった。田辺で瓦落ち、壁崩れた家があった。

0402 地震 1858年(安政5)9月29日
東北地方

9月29日、青森湾を震源とする地震があった。マグニチュード6.0。米蔵が潰れ、地割れもあった。

第Ⅱ部 地震・噴火災害一覧

1859年(安政6)〜

0403 地震 1859年(安政6)1月5日
中国地方

1月5日、石見沖を震源とする地震があった。マグニチュード5.9。美濃郡、那賀郡で壊家十数戸。山崩れ、堤防、石垣小被害。

0404 地震 1859年(安政6)1月11日
関東地方

1月11日、岩槻で地震があった。マグニチュード6.0。江戸、佐野、鹿沼で有感。

0405 地震 1859年(安政6)10月4日
中国地方

10月4日、石見羅漢山付近で地震があった。マグニチュード5.9。美濃郡、那賀郡で壊家、山崩れなど小被害。

0406 地震 1861年(文久1)10月21日
東北地方

10月21日、宮城北部で地震があった。マグニチュード6.4。綾里と野蒜の海岸へ津波が遡上。陸前陸中地震、と呼ばれる。

0407 地震 1864年(元治1)3月6日
近畿地方

3月6日、播磨、丹後で地震があった。マグニチュード6.25。加古川上流で家屋が多数破損した。

0408 地震 1866年(慶応2)11月24日
関東地方

11月24日、銚子で地震があった。浅間社の石の鳥居が倒れた。

0409 地震 1868年(明治1)8月13日
S-America-Peru、東北地方、USA-Hawaii

8月13日、ペルー南部、チリのアリカ、アレキパで地震があった。宮城県本吉、全太平洋で津波襲来。ハワイで被害がでた。
●死者・不明25,000名

0410 地震 1870年(明治3)5月12日
関東地方

5月12日午前4時、小田原を震源とする地震があった。マグニチュード6.0〜6.5。町田、江戸、塩山、馬篭、分水町で有感。

0411 地震 1872年(明治5)3月14日
中国地方

3月14日午後5時、石見沖を震源とする地震があった。マグニチュード7.1。全潰家屋5,796、半潰5,890。山崩れ6,597箇所。浜田地震、と呼ばれる。
●死者・不明804名

0412 噴火 1874年(明治7)7月3日
関東地方

7月3日、三宅島で噴火があった。溶岩が北方の海に流れ、新しい陸地が形成された。民家45戸が埋没した。
●死者・不明1名

0413 地震 1877年(明治10)5月9日
S-America-Chile、北海道

5月9日、ペルー、チリのイキケで地震があった。函館で津波あり。

0414 地震 1880年(明治13)2月22日
関東地方

2月22日、東京湾を震源とする地震があった。マグニチュード5.9。横浜で家屋が破損、煙突が倒壊。

0415 地震 1881年(明治14)10月25日
北海道、東北地方

10月25日、歯舞諸島東方を震源とする地震があった。マグニチュード7.0。国後島泊湊で板蔵などが倒れた。

0416 地震 1882年(明治15)6月24日
四国地方

6月24日、高知市付近で地震があった。壁落ち、板塀倒れるなどの被害。

0417 地震 1884年(明治17)10月15日
関東地方

10月15日、東京付近を震源とする地震があった。震度5。煙突倒れ、レンガ壁に亀裂などが生じた。

0418 地震 1886年(明治19)7月23日
北陸地方、中部地方、関東地方

7月23日午前1時、信越国境を震源とする地震があった。マグニチュード6.1。家屋倒壊、道路・石垣破損、山崩れなどがあった。

0419 地震 1887年(明治20)1月15日
関東地方

1月15日午前6時52分、神奈川・相模を震源とする地震があった。マグニチュード2.9。神奈川県中部から横浜にかけて家屋等の被害が出た。

0420 地震 1887年(明治20)9月5日
関東地方

9月5日午後3時23分、千葉県北部で地震があった。マグニチュード6.3。

0421 地震 1888年(明治21)4月29日
関東地方

4月29日午前10時、栃木県宇都宮付近を震源とする地震があった。マグニチュード6.0。

0422 磐梯山噴火 1888年(明治21)7月15日
東北地方

第Ⅰ部 解説参照(p.26)。
● 死者・不明461名

0423 地震 1889年(明治22)2月18日
関東地方

2月18日午前6時9分、神奈川県川崎付近を震源とする地震があった。マグニチュード6.0。

1889年(明治22)〜

| 0424 | 地震　1889年(明治22)7月28日
九州地方 |

7月28日午後11時40分、熊本市を震源とする地震があった。マグニチュード6.3。熊本市を中心に半径20kmの範囲に被害、全壊200、橋梁破損20。
●死者・不明20名

| 0425 | 地震　1890年(明治23)1月7日
中部地方 |

1月7日午後3時43分、長野・犀川流域を震源とする地震があった。マグニチュード6.2。山崩れ、道路破損。家屋、土蔵に被害。前震、余震があった。

| 0426 | 地震　1890年(明治23)4月16日
関東地方 |

4月16日、三宅島付近を震源とする地震があった。マグニチュード6.8。海岸崩れ、道路が埋没や亀裂を生じた。

| 0427 | 濃尾地震　1891年(明治24)10月28日
中部地方 |

第Ⅰ部　解説参照（p.28）。
●死者・不明7,273名

| 0428 | 地震　1891年(明治24)12月24日
山梨県 |

12月24日、山梨県東部を震源とする地震があった。北都留郡で家・土蔵の壁が落ち、地割れ、落石等があった。マグニチュード6.5。

| 0429 | 地震　1892年(明治25)6月3日
関東地方 |

6月3日午前7時10分、東京湾北部を震源とする地震があった。マグニチュード6.2。

| 0430 | 地震　1892年(明治25)12月9日
中部地方、北陸地方 |

12月9日午前10時42分、能登西南部沿岸沖を震源とする地震があった。マグニチュード5.8。家屋・土蔵が破損。

| 0431 | 地震　1893年(明治26)6月4日
色丹島沖 |

6月4日午前2時27分、色丹島沖を震源とする地震があった。マグニチュード7.5以上。津波が発生。択捉1.5m、色丹2.5m。

| 0432 | 噴火　1893年(明治26)6月7日
東北地方 |

6月7日、吾妻山で水蒸気爆発。噴火で調査官2人が死亡した。
●死者2名

| 0433 | 地震　1893年(明治26)9月7日
九州地方 |

9月7日、鹿児島湾を震源とする地震があった。マグニチュード5.3。家屋、土蔵、石垣、堤防などが破損。

| 0434 | 地震　1894年(明治27)3月22日
北海道、東北地方 |

3月22日午後7時23分、根室沖を震源とす

る地震があった。マグニチュード7.9。津波発生。根室で1〜1.5m、宮古4m、大船渡1.5m観測。
● 死者・不明1名

0435 東京湾北部地震 1894年(明治27)6月20日
関東地方

第Ⅰ部 解説参照（p.30）。
● 死者27名

0436 地震 1894年(明治27)8月8日
九州地方

8月8日、熊本県中部を震源とする地震があった。芝、赤坂で小被害。マグニチュード6.3。家屋、土蔵の破損、山崩れなどがあった。
●──

0437 地震 1894年(明治27)10月7日
関東地方

10月7日午後8時30分、東京湾を震源とする地震があった。マグニチュード6.7。
●──

0438 庄内地震 1894年(明治27)10月22日
東北地方

第Ⅰ部 解説参照（p.32）。
● 死者・不明726名

0439 地震 1895年(明治28)
中部地方

岐阜・坂内の旧川上村のナンノ坂で斜面大崩壊し、湖が生成した。6日後、大雨で決壊し、家屋が流失。1891年の濃尾地震の間接的影響。
● 死者・不明4名

0440 地震 1895年(明治28)1月18日
関東地方

1月18日午後10時48分、利根川下流を震源とする地震があった。マグニチュード7.3。被害範囲は関東東半分。全壊47。
● 死者・不明9名

0441 地震 1895年(明治28)8月27日
九州地方

8月27日、熊本阿蘇山付近を震源とする地震があった。マグニチュード6.3。家屋、土蔵破損400。
●──

0442 噴火 1896年(明治29)
関東地方

ベヨネース列岩で海底噴火があった。新島が出没した。
●──

0443 地震 1896年(明治29)1月9日
東北地方、関東地方

1月9日午後10時17分、茨城県沖を震源とする地震があった。マグニチュード7.5。
●──

0444 地震 1896年(明治29)4月2日
北陸地方

4月2日、能登半島北端部を震源とする地震があった。マグニチュード5.7。土蔵が倒壊、家屋損壊などがあった。
●──

0445 明治三陸地震津波 1896年(明治29)6月15日
東北地方、北海道

第Ⅰ部 解説参照（p.34）。

1896年(明治29)〜

●死者26,360名

0446	陸羽地震　1896年(明治29)8月31日
	東北地方

第Ⅰ部　解説参照（p.36）。
●死者209名

0447	地震　1897年(明治30)1月17日
	中部地方

1月17日午前5時36分、長野県北部を震源とする地震があった。マグニチュード6.3。7月まで、240回以上、群発地震があった。

0448	地震　1897年(明治30)2月7日
	東北地方

2月7日午後4時35分、秋田県沖が震源と推定される地震があった。マグニチュード7.5。深さは極く浅かった。

0449	地震　1897年(明治30)2月20日
	東北地方

2月20日午前5時50分、金華山沖を震源とする地震があった。マグニチュード7.4。花巻で地裂け、噴泥水などの被害あり。

0450	地震　1897年(明治30)3月23日
	東北地方

3月23日、岩手県沖を震源とする地震があった。マグニチュード6.9。

0451	地震　1897年(明治30)7月22日
	東北地方

7月22日、福島県沖を震源とする地震があった。マグニチュード6.8。

0452	地震　1897年(明治30)8月5日
	東北地方

8月5日午前9時10分、仙台沖を震源とする地震があった。マグニチュード7.7。津波で三陸沿岸が小被害。盛町で2〜3m、釜石1.3mであった。

0453	地震　1897年(明治30)8月16日
	東北地方

8月16日、岩手県沖を震源とする地震があった。マグニチュード7.2。

0454	地震　1897年(明治30)10月2日
	東北地方

10月2日午後9時45分、金華山沖を震源とする地震があった。マグニチュード6.6。金華山灯台およびその付近で微小の被害があった。

0455	地震　1898年(明治31)
	東北地方

宮城県沖を震源とする地震があった。マグニチュード7.2。

0456	地震　1898年(明治31)4月3日
	山梨県

4月3日、山梨県南西部を震源とする地震が

あった。南巨摩郡睦合村で山岳の崩壊、地面の亀裂、石碑石塔の転倒あり、家屋にも被害があった。マグニチュード5.9。甲府で震度5を記録した。

0457 地震 1898年(明治31)4月3日
中国地方

4月3日、山口・見島南方沖を震源とする地震があった。マグニチュード6.2。

0458 地震 1898年(明治31)4月23日
東北地方

4月23日午前8時37分、宮城県金華山沖を震源とする地震があった。マグニチュード7.2。岩手県沿岸に小被害。

0459 地震 1898年(明治31)5月26日
北陸地方

5月26日、新潟・南魚沼郡を震源とする地震があった。マグニチュード6.1。

0460 地震 1898年(明治31)8月10日
九州地方

8月10日、福岡県西部付近を震源とする地震があった。マグニチュード6.0。

0461 噴火 1898年(明治31)12月
北海道

12月、北海道・丸山で噴火があった。

0462 地震 1899年(明治32)3月7日
近畿地方

3月7日午前9時55分、三重尾鷲付近を震源とする地震があった。マグニチュード7.6。山くずれ無数。大阪、奈良で煙突の破損多かった。
● 死者・不明7名

0463 地震 1899年(明治32)5月8日
北海道

5月8日、根室半島沖を震源とする地震があった。マグニチュード6.9。根室で土蔵、家屋の破損15〜16棟。厚岸で堤防、石垣の破損あり。

0464 地震 1899年(明治32)11月25日
九州地方

11月25日午前3時43分、宮崎沖日向灘を震源とする地震があった。マグニチュード7.5〜7.6。宮崎、大分で家屋が小破し、土蔵が倒壊した。

0465 地震 1900年(明治33)3月22日
北陸地方、中部地方、関東地方

3月22日、福井・鯖江を震源とする地震があった。マグニチュード6.6。県全体で全壊2、半壊10、破損488。

0466 地震 1900年(明治33)5月12日
東北地方

5月12日午前2時23分、宮城県北部を震源とする地震があった。マグニチュード7.3。県全体で家屋全壊44、半壊48。

1900年(明治33)〜

0467 地震 1900年(明治33)11月5日
関東地方

11月5日、御蔵島、三宅島を震源とする地震があった。マグニチュード6.6。

0468 地震 1901年(明治34)6月24日
奄美大島近海

6月24日、奄美大島近海を震源とする地震があった。マグニチュード7.5。

0469 地震 1901年(明治34)8月9日
東北地方

8月9日午後6時24分、八戸地方を震源とする地震があった。マグニチュード7.7。青森県で家屋全壊8。秋田、岩手にも小被害。
●死者・不明18名

0470 地震 1902年(明治35)1月30日
東北地方

1月30日午後11時1分、三戸地方を震源とする地震があった。マグニチュード7.4。三戸、七戸、八戸地方で倒壊家屋3。
●死者・不明1名

0471 地震 1902年(明治35)5月28日
北海道

5月28日午後6時1分、釧路沖を震源とする地震があった。マグニチュード7.4。標茶、釧路、厚岸で軽被害。厚岸で地割れがあった。

0472 地震 1902年(明治35)6月23日
関東地方

6月23日、神奈川県東部を震源とする地震があった。マグニチュード6.8。安房郡で死者あり。

0473 噴火 1902年(明治35)8月9日
東京・鳥島

8月9日、伊豆諸島の鳥島が大噴火、島民125名全員が死亡した。
●死者125名

0474 地震 1903年(明治36)8月10日
中部地方

8月10日、飛騨乗鞍岳西方を震源とする地震があった。マグニチュード5.7。焼岳付近で山崩れがあった。

0475 地震 1904年(明治37)5月8日
北陸地方

5月8日、新潟・六日町を震源とする地震があった。マグニチュード6.1。

0476 噴火 1904年(明治37)12月
関東地方

12月、小笠原・南硫黄島付近の海底火山で噴火があった。高さ145m、周囲4.5kmに及び、新島が後に陥没した。

0477 地震 1905年(明治38)6月2日
中国地方、四国地方

6月2日午後2時39分、安芸灘を震源とする地震があった。マグニチュード7.25。水道管、鉄道の被害多数。芸予地震、と呼ばれる。
●死者・不明11名

0478 地震 1905年（明治38）6月7日
関東地方

6月7日、伊豆大島北西沖を震源とする地震があった。マグニチュード5.8。

0479 地震 1905年（明治38）7月23日
北陸地方、東北地方

7月23日午後5時26分、新潟安塚町付近を震源とする地震があった。マグニチュード5.9。岩手・千厩町震度4で、屋壁に亀裂など走った。

0480 地震 1906年（明治39）1月21日
関東地方

1月21日、三重県沖を震源とする地震があった。マグニチュード7.6。

0481 地震 1906年（明治39）2月23日
関東地方

2月23日、安房沖を震源とする地震があった。マグニチュード7.3。北条や平群で壁に小亀裂が生じた。

0482 地震 1906年（明治39）2月24日
関東地方

2月24日、東京湾口を震源とする地震があった。マグニチュード7.7。木更津、湊で壁土や瓦の墜落などがあった。

0483 地震 1907年（明治40）12月23日
北海道

12月23日午前10時13分、根室薫別付近を震源とする地震があった。マグニチュード6.9。震源の深さ約150km。大黒島で地割れなどがあった。

0484 地震 1909年（明治42）3月13日
関東地方、東北地方

3月13日午前8時20分、房総半島南東沖を震源とする地震があった。マグニチュード7.2〜マグニチュード7.7。 横浜で煙突、煉瓦壁の崩壊などがあった。

0485 噴火 1909年（明治42）5月28日
中部地方

5月28日、焼岳で噴火があった。安曇野一帯に降灰。

0486 地震 1909年（明治42）7月3日
関東地方

7月3日午前5時54分、東京湾を震源とする地震があった。マグニチュード6.1。

0487 姉川地震 1909年（明治42）8月14日
近畿地方、中部地方

第Ⅰ部 解説参照（p.38）。
● 死者41名

0488 地震 1909年（明治42）8月29日
沖縄県

8月29日、沖縄本島那覇東沖を震源とする地震があった。

1909年(明治42)〜

0489 地震 1909年(明治42)11月10日
九州地方、四国地方、中国地方

11月10日午後3時14分、宮崎南西部を震源とする地震があった。マグニチュード7.9。宮崎他で軽微な被害。
- 死者・不明2名

0490 噴火 1909年(明治42)12月7日
中部地方

12月7日、浅間山が5月に続いて、噴火した。

0491 地震 1910年(明治43)7月24日
北海道

7月24日午後3時49分、有珠山を震源とする地震があった。マグニチュード6.5。虻田村で半壊破損15、こののち、有珠山が爆発した。

0492 噴火 1910年(明治43)7月25日
北海道

7月25日、有珠山が噴火した。明治新山が生成。家屋、山林、耕地に被害。これにより洞爺温泉郷が開けた。
- 死者・不明1名

0493 地震 1910年(明治43)9月8日
北海道

9月8日、天塩鬼鹿沖を震源とする地震があった。マグニチュード5.3。

0494 地震 1911年(明治44)6月15日
九州地方

6月15日午後11時25分、喜界島南方を震源とする地震があった。マグニチュード8.2。喜界、沖縄、奄美大島で家屋全壊422。
- 死者・不明12名

0495 噴火 1911年(明治44)12月3日
中部地方、関東地方

12月3日、長野、群馬浅間山が噴火した。前橋地方に多量の降灰あり。

0496 地震 1911年(明治44)12月6日
関東地方

12月6日午後5時31分、埼玉県東部で地震があった。マグニチュード6.0。

0497 地震 1912年(明治45)5月31日
関東地方

5月31日午前0時30分、千葉県西岸で地震があった。マグニチュード6.0。

0498 噴火 1912年(明治45)4月1日
三原山

三原山が大噴火した。

0499 噴火 1912年(明治45、大正1)
関東地方、中部地方

浅間山が噴火した。噴石、降灰、空振などで大被害。
- 死者・不明2名

0500 地震 1912年(大正1)8月17日
中部地方

8月17日、長野・上田を震源とする地震があった。マグニチュード5.1。

~1915年（大正4）

0501　地震　1912年（大正1）9月8日
九州地方

9月8日午後10時24分、宮崎・小林付近で地震があった。マグニチュード5.3。西諸県・郡東部に弱震があった。

0502　噴火　1913年（大正2）
中部地方

北アルプスの焼岳で噴火があった。泥流が大正池を形成した。

0503　地震　1913年（大正2）5月19日
東北地方

5月19日午前4時20分、霧島山麓吉松、真幸付近で地震があった。有感189回、内強震28回を数えた。

0504　地震　1913年（大正2）6月29日
九州地方

6月29日、鹿児島県西方を震源とする地震があった。マグニチュード5.7。

0505　地震　1913年（大正2）6月30日
九州地方

6月30日、鹿児島県西方を震源とする地震があった。マグニチュード5.9。

0506　地震　1913年（大正2）7月9日
九州地方

7月9日午前11時20分、霧島山麓で地震があった。家屋等被害無し。加久藤村でもっとも強かった。

0507　地震　1913年（大正2）12月15日
関東地方

12月15日午前11時2分、東京湾を震源とする地震があった。マグニチュード6.0。

0508　桜島噴火　1914年（大正3）1月12日
九州地方

第Ⅰ部　解説参照（p.40）。
●死者58名

0509　地震　1914年（大正3）3月15日
東北地方

3月15日午前4時59分、秋田仙北付近を震源とする地震があった。マグニチュード7.1。仙北部で最も著しく、家屋全壊640、地割れ、山崩れが多かった。秋田仙北地震、と呼ばれる。
●死者・不明94名

0510　地震　1914年（大正3）3月28日
東北地方

3月28日、秋田・平鹿郡を震源とする地震があった。マグニチュード6.1。

0511　噴火　1915年（大正4）
関東地方

ベヨネース列岩で海底で噴火があった。

第Ⅱ部　地震・噴火災害一覧

1915年(大正4)～

0512 地震 1915年(大正4)3月18日
北海道

3月18日、北海道・広尾沖を震源とする地震があった。マグニチュード7.0。家屋倒潰。
●死者・不明2名

0513 噴火 1915年(大正4)6月6日
中部地方

6月6日、焼岳で噴火があった。泥流が上高地の梓川をせきとめ、大正池が出来た。

0514 地震 1915年(大正4)11月1日
東北地方

11月1日午後4時25分、金華山沖を震源とする地震があった。マグニチュード7.5。石巻付近で天水桶墜落。小津波あり。

0515 地震 1915年(大正4)11月16日
関東地方

11月16日、房総茂原付近を震源とする地震があった。マグニチュード6.7。干潟町万才、長南町他2、3ケ所で崖崩れ。

0516 地震 1916年(大正5)2月22日
中部地方、関東地方

2月22日、浅間山山麓を震源とする地震があった。マグニチュード6.2。山崩れ、家屋全半壊などがあった。

0517 地震 1916年(大正5)3月18日
北海道

3月18日、十勝沖を震源とする地震があっ

た。マグニチュード7.0。釧路地方で中被害。

0518 地震 1916年(大正5)9月15日
関東地方

9月15日午後4時1分、房総半島南東沖を震源とする地震があった。マグニチュード7.0。東京震度4。

0519 地震 1916年(大正5)11月26日
近畿地方

11月26日午後3時8分、明石付近を震源とする地震があった。マグニチュード6.3。神戸市付近に軽い被害。有馬温泉が1℃上がった。
●死者・不明1名

0520 地震 1916年(大正5)12月29日
九州地方

12月29日午前6時41分、肥後南部を震源とする地震があった。マグニチュード6.1、マグニチュード5.6。震央付近に亀裂など多少の被害。

0521 地震 1917年(大正6)5月18日
中部地方

5月18日午前4時7分、静岡・大井川中流付近を震源とする地震があった。マグニチュード6.3。煉瓦塀、煉瓦煙突の被害が多かった。
●死者・不明2名

0522 地震 1918年(大正7)6月26日
関東地方、中部地方

6月26日、神奈川県丹沢西方を震源とする地震があった。南都留郡谷村町にて石垣崩壊、石塔転倒。土蔵の壁亀裂等多かった。甲府市

~1922年(大正11)

付近で水道管破裂が7〜8ヶ所あった。マグニチュード6.3。甲府で震度2を記録した。

0523 地震 1918年(大正7)9月8日
北海道

9月8日午前2時16分、北太平洋・ウルップ島沖を震源とする地震があった。マグニチュード8.0。沼津まで有感。津波も襲来、岩美湾で6〜12mなど。
● 死者・不明24名

0524 地震 1918年(大正7)11月8日
北海道、USSR

11月8日、ウルップ島南島沖を震源とする地震があった。マグニチュード7.7。0.5〜1mの津波が発生。

0525 地震 1918年(大正7)11月11日
中部地方

11月11日午前2時58分、長野・大町東方を震源とする地震があった。マグニチュード6.1。小断層発生。大町地震、と呼ばれる。

0526 噴火 1919年(大正8)
三原山

三原山が噴火した。

0527 地震 1920年(大正9)2月19日
中部地方

2月19日、長野・松本で地震があった。道路崩壊、電柱倒壊の被害。

0528 噴火 1920年(大正9)12月22日
中部地方、関東地方

12月22日、浅間山が大噴火。山火事や降灰の被害があった。

0529 地震 1921年(大正10)4月19日
九州地方

4月19日、日向灘東方沖を震源とする地震があった。津久見－臼杵間で機関車が脱線した。

0530 地震 1921年(大正10)12月8日
関東地方

12月8日午後9時31分、茨城県土浦南方を震源とする地震があった。マグニチュード7.0深さは浅かった。東京、横浜震度4など。千葉県境付近家屋破損、道路亀裂など小被害。

0531 地震 1921年(大正10)12月10日
関東地方

12月10日、東京・渋谷で地震により玉川から淀橋浄水場への送水路堤防が決壊した。8日の余震。

0532 噴火 1922年(大正11)
三原山

三原山が噴火した。

0533 地震 1922年(大正11)3月
九州地方

3月、宮崎・高原付近で有感群発地震があった。

第Ⅱ部 地震・噴火災害一覧

1922年(大正11)〜

0534 地震 1922年(大正11)4月26日
関東地方、中部地方

4月26日午前10時11分、浦賀水道を震源とする地震があった。マグニチュード6.8 深さは極く浅かった。 東京、横浜など震度4。
●死者・不明2名

0535 地震 1922年(大正11)5月9日
関東地方

5月9日午後12時28分、茨城県南西部を震源とする地震があった。マグニチュード6.1。

0536 地震 1922年(大正11)12月8日
九州地方

12月8日午前1時50分、長崎・千々石湾を震源とする地震があった。マグニチュード6.5 住家全壊194。2回目の地震があった。マグニチュード5.9で倒壊70。
●死者・不明30名

0537 地震 1923年(大正12)1月14日
関東地方

1月14日、茨城県水海道を震源とする地震があった。マグニチュード6.1。

0538 地震 1923年(大正12)6月2日
関東地方

6月2日午前2時24分、茨城県沖を震源とする地震があった。マグニチュード7.3。

0539 地震 1923年(大正12)7月13日
九州地方

7月13日、種子島付近を震源とする地震があった。マグニチュード7.1。家屋小破77余。

0540 関東大震災 1923年(大正12)9月1日
関東地方、中部地方

第Ⅰ部 解説参照（p.42）。
●死者・不明142,807名

0541 地震 1923年(大正12)9月2日
関東地方

9月2日、勝浦沖を震源とする地震があった。マグニチュード7.4。最大震度6。洲崎で波高30cmの小津波。勝浦で瓦落下など被害あり。

0542 地震 1923年(大正12)10月4日
関東地方

10月4日午前0時54分、神奈川県西部を震源とする地震があった。マグニチュード6.4。

0543 地震 1923年(大正12)11月18日
関東地方

11月18日午前5時40分、茨城県沖を震源とする地震があった。マグニチュード6.3。

0544 地震 1923年(大正12)11月23日
関東地方

11月23日午前11時32分、神奈川県東部を震源とする地震があった。マグニチュード6.2。

0545 地震 1924年(大正13)1月15日
関東地方

1月15日午前5時50分、丹沢山塊を震源とする地震があった。マグニチュード7.3。関東地震の余震。神奈川で住家全潰561など被害が大きかった。家屋全壊1,298。東京震度5など観測。
- 死者・不明19名

0546 地震 1924年(大正13)9月18日
関東地方

9月18日午前10時8分、茨城県中部を震源とする地震があった。マグニチュード6.6。

0547 北但馬地震 1925年(大正14)5月23日
兵庫県

第Ⅰ部 解説参照（p.44）。
- 死者・不明428名

0548 地震 1926年(大正15)6月29日
沖縄地方

6月29日、沖縄本島北西沖で地震があった。那覇市、首里市で石垣崩壊。名瀬で震度2。

0549 地震 1926年(大正15)8月3日
関東地方

8月3日午後6時26分、東京市南東部を震源とする地震があった。マグニチュード6.3。震源の深さ20km。東京で震度5などを観測。

0550 北丹後地震 1927年(昭和2)3月7日
近畿地方、中国地方、四国地方

第Ⅰ部 解説参照（p.46）。

- 死者・行方不明者2,925名、全壊家屋1万2,584戸

0551 地震 1927年(昭和2)8月6日
関東地方

8月6日午前6時14分、宮城県の阿武隈川河口の沖合を震源とする地震があり、関東北部を中心に各地で強震を記録した。

0552 地震 1927年(昭和2)10月8日
京都府

10月8日午後6時30分頃、京都府付近で地震があった。

0553 関原地震 1927年(昭和2)10月27日
新潟県中部

10月27日午前10時53分、新潟県中部で局部的な地震があった。2人が負傷、家屋23戸が半壊した。関原地震、と呼ばれる。
- 負傷者2名、半壊家屋23戸

0554 地震 1927年(昭和2)12月2日
和歌山県有田川流域

12月2日、和歌山県の有田川流域を震源とする地震があった。

0555 地震 1927年(昭和2)12月4日
長崎県千々石湾沖

12月4日、長崎県千々石湾の沖合を震源とする地震があった。

1928年(昭和3)～

0556	樽前山噴煙　1928年(昭和3)1月頃
	北海道

1月頃、北海道の樽前山（標高1,042m）で噴煙があがった。

0557	地震　1928年(昭和3)2月7日
	富山県、石川県

2月7日午後10時20分頃、富山、石川の両県で強い地震があった。

0558	浅間山噴煙　1928年(昭和3)2月23日～3月12日頃
	群馬県、長野県

2月23日午後4時48分、群馬、長野両県境の浅間山（標高2,542m）で噴煙が発生、3月12日頃まで周辺地域に多量の火山灰が降った。

0559	渡島駒ヶ岳火山活動　1928年(昭和3)3月頃
	北海道茅部郡

3月頃、北海道茅部郡の駒ヶ岳（標高1,133m）で小規模な火山活動があった。

0560	地震　1928年(昭和3)5月21日
	千葉県

5月21日、千葉付近を震源とする地震があった。江戸川河口付近で土壁が落ちた。千住で煙突が倒れた。マグニチュード6.2。

0561	地震　1928年(昭和3)5月27日
	東北地方

5月27日午後6時50分、岩手県宮古町の北東沖を震源とする地震があり、東北地方など各地で強震を記録した。

0562	地震　1928年(昭和3)9月25日
	中国地方、四国地方、九州地方

9月25日午後2時頃、中国、四国、九州の各地方で強い地震があった。

0563	地震　1928年(昭和3)11月5日
	大分県

11月5日午後1時41分、大分県西部を震源とする地震があった。マグニチュード4.7。

0564	群発地震　1928年(昭和3)12月20日～1月2日
	熊本県

12月20日、阿蘇山が火山活動を再開し、同22日と翌年の1月2日午前1時20分頃の2回、周辺地域に強い地震があった。

0565	地震　1929年(昭和4)1月2日
	福岡県

1月2日午前1時40分、福岡県南部を震源とする地震があった。小国地方で家屋半壊、県道の亀裂や崖崩れ、墓石等の転倒があった。マグニチュード5.5。

0566	地震　1929年(昭和4)5月22日
	宮崎県

5月22日午前1時35分、宮崎県東方沖を震源とする強い地震があった。

0567 地震 1929年（昭和4）6月3日
伊勢湾口付近

6月3日午前6時39分、伊勢湾口の付近を震源とする強い地震があった。

0568 駒ヶ岳噴火 1929年（昭和4）6月16日
北海道

6月16日午後11時頃、北海道渡島半島の駒ヶ岳が火山活動を開始、翌17日午前10時頃、大爆発を起こし、1人が死亡、約2,900戸が被害をうけた。

●死者1名

0569 地震 1929年（昭和4）7月4日
近畿地方

7月4日午前5時頃、近畿地方で強い地震があった。

0570 地震 1929年（昭和4）7月27日
神奈川県

7月27日午前7時48分、神奈川県西部を震源とする地震があった。北巨摩郡塩崎村の寺の屋根瓦が落下し、負傷者1人。大月駅舎の壁が崩れた。マグニチュード6.3。甲府で震度4を記録した。

0571 地震 1929年（昭和4）8月8日
九州地方、山口県

8月8日午後10時35分頃、福岡付近を震源とする強い地震があった。マグニチュード5.1。

0572 地震 1929年（昭和4）11月20日
和歌山県

11月20日午後2時54分、和歌山有田川付近を震源とする地震があった。堤防に小亀裂、家屋、煙突、塀に被害があった。マグニチュード5.8。

0573 地震 1930年（昭和5）2月5日
福岡県

2月5日午後10時28分、福岡県西部を震源とする地震があった。崖が崩れ、地割れがあった。マグニチュード5.0。

0574 地震 1930年（昭和5）2月11日
和歌山県

2月11日午前9時12分、和歌山付近を震源とする地震があった。負傷1名、家屋等破損した。紀三井寺でも土塀が崩れた。マグニチュード5.3。

0575 地震 1930年（昭和5）2月～5月
静岡県

2月から5月にかけて、伊東沖を震源とする地震が頻発した。伊東沖群発地震、と言われる。有感回数は、2月214回、3月2,274回、4月159回、5月1,368回であった。マグニチュード5.9が最大であった。

0576 地震 1930年（昭和5）6月1日
茨城県

6月1日午前2時58分、茨城県の那珂川下流域を震源とする強い地震があった。

1930年(昭和5)〜

0577 地震 1930年(昭和5)8月20日
関東地方

8月20日午前2時41分、関東地方で地震があった。

0578 阿蘇山噴火 1930年(昭和5)9月4日
熊本県

9月4日午後6時、熊本県の阿蘇山が噴火した。

0579 地震 1930年(昭和5)10月17日
北陸地方

10月17日午前6時32分、北陸地方で強い地震があった。震央は石川県大聖寺町の沖合。マグニチュード6.3。

0580 地震 1930年(昭和5)10月25日
関東地方

10月25日、関東地方で強い地震があった。

0581 北伊豆地震 1930年(昭和5)11月26日
東海地方、関東地方

第Ⅰ部 解説参照 (p.48)
●死者・行方不明者272名、全壊家屋2,165戸

0582 地震 1930年(昭和5)12月6日
青森県

12月6日、青森県で強い地震があった。

0583 地震 1930年(昭和5)12月20日
広島県

12月20日午後11時2分、広島県三次付近を震源とする地震があった。20日以降27日まで、有感回数32回を数えた。各所で石崖が崩れ、地鳴りを聞いた。発光現象の報告もあった。マグニチュード6.1。

0584 群発地震 1931年(昭和6)1月31日頃
静岡県三島町付近

1月31日頃、静岡県三島町の付近で群発地震が発生した。

0585 地震 1931年(昭和6)1月6日
北海道新冠郡

1月6日、北海道の新冠川流域を震源とする強い地震があった。

0586 地震 1931年(昭和6)2月17日
北海道浦河郡浦河町付近

2月17日午前3時48分、北海道浦河町の付近を震源とする強い地震があった。

0587 地震 1931年(昭和6)3月30日
北海道

3月30日午前2時52分、釧路・音別付近を震源とする地震があった。マグニチュード6.6。

0588 地震 1931年(昭和6)3月9日
青森県

3月9日午後12時49分、青森県南東沖を震

188

源とする地震があった。八戸市で壁の剥落、煉瓦煙突の折損が多かった。八戸で津波を観測。マグニチュード7.6。

0589 地震 1931年(昭和6)5月3日
滋賀県

5月3日、滋賀県彦根町の付近を震源とする強い地震があった。

0590 硫黄岳噴煙 1931年(昭和6)6月18日
鹿児島県鹿児島郡

6月18日、硫黄島の硫黄岳（標高704m）で小規模な噴煙活動があった。

0591 地震 1931年(昭和6)6月3日〜12日
関東地方南部

6月3日と10日、12日の3回、関東地方の南部で比較的強い地震があった。

0592 浅間山噴火 1931年(昭和6)6月9日
群馬県、長野県

6月9日、浅間山が爆発した。

0593 地震 1931年(昭和6)9月16日
山梨県

9月16日午後9時43分、山梨県東部を震源とする地震があった。甲府市で水道管破裂1件、初狩村で堤防決壊1か所などの被害があった。マグニチュード6.3。甲府で震度4を記録した。

0594 地震 1931年(昭和6)9月21日
埼玉県

9月21日午前11時19分、埼玉県西部を震源とする地震があった。被害の密度は小さかったが、到るところで亀裂を生じ、地下水や土砂を噴出した。10月までに100回余の余震を感じた。また、関東北部で地鳴り、を聞いた。西埼玉地震、と呼ばれる。マグニチュード6.9。

0595 地震 1931年(昭和6)11月2日
大分県、鹿児島県

11月2日午後7時3分、日向灘を震源とする地震があった。鹿児島県で被害が大きかった。室戸で津波を観測した。マグニチュード7.1。

0596 地震 1931年(昭和6)11月4日
岩手県

11月4日午前1時19分、岩手県小国村の付近を震源とする強い地震があった。

0597 地震 1931年(昭和6)11月14日
岐阜県、三重県、滋賀県

11月14日、岐阜、三重、滋賀の3県で強い地震があった。

0598 地震 1931年(昭和6)12月26日
九州地方

12月26日、九州地方で強い地震があった。

1932年(昭和7)～

0599 浅間山噴火 1932年(昭和7)2月5日～6月25日
群馬県、長野県

2月5日から6月25日にかけて、浅間山が10数回爆発、噴火し、2月24日の爆発では付近の国有林で火災が起こった。
●山林火災

0600 焼岳噴火 1932年(昭和7)2月6日
長野県、岐阜県

2月6日、長野、岐阜両県境の焼岳（標高2,455m）が爆発、噴火した。

0601 地震 1932年(昭和7)5月3日
宮崎県

5月3日、宮崎県で強い地震があった。

0602 駒ヶ岳噴火 1932年(昭和7)6月26日～
秋田県仙北郡

6月26日、秋田県仙北郡の駒ヶ岳（標高1,637m）が爆発し、周辺の長さ約600m、幅約300mの区域が砂岩や泥などの噴出物で埋まった。同岳では7月25日、水蒸気の噴出が観測された。
●被災面積約18ha

0603 阿蘇山活動 1932年(昭和7)6月26日～27日
熊本県

6月26日から27日にかけて、阿蘇山で火山活動が観測された。

0604 地震 1932年(昭和7)12月2日
関東地方

12月2日午前2時41分、関東地方で強い地震があった。

0605 地震 1933年(昭和8)1月4日
東京府父島

1月4日午前10時25分、父島の南東沖を震源とする強い地震があった。

0606 地震 1933年(昭和8)1月7日
北海道南部、東北地方、関東地方

1月7日午後1時7分、岩手県宮古町の東北東沖を震源とする強い地震があった。

0607 地震 1933年(昭和8)2月9日
東京府八丈島、関東地方

2月9日午後0時57分、八丈島の南西沖を震源とする強い地震があった。

0608 阿蘇中岳噴火 1933年(昭和8)2月24日
阿蘇中岳

2月24日午前2時30分頃、昨年から小噴火を繰り返していた阿蘇中岳が150年ぶりに噴火した。

0609 三陸地震津波 1933年(昭和8)3月3日
三陸沿岸

第Ⅰ部　解説参照（p.50）
●死者・行方不明者3,064名、家屋流失4,034戸、家屋倒壊1,817戸、浸水4,018戸

~1933年（昭和8）

0610	**地震** 1933年（昭和8）3月12日
	東京府父島、関東地方、東北地方

　3月12日午前4時33分、父島の西北西沖を震源とする強い地震があった。

0611	**地震** 1933年（昭和8）3月19日
	関東地方一部

　3月19日午前0時51分、八丈島の南方沖を震源とする強い地震があった。

0612	**地震** 1933年（昭和8）4月8日
	熊本県

　4月8日午後8時54分、熊本県中部を震源とする地震があった。マグニチュード4.3。

0613	**地震** 1933年（昭和8）4月22日
	関東地方、東北地方、八丈島

　4月22日午前5時39分、三宅島の東方沖を震源とする強い地震があった。

0614	**地震** 1933年（昭和8）5月2日
	北海道、千島列島

　5月2日午前4時52分、択捉島の南方沖を震源とする強い地震があった。

0615	**地震** 1933年（昭和8）5月24日
	北海道、東北地方

　5月24日午後1時36分、北海道知床岬の北方沖を震源とする強い地震があった。

0616	**地震** 1933年（昭和8）5月29日
	関東地方一部

　5月29日午前8時40分、八丈島の西南西沖を震源とする強い地震があった。

0617	**地震** 1933年（昭和8）6月9日
	東北地方、北海道

　6月9日午前3時11分、岩手県宮古町の東北東沖を震源とする強い地震があった。

0618	**地震** 1933年（昭和8）6月13日
	東北地方、北海道

　6月13日午前6時8分、宮城県の気仙沼湾付近を震源とする強い地震があった。

0619	**地震** 1933年（昭和8）6月14日
	北海道、東北地方

　6月14日午前5時34分、青森県の馬淵川河口の東方沖を震源とする強い地震があった。

0620	**地震** 1933年（昭和8）6月19日
	東北地方、北海道、関東地方、中部地方

　6月19日午前6時37分、宮城県金華山東方沖を震源とする強い地震があった。

0621	**地震** 1933年（昭和8）7月9日
	北海道一部

　7月9日の午前10時30分と午後9時32分の2回、択捉島の南東沖を震源とする強い地震があった。

第Ⅱ部　地震・噴火災害一覧　191

1933年(昭和8)〜

0622	地震 1933年(昭和8)7月10日
	北海道、東北地方

7月10日午前9時22分、岩手県釜石町のはるか東方海上を震源とする強い地震があった。

0623	地震 1933年(昭和8)7月21日
	北海道、東北地方

7月21日午前8時14分、宮城県金華山東方沖を震源とする強い地震があった。

0624	地震 1933年(昭和8)7月29日
	大阪府付近

7月29日午前1時43分頃、大阪府付近で強い地震があった。

0625	地震 1933年(昭和8)8月7日
	北海道、東北地方

8月7日午前9時42分、岩手県釜石町の東方沖を震源とする強い地震があった。

0626	地震 1933年(昭和8)8月15日
	父島、関東地方

8月15日午前11時58分、父島の北北東沖を震源とする強い地震があった。

0627	地震 1933年(昭和8)9月21日
	石川県

9月21日午後12時14分、能登半島七尾湾付近を震源とする地震があった。七尾湾沿岸の被害が大きく、家屋、道路、煙突の倒壊・亀裂が目立った。マグニチュード6.0

●死者5名、負傷者57名

0628	地震 1933年(昭和8)10月4日
	新潟県

10月4日午前3時38分、新潟県小千谷を震源とする地震があった。マグニチュード6.1。

0629	樽前山噴火 1933年(昭和8)12月1日
	北海道

12月1日、北海道の樽前山(標高1,042m)が爆発した。

0630	地震 1934年(昭和9)1月9日
	徳島県

1月9日午前8時7分、徳島県西部を震源とする地震があった。マグニチュード5.6。

0631	地震 1934年(昭和9)2月5日
	中国地方

2月5日午前1時9分頃、中国地方で人体に感じる程度の弱い地震があった。

0632	地震 1934年(昭和9)3月21日
	静岡県

3月21日午後12時39分、伊豆半島を震源とする地震があった。有感余震も20回を数えた。崖崩れ、墓石の転倒等あった。

0633	地震 1934年(昭和9)4月7日
	福島県相馬郡

4月7日午前4時10分頃、福島県相馬、双葉

両郡の付近で強い地震があり、津波などによる被害があいついだ。

0634 鳥島小噴火　1934年（昭和9）5月
東京府鳥島

5月、伊豆諸島南方の鳥島で小規模な噴火があった。

0635 地震　1934年（昭和9）8月18日
岐阜県

8月18日午前11時38分、岐阜県八幡付近を震源とする地震があった。有感余震も31日までに、37回を数えた。マグニチュード6.3。

0636 硫黄島海底火山噴火　1934年（昭和9）9月19日〜20日
鹿児島県硫黄島付近

9月19日午後3時から20日にかけて、薩南諸島の硫黄島付近で海底火山が爆発し、周囲1.4kmと約440mの新島2つが出現。噴火口の付近では軽石が直径10数kmの範囲に浮かび、水蒸気を高度2,000m以上まで噴き上げた。

0637 阿蘇山小噴火　1934年（昭和9）12月16日〜27日
熊本県

12月16日から27日にかけて、阿蘇山の第一火口で小規模な活動が継続。特に19日午前10時から約3日間は、火山石や煙を噴出した。

0638 阿蘇山噴石　1935年（昭和10）5月4日
熊本県

2月8日、阿蘇山が鳴動、第1噴火口が微紅色になり、5月4日には火山石を噴出した。

0639 地震　1935年（昭和10）7月3日
宮崎県

7月3日午前9時16分、宮崎県・大淀川流域を震源とする地震があった。マグニチュード4.6。

0640 地震　1935年（昭和10）7月11日
静岡県

7月11日午後5時24分、静岡市付近を震源とする地震があった。家屋の滑動が多かった。住家の全壊363を数えた。静岡地震、と呼ばれる。マグニチュード6.4.
● 死者9名、負傷者299名

0641 地震　1935年（昭和10）9月11日
青森県

9月11日午後11時6分頃、青森県の付近でやや強い地震があった。

0642 桜島噴火　1935年（昭和10）9月20日
鹿児島県

9月20日、桜島の旧火口の側壁が爆発、噴火し、山麓全域に火山灰が降り、農作物が被害を受けた。
● 農作物被害

0643 駒ヶ岳噴煙　1935年（昭和10）10月14日
秋田県仙北郡

10月14日、秋田県仙北郡の駒ヶ岳（標高1,637m）で火山活動があり、旧安政火口の付近から激しく煙を噴いた。

1936年(昭和11)～

0644 地震 1936年(昭和11)2月21日
大阪府、奈良県

2月21日午前10時7分、奈良の橿原付近を震源とする地震があった。有感余震は2月末までに29回を数えた。住家の破損も1,100以上を数えた。マグニチュード6.4。
●死者9名、負傷者59名

0645 浅間山噴火 1936年(昭和11)10月17日
群馬県、長野県

10月17日にかけて、浅間山が爆発、噴火し、登山者の学生1名が噴石に当たって重傷を負った(後に死亡)。
●死者1名

0646 地震 1936年(昭和11)11月3日
東北地方

11月3日午前5時45分、宮城・金華山沖を震源とする地震があった。津波も観測された。マグニチュード7.5。
●負傷者4名

0647 地震 1936年(昭和11)11月
福島県

11月1日から10日にかけて会津若松を震源とする地震が頻発した。マグニチュード4.1。

0648 地震 1936年(昭和11)12月27日
新島、関東地方一部

12月27日午前9時14分、新島近海を震源とする地震があった。28日までに有感余震300回を数えた。マグニチュード6.3。
●死者3名、負傷者70名

0649 地震 1937年(昭和12)1月27日
熊本県

1月27日午後4時4分、熊本付近を震源とする地震があった。マグニチュード5.1。

0650 地震 1937年(昭和12)2月27日
中国地方、四国地方、九州地方

2月27日午後11時42分頃、瀬戸内海屋代島付近を震源とする地震があった。マグニチュード5.9。

0651 地震 1937年(昭和12)7月27日
東北地方

7月27日午前4時56分、宮城・金華山沖を震源とする地震があった。マグニチュード7.1。

0652 白根山噴火 1937年(昭和12)11月27日
群馬県、長野県

11月27日、群馬、長野両県境にある草津白根山が爆発、以後小規模な火山活動が続いた。

0653 雌阿寒岳噴煙 1937年(昭和12)12月2日
北海道

12月2日、北海道阿寒郡の雌阿寒岳で異常な噴煙がみられた。

0654 地震 1938年(昭和13)1月2日
岡山県

1月2日午後4時53分、岡山県北部を震源とする地震があった。マグニチュード5.5。

0655 地震 1938年(昭和13)1月12日
近畿地方

1月12日午前0時11分、和歌山の田辺湾沖を震源とする地震があった。紀伊水道沿岸で被害があった。マグニチュード6.8。

0656 地震 1938年(昭和13)5月23日
福島県

5月23日午後4時18分、福島の塩屋崎沖を震源とする地震があった。小名浜付近沿岸と福島・郡山などに被害が出た。小名浜に津波が押し寄せた。マグニチュード7.0。

0657 地震 1938年(昭和13)5月29日
北海道

5月29日午前0時42分、北海道屈斜路湖付近を震源とする地震があった。湖の南部に、亀裂・山崩れ、沈降等の地変が目立った。マグニチュード6.1。
● 死者1名

0658 地震 1938年(昭和13)6月10日
宮古島

6月10日午後6時53分、宮古島北北西沖を震源とする地震があった。津波が来襲した。マグニチュード6.7。

0659 地震 1938年(昭和13)9月22日
茨城県

9月22日午前3時52分、鹿島灘を震源とする地震があった。マグニチュード6.5。

0660 地震 1938年(昭和13)11月5日
福島県

11月5日午後5時43分、福島県東方沖を震源とする地震があった。5日、6日、7日、30日と大きな地震が相次いだ。津波も来襲。有感余震も11月、12月で323を数えた。マグニチュード7.5。福島県東方沖地震、と呼ばれる。

0661 地震 1939年(昭和14)3月20日
大分県、宮崎県

3月20日午後0時過ぎ、日向灘沖を震源とする地震があり、宮崎県では相当な被害があった。マグニチュード6.5。

0662 地震 1939年(昭和14)5月1日
秋田県

5月1日午後2時58分、男鹿半島を震源とする地震があった。集落によっては全滅したところもあった。半島の北西部に隆起が認められた。津波も観測。マグニチュード6.8。男鹿地震、と呼ばれる。
● 死者27名、負傷者52名

0663 鳥島噴火 1939年(昭和14)8月18日
東京府鳥島

8月18日、伊豆諸島の鳥島が爆発した。

0664 桜島爆発 1939年(昭和14)10月
鹿児島県

10月、桜島で小規模な爆発と鳴動が続いた。

0665 三宅島噴火　1940年（昭和15）7月12日〜23日
東京府三宅島

7月12日午後8時頃、三宅島の北東端にある東京府神着、坪田両村の境界付近で爆発、噴火が発生し、住民7名が死亡、35名が行方不明、家屋21戸と畜牛50頭が埋没、81名が家を失い、271名（47戸）が避難した。新火口では14日夕と23日にも小規模な爆発や鳴動が起こった。
- 死者7名、行方不明者35名、被災者81名、避難者271名、埋没家屋21戸、畜牛50頭死亡、漁船・山林被害、被害額33万円余り

0666 津波　1940年（昭和15）8月2日
北海道西海岸

8月2日午前0時8分、積丹半島北西沖を震源とする地震があった。北海道西海岸一帯に地震の影響で津波が発生、10人が死亡した。マグニチュード7.5。
- 死者10名

0667 阿蘇山噴火　1940年（昭和15）8月26日
熊本県阿蘇郡

8月26日、阿蘇山が鳴動し、第1火口からの溶岩の噴出が観測された。
- 溶岩噴出

0668 地震　1941年（昭和16）3月7日
長野県

3月7日午後12時、長野県中野付近を震源とする地震があった。マグニチュード5.0。
- ——

0669 地震　1941年（昭和16）4月6日
山口県

4月6日午前1時49分、山口県須佐付近を震源とする地震があった。マグニチュード6.2。

——

0670 桜島噴火　1941年（昭和16）5月〜6月
鹿児島県

5月から6月にかけて、桜島で爆発があり、溶岩噴出や山林火災、降灰など被害があいついだ。
- ——

0671 地震　1941年（昭和16）7月15日
長野県

7月15日午後11時45分、長野市付近を震源とする地震があった。長沼村での被害が大きかった。マグニチュード6.1。
- 死者5名、負傷者18名

0672 地震　1941年（昭和16）7月16日
長野県

7月16日、長野市の北方を震源とする地震が発生し、住民6名が死亡、家屋300戸余りが全半壊した。
- 死者6名、全半壊家屋300戸余り

0673 地震　1941年（昭和16）11月19日
大分県、宮崎県

11月19日午前1時46分、日向灘宮崎東方沖を震源とする地震があった。マグニチュード7.2。
- 死者1名

0674 地震　1942年（昭和17）2月21日
福島県

2月21日午後4時7分、福島県沖を震源とする地震があった。マグニチュード6.5。
- 死者1名

0675 地震 1942年(昭和17)2月22日
四国地方

2月22日午前9時47分、愛媛の佐田岬付近を震源とする地震があった。マグニチュード5.4。

0676 渡島駒ヶ岳噴火 1942年(昭和17)11月17日
北海道茅部郡

11月17日、北海道の渡島駒ヶ岳が爆発した。

0677 地震 1943年(昭和18)3月4日
鳥取県

3月4日午後7時13分、岡山・鳥取県堺を震源とする地震があった。マグニチュード6.2。約20分間、中部、近畿、中国、四国の各地方で強い地震が続き、山陰線が線路陥没で不通になるなどの被害があった。

0678 地震 1943年(昭和18)6月13日
東北地方

6月13日午後2時11分、八戸東方沖を震源とする地震があった。マグニチュード7.1。

0679 地震 1943年(昭和18)8月12日
福島県

8月12日午後1時50分、福島県田島付近を震源とする地震があった。8月中の有感余震18回を数えた。マグニチュード7.2。

0680 鳥取地震 1943年(昭和18)9月10日
鳥取県

第Ⅰ部 解説参照(p.52)
● 死者行方不明者1,210名、全壊家屋7,485戸、半壊家屋6,158戸

0681 地震 1943年(昭和18)10月13日
長野県

10月13日午後2時43分、長野県古間村を震源とする地震があった。マグニチュード5.9。

0682 昭和新山生成 1944年(昭和19)6月23日〜
北海道洞爺湖南岸

6月23日、北海道洞爺湖南岸の有珠山の麓の畑で、突然水蒸気爆発が発生、その後7月から10月にかけて10数回の爆発を繰り返しながら地盤が隆起、20年7月の火山活動停止までに、溶岩円頂丘は400mを越える高さとなった。昭和新山(400m)と名付けられたが大戦末期であったため公表はされなかった。

0683 須川岳噴火 1944年(昭和19)11月20日
岩手県西磐井郡

11月20日、岩手県西磐井郡の須川岳で小規模な爆発があり、火口から硫黄を噴出した。

0684 地震 1944年(昭和19)12月7日
山形県

12月7日午前1時26分、山形県左沢町を震源とする地震があった。震度2以上の余震を10日までに150余数えた。マグニチュード5.5。

1944年(昭和19)〜

0685	東南海地震　1944年(昭和19)12月7日
	東海地方

第Ⅰ部　解説参照（p.54）
●死者行方不明者1,253名、家屋全壊2万6,130戸、家屋半壊4万6,950戸、家屋流失3,059戸

0686	三河地震　1945年(昭和20)1月13日
	愛知県

第Ⅰ部　解説参照（p.56）
●死者2,306名、全壊住宅7,221戸、半壊住宅1万6,555戸

0687	地震　1945年(昭和20)2月10日
	東北地方

2月10日午後1時58分、八戸東方沖を震源とする地震があった。津波襲来。マグニチュード7.1。
●死者2名

0688	地震　1945年(昭和20)8月11日
	新潟県佐渡郡

8月11日午前10時10分、佐渡島西岸にある新潟県相川町の沖合（北緯38度、東経138度）を震源とするごく小規模な地震があった。

0689	地震　1945年(昭和20)8月21日
	岩手県宮古市南東沖

8月21日午後9時43分、岩手県宮古市の南東沖を震源とするごく小規模な地震があった。

0690	地震　1945年(昭和20)8月29日
	八丈島南方沖

8月29日午前4時19分、八丈島の南方沖を震源とする地震があった。

0691	地震　1945年(昭和20)9月19日
	北海道襟裳岬沖

9月19日午後9時28分、北海道幌泉郡にある襟裳岬の南東沖を震源とする地震があった。

0692	地震　1945年(昭和20)10月9日
	三重県

10月9日午後7時56分、熊野灘の付近を震源とする地震があった。

0693	地震　1945年(昭和20)10月9日
	北海道根室町南東沖

10月9日午後11時37分、北海道根室町の納沙布岬の南東沖を震源とする地震があった。

0694	地震　1945年(昭和20)10月24日
	茨城県

10月24日午後2時15分、茨城県古河町の付近を震源とする小規模な地震があった。

0695	地震　1945年(昭和20)11月18日
	北海道積丹岬沖

11月18日午前1時7分、北海道積丹町にある積丹岬の西方沖を震源とする地震があった。

0696	地震　1945年(昭和20)12月1日
	新潟県佐渡郡

12月1日午後9時10分、佐渡島の北東沖を

~1946年（昭和21）

震源とするごく小規模な地震があった。

0697 地震 1946年（昭和21）1月6日
北海道襟裳岬沖

1月6日午前10時56分、北海道幌泉郡の襟裳岬の東方沖を震源とする小規模な地震があった。

0698 地震 1946年（昭和21）1月30日
千葉県大網町付近

1月30日午前3時50分、千葉県大網町付近を震源とする小規模な地震があった。

0699 地震 1946年（昭和21）1月31日
福島県小名浜沖

1月31日午前3時19分、福島県の小名浜港の北東沖を震源とする小規模な地震があった。

0700 地震 1946年（昭和21）2月17日
千葉県館山市南南西沖

2月17日午後11時21分、千葉県館山市にある洲崎の南南西沖を震源とする地震があった。

0701 地震 1946年（昭和21）2月20日
千葉県船橋市付近

2月20日午後10時11分、千葉県船橋市付近の東京湾を震源とする小規模な地震があった。

0702 地震 1946年（昭和21）2月21日
和歌山県田辺市南方沖

2月21日午後7時33分、和歌山県田辺市の南方沖を震源とする小規模な地震があった。

0703 地震 1946年（昭和21）3月2日
色丹島東方沖

3月2日午後9時50分、色丹島の東方沖を震源とする小規模な地震があった。

0704 地震 1946年（昭和21）3月6日
色丹島北東沖

3月6日午後10時11分、色丹島の北東沖を震源とする地震があった。

0705 桜島噴火 1946年（昭和21）3月9日～
鹿児島県

3月9日から、桜島が爆発・噴火を再開した。

0706 地震 1946年（昭和21）3月13日
和歌山県串本町南東沖

3月13日午前0時27分、和歌山県串本町の潮岬の南東沖を震源とする地震があった。

0707 地震 1946年（昭和21）3月31日
新潟県佐渡

3月31日午前6時52分、佐渡島の東方沖を震源とする小規模な地震があった。

1946年（昭和21）〜

0708	地震　1946年（昭和21）4月6日
	千葉県夷隅郡勝浦町南方沖

4月6日午前6時46分、千葉県勝浦町の南方沖170kmを震源とする地震があった。

0709	桜島噴火　1946年（昭和21）4月14日
	鹿児島県

4月14日、前月9日から爆発・噴火を再開した桜島で、大規模な爆発があった。

0710	地震　1946年（昭和21）5月10日
	岩手県釜石市東南東沖

5月10日午前7時27分、岩手県釜石市の東南東沖を震源とする地震があった。

0711	地震　1946年（昭和21）5月21日
	宮城県金華山南方沖

5月21日午後1時37分、宮城県牡鹿郡の金華山の南方沖を震源とする小規模な地震があった。

0712	地震　1946年（昭和21）5月27日
	北海道浦河町南西沖

5月27日午前3時20分、北海道浦河町の南西沖を震源とする小規模な地震があった。

0713	地震　1946年（昭和21）6月2日
	宮城県気仙沼町付近

6月2日午後8時39分、宮城県気仙沼町付近を震源とする小規模な地震があった。

0714	地震　1946年（昭和21）6月27日
	東京都八丈島西方沖

6月27日午前4時29分、八丈島の西方沖を震源とする地震があった。

0715	地震　1946年（昭和21）7月9日
	青森県八戸市東北東沖

7月9日午後10時16分、青森県八戸市の東北東沖を震源とする小規模な地震があった。

0716	地震　1946年（昭和21）7月13日
	愛知県知多半島

7月13日午前10時35分、愛知県の知多半島付近を震源とする小規模な地震があった。

0717	地震　1946年（昭和21）7月20日
	福島県小名浜沖

7月20日午前6時15分、福島県磐城郡の小名浜港の東南東沖を震源とする地震があった。

0718	地震　1946年（昭和21）8月3日
	茨城県鹿島灘付近

8月3日午後10時6分、鹿島灘付近を震源とする小規模な地震があった。震源の深さは約40km。

0719	地震　1946年（昭和21）8月14日
	宮城県金華山東南東沖

8月14日午後6時40分、宮城県牡鹿郡の金華山の東南東沖を震源とする地震があった。震源の深さは約60km。

~1946年（昭和21）

0720 地震 1946年（昭和21）8月18日
東京都八丈島東方

8月18日午後3時43分、八丈島の東方を震源とする地震があった。震源の深さは約60km。

0721 地震 1946年（昭和21）8月20日
愛媛県佐田岬付近

8月20日午後6時43分、愛媛県の佐田岬付近の豊予海峡を震源とする小規模な地震があった。震源の深さは約20km。

0722 地震 1946年（昭和21）9月14日
茨城県鹿島灘付近

9月14日午前10時43分、鹿島灘付近を震源とする小規模な地震があった。震源の深さは約60km。

0723 地震 1946年（昭和21）10月3日
茨城県鹿島灘付近

10月3日午後9時1分、鹿島灘付近を震源とする小規模な地震があった。震源は海底付近。

0724 阿蘇山噴火 1946年（昭和21）11月2日
熊本県阿蘇郡

11月2日、熊本県の阿蘇山で大規模な爆発があった。

0725 地震 1946年（昭和21）12月1日
千葉県印旛郡

12月1日午後10時52分、千葉県印旛郡の三里塚付近を震源とする小規模な地震があった。震源の深さは約70km。

0726 地震 1946年（昭和21）12月10日
北海道積丹郡西方沖

12月10日午後4時23分、北海道にある積丹岬の西方沖を震源とする地震があった。震源の深さは約100km。

0727 地震 1946年（昭和21）12月10日
福島県東方沖

12月10日午後7時20分、福島県の東方沖を震源とする小規模な地震があった。震源の深さは約40km。

0728 地震 1946年（昭和21）12月19日
石垣島

12月19日、石垣島近海を震源とする地震があった。マグニチュード6.75。

0729 南海地震 1946年（昭和21）12月21日
東海地方、近畿地方、中国地方、四国地方、九州地方

第Ⅰ部 解説参照（p.58）
●死者1,454名、負傷者2,632名、行方不明者100名、被災者23万268名、全壊家屋・工場など11,506戸、半壊家屋・工場など21,972戸、浸水家屋33,093戸、流失家屋2,109戸、全焼家屋2,602戸、流失または沈没・破損船舶2,339隻、道路破損1,532か所、橋梁損壊160か所以上、堤防損壊

1946年(昭和21)〜

627か所以上、鉄道被害70か所

0730 地震 1946年(昭和21)12月21日
紀伊水道南方沖

12月21日午前7時45分、紀伊半島南端の潮岬と高知県南東端の室戸岬との中間点付近を震源とする地震があった。震源の深さは約20km。

0731 地震 1946年(昭和21)12月21日
和歌山県田辺市付近

12月21日午後4時27分、和歌山県田辺市付近を震源とする小規模な地震があった。震源の深さは約20km。

0732 地震 1946年(昭和21)12月22日
和歌山県串本町付近

12月22日午前2時8分、和歌山県串本町の潮岬付近を震源とする小規模な地震があった。震源の深さは約40km。

0733 地震 1946年(昭和21)12月22日
北海道根室町南東沖

12月22日午前4時49分、北海道根室町の南東沖を震源とする地震があった。震源は海底付近。

0734 地震 1946年(昭和21)12月22日
北海道根室町南東沖

12月22日午前5時21分、北海道根室町の南東沖を震源とする地震があった。震源は海底付近。

0735 地震 1946年(昭和21)12月23日
宮城県金華山東北東沖

12月23日午前2時1分、宮城県牡鹿郡の金華山の東北東沖を震源とする地震があった。震源の深さは約60km。

0736 地震 1946年(昭和21)12月24日
高知県室戸岬南東沖

12月24日午後6時35分、高知県室戸岬町の室戸岬の南東沖を震源とする小規模な地震があった。震源は海底付近。

0737 地震 1946年(昭和21)12月25日
高知県室戸岬東方沖

12月25日午前1時54分、高知県室戸岬町の室戸岬の東方沖を震源とする小規模な地震があった。震源は海底付近。

0738 地震 1946年(昭和21)12月26日
熊野灘付近

12月26日午後5時4分、紀伊半島東側の熊野灘付近を震源とする小規模な地震があった。震源の深さは不明。

0739 地震 1946年(昭和21)12月28日
北海道根室町南東沖

12月28日午後7時7分、北海道根室町の南東沖を震源とする地震があった。震源はごく浅かった。

~1947年（昭和22）

0740 地震　1946年（昭和21）12月29日
高知県馬路村

12月29日午前1時49分、高知県馬路村の魚梁瀬地区付近を震源とする小規模な地震があった。震源はごく浅かった。

0741 地震　1947年（昭和22）1月17日
徳島県南西部

1月17日午前2時43分、徳島県南西部の那賀郡および美馬郡で、剣山付近を震源とする小規模な地震があった。震源の深さは約10km。

0742 地震　1947年（昭和22）1月25日
和歌山県串本町南西沖

1月25日午前1時48分、和歌山県串本町の潮岬の南西沖を震源とする地震があった。震源は海底付近。

0743 地震　1947年（昭和22）2月3日
高知県室戸岬南西沖

2月3日午前6時11分、高知県室戸岬町の室戸岬の南西沖を震源とする小規模な地震があった。震源の深さは約60km。

0744 地震　1947年（昭和22）2月5日
北海道浦河郡浦河町北東

2月5日午前8時38分、北海道浦河町の北東約20kmの地点を震源とする地震があった。震源の深さは約60km。

0745 地震　1947年（昭和22）2月7日
宮城県亘理町沖

2月7日午前3時15分、宮城県亘理町の阿武隈川の河口沖を震源とする小規模な地震があった。震源の深さは約40km。

0746 地震　1947年（昭和22）2月11日
千島北西沖

2月11日午後7時4分、千島列島の北西沖を震源とする地震があった。震源の深さは約350km。

0747 地震　1947年（昭和22）2月16日
高知県室戸岬南東沖

2月16日午後6時19分、高知県室戸岬町の室戸岬の南東沖を震源とする地震があった。震源はごく浅かった。

0748 地震　1947年（昭和22）2月18日
和歌山県串本南東沖

2月18日午後10時30分、和歌山県串本町の潮岬の南東沖を震源とする地震があった。震源の深さは約400km。

0749 地震　1947年（昭和22）2月21日
静岡県掛川町付近

2月21日午後3時6分、静岡県掛川町付近を震源とする小規模な地震があった。震源の深さは約20km。

第Ⅱ部　地震・噴火災害一覧

1947年(昭和22)〜

| 0750 | 地震　1947年(昭和22)2月22日　高知県室戸岬南東沖 |

2月22日午前7時、高知県室戸岬町の室戸岬の南東沖を震源とする地震があった。震源の深さは約40km。

| 0751 | 地震　1947年(昭和22)3月11日　静岡県静岡市 |

3月11日午後2時16分、静岡市にある安倍川の河口付近を震源とする地震があった。震源の深さは約20km。

| 0752 | 地震　1947年(昭和22)3月15日　青森県下北郡川内町付近 |

3月15日午後2時25分、青森県の川内町付近を震源とする小規模な地震があった。震源の深さは約10km。

| 0753 | 地震　1947年(昭和22)3月16日　宮城県金華山東北東沖 |

3月16日午前1時39分、宮城県牡鹿郡にある金華山の東北東沖を震源とする小規模な地震があった。震源の深さは約60km。

| 0754 | 地震　1947年(昭和22)3月18日　兵庫県姫路市北方 |

3月18日午前1時2分、兵庫県姫路市の北方を震源とする小規模な地震があった。震源は地表付近。

| 0755 | 地震　1947年(昭和22)3月26日　茨城県鹿島灘付近 |

3月26日午前4時44分、鹿島灘付近の海底を震源とする小規模な地震があった。震源の深さは約60km。

| 0756 | 地震　1947年(昭和22)4月5日　八丈島東方沖 |

4月5日午後11時23分、伊豆諸島の八丈島の東方沖を震源とする小規模な地震があった。震源の深さは約40km。

| 0757 | 地震　1947年(昭和22)4月11日　和歌山県西牟婁郡串本町 |

4月11日午後7時31分、和歌山県串本町の潮岬を震源とする小規模な地震があった。震源は地表付近。

| 0758 | 地震　1947年(昭和22)4月14日　新潟県西頸城郡能生町 |

4月14日午前2時32分、新潟県能生町の能生谷を震源とする小規模な地震があった。震源は地表付近。

| 0759 | 地震　1947年(昭和22)4月14日　北海道根室町南東沖 |

4月14日午後4時16分、北海道根室町の南東沖を震源とする地震があった。震源は海底付近。

0760 十勝岳噴火　1947年（昭和22）4月29日
北海道

4月29日、北海道の十勝岳が爆発、鳴動した。

0761 地震　1947年（昭和22）5月3日
茨城県鹿島灘付近

5月3日午後6時34分、鹿島灘の付近を震源とする小規模な地震があった。震源の深さは約20km。

0762 地震　1947年（昭和22）5月8日
北海道襟裳岬付近

5月8日午後3時58分、北海道襟裳町にある襟裳岬の付近を震源とする地震があった。震源の深さは約30km。

0763 地震　1947年（昭和22）5月9日
大分県日田市東方

5月9日午後11時5分、大分県日田市の東方を震源とする地震があった。震源の深さは約20km。マグニチュード5.5。

0764 地震　1947年（昭和22）5月18日
福島県小名浜沖

5月18日午後1時55分、福島県磐城市にある小名浜港の沖合を震源とする地震があった。震源の深さは約60km。

0765 阿蘇山噴火　1947年（昭和22）5月26日〜8月4日
熊本県

5月26日、熊本県の阿蘇山で大規模な爆発があり、以後6月30日と8月4日にも爆発、火山灰が降り、麦など農作物に被害が出た。

0766 浅間山噴火　1947年（昭和22）6月1日
群馬県、長野県

6月1日、群馬・長野県境の浅間山が爆発を再開した。

0767 地震　1947年（昭和22）6月10日
北海道根室町南東沖

6月10日午後5時36分、北海道根室町の南東沖を震源とする地震があった。震源はごく浅かった。

0768 地震　1947年（昭和22）7月17日
和歌山県串本町潮岬南西沖

7月17日午前4時19分、和歌山県串本町にある潮岬の南西約20km沖を震源とする地震があった。震源は海底付近。

0769 浅間山噴火　1947年（昭和22）8月14日
群馬県、長野県

8月14日、群馬・長野県境の浅間山で大規模な爆発があり、登山者20名以上が死傷した。
●死傷者20名以上

0770 地震　1947年（昭和22）9月27日
石垣島

9月27日、石垣北西沖を震源とする地震があった。屋根瓦落下、桟橋に亀裂、石垣の崩壊が目立った。マグニチュード7.4。
●死者5名

1947年(昭和22)～

0771	地震　1947年(昭和22)11月4日
	北海道留萌西方沖

11月4日午前9時9分、留萌西方沖を震源とする地震があった。マグニチュード6.7。
●―

0772	地震　1948年(昭和23)5月9日
	九州日向灘

5月9日午前11時9分、日向灘を震源とする地震があった。マグニチュード6.5。
●―

0773	熊野灘地震　1948年(昭和23)6月15日
	近畿地方

6月15日、和歌山田辺市付近を震源とする地震が発生し、和歌山県で住宅13戸が倒壊、住民4名が軽傷を負った。マグニチュード6.7。
●軽傷者4名、倒壊家屋13戸

0774	福井地震　1948年(昭和23)6月28日
	福井県、石川県

第Ⅰ部　解説参照（p.60）
●死者・行方不明者5,200名、負傷者1万9,818名、全壊家屋3万7,374戸、半壊家屋4,980戸、全焼家屋8,770戸、被災田畑約204.3ha、道路損壊103か所、橋梁損壊60か所、堤防決壊18か所（7月4日現在）、被災者（福井県のみ）30万名

0775	地震　1949年(昭和24)1月20日
	中国地方

1月20日午後10時24分、兵庫県北部を震源とする地震があった。マグニチュード6.3。
●―

0776	焼山噴火　1949年(昭和24)2月6日
	新潟県中頸城郡

2月6日、新潟県中頸城郡の焼山（標高2,400m）が爆発した。
●―

0777	地震　1949年(昭和24)7月12日
	広島県

12月12日午前1時10分、安芸灘を震源とする地震があった。道路の亀裂が多く、水道管の切断や山林で一部崩壊の被害があった。マグニチュード6.2。
●死者2名、負傷者2名

0778	浅間山噴火　1949年(昭和24)9月3日
	群馬県、長野県

9月3日午前8時8分、群馬・長野県境の浅間山が大音響とともに爆発し、噴煙が高さ5,000mまで上った。
●―

0779	今市地震　1949年(昭和24)12月26日
	関東地方

12月26日午前6時46分から8時26分までの間に、関東地方で強い地震が3回発生。第3回目の宇都宮市付近を震源とする地震では、栃木県今市・日光両町を中心に8名が死亡、162名が重軽傷を負い、2名が行方不明、家屋3,369戸が全半壊したほか、国宝日光東照宮の社殿の一部や国鉄日光線、東武鉄道日光線などにも被害があった。今市地震、と呼ばれる。マグニチュード6.2。
●死者8名、重軽傷者162名、行方不明者2名、全半壊家屋3,369戸、被害額11億8,500万円

206

0780 吾妻山噴火　1950年（昭和25）2月10日〜11日
福島県信夫郡土湯村

2月10日から11日にかけて、福島県信夫郡の吾妻山旧噴火口付近で爆発があり、黒い噴煙が高さ300mまで上った。また、この爆発で同山南東側の土湯温泉周辺には火山灰が降った。同噴火口は、明治26年（1893）から3年間活動を続けたことが知られている。

0781 浅間山噴火　1950年（昭和25）4月4日
群馬県、長野県

4月4日、群馬・長野県境の浅間山が前年の9月3日に続いて爆発した。

0782 阿蘇山噴火　1950年（昭和25）4月13日
熊本県阿蘇郡

4月13日午前5時30分、熊本県の阿蘇山中岳が突然大音響とともに爆発し、黒い噴煙が高さ5,000mまで上った。また、この爆発で同山の約1km圏内の地域には噴石が降り、農作物に被害が出た。

0783 地震　1950年（昭和25）4月26日
奈良県、三重県

4月26日午後4時4分、熊野川下流域を震源とする地震があった。マグニチュード6.5。

0784 三原山噴火　1950年（昭和25）7月16日
東京都大島町

7月16日午前10時30分、伊豆大島の三原山（754m）が再爆発し、高さ300mまで噴煙が上昇した。さらに同日午後の0時2分、同40分、1時40分にも噴煙が上がり、火口に亀裂が発生した。

0785 地震　1950年（昭和25）8月22日
島根県

8月22日午前11時4分、島根県三瓶山付近を震源とする地震があった。マグニチュード5.2。

0786 地震　1950年（昭和25）9月10日
千葉県

9月10日午後12時21分、九十九里浜を震源とする地震があった。マグニチュード6.3。

0787 浅間山噴火　1950年（昭和25）9月23日〜10月4日
栃木県、長野県

9月23日、栃木、長野両県境の浅間山（2,542m）で大規模な爆発が発生し、噴煙は高さ5,000mに上った。同山は10月4日午後3時にも再爆発（2回）した。

0788 地震　1951年（昭和26）1月9日
千葉県

1月9日午前3時32分、千葉県中部を震源とする地震があった。マグニチュード6.1。

0789 樽前山小噴火　1951年（昭和26）1月29日
北海道苫小牧市

1月29日午前4時、北海道苫小牧市にある二重式活火山の樽前山（2,024m）で鳴動などの小規模な活動が起こり、約20km圏内に火山灰が降った。

1951年（昭和26）〜

0790 雲仙岳群発地震 1951年（昭和26）2月15日
長崎県

2月15日午後4時、長崎県南高来郡で雲仙岳を震源とする群発地震が発生。最終的には有感地震18回、無感地震300回余りを記録した。
●—

0791 三原山噴火 1951年（昭和26）3月9日
東京都大島

3月9日午前2時頃、伊豆大島の三原山で大規模な爆発があり、高さ300mまで溶岩が噴き上がった。この爆発で火口茶屋が焼け、溶岩は火口周辺の砂漠から野増村の方向へ流れ出した。午後5時30分頃からも10数回にわたって大規模な爆発が続き、砂漠全域が厚さ3mから14mの溶岩に埋まった。この前後、三原山は2月4日、4月5日、同18日、6月9日、同14日にも爆発を繰り返したが、規模は比較的小さく、被害はほとんどなかった。
●—

0792 地震 1951年（昭和26）8月2日
新潟県

8月2日午後6時57分、新潟県南部を震源とする地震があった。マグニチュード5.0。
●—

0793 地震 1951年（昭和26）10月18日
青森県

10月18日午後5時26分、青森県東方沖を震源とする地震があった。マグニチュード6.6。
●—

0794 十勝沖地震 1952年（昭和27）3月4日
北海道地方、東北地方

第Ⅰ部　解説参照（p.62）
●死者28名、負傷者287名、行方不明者5名、全壊または流失・全焼家屋1,826戸、半壊家屋5,448戸、浸水家屋399戸、破損家屋1万5,000戸（推定）、全壊校舎100校、道路損壊約200か所、橋梁損壊約100か所、田畑被災約505.8ha、船舶被災768隻、養殖筏流失1,600台、被災者（北海道のみ）4万4,500名、被害額（北海道開発庁調べ。津波被害を含む）157億435万円余り

0795 大聖寺沖地震 1952年（昭和27）3月7日
石川県

3月7日午後4時33分頃、石川県大聖寺町の沖合を震源とする地震。関東・中部・近畿地方など広い範囲で揺れ。石川県内では、家屋8戸が全焼、8戸が半壊、3,450戸が破損し、住民2名が死亡、4名が重傷を負った。また、地震の影響で北陸線が不通になった。
●死者2名、重傷者4名、全焼家屋8戸、半壊家屋8戸、破損家屋3,450戸（石川県のみ）

0796 地震 1952年（昭和27）3月10日
北海道、東北地方

3月10日午前2時4分頃、襟裳岬の南南東100kmの沖合を震源とする中規模の地震があった。関東地方以北で合わせて10名余りが重軽傷を負い、家屋の損壊などがあいついだ。とりわけ震源地に近い北海道の浦河・浦幌・池田の各町や同大津村の被害が大きかった。十勝沖地震の僅か6日後だったことも、中震規模の割には被害を大きくする原因になったものと見られる。マグニチュード6.8。
●重軽傷者10名余り、家屋損壊多数

0797 吉野地震 1952年（昭和27）7月18日
奈良県

7月18日午前1時10分から約13分間、北陸、近畿、中国、四国地方で強い地震があった。北陸本線大聖寺・牛ノ谷駅間で線路が湾曲したのをはじめ、滋賀、京都、大阪、兵庫、和歌

山、奈良の6府県で住民9名が死亡、132名が重軽傷を負い、家屋10戸が全壊、35戸が半壊、道路7か所が損壊し、電話線の切断や電柱および土塀、板塀の破損など被害があいついだ。震源は吉野川上流の深さ約40kmの地点。マグニチュード6.8。
●死者9名、重軽傷者132名、全壊家屋10戸、半壊家屋35戸、道路損壊7か所

0798 明神礁爆発 1952年（昭和27）9月17日～26日
伊豆諸島南方

9月17日、伊豆諸島青ヶ島の南約48kmにある通称ベヨネーズ岩礁近くの海底（北緯31度56分、東経141度2分）が爆発、東西100m、南北150m、高さ30m前後の新島が出現、翌18日に明神礁と命名された。21・26日にも大規模な爆発があり、11月12日に都水産試験船が同礁付近で2つの新島を発見した。9月23日、海上保安庁水路部の観測船第5海洋丸（211t）が明神礁の調査に向かったまま消息を絶ち、大規模な捜索の結果、4日後の27日に同礁南方の須美寿島付近で救命ブイが発見され、同庁測量課長や東京教育大学教授ら調査団員9名と乗組員22名の死亡が確認された。原因は明神礁爆発の衝撃による転覆と見られる。

0799 カムチャツカ地震津波 1952年（昭和27）11月5日
北海道

11月5日、カムチャツカ地震の影響による津波があり、北海道の沿岸地域が被害を受けた。

0800 阿蘇山噴火 1953年（昭和28）4月27日
熊本県阿蘇郡

4月27日午前11時30分、熊本県の阿蘇山が突然鳴動、爆発し、火口付近にいた修学旅行中の兵庫県立加古川西高等学校の生徒5名が噴石の直撃を受けて死亡、19名が重傷、40名が軽傷を負った。阿蘇山では、翌28日の午前2時17分頃にも大規模な爆発が起きた。
●死者5名、重傷者19名、軽傷者40名

0801 地震 1953年（昭和28）7月14日
北海道

7月14日午後9時44分、北海道の檜山沖を震源とする地震があった。マグニチュード5.1。

0802 三原山噴火 1953年（昭和28）10月5日～8日
東京都大島

10月5日午前8時30分、伊豆大島の三原山が2年ぶりに噴火、鳴動などの小規模な活動を再開し、同8日まで続いた。その後、いったん停止したが、12月29日に再爆発した。

0803 房総沖地震 1953年（昭和28）11月26日
関東地方、伊豆諸島

11月26日午前2時50分頃、近畿地方以東で、関東大震災とほぼ同規模という戦後最大級の地震があった。震源が房総半島の南方沖100km以上と陸地から遠く離れていたため、被害は軽微だった。マグニチュード7.4。

0804 浅間山噴火 1953年（昭和28）12月27日
群馬県、長野県

12月27日、群馬・長野県境の浅間山が再噴火した。

0805 三原山噴火 1953年（昭和28）12月29日
東京都大島

12月29日、伊豆大島の三原山が10月8日

以来2か月半ぶりに再爆発した。

0806	浅間山噴火 1954年(昭和29)1月8日
	群馬県、長野県

1月8日、群馬・長野県境の浅間山が連続爆発、以後も鳴動が続いたが、被害はなかった。

0807	三原山噴火 1954年(昭和29)1月13日〜4月12日
	東京都大島

1月13日から、伊豆大島の三原山が発光しながら鳴動を続け、同27日と4月12日に大規模な爆発を起こした。

0808	浅間山噴火 1954年(昭和29)6月24日
	関東地方、長野県

6月24日、浅間山が爆発し、麓の軽井沢町や群馬県前橋市、東京都内などに火山灰が降った。

0809	浅間山噴火 1954年(昭和29)9月6日
	群馬県、長野県

9月6日、浅間山で6月24日に続き、25年以来という大規模な爆発が発生、噴煙が8,000mの高さまで達した。

0810	浅間山噴火 1955年(昭和30)6月11日
	群馬県、長野県

6月11日、群馬・長野両県境の浅間山で大爆発が発生した。

0811	地震 1955年(昭和30)6月23日
	鳥取県

6月23日午後10時41分、鳥取県西部を震源とする地震があった。マグニチュード5.5。

0812	阿蘇山噴火 1955年(昭和30)7月24日〜25日
	熊本県阿蘇郡

7月24日午後、阿蘇山第1火口が活動を開始。25日午前10時13分頃には噴煙が高度2,000mを超え、有感地震とともに3回爆発したが、被害はなかった。

0813	地震 1955年(昭和30)7月27日
	徳島県

7月27日午前10時20分、徳島県南部を震源とする地震があった。マグニチュード6.4。

0814	桜島南岳噴火 1955年(昭和30)10月13日
	鹿児島県

10月13日午後2時52分、桜島南岳で10年ぶりという大規模な爆発が発生。火口からは焼石が噴き出し、8合目付近を登っていた学生6名が重軽傷を負った。爆発の際、振幅は最大460μを記録。
●重軽傷者6名

0815	地震 1955年(昭和30)10月19日
	秋田県

10月19日午前10時45分、秋田県米代川下流を震源とする地震があった。1日の間に有感余震を100回ほど数えた。マグニチュード5.9。二ッ井地震、と呼ばれる。

~1957年(昭和32)

0816 三原山噴火　1956年(昭和31)1月3日
東京都大島町

1月3日、伊豆大島の三原山で6年ぶりという大規模な爆発があった。

0817 地震　1956年(昭和31)2月14日
関東地方、東北地方

2月14日午前9時53分、埼玉県東部の深さ約50km（推定）を震源とする地震があった。震域は東北地方中南部と関東地方全域にわたり、東京と横浜では深度4（中震）を記録した。陸地地震は5年ぶりのこと。マグニチュード5.9。

0818 地震　1956年(昭和31)3月6日
北海道

3月6日午前8時29分、網走沖を震源とする地震があった。マグニチュード6.3。

0819 桜島南岳噴火　1956年(昭和31)9月7日～18日
鹿児島県鹿児島市

9月7日、桜島南岳が再爆発し、18日午後1時11分には噴煙が高度2,500mまで上った。30年10月13日以来の爆発で、通算では100回目。

0820 地震　1956年(昭和31)9月30日
福島県、関東地方

9月30日午前6時20分と8時21分の2回、福島県と関東地方のほぼ全域で、中規模の地震があった。地盤の柔らかい東京の江東地区では住宅が半壊したり、公衆浴場の煙突が折れたりするなどの被害が出た。震源は、仙台湾および印旛沼付近と見られる。

0821 諏訪之瀬島御岳噴火　1956年(昭和31)11月26日
鹿児島県十島村

11月26日、鹿児島県十島村の諏訪之瀬島で、御岳が爆発した。

0822 地震　1957年(昭和32)3月1日
秋田県

3月1日午前1時56分、秋田県北部を震源とする地震があった。マグニチュード4.3。

0823 地震　1957年(昭和32)3月9日
北海道、青森県

3月9日午後11時22分、アリューシャン列島を震源とする地震があった。北海道、青森で被害が多かった。マグニチュード9.1。

0824 三原山噴火　1957年(昭和32)10月13日
東京都大島町

10月13日午前10時32分、伊豆大島の三原山の通称561火口が突然爆発し、噴石や爆風により、火口付近にいた高校生ら観光客1,000名のうち1名が即死、14名が重傷、40名が軽傷を負った。爆発による死傷者が出たのは、危険を過小評価して警戒を緩めていたのも一因と見られる。
● 死者1名、重傷者14名、軽傷者40名

0825 地震　1957年(昭和32)11月11日
伊豆諸島

11月11日午前4時20分、新島近海を震源とする地震があった。マグニチュード6.0。

第Ⅱ部　地震・噴火災害一覧

1958年（昭和33）〜

0826 三原山噴火　1958年（昭和33）1月7日
東京都大島町

1月7日、伊豆大島の三原山で大規模な爆発、噴火があった。

0827 桜島南岳噴火　1958年（昭和33）3月5日
鹿児島県

3月5日、鹿児島市の桜島南岳が連続爆発した。

0828 地震　1958年（昭和33）3月11日
八重山群島

3月11日午前9時26分、八重山群島を震源とする地震があった。マグニチュード7.2。
● 死者2名、負傷者4名

0829 阿蘇山中岳噴火　1958年（昭和33）6月24日
熊本県阿蘇郡

第Ⅰ部　解説参照（p.64）
● 死者12名、重傷者6名、軽傷者22名、行方不明者1名、全壊建物5戸、半壊建物7戸、破損建物4戸

0830 択捉島沖地震　1958年（昭和33）11月7日
北海道

11月7日午前7時59分、北海道根室市の東方約260km沖の深さ約120kmを震源とする地震があった。震域は北海道、東北地方の全域と関東、中部地方の一部。地震自体の規模は最大級で、北海道釧路市で震度5、東京で震度2を記録した。震源が陸地から離れていたため被害は軽微だった。マグニチュード8.1。

0831 浅間山噴火　1958年（昭和33）11月10日
群馬県、長野県

11月10日午後10時53分、群馬、長野両県境の浅間山で、5分前後にわたる大規模な爆発が発生し、噴煙が上空7,000から8,000m、火山弾が同5,000mまで噴き上がった。このため長野県小諸市や軽井沢町などで住民数名が軽傷を負い、住宅約2,000戸の窓ガラスが割れ、火口から約4km南の外輪山石尊山の付近で山林の一部を全焼、小規模な地震も起こった。
● 軽傷者数名、破損家屋約2,000戸、山林一部全焼

0832 三原山噴火　1958年（昭和33）12月12日
東京都大島町

12月12日、伊豆大島の三原山が連続爆発した。

0833 地震　1959年（昭和34）1月31日
北海道川上郡弟子屈町付近

1月31日朝、北海道弟子屈町付近でかなり強い地震があり、道路や温泉などに被害が出た。
● 道路損壊、被害額約1億円

0834 桜島噴火　1959年（昭和34）2月2日〜12日
鹿児島県鹿児島郡桜島町

2月2日から12日にかけて、鹿児島県の桜島が爆発した。

0835 霧島山噴火　1959年（昭和34）2月17日
宮崎県、鹿児島県

2月17日午後2時、宮崎・鹿児島県境の霧島山新燃岳（1,420m）が45年ぶりに爆発。噴煙は高度3,000mに達し、宮崎県都城・小林両市などに火山灰が降り、高原町の開拓地の農

作物や、鹿児島県の天然記念物ミヤマキリシマの群落などに壊滅的な被害が出た。
- 農作物被害、被害額9億円（宮崎県のみ）

0836 地震 1959年（昭和34）2月28日
鹿児島県沖永良部島

2月28日午前5時56分、沖永良部島近海を震源とする地震があった。マグニチュード5.9。

0837 浅間山噴火 1959年（昭和34）4月14日〜5月21日
群馬県、長野県

4月14日、群馬・長野県境の浅間山で大規模な爆発があり、噴煙は高度7,000mまで達し、東京都や神奈川県など関東地方の全域に火山灰が降り、周辺の数か所で火災が発生した。同山は以後、5月21日にも爆発した。
- 山林火災

0838 桜島噴火 1959年（昭和34）9月4日
鹿児島県

9月4日、桜島南岳が爆発した。

0839 地震 1959年（昭和34）11月8日
北海道

11月8日午後10時54分、積丹半島沖を震源とする地震があった。23日までに、余震を123回数えた。マグニチュード6.2。

0840 地震 1960年（昭和35）3月21日
東北地方

3月21日午前2時7分、三陸沖を震源とする地震があった。31日までに有感余震を、40回数えた。マグニチュード5.6。

0841 チリ地震津波 1960年（昭和35）5月22日
日本太平洋岸

第Ⅰ部 解説参照（p.66）
- 死者119名、重軽傷者872名、行方不明者23名、全壊家屋1,571棟、半壊家屋2,183棟、流失家屋1,259棟、床上浸水家屋1万9,863棟、床下浸水家屋1万7,334棟、破損家屋44棟、被災建物3,962棟、流失・埋没田畑529ha、冠水田畑6,707ha、道路損壊177か所、橋梁流失44か所、堤防決壊124か所、山崩れ2か所、鉄道被害21か所、通信施設被害1714か所、船舶沈没94隻、船舶流失1,036隻、船舶破損1,143隻、罹災世帯3万2,049戸（約16万1,680名）（6月6日現在・警察庁調べ）、被害額384億8,950万円以上（北海道・青森・岩手・宮城・三重・和歌山県のみ）

0842 桜島噴火 1960年（昭和35）10月2日
鹿児島県鹿児島郡桜島町

10月2日、鹿児島県の桜島南岳で大規模な爆発があり、同岳周辺の山林の一部が焼けた。
- 山林火災

0843 地震 1961年（昭和36）2月2日
新潟県長岡市

2月2日午前3時39分、新潟県長岡市福戸、古正寺町を中心に信濃川北西地域で局地的な地震があり、住民5名が死亡、19名が重軽傷を負い、住宅220戸が全壊、465戸が半壊、3,094名（631世帯）が被災した。震源は長岡付近。マグニチュード5.2。
- 死者5名、重軽傷者19名、全壊家屋220戸、半壊家屋465戸、被災者631世帯（3,094名）、被害額12億6,000万円

1961年（昭和36）〜

0844　地震　1961年（昭和36）2月27日
九州地方

2月27日午前3時10分、日向灘を震源地とする地震があった。震域は宮崎市を中心に中国、四国のそれぞれ一部と九州の全域で、鹿児島県大崎、志布志町で1名が死亡、家屋2棟が全壊、11棟が半壊したのをはじめとして、2名が死亡、7名が負傷し、日豊本線など鉄道各線や通信施設などにも被害があった。マグニチュード7.0。
● 死者2名、負傷者7名、損壊家屋30棟以上、鉄道被害、通信施設被害、被害額（宮崎県のみ）2億5,000万円

0845　桜島噴火　1961年（昭和36）3月6日
鹿児島県

3月6日、桜島南岳で大規模な爆発が発生した。

0846　群発地震　1961年（昭和36）3月14日〜6月
宮崎県、鹿児島県

3月14日から6月にかけて、霧島山付近を震源地とする震度1（微震）から同3（弱震）までの地震が続き、特に4月14日から21日までの1週間にえびの高原で有感10回、無感505回の地震を記録、鹿児島県吉松町では住民が一時避難した。

0847　地震　1961年（昭和36）5月7日
兵庫県

5月7日午後9時14分、兵庫県西部を震源とする地震があった。マグニチュード5.9。

0848　地震　1961年（昭和36）7月22日
伊豆大島

7月22日、伊豆大島近海を震源とする地震があった。マグニチュード4.6。

0849　地震　1961年（昭和36）8月12日
北海道

8月12日、根室沖を震源とする地震があった。マグニチュード7.2。

0850　浅間山噴火　1961年（昭和36）8月18日
群馬県、長野県

8月18日午後2時41分、群馬・長野県境の浅間山で2年ぶりに中規模の噴火があった。

0851　北美濃地震　1961年（昭和36）8月19日
中部地方

8月19日午後2時33分、岐阜県荘川、高鷲村境の大日ヶ岳付近の深さ約40kmを震源とし、中部、近畿地方で震度4の地震があった。このため石川県で登山者ら4名が死亡、7名が負傷し、福井県で1名が死亡、12名が重軽傷を負い、岐阜県で3名が死亡、15名が重軽傷を負ったのをはじめ、各地で8名が死亡、43名が負傷、12名が行方不明、住宅3棟が半壊、2棟が破損、住宅以外の8棟が被災、田畑3haが流失または埋没、道路120か所が損壊、がけ崩れ99か所が発生、鉄道3か所と通信施設6か所、14世帯が被災した。マグニチュード7.0。
● 死者8名、重軽傷者43名、行方不明者12名、半壊住宅3棟、破損住宅2棟、被災非住宅8棟、田畑流失・埋没3ha、道路損壊120か所、がけ崩れ99ヶ所、鉄道被害3か所、通信施設被害6か所、被災者14世帯（以上警察庁調べ）、被害額（石川県のみ）2億7,800

万円

0852 地震 1961年（昭和36）11月15日
北海道

11月15日午後4時17分、根室沖を震源とする地震があった。マグニチュード6.9。

0853 地震 1962年（昭和37）1月4日
和歌山県

1月4日午後1時35分、和歌山県西部を震源とする地震があった。マグニチュード6.4。

0854 地震 1962年（昭和37）4月23日
北海道南部

4月23日午後2時58分、北海道の十勝沖を震源地とするマグニチュード7.0の地震があった。北海道帯広市や広尾町など道南部に軽微な被害があった。

0855 宮城県北部地震 1962年（昭和37）4月30日
東北地方、関東地方

4月30日午前11時26分頃、宮城県北部の深さ約30kmを震源とするマグニチュード6.5の地震があった。同県古川市を中心に東北・関東地方で住民3名が死亡、197名が負傷、家屋161戸が全壊、837戸が半壊、1,500戸が破損、道路22か所と橋梁6か所、鉄道5か所が損壊した。
● 死者3名、負傷者197名、全壊家屋161戸、半壊家屋837戸（以上警察庁調べ）、破損家屋1,500戸、道路損壊22か所、橋梁損壊6か所、鉄道被害5か所、被害額140億円（以上宮城県のみ）

0856 群発地震 1962年（昭和37）5月〜9月頃
三宅島付近

5月から9月頃にかけて、伊豆諸島の三宅島付近を震源地とする群発地震があった。

0857 地震 1962年（昭和37）5月23日
北海道広尾町沖

5月23日、北海道広尾町の沖合を震源地とする地震があった。

0858 群発地震 1962年（昭和37）6月
東京都鳥島付近

6月、鳥島付近を震源地とする微小地震が続いた。

0859 焼岳噴火 1962年（昭和37）6月17日〜38）
長野県、岐阜県

6月17日午後9時55分頃、長野県・岐阜県境の焼岳が47年ぶりに爆発し、新火口に近い焼岳小屋が崩壊、管理人2名が重傷を負い、上宝村の蒲田川で建設省の砂防堰堤建設現場の仮橋が流されたのをはじめ、長野県松本、大町、上田、小諸市や同岳付近の田畑および山林に最高約5cmの厚さの火山灰が降った。焼岳では以後、同18日夜から19日未明にかけて小規模な爆発が起こったほか、9月16日には2度目の激しい爆発が起こり、翌年まで噴煙や降灰、爆発などの活動が続いた。
● 重傷者2名、全壊家屋1棟、橋梁流失1か所、田畑・山林被害

0860 十勝岳噴火 1962年（昭和37）6月29日〜7月2日
北海道

6月29日午後11時頃から7月2日にかけて、

北海道の十勝岳の大正火口付近が爆発し、火口近くにある磯部鉱業所十勝硫黄鉱の関連施設が壊れ、採掘作業員5名が死亡、気象台の観測員2名を含む12名が重軽傷を負い、同岳南側の新得町で爆発の際の降灰とガスにより住民多数が中毒にかかり、43世帯が避難したのをはじめ、農作物や家畜にも被害があった。十勝岳付近では5月下旬から火山性地震が頻発しており、札幌気象台も爆発を警戒し、登山を禁止していた。
● 死者5名、重軽傷者12名、全壊施設1棟、家畜被害、農作物被害

0861 霧島山噴煙 1962年(昭和37)8月
宮崎県、鹿児島県

8月末、宮崎・鹿児島県境の霧島山の噴煙活動が活発化した。

0862 群発地震 1962年(昭和37)8月19日〜20日
山形県、宮城県

8月19日から20日にかけて、山形・宮城県境の蔵王山を震源地とする火山性群発地震が発生した。

0863 三宅島噴火 1962年(昭和37)8月24日〜9月
東京都三宅村

8月24日午後10時20分、伊豆諸島の三宅島の雄山東側斜面が22年ぶりという大規模な爆発、噴火を起こし、溶岩流が海岸付近まで流出。同時期に震度2から5の火山性地震も頻発し、住民30名が負傷、47名（34世帯）が被災、住宅4棟が全焼、住宅以外の6棟が破損、畑や山林なども被災。東京都は9月1日から2週間、同島の児童や生徒ら1,879名を千葉県館山市へ集団避難させた。
● 負傷者30名、全焼家屋4棟、破損家屋6棟、畑被害、山林被害、被災者47名（34世帯）（以上警察庁調べ）、被害額1億3,000万円

0864 三原山噴火 1963年(昭和38)1月〜
東京都大島町

1月から、伊豆大島の三原山が小規模な爆発を繰り返し、噴煙が高さ1,000m前後まで上がった。

0865 地震 1963年(昭和38)1月28日
北海道

1月28日午後1時5分、北海道東部を震源とする地震があった。有感余震が3月いっぱい続いた。マグニチュード5.3。

0866 越前岬沖地震 1963年(昭和38)3月27日
福井県

3月27日午前6時34分、福井県越前町の沖合を震源とし、関東地方以西から中国、四国地方以東でマグニチュード6.9の地震があった。住民1名が負傷、若干の家屋が全半壊したのをはじめ、国鉄の北陸本線と小浜線が一時不通になった。マグニチュード6.9。
● 負傷者1名

0867 三宅島ガス噴出 1963年(昭和38)4月
東京都三宅村

4月、伊豆諸島の三宅島にある雄山の山頂付近からガスが噴出した。

0868 阿蘇山噴火 1963年(昭和38)4月
熊本県

4月、阿蘇山で小規模な爆発とガス噴出が続いた。

0869 群発地震 1963年(昭和38)4月14日~5月頃
東京都鳥島

4月14日から5月頃にかけて、鳥島で火山性地震が頻発し、有感地震の回数も4月に23回、5月に10回になった。

0870 阿蘇山噴火 1963年(昭和38)6月
熊本県

6月、阿蘇山で小規模な爆発とガス噴出が続いた。

0871 焼山噴火 1963年(昭和38)7月10日~9月
新潟県

7月10日から9月にかけて、新潟県糸魚川市・中頸城郡境の焼山で13年ぶりに小規模な爆発が起こり、爆発回数は合計で13回となった。

0872 阿蘇山噴火 1963年(昭和38)8月
熊本県

8月、阿蘇山で小規模な爆発とガス噴出が続いた。

0873 桜島噴火 1963年(昭和38)8月~
鹿児島県

8月から、桜島南岳で毎月200回弱の小規模な爆発が発生。10月23日には噴煙が高さ約3,500mまで上昇、同岳周辺の10か所で山林火災が発生した。
● 山林火災

0874 地震 1963年(昭和38)10月13日
択捉島沖

10月13日午後2時19分、択捉島の沖合を震源とするマグニチュード8.0の地震があった。岩手県の沿岸域などで最高140cmの津波が観測されたが、陸地から離れており被害はほとんどなかった。

0875 阿蘇山噴火 1963年(昭和38)11月
熊本県

11月、阿蘇山で小規模な爆発とガス噴出が続いた。

0876 地震 1963年(昭和38)11月13日
三宅島付近

11月13日午後2時1分、三宅島付近を震源とする地震があった。マグニチュード4.7。

0877 那須岳降灰 1963年(昭和38)11月20日~21日
栃木県那須郡那須町

11月20日から21日にかけて、栃木県の那須岳周辺地域に火山灰が降った。

0878 地震 1964年(昭和39)1月20日
北海道

1月20日午前2時10分、北海道羅臼付近を震源とする地震があった。マグニチュード4.6。

0879 アラスカ地震津波 1964年(昭和39)3月28日
岩手県

3月28日、岩手県の沿岸域がアラスカ地震

1964年（昭和39）～

による津波を受けたが、被害は軽微だった。

0880 地震 1964年（昭和39）5月7日
秋田県

5月7日午後4時58分頃、秋田県男鹿市の西方沖を震源とするマグニチュード7.2の地震が起き、秋田市で震度4を記録。このため同県大潟村の八郎潟干拓地で堤防が1mから2m前後沈下したのをはじめ、青森、秋田県で道路や鉄橋に亀裂が発生、高圧送電線が切れるなどの被害があった。
● 堤防沈下1か所、被害額3億7,000万円

0881 新潟地震 1964年（昭和39）6月16日
東北地方、関東地方、甲信越地方

第Ⅰ部 解説参照（p.68）
● 死者26名、負傷者447名、全壊住宅1,960棟、半壊住宅6,640棟、破損住宅31,344棟、全焼住宅290棟、半焼住宅1棟、床上浸水住宅9,475棟、床下浸水住宅5,859棟、被災非住宅18,238棟、田畑流失・埋没4,817ha、田畑冠水2,742ha、道路損壊1,009か所、橋梁流失79か所、堤防決壊62か所、山崩れ168か所、鉄道被害119か所、通信施設被害24,113か所、木材流失8530m^3、船舶沈没23隻、船舶流失6隻、船舶破損158隻、無発動機船被害59隻、被災者86,510名（17,991世帯）（以上警察庁調べ）、被害額約3,031億2,093万円

0882 地震 1964年（昭和39）6月23日
北海道

6月23日午前10時26分、根室沖を震源とする地震があった。マグニチュード7.1。

0883 地震 1964年（昭和39）12月9日
伊豆半島

12月9日午前2時49分、伊豆大島を震源とする地震があった。12月中に有感余震を100回余数えた。マグニチュード7.1。12月29日から翌年1月7日まで、噴火活動があった。

0884 地震 1964年（昭和39）12月～40年4月
伊豆諸島

12月から40年4月にかけて、伊豆諸島の大島および新島、神津島付近を震源域とする局地的な地震が起きた。

0885 地震 1964年（昭和39）12月11日
秋田県

12月11日午前0時11分、秋田県沖を震源とする地震があった。マグニチュード6.3。

0886 地震 1965年（昭和40）2月4日
北海道、東北地方

2月4日午後2時1分、アリューシャン列島中部を震源とする地震があった。津波により、三陸沿岸の養殖貝類に被害が出た。マグニチュード8.7。

0887 地震 1965年（昭和40）4月20日
静岡県、愛知県

4月20日午前8時42分頃、静岡県の大井川の河口付近の深さ約50kmを震源とするマグニチュード6.5の地震があり、震源地付近で震度4を、東京都や名古屋市で震度3をそれぞれ記録。このため愛知県豊根村古真立の豊川用水建設現場でコンクリートの塊が落下して作業員

1名が、静岡県清水市西久保の住宅の2階で茶箪笥が倒れて乳児1名がそれぞれ死亡し、静岡県で4名が重軽傷を負ったのをはじめ、東海道新幹線が9か所で陥没し、同午後2時頃まで不通になった。
●死者2名、重軽傷者4名、鉄道被害9か所

0888 雌阿寒岳噴火　1965年（昭和40）5月13日～19日
北海道

5月13日から19日にかけて、北海道足寄、阿寒町境の雌阿寒岳で小規模な爆発が続き、同岳の硫黄鉱山付近から鶏卵程度の大きさの火山礫を噴出したが、被害はなかった。

0889 浅間山噴火　1965年（昭和40）5月23日～
群馬県、長野県

5月23日から、群馬・長野県境の浅間山が再び本格的な爆発、噴火を始めた。

0890 地震　1965年（昭和40）6月～7月
東京都新島本村付近

6月から7月にかけて、伊豆諸島の式根島付近を震源域とする局地的な地震があった。

0891 地震　1965年（昭和40）8月～11月
東京都神津島村付近

8月から11月にかけて、伊豆諸島の神津島付近を震源域とする局地的な地震があった。

0892 群発地震　1965年（昭和40）8月3日～68年頃
長野県

第Ⅰ部　解説参照（p.70）
●負傷者15名、住宅全壊10棟、半壊4棟、道路損壊29箇所、山崩れ等60箇所。被害額14億3,000万円

0893 地震　1965年（昭和40）8月31日
北海道

8月31日午後4時49分、北海道の弟子屈付近を震源とする地震があった。マグニチュード5.1。

0894 阿蘇山噴火　1965年（昭和40）10月21日～
熊本県阿蘇郡

10月21日、阿蘇山中岳で、火山性地震とともに周辺地域に火山灰が降り、翌日小規模な爆発が起きた。さらに同31日午前1時58分、7年ぶりの爆発により火山石が火口から半径約1kmの範囲内に飛散し、ロープウェイの駅舎や売店の一部が破損した（以後連日、同岳爆発）。

0895 地震　1965年（昭和40）10月26日
北海道

10月26日午前7時34分、国後沖を震源とする地震があった。マグニチュード7.1。

0896 火山性地震　1965年（昭和40）11月2～16日
東京都鳥島

11月2日から、鳥島で火山性地震および微動が断続的に発生、同15日までの有感地震の回数は震度4が2回、震度3が3回、震度2が11回、震度1が19回になった。現地調査の結果、爆発の危険が指摘されたため、同16日に測候所員37名と作業員15名が海上保安庁の巡視船のじまと気象庁の観測船凌風丸に分乗して撤収、全員離島した。

0897 地震 1965年（昭和40）11月6日
伊豆諸島

11月6日午前7時2分、神津島付近を震源とする地震があった。有感地震回数は25日までで、16回を数えた。マグニチュード5.2。

0898 三原山噴火 1965年（昭和40）11月25～31日
東京都大島町

11月25日から31日にかけて、伊豆大島の三原山で小規模な爆発が続き、火口付近から火山灰や鶏卵程度の大きさの火山石を噴出したが、被害はなかった。

0899 地震 1966年（昭和41）1月
東京都神津島村付近

1月、伊豆諸島の神津島付近を震源域とする局地的な地震があった。

0900 三原山噴火 1966年（昭和41）2月8日
東京都大島町

2月8日午前3時頃、伊豆大島の三原山で小規模な爆発が発生したが、被害はなかった。

0901 地震 1966年（昭和41）3月13日
台湾、沖縄

3月13日午前1時31分、台湾東方沖を震源とする地震があった。沖縄、九州西海岸に津波が押し寄せた。マグニチュード7.8。
- 死者6名（台湾4、与那国島2） 負傷者11名

0902 吾妻山火山性地震 1966年（昭和41）4月頃～
福島県福島市

4月頃から、福島市の吾妻山で火山性地震や噴気、地温上昇などが顕著化し、大穴火口で土砂噴出や地割れなどが発生。地震の発生回数は6月にのべ100回を超え、7月6日には同市の浄土平付近で震度4前後の地震があった。

0903 三原山噴火 1966年（昭和41）5月24日
東京都大島町

5月24日午前11時28分、伊豆大島の三原山で小規模な爆発が発生したが、被害はなかった。

0904 地震 1966年（昭和41）5月26日
東海地方、近畿地方

5月26日朝、愛知県を中心に東海、近畿地方で震度3から4の地震があり、東海道新幹線と東海道本線で列車の遅れなどがあった。

0905 雌阿寒岳噴火 1966年（昭和41）6月
北海道

6月上旬、北海道足寄、阿寒町境の雌阿寒岳で小規模な爆発が発生したが、被害はなかった。

0906 一切経山火山活動 1966年（昭和41）6月
福島県福島市付近

6月、福島市付近の吾妻連峰の一切経山で火山活動が活発化し、同13日に気象庁が立入危険を警告した。

0907 三原山噴火　1966年（昭和41）6月11日～13日
東京都大島町

6月11日から13日にかけて、伊豆大島の三原山で小規模な爆発が発生したが、被害はなかった。

0908 桜島噴火　1966年（昭和41）7月30日
鹿児島県

7月30日、桜島南岳の山頂火口で比較的大きな爆発が起きた。

0909 地震　1966年（昭和41）8月
東京都神津島村付近

8月、伊豆諸島の神津島付近を震源域とする局地的な地震があった。

0910 地震　1966年（昭和41）9月22日
新潟県

9月22日、新潟県出雲崎町の信濃川流域の深さ約20kmを震源とする地震があった。柏崎市の国鉄越後広田駅で震度4を記録。このため信越本線経由の青森発大阪行き特急白鳥が同駅で停止するなど、新潟県内の各線で一時運転が止まった。

0911 阿蘇山火山性地震　1966年（昭和41）
熊本県

熊本県の阿蘇山で噴煙とともに火山性地震が続いた。

0912 地震　1966年（昭和41）11月4日
京都府京都市付近

11月4日朝、京都市とその周辺地域で震度2の軽震があり、東海道新幹線の列車4本に遅れが出た。

0913 地震　1966年（昭和41）11月12日
九州地方

11月12日午後9時1分、有明海を震源とする地震があった。マグニチュード5.5。

0914 地震　1966年（昭和41）11月19日
東北地方南部

11月19日朝、福島県の東部を中心に東北地方の南部で震度3の地震があり、常磐線などの列車20本に遅れが出た。

0915 口永良部島噴火　1966年（昭和41）11月22日
鹿児島県

11月22日午前11時35分と40分、鹿児島県上屋久町の口永良部島の新岳で33年ぶりという大規模な爆発が2回起きた。このため同岳の東側斜面に溶岩が流出、噴石が半径約3kmの範囲内に飛散、噴煙が高さ9,000mまで上昇し、住民3名が噴石により負傷した。
●負傷者3名

0916 桜島噴火　1967年（昭和42）3月8日
鹿児島県

3月8日、桜島南岳で比較的大きな爆発があり、山頂火口からの噴石が同岳4合目付近まで飛散したほか、山林で火災が起きた。
●山林火災

1967年(昭和42)～

0917 地震　1967年(昭和42)4月
東京都新島本村付近

4月、伊豆諸島の新島付近を震源域とする局地的な地震があった。

0918 地震　1967年(昭和42)4月6日
伊豆諸島

4月6日、伊豆諸島で、地震が連続して起き、神津島で40数回の有感地震を記録した。

0919 桜島噴火　1967年(昭和42)5月～11月
鹿児島県

5月末から6月初め、7月から8月、10月、11月の4回、桜島南岳で爆発や噴火、比較的強い火山性地震が起きた。同山頂火口付近の立入禁止区域に噴石が降り、爆発回数は11月20日までに合計で125回となった。

0920 諏訪之瀬島噴火　1967年(昭和42)8月21日
鹿児島県鹿児島郡十島村

8月21日、鹿児島県十島村の諏訪之瀬島が爆発、噴火し、噴煙が約5,000m上空まであがった。

0921 阿蘇山噴火　1967年(昭和42)10月～43)2月
熊本県阿蘇郡

10月下旬から、阿蘇山の火山活動が活発化し、11月18日に人間の頭ほどの石を高さ約50mまで噴出、12月には人間の半身ほどの石を噴出し、43年2月上旬まで同様の活動状態を続けた。

0922 鳥島噴火　1967年(昭和42)11月
沖縄

11月下旬、沖縄の鳥島で小規模な爆発が発生した。

0923 地震　1967年(昭和42)11月4日
北海道

11月4日午後11時30分、弟子屈付近を震源とする地震があった。マグニチュード6.5。

0924 雌阿寒岳噴火　1967年(昭和42)この年
北海道

42年、北海道阿寒町の雌阿寒岳が爆発、噴火した。

0925 三原山噴火　1967年(昭和42)この年
東京都大島町

42年、伊豆大島の三原山が爆発、噴火した。

0926 口永良部島噴火　1967年(昭和42)この年
鹿児島県

42年、鹿児島県上屋久町の口永良部島が爆発、噴火した。

0927 地震　1968年(昭和43)1月29日
北海道東方海上

1月29日、北海道東方沖を震源とする地震があった。

～1968年（昭和43）

0928 地震 1968年（昭和43）2月
東京都神津島村付近

2月25日午前0時24分と同35分、伊豆諸島の神津島付近を震源域とする震度5の局地的な地震があった。同島で石垣が崩壊するなどの被害があった。

0929 えびの地震 1968年（昭和43）2月21日～24日
熊本県、宮崎県、鹿児島県

第Ⅰ部　解説参照（p.72）
●死者3名、負傷者46名、全壊家屋498棟、半壊家屋1,278棟、破損家屋4,866棟、被災建物1,649棟、道路損壊226か所、橋梁流失22か所、堤防決壊4か所、山崩れ57か所、鉄道被害7か所、通信回線被害197か所、被災者5,088名（1,173世帯）、被害額（宮崎県のみ）64億5,535万円

0930 地震 1968年（昭和43）2月25日
伊豆諸島

2月25日、新島近海を震源とする地震があった。新島、三宅島、式根島、神津島で27日までに合計156回の有感地震があった。マグニチュード5.0。

0931 地震 1968年（昭和43）3月25日
宮崎県

3月25日午前0時58分、宮崎県えびの町を震源地とするマグニチュード5.7の地震が、同1時21分に5.4の地震があった。家屋300戸が全半壊した。
●全半壊家屋300戸

0932 日向灘地震 1968年（昭和43）4月1日
中国地方、四国地方、九州地方

第Ⅰ部　解説参照（p.73）
●死者1名、負傷者24名、全壊家屋1棟、破損家屋33棟、道路損壊32か所（警察庁調べ）

0933 十勝沖地震 1968年（昭和43）5月16日～17日
北海道、東北地方、関東地方

第Ⅰ部　解説参照（p.74）
●死者52名、重軽傷者812名、行方不明者2名、全壊家屋928棟、半壊家屋3,004棟、全焼家屋13棟、半焼家屋5棟、床上浸水家屋312棟、床下浸水家屋513棟、破損家屋4万8,862棟、被災建物2,219棟、流失・埋没田畑4,798ha、冠水田畑713ha、道路損壊631か所、橋梁流失37か所、堤防決壊155か所、山崩れ251か所、鉄道被害79か所、通信回線被害594か所、沈没船舶38隻、流失船舶79隻、破損船舶211隻、損壊小型船舶122隻、被災者31万5,127名（7万1,459世帯）、被害額（北海道・青森県のみ）582億1,049万8,000円

0934 桜島群発地震 1968年（昭和43）5月29日～6月
鹿児島県

5月29日、桜島の南岳付近で火山性地震があった。同日の有感地震は7回（うち震度3が2回）、無感地震は579回を数えた。気象庁は機動観測班を派遣して観測態勢を強めたが、6月中旬頃から活動は鎮静化した。

0935 余震 1968年（昭和43）6月12日
北海道、東北地方

6月12日午後10時42分、北海道の十勝沖を震源とするマグニチュード7.3の地震があった。これは5月16日の十勝沖地震の余震。

第Ⅱ部　地震・噴火災害一覧

0936 地震 1968年(昭和43)7月1日
関東地方

7月1日午後7時45分、埼玉県中部を震源とするマグニチュード6.4の地震が発生、東京で震度4を記録し、鉄道各線が運転を一時中止した。

0937 地震 1968年(昭和43)7月17日
北海道

7月17日午前1時53分、北海道の天塩付近を震源とする地震があった。マグニチュード4.0。

0938 地震 1968年(昭和43)8月6日
四国地方、九州地方

8月6日午前0時17分、愛媛県の宇和島湾を震源とする地震が発生し、宇和島、大分市で震度5、山口、松山、熊本、宮崎市で震度4を記録。このため宇和島市で重油貯蔵タンクが破損、大量の重油が湾内に流出したのをはじめ、各地で住民22名が負傷、道路および鉄道49か所が損壊、山崩れ44か所が発生した。マグニチュード6.6。
●負傷者22名、道路・鉄道損壊49か所、山崩れ44か所

0939 地震 1968年(昭和43)8月18日
京都府

8月18日午後4時12分、京都府中部を震源とする地震があった。マグニチュード5.6。

0940 地震 1968年(昭和43)9月21日
北海道

9月21日午後10時6分、北海道の十勝沖を震源とし、北海道で震度5の地震があった。マグニチュード6.8。

0941 地震 1968年(昭和43)9月21日
長野県北部

9月21日午前7時25分、長野県の野尻湖東岸を震源とする局地的な地震があった。震源地付近で震度5、長野市で震度4、新潟県高田市で震度3を記録。このため同湖の周辺地域に断層37か所が発生、家屋232棟が破損、1万1,576戸が停電、石塔46か所が倒壊するなどの被害があった。マグニチュード5.3。
●破損家屋232棟、石塔倒壊46か所

0942 地震 1968年(昭和43)10月8日
北海道

10月8日午前5時49分頃、北海道浦河町の沖合を震源とする強い地震があった。同町と帯広市で震度4を記録した。マグニチュード6.2。

0943 地震 1968年(昭和43)10月8日
関東地方、福島県

10月8日午前4時22分頃、小笠原諸島の沖合を震源とする強い地震があった。東京都および千葉県館山、福島、福島県白河、いわき市小名浜で震度3を記録した。

0944 地震 1968年(昭和43)10月8日
千葉県

10月8日午前9時50分頃、千葉県中部を震源とする比較的強い地震があった。千葉市で震度4、東京および同都大島町、宇都宮、横浜市で震度3を記録した。

0945	群発地震 1968年（昭和43）11月8日
	長野県上高地付近

11月8日、長野県安曇村の上高地付近で地震が連続してあった。

0946	地震 1968年（昭和43）11月12日
	北海道

11月21日、北海道の浦河沖を震源とする地震があった。浦河で震度5を記録した。マグニチュード6.8。

0947	十勝岳群発地震 1968年（昭和43）12月2日～44年7月
	北海道

12月2日から44年7月末にかけて、北海道浦河、広尾町境の十勝岳付近で火山性地震が多発。以後、12月23日に1,174回、翌年1月14日に756回、3月23日に1,402回の地震を記録したが、4月以降は多少の増減を繰り返しながら噴煙活動を除いて鎮静化した。

0948	三原山噴火 1968年（昭和43）
	東京都大島町

昭和43年、伊豆大島の三原山が爆発、噴火した。

0949	諏訪之瀬島噴火 1968年（昭和43）
	鹿児島県鹿児島郡十島村

昭和43年、鹿児島県十島村の諏訪之瀬島が爆発、噴火した。

0950	硫黄島噴火 1968年（昭和43）
	東京都小笠原村

昭和43年、硫黄（火山）列島の硫黄島が爆発、噴火した。

0951	海底噴火 1968年（昭和43）
	東京都小笠原村

昭和43年、硫黄（火山）列島の南硫黄島近くの海底が爆発、噴火した。

0952	鳥島噴火 1968年（昭和43）
	沖縄

沖縄の鳥島が爆発、噴火した。

0953	地震 1969年（昭和44）1月16日
	北海道、青森県、岩手県

1月16日午後4時2分、北海道の南東沖を震源とする地震があった。北海道釧路、青森県八戸市で震度4、北海道根室、帯広市と浦河町、青森、盛岡市で震度3を記録。震源が深く、津波はなかった。

0954	三原山噴火 1969年（昭和44）1月19日～7月16日
	東京都大島町

1月19日、伊豆大島の三原山で小規模な爆発が発生。以後、3月16日と5月17日、7月3日、同15日から16日に同規模の爆発があった。

1969年(昭和44)～

0955 桜島噴火　1969年(昭和44)2月18日～10月3日
鹿児島県

2月18日、桜島で小規模な爆発が発生し、同火口より北の広域に火山灰が降った。以後、3月16日と5月27日、8月(6回)、9月(8回)、10月3日にほぼ同規模の爆発があった。

0956 地震　1969年(昭和44)4月1日
日本海中部

4月1日、日本海の中部を震源とする地震があった。観測地点の2か所で震度3を記録した。

0957 地震　1969年(昭和44)4月9日
栃木県中部

4月9日、栃木県の中部を震源とする地震があった。観測地点の5か所で震度3を記録した。

0958 地震　1969年(昭和44)4月21日
九州地方

4月21日午後4時19分、日向灘を震源とする地震があった。マグニチュード6.5。
●負傷者2名

0959 諏訪之瀬島噴火　1969年(昭和44)4月23日～5月11日
鹿児島県鹿児島郡十島村

4月23日、薩南諸島の諏訪之瀬島の御岳が高さ2,500mまで噴煙を上げ、5月11日にも同規模の噴煙が発生した。

0960 雲仙岳地震　1969年(昭和44)7月27日
長崎県島原市付近

7月27日、長崎県の雲仙岳付近で火山性地震があった。最高震度4の有感地震11回を記録した。

0961 霧島山地震　1969年(昭和44)8月～10月
宮崎県、鹿児島県

8月と10月、宮崎、鹿児島県境の霧島山付近で火山性地震が続いた。

0962 地震　1969年(昭和44)8月12日
北海道東方沖

8月12日午前6時27分頃、北海道根室市の納沙布岬の東南東約130kmの深さ約60kmの海底を震源地とするマグニチュード7.8の地震があった。震域は関東地方以北で、北海道根室、釧路市で震度4を、帯広、青森、八戸、盛岡の各市と北海道浦河町で震度3を記録したのに続き、午前6時58分に根室市で高さ130cm、以後8時過ぎまで浦河町で66cm、釧路市で47cm、函館市20cm、八戸市で55cm、千葉県銚子市で21cmの津波を観測、住民1名が行方不明になり、家屋15棟が浸水、船舶13隻が流失、10隻が破損、鉄道1か所が被災した。
●行方不明者1名、浸水家屋15棟、船舶流失13隻、船舶破損10隻、鉄道被害1か所

0963 焼岳群発地震　1969年(昭和44)8月31日～
長野県、岐阜県

8月31日夜から、長野県安曇、岐阜県上宝村境の焼岳付近で瞬間的震動と地鳴りによる火山性地震があった。月日別の発生回数は9月2日の485回が、震度は4が、マグニチュードは5がそれぞれ最高で、周辺地区で小規模ながけ崩れもあった。

0964 地震 1969年（昭和44）9月9日
岐阜県

9月9日午後2時15分頃、岐阜県根尾村付近の根尾谷断層の深さ約20kmの地点を震源地とするマグニチュード7.0の地震があった。震域は東北以西、中国および四国以東の各地方で、長野県三岳村で震度5を、福井、長野県飯田、名古屋、津、大阪の各市などで震度4を、東京、甲府、長野、静岡県浜松の各市などで震度3を記録し、岐阜、愛知県で住民1名が死亡、10名が負傷、家屋136棟が半壊または破損、道路8か所が損壊、橋梁2か所が流失、山崩れ39か所が発生したのをはじめ、東海道新幹線や高山、中央、北陸本線など鉄道各線で列車の運休や遅延があいついだ。
- 死者2名、負傷者10名、半壊・破損家屋136棟、道路損壊8か所、橋梁流失2か所、山崩れ39か所、被害額5億円

0965 地震 1969年（昭和44）10月18日
岩手県沿岸

10月18日、岩手県の沿岸を震源とする地震があった。観測地点の1か所で震度4を記録した。

0966 地震 1970年（昭和45）1月1日～7月
鹿児島県

1月1日午前4時2分、奄美大島付近を震源とする地震があった。同島の名瀬市で震度5を記録。以後、断続的に地震が続き、7月12日には名瀬市で震度4を記録した。マグニチュード6.1。

0967 火山活動 1970年（昭和45）1月9日～
青森県

1月9日、青森県岩木町の岩木山付近を震源とする火山性地震があった。噴気および地熱活動が長期間続き、同山南麓の岳温泉では湯温が摂氏10度余り上昇した。

0968 地震 1970年（昭和45）1月21日
北海道

1月21日午前2時33分、北海道広尾町付近を震源とするマグニチュード6.8の地震があった。帯広市と広尾、浦河町で震度5、苫小牧市など4地点で震度4を記録後、余震が数十回続き、同日夜には広尾町で震度4を記録。住民1名が死亡、22名が負傷したのをはじめ、鉄道各線で列車が遅延した。マグニチュード6.7。
- 死者1名、負傷者22名

0969 明神礁噴火 1970年（昭和45）1月29日～4月23日
東京都青ヶ島村沖

1月29日、伊豆諸島の青ヶ島の南約60km沖合にある明神礁が高さ100m、幅200mから300m前後の水煙とともに爆発、4月23日にも再び大爆発があった。同礁の爆発は10年ぶり。

0970 地震 1970年（昭和45）3月13日
広島県

3月13日午後10時27分、広島県北部を震源とする地震があった。マグニチュード4.6。

0971 地震 1970年（昭和45）4月1日
岩手県沖

4月1日、岩手県の沖合を震源とする地震があった。岩手県盛岡、宮古市で震度4を記録した。

1970年(昭和45)〜

0972　地震　1970年(昭和45)4月9日
長野県

4月9日午前1時44分、長野県北部を震源とする地震があった。マグニチュード5.0。

0973　地震　1970年(昭和45)5月21日
東海地方、近畿地方

5月21日、岐阜、滋賀県境を震源とする地震があった。名古屋、岐阜、京都市で震度3を記録、東海道新幹線の列車60本が遅延した。

0974　群発地震　1970年(昭和45)6月〜10月
長崎県島原市

6月から10月にかけて、長崎県の雲仙岳で火山性地震が続き、7月10日に同岳で震度4、同県島原市で震度3を記録したのをはじめ、有感地震の発生回数は6月に12回、7月に17回、10月18日に震度3を最高に20回となった。

0975　地震　1970年(昭和45)7月26日
九州地方

7月26日午前7時41分頃、宮崎市の東約110kmの海底深さ約40kmを震源とするマグニチュード6.5前後の地震があった。宮崎県宮崎、都城、日向市で震度5、熊本、大分、鹿児島県鹿屋市など5地点で震度4を記録。このため宮崎県で住民13名が重軽傷を負い、13名が被災、道路5か所が損壊、がけ崩れ4か所が発生した。同日、ほぼ同じ地域で再び地震が発生、宮崎市で震度4を記録した。
●重軽傷者13名、道路損壊5か所、がけ崩れ4か所、被災者13名（宮崎県のみ）

0976　桜島噴火　1970年(昭和45)9月6日〜10日
鹿児島県

9月6日と10日、桜島南岳で噴石をともなう大規模な爆発があり、同岳付近の山林で高温の軽石による火災が発生した。
●山林火災

0977　地震　1970年(昭和45)9月14日
東北地方、関東地方

9月14日、岩手県の沖合を震源とする地震があった。岩手県盛岡、宮古、大船渡、宮城県仙台、石巻市で震度4、東京都で震度3を記録した。

0978　地震　1970年(昭和45)9月16日
岩手県、宮城県、秋田県

9月16日午後0時26分頃、栗駒山の北側深さ約20kmを震源とするマグニチュード6.5の地震があった。震源地付近や岩手県盛岡、花巻、一関市で震度4、秋田県秋田市、田沢湖町で震度3を記録。岩手県で住民2名が負傷、小学校の木造2階建の校舎1棟（1,177m^2）を全焼し、秋田県で住宅20棟が半壊した。
●負傷者2名、半壊家屋20棟、全焼校舎1棟

0979　駒ヶ岳噴火　1970年(昭和45)9月18日〜46年1月26日
秋田県仙北郡田沢湖町

9月18日、秋田県田沢湖町の駒ヶ岳女岳が爆発し、噴煙が高さ約400mまで上昇、溶岩が同火口の南西側へ約500m流出、10月7日に同岳から約2km離れた男岳8合目で水蒸気が噴出するなど、46年1月26日まで爆発が続いた。同岳の爆発は昭和7年以来。

~1971年(昭和46)

0980　地震　1970年(昭和45)9月29日
広島県

9月29日午後7時11分、広島県東南部を震源とする地震があった。マグニチュード4.9。

●——

0981　地震　1970年(昭和45)10月16日
秋田県・岩手県

10月16日午後2時26分、秋田県東成瀬村付近の深さ約10kmを震源とし、関東地方以北でマグニチュード6.5の地震があった。秋田県湯沢市と岩手県雫石町で震度5、山形県酒田、岩手県盛岡、宮古市で震度4を記録し、秋田、岩手県で住民6名が負傷、家屋1棟が全壊、20棟が半壊、446棟が破損、道路36か所が損壊、山崩れ19か所が発生、鉄道9か所が被災するなど被害があいついだ。

● 負傷者6名、全壊家屋1棟、半壊家屋20棟、破損家屋446棟、道路損壊36か所、山崩れ19か所、鉄道被害9か所（秋田・岩手県のみ）

0982　地震　1970年(昭和45)11月20日
北海道

11月20日、北海道東部を震源とする地震があった。北海道根室市で震度3を記録した。

●——

0983　地震　1971年(昭和46)1月5日
愛知県

1月5日、渥美半島を震源地とする地震があった。愛知県渥美町伊良湖と名古屋、三重県津、四日市、上野市とで震度4を、岐阜、京都、大阪、奈良市などで震度3をそれぞれ記録した。

●——

0984　地震　1971年(昭和46)1月6日
茨城県

1月6日、茨城県の沖合を震源地とする地震があった。水戸市で震度4を、福島、宇都宮、千葉県千葉、銚子市などで震度3をそれぞれ記録した。

●——

0985　地震　1971年(昭和46)1月30日
青森県、岩手県

1月30日、岩手県の三陸沿岸を震源地とする地震があった。青森県八戸市で震度4を、岩手県盛岡、宮古市などで震度3をそれぞれ記録した。

●——

0986　地震　1971年(昭和46)2月13日
沖縄県宮古島

2月13日、宮古島の付近を震源地とする地震があった。同島で震度4を記録した。

●——

0987　地震　1971年(昭和46)2月26日
新潟県

2月26日午前4時26分頃、新潟県上越市の深さ約10kmの地点を震源とする地震があった。同市で震度4、新潟県新潟と長岡、長野市で震度3をそれぞれ記録、各地で屋内での家具の転倒などにより住民13名が重軽傷を負い、道路7か所が損壊、がけ崩れ4か所と水道管の破裂による断水などが発生した。マグニチュード5.5。

● 重軽傷者13名、道路損壊7か所、がけ崩れ4か所

1971年(昭和46)〜

0988 地震 1971年(昭和46)3月20日
長野県

3月20日、長野県北部を震源地とする地震があった。長野市で震度4を記録した。

0989 地震 1971年(昭和46)5月25日
熊本県、宮崎県、鹿児島県

5月25日、日向灘を震源地とする地震があった。鹿児島、宮崎県都城、宮崎、日南市油津で震度4を、熊本県人吉市で震度3を記録した。

0990 地震 1971年(昭和46)5月26日
熊本県、宮崎県、鹿児島県

5月26日、日向灘を震源地とする地震があった。鹿児島市と宮崎県日南市油津とで震度4を、宮崎県都城、宮崎、熊本県人吉市で震度3を記録した。

0991 地震 1971年(昭和46)5月29日
宮崎県、鹿児島県

5月29日、日向灘を震源地とする地震があった。宮崎市で震度4を、鹿児島市で震度3をそれぞれ記録した。また、この地域では5月25日と26日にも同規模の地震が発生している。震源地はいずれも日向灘。

0992 地震 1971年(昭和46)7月23日
山梨県

7月23日、山梨県東部を震源とする地震があった。住家破損やがけ崩れがあった。マグニチュード5.3。甲府、河口湖で震度3を記録した。

0993 阿蘇山噴火 1971年(昭和46)7月29日〜48)
熊本県

7月29日、阿蘇山中岳で火口底の北に新火口（直径約10m）が発生、以後鳴動と噴煙が続き、噴石や火山灰が飛び散り、火口から約1kmまでの区域で植物が枯死。47年には火山活動がさらに激しくなり、3月15日に火口で赤熱が確認され、5月に火山性地震が、6月には噴煙がそれぞれ発生するなど爆発の危険が顕著になったため、8月から火口付近への観光客の立入規制が実施された（48年まで活動継続）。

●山林火災、農作物被害

0994 地震 1971年(昭和46)8月2日
北海道、東北地方

8月2日午後4時25分、北海道浦河町の沖合の深さ40kmの海底を震源とする地震があった。同町で震度5を、北海道広尾町と釧路、根室、青森県八戸、岩手県盛岡、宮古市とで震度4を、北海道函館、札幌、青森、福島市で震度3をそれぞれ記録するなど関東地方以北で揺れを感じたほか、広尾町で20cm、八戸市で15cm、浦河町で13cmの津波も観測。このため北海道の南部で線路の狂いや小規模ながけ崩れなどが発生したが、被害は軽微だった。マグニチュード7.0。

●鉄道被害、がけ崩れ

0995 群発地震 1971年(昭和46)9月
長崎県

9月、長崎県の雲仙岳付近で低い震度を含む有感地震が続いた。

0996 地震 1971年(昭和46)9月6日
北海道

9月6日、ソ連領サハリン（当時、旧樺太）

230

の西方海底を震源地とする地震があった。北海道稚内市で震度3を記録したほか、同市で32cm、羽幌町で19cm、留萌市で7cmの津波を観測した。

0997　地震　1971年（昭和46）10月11日
茨城県、千葉県

10月11日、利根川の下流域を震源地とする地震があった。千葉県銚子市で震度4を、水戸、千葉市などで震度3をそれぞれ記録した。

0998　地震　1971年（昭和46）11月10日
長野県

11月10日午後5時37分、長野県北部を震源とする地震があった。マグニチュード4.5。

0999　伊豆大島群発地震　1972年（昭和47）1月14日〜15日
東京都大島町

1月14日から15日朝にかけて、伊豆諸島の東京都大島町の三原山を震源地とする火山性地震が続き、震度4を最高に約15時間のうちに183回の有感または無感地震を記録した。

1000　地震　1972年（昭和47）1月21日
東京都大島町

1月21日、伊豆諸島の東京都大島町で震度3の地震があった。がけ崩れなど軽微な被害があった。

1001　地震　1972年（昭和47）2月29日
東京都八丈町

2月29日午後6時25分、伊豆諸島の東京都八丈町の東約130km、深さ約40kmの海底を震源とするマグニチュード7.2の地震があった。同町で震度6を、福島と宇都宮、千葉県銚子および館山、東京、甲府、静岡市で震度4をそれぞれ記録するなど、近畿地方以東で揺れを感じ、館山および静岡県清水市、和歌山県串本町の潮岬などで20cm以下の比較的弱い津波も観測された。このため八丈町で落石やがけ崩れ、道路や水道管の損壊などがあいつぎ、東海道・山陽新幹線や都内各線で運休、遅延が続いた。
● 被害額約3億円（東京都八丈町のみ）

1002　群発地震　1972年（昭和47）3月
長崎県

3月上旬から、長崎県の雲仙岳付近を震源地とする火山性の有感地震があった。同26日に震度4を記録するなどの活動が続いた。

1003　桜島噴火　1972年（昭和47）3月2日〜6月
鹿児島県

3月2日、桜島南岳で約10か月ぶりの比較的小規模な爆発後、同21日午前9時59分と午後1時24分に火口周辺の林で、4月24日午後5時21分に隣りの北岳西麓5合目付近の林で、それぞれ激しい爆発による火災があったほか、6月までに6回の爆発が発生し、以後も9月13日と10月2日に爆発が起こるなど顕著な活動が続いた。
● 山林火災、農作物被害

1004　地震　1972年（昭和47）3月20日
北海道、東北地方

3月20日、青森県の東方沖合を震源とする地震があった。青森県青森と八戸、むつ、盛岡市で震度4を、北海道浦河町や函館、岩手県宮古、大船渡市などで震度3をそれぞれ記録した。

1972年(昭和47)〜

1005 地震 1972年(昭和47)5月11日
北海道

5月11日、北海道釧路市の沖合を震源とする地震があった。同市で震度4を、北海道広尾町や根室、帯広市などで震度3をそれぞれ記録した。

1006 地震 1972年(昭和47)7月4日
東北地方

7月4日、宮城県の沖合を震源とする地震があった。岩手県大船渡市で震度4を、盛岡と宮城県石巻市とで震度3をそれぞれ記録した。

1007 地震 1972年(昭和47)7月7日
鹿児島薩南諸島

7月7日午後1時頃、薩南諸島の小宝島近海を震源とする地震があった。マグニチュード3.5。

1008 地震 1972年(昭和47)8月20日
山形県

8月20日午後7時9分、山形県中部の深さ約20kmを震源とする地震があった。同県酒田、新庄、秋田市で震度3を、盛岡、新潟市で震度2をそれぞれ記録、東北地方の全域で揺れを感じ、山形県鶴岡市で家屋の壁が損壊するなどの小規模な被害があった。

1009 地震 1972年(昭和47)8月31日
北陸地方、近畿地方

8月31日午後4時54分、京都府の北部を震源とする地震があった。京都市で震度4を、福井県敦賀、京都府舞鶴、奈良市で震度3をそれぞれ記録、北陸、近畿地方で揺れを感じ、東海道・山陽新幹線では自動的に送電が停止した。

1010 地震 1972年(昭和47)8月31日
福井県、岐阜県

8月31日午後5時7分、福井県東部の深さ約20kmを震源とするマグニチュード6.0の地震があった。東京や甲府、長野県飯田、福井市で震度3を記録、関東地方から近畿地方にかけての地域で揺れを感じ、岐阜県二日町で送電線が切れ、高鷲村で送電が停止した。

1011 地震 1972年(昭和47)9月6日
九州地方

9月6日午後8時42分、有明海を震源とする地震があった。マグニチュード5.2。

1012 桜島噴火 1972年(昭和47)9月13日
鹿児島県

9月13日午後3時20分、桜島南岳で比較的激しい爆発が発生、噴煙が3時間にわたって高度3,000mから4,000mまで上り、農作物に火山灰による深刻な被害があった。
●農作物被害、被害額約1億1,000万円

1013 地震 1972年(昭和47)9月25日
宮城県沖

9月25日、宮城県の沖合を震源とする地震があった。宮城県石巻市で震度4を、岩手県大船渡や盛岡、仙台、福島市などで震度3をそれぞれ記録した。

1014 桜島南岳噴火 1972年（昭和47）10月2日
鹿児島県

10月2日午後10時29分、桜島南岳で17年ぶりという大爆発があり、噴煙が高度約4,000mまで上り、同岳3合目までのほぼ全域が噴石で埋没、山麓で山林火災が発生し、特産の蜜柑や蔬菜類などの農作物に被害があった。
●山林火災、農作物被害、被害額770万円

1015 地震 1972年（昭和47）10月6日
東海地方

10月6日、静岡県の伊豆半島の南西沖合を震源とする地震があった。同県御前崎町で震度4を、東京都大島町や静岡県三島、静岡市などで震度3をそれぞれ記録した。

1016 群発地震 1972年（昭和47）11月5日〜48）2月19日
青森県中津軽郡岩木町付近

11月5日、青森県岩木町など岩木山付近の地域でごく小規模な地震があった。県と弘前大学との調査によれば、地震の発生回数は11月に有感地震が2回、無感地震が日平均8回で、20日には25回を記録、12月には有感地震23回を含めて微小地震が231回あり、赤沢付近でガス臭が強まり、沢の水が濁った。以後、48年2月13日午後10時32分に約35km離れた青森市で揺れを感じ、同19日に有感地震が17回発生するなど、活動が続いた。

1017 地震 1972年（昭和47）11月6日
関東地方

11月6日、茨城県の南西部を震源とする地震があった。宇都宮市で震度4を、水戸と東京、横浜市とで震度3をそれぞれ記録した。

1018 地震 1972年（昭和47）12月4日
東京都八丈町

12月4日午後7時16分、伊豆諸島の東京都八丈町の東海上の深さ30kmの海底を震源とするマグニチュード7.3の地震があった。同町で震度6を、福島県いわき市小名浜と千葉県館山、千葉、横浜市、静岡県熱海市網代、東京都大島町および三宅村とで震度4を、東北地方の南部や関東地方の北部で震度3をそれぞれ記録、近畿地方以東の各地で揺れを感じたほか、和歌山県串本町の潮岬で最高26cm、館山市や八丈町で23cm、三重県尾鷲市で19cmの津波をそれぞれ観測、東海道・山陽新幹線などで運転が止まった。八丈町では、地震の発生から27日までに震度3の余震が131回続き、地割れが4か所で発生、道路4か所が陥没、貯水池の損壊により3,170世帯で断水するなどの被害があった。
●道路損壊4か所、地割れ4か所

1019 桜島群発地震 1973年（昭和48）2月〜
鹿児島県

2月下旬から、桜島付近で火山性地震が続き、4月11日からは同島南岳も爆発を始めるなど、活動が再び盛んになった。

1020 浅間山噴火 1973年（昭和48）2月1日〜4月26日
福島県、関東地方

2月1日午前11時頃から、浅間山で火山性地震が続き、同午後7時20分には11年3か月ぶりに中規模の爆発が発生、火口の南東約6kmの千ヶ滝付近に握り拳大の噴石が、旧軽井沢地区に軽石がそれぞれ降り、家屋多数の窓ガラスが空気振動で割れたほか、約200km離れた房総半島の海岸に火山灰が降った。さらに、同20日午前9時47分と3月10日午前8時31分、4月18日午前3時15分、同26日10時4分に同規模の爆発が、3月1日午後11時30分から

1973年(昭和48)〜

比較的短い周期の火山性地震が、同9日午後4時59分に微噴火がそれぞれ発生するなど活動は続き、噴煙が最高4,500mまで上り、福島県郡山市から約250km離れた海岸や前橋市など各地に火山灰が降ったが、5月以降は微噴火がみられる程度になった。
●破損家屋多数

1021 地震　1973年(昭和48)3月27日
関東地方、静岡県

3月27日、東京湾を震源とする地震があった。横浜市と東京都大島町とで震度4を、東京、千葉、甲府、埼玉県熊谷市と静岡県熱海市網代とで震度3を記録した。

1022 桜島噴火　1973年(昭和48)5月1日
鹿児島県

5月1日、桜島南岳で4回の爆発が発生し、噴煙が高さ約5,000mまで上昇、同岳の西側から南側へ抜ける国道224号線付近に火山礫が降り、通りかかった自動車56台のフロントガラスが割れ、運転者や同乗者のうち1名が負傷した。
●負傷者1名、車両56台破損

1023 海底爆発(西之島新島形成)　1973年(昭和48)5月30日〜
東京都小笠原村

5月30日、東京都小笠原村の西之島の東約400mの海底で噴火が発生し、現場から北へ約4.8km離れた海域に軽石が浮遊、海面付近が黄緑色に変わった(海上保安庁が静岡県の漁船第2蛭子丸から連絡を受け、翌日の航空観測により確認)。以後も付近の海底で火山活動が頻繁に続き、9月11日には陸地が海面に出現、12月の観測によれば、長さ700m余り、幅約250m、海抜約40mまで成長したが、49年6月には活動が衰え、南岸側から浸食も始まった(48年10月9日から10日にかけて現地調査を

実施。12月8日に西之島新島と命名)。

1024 根室南東沖地震　1973年(昭和48)6月17日
北海道、東北地方、関東地方、北陸地方

第Ⅰ部　解説参照(p.76)
●負傷者27名、全壊住宅2棟、破損住宅5棟、床上浸水住宅89棟、床下浸水住宅186棟、被災非住宅33棟、道路損壊1か所、山崩れ1か所、鉄道被害4か所、通信施設被害1か所、船舶沈没3隻、船舶流失1隻、無発動機船被害7隻、被災者381名(131世帯)(以上警察庁調べ)、被害額(北海道釧路市の花咲港関係のみ)約1億円

1025 根室南東沖地震　1973年(昭和48)6月24日
北海道、東北地方

6月24日午前11時43分頃、北海道根室市の南東約100kmの海底のごく浅い部分を震源とするマグニチュード7.3の地震があった。北海道釧路市で震度5、根室市と浦河町とで震度4、網走、帯広、青森県八戸、盛岡市で震度3を記録したほか、東北地方以北の地域で揺れを感じ、震源に近い地域で住民1名が負傷、家屋106か所が損壊、40戸が断水、根室本線で線路や路盤が緩むなどの被害があり、比較的弱い津波も観測された。
●負傷者1名、損壊家屋106か所、断水家屋40戸、鉄道被害

1026 爺々岳噴火　1973年(昭和48)7月14日
国後島

7月14日、国後島の爺々岳が160年ぶりに爆発した。

1027 地震 1973年（昭和48）7月20日
関東地方、福島県

7月20日、茨城県の沖合を震源とする地震が発生し、水戸市で震度4を、福島県いわき市小名浜や福島、千葉県銚子市などで震度3を記録した。

1028 阿蘇山噴火 1973年（昭和48）8月1日～10月
熊本県

8月1日、熊本県の阿蘇山が比較的小規模な噴火とともに火山石を噴出後、同19日から20日午後0時までに合計600回の火山性地震を記録し、10月中旬から同月末にかけて再び土砂を噴出、49年4月中旬には噴煙が活発化した。

1029 桜島噴火 1973年（昭和48）8月2日～11月30日
鹿児島県

8月2日、桜島南岳で比較的小規模な爆発が発生。さらに、南岳は同18日以降も爆発や噴煙などの顕著な活動を続け、10月10日には噴煙が高さ約3,000mまで上昇、対岸の鹿児島市に火山灰が降ったほか、爆発も11月28日に1時間で4回を記録するなど、8月に17回、9月に14回、10月に38回、11月27日から30日までに33回を数えた。

1030 地震 1973年（昭和48）9月29日
北海道

9月29日午前9時46分、ソ連ウラジオストク市付近の深さ約500kmの海底を震源とする比較的強い地震があった。北海道浦河町や釧路、青森県八戸、福島、横浜市、東京などで震度3を記録したほか、太平洋側を中心に関東地方以北の全域と中部、近畿地方の一部とで揺れを感じたが、津波や被害はなかった。

1031 地震 1973年（昭和48）9月30日
関東地方

9月30日午後3時18分、千葉県銚子市付近の深さ約40kmを震源とする比較的強い地震があった。同市で震度4、福島県いわき市小名浜と福島、水戸、千葉、横浜市、東京とで震度3を記録、関東地方の全域と北海道や東北、中部地方の一部とで揺れを感じたほか、千葉県で送水管が割れて給水が停止した。

1032 地震 1973年（昭和48）10月1日
関東地方

10月1日、千葉県銚子市付近を震源とする地震があった。同市で震度4を、東京、水戸、千葉、横浜市で震度3を記録した。

1033 海底噴火 1973年（昭和48）10月29日
東京都小笠原村

10月29日、東京都小笠原村の硫黄島の南東沖合で海底が爆発、噴火した（同日に漁船第17吉丸が発見、報告）。

1034 地震 1973年（昭和48）11月14日～15日
東京都大島町

11月14日から15日にかけて、伊豆諸島の大島付近を震源とする地震が続き、発生直後に震度4を記録したほか、計15回の有感地震を観測した。

1973年(昭和48)〜

1035	地震 1973年(昭和48)11月19日
	東北地方

11月19日、宮城県の沖合を震源とする地震があった。岩手県宮古、大船渡、盛岡、宮城県石巻市で震度4を、青森県八戸、仙台、福島県白河、水戸市などで震度3を記録した。

1036	地震 1973年(昭和48)11月25日
	和歌山県

11月25日午後1時25分、和歌山県有田市付近の深さ20kmから40kmを震源とする地震があった。和歌山市で震度4、和歌山県串本町潮岬や大阪、奈良、徳島、高松市などで震度3を記録したのに続き、同6時19分にもほぼ同じ震源と規模の地震が発生し、和歌山、奈良市で震度4、滋賀県彦根、大阪、兵庫県洲本、高松市などで震度3を記録。このため、近畿地方の全域と中国、四国地方の東部とで2回の揺れを感じ、各地で3名が負傷した。マグニチュード5.9。
●負傷者3名

1037	桜島噴火 1974年(昭和49)1月26日〜50)
	鹿児島県

1月26日、桜島南岳で比較的小規模な爆発が発生。以後、同岳では6月の93回をはじめ49年に362回、50年に198回の爆発があった。

1038	鳥海山噴火 1974年(昭和49)3月1日
	山形県、秋田県

3月1日、鳥海山が153年ぶりに火山活動を再開、噴煙を上げ始めた。その後噴煙もおさまり、小康状態を保っている。

1039	三原山噴煙 1974年(昭和49)3月1日
	東京都大島町

3月1日、伊豆大島の三原山が噴煙を上げた。

1040	地震 1974年(昭和49)3月3日
	関東地方

3月3日、関東地方で比較的強い地震があった。東京と千葉県銚子市とで震度4を記録した。

1041	伊豆半島沖地震 1974年(昭和49)5月9日
	中部地方、関東地方、近畿地方

第Ⅰ部 解説参照 (p.78)
●死亡30名、負傷者102名、全壊住宅98棟、半壊住宅810棟、焼失7棟、崖崩れ・道路崩壊150ヶ所

1042	地震 1974年(昭和49)6月23日
	宮城県

6月23日午前10時40分、宮城県北部を震源とする地震があった。マグニチュード4.7。

1043	地震 1974年(昭和49)6月27日
	三宅島

6月27日午前10時49分、三宅島南西沖を震源とする地震があった。マグニチュード6.1。

1044	阿蘇山噴火 1974年(昭和49)7月〜
	熊本県

7月下旬から、熊本県の阿蘇山中岳で火山性地震などの顕著な活動が続き、8月31日には新火孔を形成し、火口周縁から高さ100mから200mまで火山石を噴出、同岳周辺の地域

にも火山灰が降り、農作物に被害が発生した。
●農作物被害

1045　焼山噴火　1974年（昭和49）7月28日
新潟県

7月28日午前2時35分頃、新潟県妙高高原町の焼山（2,400m）が25年ぶりに爆発、溶岩ドームの東西両側で比較的激しい噴火が起こり、同山泊岩付近でキャンプをしていた千葉大学の学生3名が火山弾を受けて死亡したほか、直後に発生した土石流により早川の発電所取水口や流域の灌漑用水路が埋没、周辺の同県中頸城郡などで火山灰が5cmから10cm積もった。
●死者3名、給水施設ほか埋没

1046　海底噴火　1974年（昭和49）8月～9月
東京都小笠原村

8月から9月にかけて、小笠原諸島の南硫黄島付近の海底で噴火が発生した（漁船が現場付近の海水の変色を報告）。
●―

1047　地震　1974年（昭和49）8月4日
東北地方、関東地方

8月4日午前3時16分、埼玉県東部の深さ約50kmを震源とするマグニチュード5.8の地震があった。東北、関東地方の広い地域で揺れを感じ、東京と茨城で心臓発作により死亡、埼玉県久喜市で住民22名が負傷、家屋の屋根瓦や土壁などが損壊するなどの被害があった。
●死者2名、負傷者22名、損壊家屋多数

1048　地震　1974年（昭和49）9月4日
北海道、東北地方

9月4日午後6時20分頃、岩手県久慈市付近を震源とする地震があり、同県宮古、盛岡、青森県八戸市で震度4を記録、北海道の一部と東北地方のほぼ全域とで揺れを感じ、久慈市で土砂崩れや落石などが発生、盛岡市で送電が一時停止した。マグニチュード5.6。
●土砂崩れ・落石ほか数か所

1049　地震　1974年（昭和49）11月9日
北海道、東北地方

11月9日午前6時23分頃、北海道苫小牧市付近の深さ約130kmを震源とする地震があった。浦河町で震度5を記録、関東地方以北のほぼ全域で揺れを感じ、震源地付近で住民1名が軽傷を負い、家屋22か所と水道施設6か所が破損するなどの被害があった。マグニチュード6.5。
●軽傷者1名、破損家屋22か所

1050　地震　1974年（昭和49）11月30日
東京都鳥島付近

11月30日、鳥島付近の海底を震源とするマグニチュード7の地震が発生した。
●―

1051　阿蘇山群発地震　1975年（昭和50）1月22日～
中国地方、四国地方、九州地方

1月22日午後1時40分頃、阿蘇山を震源とする比較的強い火山性地震があった。震源地付近で震度4を記録、中国、四国地方の一部と九州のほぼ全域とで揺れを感じ、同日深夜にも震度5と4の地震があった。マグニチュード6.1。阿蘇山測候所の調べによれば、2月13日までに震度5を1回、震度4を4回、震度3を3回、震度2を20回、震度1を4回記録するなど、有感地震を含めて77回の余震が続き、住民10名が負傷、家屋16棟が全壊、百数十棟が半壊または破損、道路損壊およびがけ崩れなど数十か所が発生した。
●負傷者10名、全壊家屋16棟、半壊・破損家屋百数十棟、道路損壊・がけ崩れほか数十か所

1975年(昭和50)～

| 1052 | 地震　1975年(昭和50)2月8日
関東地方 |

2月8日1時41分、関東地方でマグニチュード5.5の地震があった。東京で震度4を記録、東北本線や常磐線が運転を一時休止した。震源は利根川中流域。

| 1053 | 地震　1975年(昭和50)4月2日
東京都八丈島 |

4月2日17時44分、八丈島で震度4を記録。震源は八丈島近海。

| 1054 | 地震　1975年(昭和50)4月8日
福島県 |

4月8日15時27分、震源は福島県沖、福島で震度4。

| 1055 | 地震　1975年(昭和50)4月18日
埼玉県 |

4月18日3時41分、秩父で震度4を記録。震源は茨城県西南部。

| 1056 | 1975年大分県中部地震　1975年(昭和50)4月21日
大分県大分郡庄内町 |

第Ⅰ部　解説参照（p.80）
●負傷者22名、家屋全壊58、半壊93、一部破損2,089、非住宅被害111、道路破損182、橋梁2、山崩れ139

| 1057 | 地震　1975年(昭和50)6月10日
北海道 |

6月10日午後10時47分、根室半島南東沖を震源とする地震があった。マグニチュード7.0。

| 1058 | 地震　1975年(昭和50)6月14日
北海道根室市沖 |

6月14日、北海道根室市の沖合を震源とするマグニチュード7の地震が発生した。

| 1059 | 地震　1975年(昭和50)8月15日
福島県 |

8月15日午前3時9分、福島県沿岸を震源とする地震があった。マグニチュード5.5。

| 1060 | 海底爆発　1975年(昭和50)8月25日
東京都小笠原村 |

8月25日、東京都小笠原村の南硫黄島の沖合で海底火山が爆発した。

| 1061 | 地震　1975年(昭和50)9月20日
浦河沖 |

9月20日2時54分、浦河で震度4を記録。震源は浦河沖。

| 1062 | 地震　1975年(昭和50)9月25日
鹿児島県薩南諸島 |

9月25日午前7時23分、薩南諸島の小宝島近海を震源とする地震があった。マグニチュード5.1。

~1975年(昭和50)

1063 地震 1975年(昭和50)9月30日
北海道浦河町沖

9月30日午前10時41分、北海道浦河町の沖合を震源とする地震があった。同町で震度4を記録したが、被害は軽微だった。

1064 阿蘇山噴煙・降灰 1975年(昭和50)10月~
熊本県

10月、阿蘇山中岳で第1火口付近の有色噴煙などが活発化し、11月から同岳周辺に火山灰が降り、火山性地震の発生回数も多くなった。

1065 樽前山群発地震 1975年(昭和50)10月~
北海道苫小牧市付近

10月から、北海道・樽前山を震源とする火山性地震が続いた。

1066 地震 1975年(昭和50)10月20日
北海道浦河町沖

10月20日午前0時45分、北海道浦河町の沖合を震源とする地震があった。同町で震度4を記録したが、被害は軽微だった。

1067 雲仙岳ガス噴出 1975年(昭和50)10月頃
長崎県島原市付近

10月頃、長崎県島原市付近の雲仙岳と眉山のあいだの地域から火山性ガスが噴出し、植物の枯死などが続いた。

1068 地震 1975年(昭和50)12月3日
北海道根室市沖

12月3日午前10時14分、北海道根室市の沖合を震源とする地震があった。同市で震度4を記録したが、被害は軽微だった。

1069 桜島噴火 1975年(昭和50)
鹿児島県

昭和49年桜島では年間の爆発回数が362回と昭和35年についで多かった。この年は爆発の回数が半減したが、多量の降灰で農作物に被害がでた。また、噴石によるものかどうか明確ではないが、付近を飛行中の航空機のフロントガラスが破損する事故などもあった。
●農作物に被害

1070 阿蘇山噴火 1975年(昭和50)
熊本県阿蘇郡

阿蘇山では3月ごろまで火山灰の噴火、噴石活動が繰り返された中岳第1火口は、4月には弱まり7月は噴火活動をほとんど停止した。しかし10月から再び火山灰噴出が始まり活発化の傾向を示している。

1071 噴火 1975年(昭和50)
鹿児島県諏訪之瀬島

昭和50年、諏訪之瀬島での噴火活動は、引き続き活発化した。

1072 南硫黄島火山海底噴火 1975年(昭和50)この年
鹿児島県南硫黄島

南硫黄島は、同島付近で1月と8月に海底噴火があった。

第Ⅱ部 地震・噴火災害一覧

1976年(昭和51)〜

1073 桜島噴火 1976年(昭和51)1月〜
鹿児島県

1月から、桜島南岳で爆発などが活発化し、5月17日午後1時42分の爆発では噴煙が高さ約2,700mまで、同28日午後5時48分の比較的強い爆発では高さ4,000mまでそれぞれ上昇。このため、対岸の鹿児島市に火山灰が降り続き、乗用車が灰で滑って衝突するなどの被害もあった（爆発直前の航空観測により、同岳で既存のAおよびB火口のほかに直径約40mの新火口を確認）。

1074 地震 1976年(昭和51)1月21日
北海道

1月21日午後7時6分、北海道の東方沖合を震源とするマグニチュード7.0の地震があった。北海道根室市と広尾、浦河町とで震度2（軽震）を観測したが、被害はごく軽微だった。

1075 群発地震 1976年(昭和51)2月
東京都大島町

2月、伊豆諸島の大島付近を震源とする有感地震を含む火山性地震の発生回数が多くなった。

1076 水蒸気噴火 1976年(昭和51)3月2日
群馬県

3月2日、草津白根山水釜火口底北東部で小規模の水蒸気爆発があった。

1077 口永良部島新島噴火 1976年(昭和51)4月2日
鹿児島県熊毛郡上屋久町

4月2日、大隅諸島の鹿児島県上屋久町の口永良部島新島が爆発した。

1078 地震 1976年(昭和51)6月16日
甲信地方、東海地方、関東地方

6月16日午前7時36分、山梨県大月市付近を震源とするマグニチュード5.5の地震があった。同県河口湖町と静岡県三島市、東京とで震度4を記録したほか、関東、甲信、東海地方で揺れを感じ、東海道・山陽新幹線や国鉄各線で最長約2時間運転を休止（地震発生の後、長野市松代の地震観測所が約3時間前から前兆を確認と発表）。その後、19日までに余震が27回発生し、うち4回は震度3を記録した。

1079 地震 1976年(昭和51)7月5日
宮城県

7月5日午前11時47分、宮城県鳴子付近を震源とする地震があった。新庄・築館で震度3、大船渡で震度1を記録した。マグニチュード4.9。

1080 地震 1976年(昭和51)7月14日
茨城県

7月14日午後0時38分、茨城県の南西部を震源とする比較的強い地震があった。埼玉県栗橋町の国鉄栗橋駅付近で震度4を、水戸、宇都宮、埼玉県熊谷市と東京とで震度3をそれぞれ記録、東北本線栗橋・古河駅間で利根川鉄橋の点検のため運転を遅らせたが、被害はなかった。

1081 地震 1976年(昭和51)8月4日
栃木県栃木市付近

8月4日午前8時37分、栃木県栃木市付近を震源とする地震が発生し、同市の国鉄栃木駅で

~1977年（昭和52）

震度5を記録、両毛線小山・佐野駅間で線路点検のため運転を遅らせたが、被害はなかった。

1082 地震 1976年（昭和51）8月18日
静岡県

8月18日午前2時19分、静岡県河津、東伊豆町付近の比較的浅い部分を震源とするマグニチュード5.5の地震があった。河津町で震度5（推定）を、南伊豆町石廊崎と熱海市網代、三島市、東京都大島町、千葉県館山市で震度3を記録し、震源地付近で家屋2棟が全壊、30棟が半壊、道路多数が損壊するなどの被害があった。
- 全壊家屋2棟、半壊家屋30棟、一部損壊256棟、県道2カ所ひび割れ、町道1カ所ひび割れ

1083 地震 1976年（昭和51）8月26日
静岡県

8月26日午後1時55分、静岡県河津町付近を震源とする比較的強い地震が発生し、同町で震度4（推定）を、南伊豆町石廊崎で震度2をそれぞれ記録した。

1084 地震 1976年（昭和51）10月7日
東北地方、関東地方

10月7日午後8時27分、茨城県沖を震源として、また、同10時38分、福島県沖を震源とする地震があり、国鉄常磐線平・原ノ町駅間で列車をとめたほか、東北本線も一時徐行運転してダイヤが混乱した。福島、水戸、宇都宮、小名浜で震度4。

1085 桜島噴火 1976年（昭和51）11月30日
鹿児島県

11月30日午後7時8分、桜島南岳が爆発し、7合目付近まで灼熱した噴石が落下、山林で火災が発生した。同岳の51年の爆発回数は合計176回。

1086 海底噴火 1976年（昭和51）12月～52
東京都小笠原村沖

12月中旬、小笠原諸島の硫黄島の南東海底（北緯23度30分、東経141度54分）が爆発、現場付近の海域に火山石などが噴出し、以後も断続的に活動をくり返した。

1087 桜島噴火 1976年（昭和51）
鹿児島県

5月13日と17日の桜島の爆発では噴石や空振によって窓ガラスが多数こわれた。5月28日には火山雷が観測され、10月には溶岩の上昇も確認されている。11月末で爆発回数は160回を数えた。
- 窓ガラス多数損壊

1088 桜島南岳噴火 1977年（昭和52）2月1日
鹿児島県

2月1日午前10時5分、桜島南岳が爆発、噴煙が高さ約2,100mまで上昇し、同岳付近の小学校で窓ガラス70枚が割れたのに続き、同11時15分には火山雷も発生。爆発直後、桜島付近では火山活動による降灰や亜硫酸ガスのため果樹園などの被害があいついだ。
- 校舎破損、農作物被害

1977年(昭和52)〜

1089	地震　1977年(昭和52)2月19日
	東京都八丈島

2月19日、八丈島で震度4の地震、三宅島は震度3。

1090	地震　1977年(昭和52)2月24日
	北海道

2月24日、北海道で地震、震源は日高山脈南部、浦河、広尾で震度4。

1091	地震　1977年(昭和52)3月7日
	北海道

3月7日、北海道で地震、震源は根室半島南東沖、根室で震度4、釧路震度3。

1092	地震　1977年(昭和52)4月19日
	茨城県鹿島灘

4月19日、茨城県鹿島灘で地震、水戸震度4、銚子震度3。

1093	噴煙・降灰　1977年(昭和52)4月28日〜5月16日
	鹿児島県鹿児島郡十島村

4月28日、鹿児島県十島村の諏訪之瀬島の御岳が噴煙を高度3,000mまで上げ、同岳周辺の住宅に火山灰が降った。諏訪之瀬島では以後、同29日と5月16日にも同規模の噴煙が発生した。

1094	地震　1977年(昭和52)5月2日
	島根県

5月2日午前1時23分、島根県三瓶山付近を震源とする地震があった。震央付近では有感余震が約1か月後まで感じられた。マグニチュード5.3。

1095	群発地震　1977年(昭和52)6月4日
	千葉県

6月4日から、千葉県勝浦市の沖合を震源とする比較的弱い地震が続いた。

1096	地震　1977年(昭和52)6月8日
	宮城県

6月8日午後11時25分、宮城県沿岸で地震、仙台、大船渡で震度4。

1097	群発地震　1977年(昭和52)6月16日〜7月16日
	熊本県熊本市

6月16日から7月16日にかけて、熊本市で27回の有感地震を観測、最大は6月28日に発生したマグニチュード5.2(震源の深さ10km)。

1098	群発地震　1977年(昭和52)6月20日〜28日
	千葉県東方沖

6月20日から始まった地震は6月28日までに有感地震22回、24日午後3時29分と38分に勝浦市で震度3を記録、最大は22日発生した震源の深さ40km、マグニチュード5.0。

1099	阿蘇山中岳噴火　1977年(昭和52)7月20日
	熊本県

7月20日、熊本県阿蘇中岳が鳴動や噴石とともに12年ぶりに爆発、噴煙は1,500mに達

し、噴石などが落下し、3名が負傷した。

1100 有珠山噴火 1977年(昭和52)8月6日～10月27日
北海道

8月6日未明、北海道壮瞥町の有珠山付近で火山性地震があり、発生回数が24時間に400回を超えたのに続き、翌日午前9時12分に同山が32年ぶりに噴火し、噴煙は高さ約1.2kmまで上昇、火山灰も北海道全域の約50%に降った。以後、有珠山はたびたび爆発、噴火し、山頂火口原付近に新昭和新山（高さ70m）が隆起するなど地形変化も激しく、8月13日に東麓の洞爺湖温泉の住民が全員避難したのをはじめ、9月7日に警戒態勢が全面解除されるまで同山周辺の農作物などにも被害があった。10月27日の噴火を最後に火山活動は沈静化に向かったが、火口原付近は150mも隆起し、新山を形成し、北側山麓では地盤が変形し建物等にも被害が相次いだ。
- 農作物ほか被害、被害額330億円

1101 地震 1977年(昭和52)10月5日
関東地方

10月5日午前0時39分から、関東地方に続けて2回の地震、2回目の地震で東京は震度4を記録、2名が負傷、東北線、両毛線、上越線で運休や徐行運転の騒ぎ。マグニチュード5.4。
- 負傷者2名、国鉄運休、国鉄徐行運転

1102 桜島噴火 1977年(昭和52)11月30日
鹿児島

桜島が52年10月末までに175回爆発し、11月30日にはかなりの規模の爆発があり、噴石がふもとまで達し、倒木やガラスが割れた。

1103 伊豆大島近海地震 1978年(昭和53)1月14日～2月7日
東京都大島町、静岡県

第Ⅰ部 解説参照（p.82）
- 死者・行方不明25名、負傷者211名、全壊住宅96棟、半壊住宅616棟、破損住宅3,913棟、被災非住宅142棟、畑流失・埋没6,361ha、道路損壊1,141か所、がけ崩れ264か所、鉄道被害9か所、通信施設被害150か所、被災者2,487名（633世帯）

1104 地震 1978年(昭和53)2月20日
岩手県、宮城県

2月20日午後1時37分、宮城県の沖合を震源とするマグニチュード6.8の地震があった。岩手県大船渡市で震度5、宮古市や宮城県石巻、仙台市で震度4を記録、宮城県では住民ら34名が負傷、建物26棟など若干の被害がでた。
- 負傷者34名

1105 地震 1978年(昭和53)4月3日
福井県

4月3日午前11時4分、福井市付近を震源とする地震があった。マグニチュード4.7。

1106 地震 1978年(昭和53)5月16日
青森県

5月16日午後4時35分、青森県東海岸を震源とする地震があった。マグニチュード5.8。

1107 地震 1978年(昭和53)6月4日
島根県中心

6月4日午前5時4分、島根県東部地方にマグニチュード6の直下型地震があった。震源は赤名峠付近。島根県を中心に民家の半壊、壁のひび割れなど、中国地方で1,000戸以上が被害

1978年(昭和53)〜

を受け、新幹線などのダイヤが乱れた。

1108	宮城県沖地震 1978年(昭和53)6月12日
	東北地方、関東地方

第Ⅰ部 解説参照(p.84)
● 死者28名、負傷者2,995名、全壊住宅1,379棟、半壊住宅6,170棟、破損住宅7万8,364棟、被災非住宅4万3,283棟、水田流失・埋没233ha、道路損壊888か所、橋梁流失98か所、堤防決壊17か所、がけ崩れ529か所、鉄道被害140か所、通信施設被害2687か所、船舶沈没2隻、船舶破損16隻、被災者3万7,158名(7,709世帯)(警察庁調べ)

1109	桜島噴煙 1978年(昭和53)7月30日〜31日
	鹿児島県

桜島の噴煙活動が活発で、53年7月30日から31日まで、台風8号の影響もあって、火山れきや噴石が居住地にまで降下し、3名が負傷した。
● 負傷者3名

1110	地震 1978年(昭和53)9月13日
	小笠原諸島

9月13日午後1時28分、小笠原近海を震源とする地震があった。母島で震度4を観測した。マグニチュード5.3。

1111	樽前山噴煙活動活発化 1978年(昭和53)12月〜54年4月
	北海道

53年12月から樽前山の噴煙活動が活発化し54年1月から4月までに17回、7合目付近で降灰が確認された。また地震活動も活発で2月には427回とこれまでの最高を記録した。

1112	地震 1978年(昭和53)12月3日
	東京都大島

12月3日午後10時15分、大島近海を震源とする地震があった。マグニチュード5.4。関東、東海地方を中心に2度の地震が続き、列車がストップ、新幹線では約6,000名が車内で徹夜した。

1113	地震 1978年(昭和53)12月6日
	北海道、東北地方、関東地方

12月6日午後11時2分ごろ、北海道から東北、関東地方一帯に広域地震があり、列車のダイヤが乱れた。

1114	地震 1979年(昭和54)3月2日
	長野県

3月2日午前6時25分、松本市付近を震源とする地震があった。松本で震度2を記録した。マグニチュード3.7。

1115	地震 1979年(昭和54)4月25日
	福島県

4月25日午前5時59分、福島県西部を震源とする地震があった。県の南西部で震度3〜4を記録した。マグニチュード4.3。

1116	火山 1979年(昭和54)5月〜
	熊本県阿蘇山

5月末から始まった土砂噴出活動に続き、6月12日から本格的な噴火となった。13日には噴煙は2,000mに達し、降灰は1km離れた所でも10cmに達した。9月6日に突然爆発し、火口北東0.9kmにいた観光客に死傷者がでた。

●死傷者

1117 地震 1979年(昭和54)5月5日
埼玉県

5月5日午後4時24分、秩父市付近を震源とする地震があった。マグニチュード4.7。

1118 阿蘇山小噴火 1979年(昭和54)6月12日～13日
熊本県阿蘇郡

6月12日、阿蘇山で本格的な開口活動が始まり、13日には1年7カ月ぶりに小噴火があった。

1119 地震 1979年(昭和54)7月13日
山口県

7月13日午後5時10分ごろ、山口県下松市南方約20kmの周防灘の深さ20kmの海底でマグニチュード6.3の地震があった。この地震で、新幹線は各所で最高80ガル（震度5相当）を記録、東京・博多の全線が2時間半にわたってストップ、約5万人の乗客が影響を受けた。
●乗客約5万人に影響

1120 阿蘇中岳噴火 1979年(昭和54)9月6日
熊本県阿蘇郡

9月6日13時6分、阿蘇中岳の第1火口が水蒸気爆発を起こし、噴煙を約2,000mまで噴き上げた。直径2.6m、推定重量50tの大石が約280m噴き飛んだのをはじめ、火山れきが火口から1kmにわたって飛んだ。火口から約800mの阿蘇山ロープウェイ・火口東駅と付近に居合わせた観光客を直撃し3名が死亡、16名が重軽傷を負うという惨事となった。このような惨事は昭和33年以来21年ぶりのことであった。
●死者3名、重軽傷者16名

1121 御岳山噴火 1979年(昭和54)10月28日
長野県、岐阜県

10月28日午前6時50分ごろ、御岳山が有史以来初めて噴火を起こし、噴煙は1,500m（1,000m）の高さに上り、火山灰は100km離れた長野県軽井沢町にまで降った。噴火当時、山頂付近に50名の登山者がいて下山途中に1名が飛んできた石で軽いけがをした。29日には前橋でも降灰を観測した。突然の噴火で農作物に被害がで、岐阜県側の濁河（にごりご）温泉郷では、住民や泊まり客300名が避難した。
●軽傷者1名、300名が避難

1122 地震 1980年(昭和55)2月23日
北海道根室沖

2月23日午後2時51分ごろ、北海道根室の東130kmの海底でマグニチュード7.2の地震が発生。釧路、根室で震度4。

1123 地震 1980年(昭和55)6月～
静岡県、茨城県、首都圏

11月末までに震度4を超える地震が11回起き、2名が死亡89名が負傷をした。6月から7月にかけては伊豆半島東方の相模灘で群発地震が発生。9月24日午前4時10分、茨城県南西部の深さ60kmでマグニチュード6の地震が発生。宇都宮、水戸で震度4、前橋、千葉、東京、横浜、甲府、網代などで震度3だった。東京で4名、栃木で1名が負傷。東北線宇都宮・大宮駅間、水戸線などで始発から午前6時から6時半まで運転が止まった。25日午前2時54分から同5時4分にかけて、千葉県中部の深さ約70kmでマグニチュード6.1を最高に5回の地震があり、千葉、館山、東京、宇都宮、横浜、網代などで震度4。地震で、東京と神奈川で死者各1名、東京、神奈川、埼玉で73名が負傷した。総武、山手線など6線区で始発から1時間半から3時間運転を中止し、新幹線、東海道、

1980年(昭和55)〜

中央、東北線などでラッシュ時のダイヤが乱れ、30万人の足に影響が出た。
●死者2名、負傷者89名

1124 群発地震 1980年(昭和55)6月24日〜7月25日
静岡県

6月24日から始まった群発地震は7月下旬まで続き、6月30日には36回の有感地震を観測した。最大は同月29日、マグニチュード6.7、網代と大島で震度5の強震を観測し、関東から静岡県の沿岸に津波注意報が発表された。津波は大島で30cmを記録したが、伊東市を中心に負傷者8名、家屋の一部破損17戸、その他山崩れや道路、鉄道などの破損が出た。7月25日の地震判定会による終息宣言までに有感地震が225回発生した。
●負傷者8名、家屋一部破損17戸、山崩れ、道路・鉄道破損

1125 群発地震 1980年(昭和55)8月7日〜
長崎県雲仙岳

8月7日、長崎県で群発地震があった。一時は3分間に有感地震が5回も続いた。最大震度を観測したのは47年3月以来のことであった。

1126 桜島噴火 1980年(昭和55)8月〜9月
鹿児島県

8月から9月の桜島は爆発回数20回から34回に達した。また、11月8日の爆発では、火山礫により自動車5台破損、旅館のガラス破損などの被害がでた。

1127 地震 1980年(昭和55)9月24日〜25日
関東地方

関東地方にマグニチュード6クラスの直下型地震が頻発。2日間に5回、9月24日茨城県西部を震源とする地震は宇都宮、水戸で震度4、25日には千葉県中部を震源とし東京、千葉、横浜、宇都宮など広範囲で震度4を観測。24日は負傷5名、25日は死者2名、負傷者73名、ほか家屋損壊、高速道路の損傷、国鉄ダイヤも大幅に乱れるなど被害がでた。
●死者2名、負傷者78名、家屋損壊、高速道損傷

1128 火山活動 1980年(昭和55)11月〜
北海道

樽前山で11月から地震活動が活発になり、1月420回(52年2月以来)、2月には1,121回に増加し、噴煙活動もやや活発になったが特に異常は認められなかった。

1129 地震 1980年(昭和55)12月12日
大分県

12月12日8時10分、西日本一帯に強い地震が起こり、大分、人吉で震度4。大分県庁の窓ガラス44枚が割れたほか、土砂崩れで剣道が一時ストップ。国鉄日豊本線は点検のため遅れが出た。

1130 有珠山火山活動 1980年(昭和55)
北海道

北海道有珠山の火口原新山の隆起や外輪への押し出し速度は、3月までは4cm/日であったが、10月には1cm/日に弱まった。

1131 桜島噴火 1980年(昭和55)
鹿児島県

昭和55年の噴火活動はやや活発で、約300回の爆発があった。特に春と夏は激しく、強い爆発音や空振を伴い、多量の噴煙や噴石を飛ば

246

~1981年(昭和56)

し被害が出た。
●多量の噴煙、噴石

1132	地震 1981年(昭和56)1月～2月
	北海道

　80年11月から地震活動が活発化していた樽前山で、1月420回、2月1,121回と42年に観測を開始して以来の最高を記録した。
●——

1133	地震 1981年(昭和56)1月13日
	関東地方

　1月13日午後10時14分、関東地方を中心に地震があった。震源は千葉県北部、震源の深さは約70km、宇都宮で震度3を記録した。
●——

1134	地震 1981年(昭和56)1月14日
	九州地方

　1月14日午後3時13分、九州地方南部を中心に地震があった。震源は種子島近海、震源の深さは約20km、種子島で震度4、鹿児島、君津で震度3を記録した。
●——

1135	地震 1981年(昭和56)1月19日
	東北地方

　1月19日午前3時17分ごろ、宮城・岩手県境の沖約200km、震源の深さ40kmでマグニチュード7.5の地震があった。東北地方を中心に東日本全域が揺れた。仙台、盛岡、宮古は震度4で、三陸沿岸に53年6月の宮城沖地震以来の津波警報が発令された。
●——

1136	地震 1981年(昭和56)1月23日
	北海道、青森県

　1月23日13時58分、日高西部を震源とするマグニチュード7.1の地震があった。浦河で震度5、帯広、釧路、青森で震度4を観測した。この地震で、浦河町では、地下埋設の水道管が破裂したり棚の上の物が落下して破損するなどの被害がでた。
●——

1137	地震 1981年(昭和56)1月24日
	北海道

　1月24日午後1時58分ごろ、北海道襟裳岬の西100km、震源の深さ80kmの内陸地でマグニチュード6.9の地震があった。北海道南部から東北、関東にかけて揺れた。浦河が震度5、釧路、盛岡などで震度4、北海道で2人がけがをした。岩手、青森県内と北海道内で計32線区が不通になった。
●負傷者2名

1138	地震 1981年(昭和56)1月28日
	関東地方

　1月28日午前0時47分、関東地方を中心に強い地震があった。震源は茨城県南西部、震源の深さは約60km、水戸と宇都宮で震度4、熊谷、白河、秩父で震度3を記録した。この地震で国鉄の水戸、真岡線が一時ストップした。
●——

1139	地震 1981年(昭和56)4月13日
	東北地方、関東地方

　4月13日午後0時4分、東北地方と関東地方で地震があった。震源は福島県沖、震源の深さは約40km、福島で震度3、仙台、水戸、熊谷、宇都宮、白河、東京、前橋、小名浜で震度2を記録した。
●——

1140 地震 1981年(昭和56)4月13日
埼玉県

4月13日午前9時56分、埼玉県の北部を中心に地震があった。震源は埼玉・栃木県付近で、震源の深さは約30km、熊谷で震度3、秩父、宇都宮で震度1を記録した。

1141 地震 1981年(昭和56)4月16日
関東地方

4月16日午前3時、北関東を中心に地震があった。震源は茨城県南西部で、震源の深さは約60km、宇都宮で震度3、水戸、熊谷、秩父で震度2を記録した。

1142 地震 1981年(昭和56)5月4日～5日
神奈川県、静岡県

5月4日朝から5日夜にかけて真鶴岬の北東数kmでマグニチュード3（5回）を含む18回の地震があった。49年の伊豆半島沖地震（M6.9）以来。河津地震（51年、M5.4）、伊豆大島近海地震（53年、M3）、伊豆東方沖地震（55年、M6.7）と震源域が北上、地震予知連絡会は「震源北上説」を裏付ける現象として監視の強化を決めた。

1143 爺爺岳噴火 1981年(昭和56)6月24日
国後島

6月24日午後9時ごろ、国後島の爺爺岳が8年ぶりに噴火した。

1144 地震 1981年(昭和56)8月8日
北海道、東北地方

8月8日午前0時18分、北海道と東北地方に一部で地震があった。震源は十勝沖で、震源の深さは約100km、広尾で震度3、浦河、帯広で震度2を記録した。

1145 地震 1981年(昭和56)9月2日
関東地方

9月2日午後6時24分ごろ、茨城県沖の深さ40kmでマグニチュード6の地震があった。銚子で震度4、福島、水戸、東京で震度3だった。銚子の犬吠埼灯台がこの地震で止まった。

1146 地震 1981年(昭和56)9月9日
北海道

9月9日午後4時26分、北海道の東部と南部で地震があった。震源は根室半島南東沖で、震源の深さは約40km根室で震度3、釧路で震度2を記録した。

1147 地震 1981年(昭和56)12月2日
青森県

12月2日午後3時24分、青森県東方沖を震源とする地震があった。マグニチュード6.2。

1148 地震 1982年(昭和57)1月8日
秋田県

1月8日午前5時38分、秋田県中部を震源とする地震があった。マグニチュード4.9。

1149 地震 1982年(昭和57)3月19日
関東地方

3月19日午前0時51分、関東地方で地震があった。震源は千葉県沖で、震源の深さは約

60km、東京で震度3、千葉、宇都宮、銚子、大島で震度2を記録した。

1150 浦河沖地震 1982年(昭和57)3月21日
北海道

第Ⅰ部 解説参照（p.86）
● 負傷者248名、全壊13棟、半壊28棟、船舶転覆等6隻。

1151 浅間山噴火 1982年(昭和57)4月26日
群馬県、長野県

4月26日2時25分、浅間山が9年ぶりに中規模の噴火を起こした。9年前の噴火に比べると規模は小さく、4時30分と5時48分にも火山灰を噴出した。当日は上層風が弱く、北西の上層風と下層の北東風に流され、長野県側と群馬県から埼玉、東京、千葉県などに降灰があった。東京での降灰は昭和34年4月以来のことであった。

1152 地震 1982年(昭和57)7月23日
関東地方、東北地方

7月23日午後11時23分ごろ、関東、東北を中心に北海道、北陸にかけて地震があった。震源は茨城県沖100kmの深さ40kmの海底で、マグニチュード7.0。水戸、銚子、福島、白河などで震度4を記録。常磐、東北線が一時ストップし、特急、急行計17本が最高3時間遅れた。

1153 余震 1982年(昭和57)7月25日
関東地方と東北地方

7月25日午後5時ごろ、関東地方と東北地方に地震があった。震源は茨城県沖で、震源の深さは約40km、水戸、福島で震度3、仙台、白河、小名浜、宇都宮、銚子、東京で震度2を記録した。また午後6時11分にも、弱い地震が発生、震源は関東はるか沖で、震源の深さは約40km、23日深夜の茨城県沖地震の余震。

1154 地震 1982年(昭和57)8月12日
関東地方、東海地方、東北地方

8月12日午後1時33分ごろ、関東、東海、東北地方の一部で地震が起きた。震源は伊豆大島近海の深さ40km。東京、館山、網代で震度4、横浜、甲府、三島などで同3。東海道・山陽新幹線が約2時間30分停止、お盆帰省の18万人の足が乱れた。マグニチュード5.7。

1155 地震 1982年(昭和57)9月9日
静岡県

9月9日正午すぎ、伊豆半島東海岸で体に感じる地震が2度あった。午後0時36分と1時9分の2回で、震源は伊東沖、震源の深さは約10km、網代、大島で震度2を記録した。この地方では、体に感じない微震動がすでに500回以上続いていた。

1156 地震 1982年(昭和57)9月9日
宮城県

9月9日午後11時25分、東北地方を中心に地震があった。震源は宮城県北部の湾岸、震源の深さは約70km、宮古、石巻、大船渡で震度2を記録した。

1157 白根山噴火 1982年(昭和57)10月26日
群馬県

10月26日午前9時5分ごろ、群馬・長野県境の草津白根山（2,150m）の火口湖付近が

1982年(昭和57)〜

噴火、噴煙が高さ約100mまで上った。昭和42年1月以来の噴火。

1158 地震 1982年(昭和57)11月10日
関東地方、東北地方

11月10日午前8時37分、関東地方と東北地方で地震があった。震源は茨城県北部で、深さ100km、水戸、白川で震度3、福島、小名浜、宇都宮、日光で震度2を記録した。

1159 地震 1982年(昭和57)11月10日
東京都大島

11月10日午前7時50分、大島を中心に地震があった。震源は大島近海で、深さは10km、大島で震度2を記録した。

1160 地震 1982年(昭和57)12月28日
三宅島

12月28日午後3時37分、三宅島近海を震源とする地震があった。12月27日に始まった群発地震。翌年1月18日の地震を最後に静まった。有感地震回数109。マグニチュード6.4。

1161 地震 1983年(昭和58)1月4日
北海道

1月4日午後4時3分、北海道の南部、東部、北部で地震があった。震源は日高支庁中部沿岸で、震源の深さ60km、浦河で震度4、帯広、広尾、苫小牧で震度3を記録した。

1162 地震 1983年(昭和58)1月4日
茨城県

1月4日午後7時29分、関東地方と東北地方で地震があった。震源は茨城県北部で、震源の深さ9km、宇都宮、水戸、白河で震度3、日光、小名浜で震度2を記録した。

1163 地震 1983年(昭和58)1月27日
関東地方

1月27日午後6時ごろ、東京を中心に関東地方で「直下型」地震があった。震源は東京都東部で、震源の深さ50km、東京と横浜で震度3、熊谷、網代で震度2を記録した。

1164 地震 1983年(昭和58)2月22日
関東地方

2月22日午前11時49分、関東地方を中心に地震があった。東京で震度3、横浜、千葉、甲府、宇都宮、水戸、大島、網代、日光で震度2を記録した。

1165 地震 1983年(昭和58)2月27日
茨城県

2月27日午後9時14分ごろ、関東地方から東北、甲信越にかけて地震があった。震源は茨城県南部の深さ40kmで、マグニチュード6.0。東京、横浜、銚子、水戸、宇都宮は震度4だった。東京、神奈川、千葉で計12人が軽傷を負った。茨城南部は地震の巣と呼ばれる地震多発地帯だが、マグニチュード6以上は1944年6月16日の6.1以来、39年ぶり。

●負傷者12名

1166	地震 1983年（昭和58）3月16日
	静岡県

3月16日午前2時27分、静岡県西部を震源とする地震があった。マグニチュード5.7。

1167	浅間山噴火 1983年（昭和58）4月8日
	長野県、群馬県

4月8日午前1時59分ごろ、長野、群馬県境の浅間山（2,560m）が爆発、火口上に電光と光柱が見られ、爆音は前橋や会津若松でも聞かれ、焼けた火山弾で山火事が発生した。火山灰は長野県から群馬、栃木、茨城県および福島県南東部に降ったが、農作物等には被害はなかった。噴煙は朝方みられたが、きわめて多く、600m程度まで上がった。82年4月に続く2年連続の噴火で、爆発音を伴った中規模爆発は昭和48年2月以来10年ぶり。

1168	日本海中部地震 1983年（昭和58）5月26日
	東北地方、北海道

第Ⅰ部　解説参照（p.88）
●死者・行方不明者104名、全半壊3,049棟

1169	地震 1983年（昭和58）5月30日
	北海道

5月30日午前5時54分ごろ、北海道の全域と東北地方の一部で地震があり、帯広と浦河で震度4を記録した。震源は北海道・十勝沖で、震源の深さは約70km。日高、根室、釧網線など道内の国鉄8線区が約3時間不通になった。

1170	地震 1983年（昭和58）6月9日
	秋田県

6月9日、秋田県を中心に東北、北海道で2度の地震があった。午後9時49分と10時10分、震源は秋田沖で、震源の深さは約40km、マグニチュードは6.6と6.0となり、秋田では震度4を記録した。

1171	地震 1983年（昭和58）6月21日
	北海道、青森県、秋田県

6月21日午後、北海道、青森、秋田を中心に地震があった。日本海沿岸で小規模の津波も確認された。

1172	草津白根山噴火 1983年（昭和58）7月26日
	群馬県

7月26日、草津白根山で火山性微動が発生、火山活動が活発化ししていることから、火口に向かう観光客の登山を禁止し避難させた。その後、噴煙が噴き始め噴火、噴煙が50mほど上がった。

1173	地震 1983年（昭和58）8月8日
	関東地方南部

第Ⅰ部　解説参照（p.90）
●死者1名、負傷者28名

1174	地震 1983年（昭和58）8月26日
	大分県

8月26日午前5時23分ごろ、西日本の広い地域で地震があり、広島、高知、松山、宇和島、延岡で震度4を記録した。震源は大分県北部の深さ110kmで、マグニチュードは7.0。東海道・山陽新幹線の岡山・博多間が始発から2時間余り止まった。

●東海道・山陽新幹線2時間停止

1175 三宅島噴火　1983年（昭和58）10月3日
伊豆七島三宅島

10月3日午後2時ごろから、伊豆七島の三宅島で無感地震の群発が続き、午後3時33分、島南西部の二男山付近で激しい噴火が始まった。三宅島は海抜813mの雄山を頂上とする全島一山の火山島で山腹にはほぼ南北に亀裂が入り、溶岩は赤いカーテン状に随所で噴出、海に向かって流れ、島西南部に広がる阿古地区のうち島西端の阿古集落は、物置なども含めて約500棟あるうち413棟が全焼して埋まり、327世帯、808人が被災した。島南端の新鼻（にっぱな）付近では水蒸気爆発が起こり、火山灰、火山れき、火山弾がふきあがり、西風に乗って島東南部の坪田地区に降った。770棟の屋根に平均18cm、厚いところで約30cmも積もり、509世帯、1,188人に降灰被害をもたらした。翌4日未明には噴火が収まったが、宅地や山林など227.5haが溶岩に埋まり387haが灰で埋まった。両方合わせると、島の全面積5,514haの11％に及んだ。同島には山頂や山腹に数多くの爆発火口が残っており、噴火記録は1085年以来13回を数える。今回は14回目で、36年8月以来21年ぶりの噴火だった。東京都災害対策本部は、被害は農林水産関係92億円、宅地や家屋関係75億円、学校や道路など公共施設関係が43億円の総額217億1,800万円と発表した。

●全焼413棟、被害総額217億1,800万円

1176 地震　1983年（昭和58）10月16日
新潟県

10月16日午後7時39分、新潟県西部沿岸を震源とする地震があった。高田で震度3を記録した。マグニチュード5.3。
●

1177 地震　1983年（昭和58）10月28日
茨城県

10月28日午前10時50分、関東地方北部を中心に地震があった。震源は茨城県南西部で、震源の深さ60km、マグニチュードは5.3、水戸で震度4、東京、小名浜、銚子、千葉、宇都宮で震度3を記録した。この地震の影響で東北新幹線で大宮・郡山間、上越新幹線は大宮・高崎間が上下線ともストップしたほか、在来線も一部がストップした。
●

1178 地震　1983年（昭和58）10月31日
鳥取県

10月31日午前1時51分、鳥取県を中心に西日本で地震があり、鳥取で震度4を記録した。震源は鳥取沿岸の深さ約20kmで、マグニチュードは6.3。鳥取、広島で計6人が倒れた家具などで重軽傷を負った。
●負傷者6名

1179 白根山噴火　1983年（昭和58）11月13日
群馬県、長野県

群馬、長野県境の白根山（2,150m）が、11月13日の午前と午後の2回爆発、人の頭大の噴石を550m離れた地点まで降らせた。昨年の10、12月、と今年7月に起きた噴火で最大で、2年連続の噴火は5年ぶり。
●

1180 地震　1983年（昭和58）11月30日
北海道、東北地方

11月30日午前11時56分、北海道から東北にかけて地震が発生、震源は浦河沖で、震源の深さ40km、浦河で震度4、広尾、八戸で震度3を記録した。
●

~1984年(昭和59)

1181 地震 1984年(昭和59)1月1日
関東地方

1月1日午後6時4分ごろ、関東地方を中心に北海道から九州北部にかけて地震があった。マグニチュードは7.5だったが、震源が静岡県御前崎の南約250km、震源の深さ約340kmと遠く深かったため、東京、横浜、宇都宮などが震度4、千葉、水戸など震度3と揺れは小さかった。東海道新幹線の東京～名古屋間を走っていた上下22本が約50分間ストップしたのをはじめ計49本が1時間50分から10分遅れ、2万人に影響が出た。

1182 地震 1984年(昭和59)1月17日
関東地方

1月17日午後8時30分、関東地方を中心に地震があった。震源は茨城県沖で、震源の深さ30km、東京、水戸、銚子、宇都宮、白河、福島、小名浜で震度3、千葉、熊谷、秩父、日光で震度2を記録した。

1183 地震 1984年(昭和59)2月14日
関東地方、東海地方、東北地方

2月14日午前1時53分、関東地方を中心に東海、東北地方にかけての広範囲で地震があった。震源は神奈川、山梨県境で、震源の深さ20km、マグニチュードは5.3、東京、横浜で震度3、大島、宇都宮、三島熊谷、日光、秩父網代で震度2を記録した。

1184 地震 1984年(昭和59)3月6日
関東地方

3月6日午前11時18分ごろ、関東地方を中心に山陰から北海道にかけ地震があった。震源は太平洋上約800kmの鳥島近海の深さ400kmの地点。マグニチュードは7.9で68年の十勝沖地震と同じだったが、深発地震(深さ200km以上)としては国内の地震観測網が整備された1926年以来最大。

1185 海底火山 1984年(昭和59)3月7日
硫黄島

3月7日午後1時ごろ、硫黄島の北130kmの海上で海底火山の噴火とみられる変色海面を発見した。その後22日から23日にかけては噴火地点の海上で、水蒸気トラック噴煙のほか噴火の際の光も確認できた。

1186 地震 1984年(昭和59)5月30日
兵庫県

5月30日午前9時39分ごろ、兵庫県姫路市の北西内陸部を震源とする地震があった。マグニチュード5.5で、その後、震度4～1の余震が8回続いた。山崎町を中心に東西80kmにわたる山崎断層の一郭で、大型地震は昭和36年5月のマグニチュード5.9以来。兵庫県下で1人が軽傷を負ったほか、東海道・山陽新幹線150本が停電で最高3時間遅れ、15万人に影響が出た。
●軽傷者1名

1187 桜島南岳噴火 1984年(昭和59)6月2日
鹿児島県

6月2日、鹿児島県の桜島南岳で8回の爆発がおこり、噴煙が東風にあおられて市街地へ流れ、雨まじりの大量の灰を降らした。

1188 地震 1984年(昭和59)6月26日
神奈川県、山梨県

6月26日午前10時33分、神奈川・山梨

1984年(昭和59)～

県境を震源とする地震があった。震源の深さ20km、河口湖で震度3、東京で震度2を記録した。この地震で東海道山陽新幹線の新横浜・熱海間が約2時間不通になり、ダイヤが大幅に乱れ約8万人に影響がでた。

1189 桜島南岳噴火 1984年(昭和59)7月21日
鹿児島県桜島

7月21日午後3時2分、鹿児島県の桜島南岳が爆発、ふもと一帯に直径50cmから10cm前後の噴石を降らせた。民家11戸で屋根が突き抜けるなどの被害が出た。噴石の直撃で高圧線が切断されて1,800世帯が停電した。国道には衝撃や熱で2m四方、深さ50cmの穴が開いた。この年210回目の爆発で、6月3日から4日にかけての噴火により鹿児島市街地の降灰は24時間に1m^{2}当たり1,080gと73年8月13日の671gを抜き、鹿児島地方気象台降灰観測史上最高。月間降灰量でも6月は2,423gで新記録。

1190 地震 1984年(昭和59)8月6日～7日
長崎県雲仙岳

8月6日午後5時28分から7日午前6時までの間に長崎県の雲仙岳一帯を震源とする242回の有感地震があった。マグニチュードは最高5.4で、国立公園・雲仙で震度5を1回、震度4を14回観測、九州北部や中国地方でも震度3～1を記録した。長崎県小浜町で老人2人が落ちてきた瓦で軽傷を負った。
●負傷者1名

1191 地震 1984年(昭和59)8月7日
宮崎県日向灘

8月7日午前4時6分ごろ、宮崎県日向灘を震源とする地震が発生、九州、四国の各地で震度4を記録した。マグニチュードは7.2で、昭和43年4月1日のマグニチュード7.5に次ぎ、同地帯での地震では観測史上2番目の地震となった。この地震により、宮崎県延岡市で7人が落ちてきた家具やガラスでけがをした。
●負傷者7名

1192 長野県西部地震 1984年(昭和59)9月14日
中部地方、近畿地方

第Ⅰ部 解説参照(p.92)
●死者1名、行方不明者28名、住宅全半壊96棟、流失・焼失14棟

1193 地震 1984年(昭和59)9月21日
関東地方

9月21日午前1時と6時に、関東地方を中心とする地震が発生、震源は房総半島南東沖200kmで、震源の深さは約40kmと20km、マグニチュードは5.7、東京で震度3を記録した。

1194 地震 1984年(昭和59)10月3日
中部地方

10月3日午前9時12分、中部地方を中心に広範囲にわたる地震があった。震源は長野県西部で、震源の深さ10km、マグニチュード5.5、長野県飯田市で震度3を記録した。

1195 地震 1984年(昭和59)12月3日
北海道、東北地方

12月3日、北海道から東北地方にかけて地震が3回続いた。このうち、午後1時9分の地震は根室で震度3を記録した。

~1985年（昭和60）

1196 地震 1984年（昭和59）12月17日
関東地方

12月17日午後11時50分、東京、千葉を中心として地震があった。震源は千葉県中部で、震源の深さ80km、マグニチュードは5.2で、東京と千葉で震度3、水戸、宇都宮、大島、熊谷、網代、館山、銚子、秩父、横浜、河口湖で震度2を記録した。

1197 地震 1985年（昭和60）1月6日
近畿地方、東海地方、関東地方

1月6日午前零時45分ごろ、近畿を中心に東海、関東にかけて地震があった。震源は奈良、和歌山の県境、震源の深さ約70km、マグニチュードは6.0で、大阪は震度4。大阪で震度4の地震があったのは戦後6回目、昭和44年9月の岐阜県中部の地震以来15年ぶり。

1198 地震 1985年（昭和60）3月1日
鹿児島県

3月1日午前5時54分、南西諸島一帯で地震があった。沖永良部で震度4、沖縄で震度3を記録した。震源は鹿児島県沖永良部島東60km付近で、震源の深さは約80km。

1199 地震 1985年（昭和60）3月21日
関東地方

3月21日午後2時54分、関東地方を中心に地震があった。震源は茨城県南西部で科学万博会場から15kmの地点で震源の深さ約60km、宇都宮で震度4、水戸、熊谷、前橋、日光で震度3を記録した。科学万博会場には大きな被害はなかった。

1200 地震 1985年（昭和60）3月27日
北海道、東北地方

3月27日午前9時48分、北海道から東北にかけて地震があった。気象庁の観測によると震源は国後島付近で、震源の深さは約140km、マグニチュードは6.6だった。この地震で、根室で震度4、広尾、釧路、八戸、浦河で震度3を記録した。

1201 地震 1985年（昭和60）3月29日
東北地方、北海道

3月29日午前1時7分、東日本を中心に強い地震があった。震源は秋田県北部で、震源の深さ約180km。この地震で、盛岡と八戸で震度4、宮古、大船渡、酒田、青森、浦河、帯広で震度3を記録した。

1202 地震 1985年（昭和60）4月11日
関東地方、東北地方

4月11日午前1時27分、関東地方を中心に地震があった。震源は東海道のはるか沖で、震源の深さは約450km、マグニチュードは7.0、宇都宮で震度4、東京、横浜、福島、日光で震度3を記録。

1203 地震 1985年（昭和60）4月29日
北海道、東北地方

4月29日午前11時20分、北海道、東北地方を中心に地震があった。震源は青森県東方沖で震源の深さは約60km、マグニチュードは6.1、青森県むつで震度4、青森、八戸、宮古、浦河で震度3を記録した。

1985年(昭和60)～

1204	地震 1985年(昭和60)5月13日
	四国地方、中国地方、九州地方

　5月13日午後7時41分、四国、中国、九州地方で地震があった。震源地は愛媛県南西部で震源の深さ約40km、宇和島で震度4、松山、高知、足摺、延岡、人吉で震度3を記録した。国鉄予土線の宇和島・窪川間が線路の点検のため一時不通となった。

1205	阿蘇中岳噴火 1985年(昭和60)5月5日
	熊本県

　5月5日夜から8日朝にかけて熊本県・阿蘇中岳が噴火。こぶし大から人の頭位の噴石を火口底から50mの高さまで噴き上げた。昭和55年1月26日以来、5年3カ月ぶりの噴火。

1206	地震 1985年(昭和60)8月12日
	東北地方

　8月12日午後0時49分、東日本の広い範囲で地震があった。震源は福島県沖で震源の深さは約60km、マグニチュード6.6、大船渡で震度4、石巻、宇都宮、八戸、盛岡、宮古、盛岡、山形、白河で震度3を記録した。この地震で東北新幹線の盛岡・新白河間で送電が停止し、同区間を走行中の上下16本の列車が一時ストップ、9分後に運転が再開された。仙台鉄道管理局での安全確認のため一時前面ストップした。

1207	地震 1985年(昭和60)10月4日
	関東地方、東北地方、東海地方

　10月4日午後9時26分ごろ、関東を中心に東北、東海にかけて強い地震があった。震源は茨城と千葉の県境の深さ約80kmで、マグニチュード6.2。東京の震度は5で、東京で15人、千葉で2人、埼玉で1人が重軽傷を負った。東海道、東北、上越の各新幹線が10～15分ストップしたほか、東京都心では国電、地下鉄、私鉄が一時全面ストップして深夜までサラリーマンの帰宅に影響が出た。
●負傷者18名

1208	地震 1985年(昭和60)10月18日
	北陸地方、東海地方、東北地方

　10月18日午後零時22分ごろ、北陸地方を中心に東海、東北にかけて地震があった。震源は能登半島沖北約50km、震源の深さ約20km、マグニチュードは5.9。輪島は震度4で、1964年6月16日の新潟地震以来21年ぶりの記録。国鉄北陸、七尾、能登線が富山、石川、福井3県で45分全面ストップしたほか、輪島で歩行者が転倒して1カ月のけがをした。
●負傷者1名

1209	地震 1985年(昭和60)10月18日
	北陸地方

　10月18日午後0時22分、北陸地方を中心に地震があった。震源は能登半島沖で震源の深さは約20km、マグニチュード5.9、輪島で震度4、富山、福井、伏木で震度3を記録した。

1210	地震 1985年(昭和60)12月3日
	北海道、東北地方

　12月3日午後4時14分、北海道南部、東北地方北部で地震があった。震源は青森県西方沖で、震源の深さは約20km。青森県深浦で震度4、江差、青森、八戸、秋田で震度3を記録した。

1211	桜島噴火 1985年(昭和60)
	鹿児島県

　1955年10月活発化した桜島の火山活動は、85年に入って顕著になり、1月～10月末

までに365回に達した。2月24日午前の爆発では5km離れた垂水市まで直径4〜5cmの噴石が降り、鹿児島、垂水両市で乗用車やタクシー43台のフロントガラスが割れたり、7月21日未明の爆発では降灰で国鉄の線路に電流が流れなくなり、遮断機があがったままになって列車と乗用車が衝突する事故が起きた。

通年で噴石、降灰などによる被害は、人的被害を除けば台風、豪雨などによる災害に匹敵するものである。鹿児島市の降灰状況をみると、降灰量は3月から急激に増加し、1m^{2}当たり1,000gを超えるようになった。夏休みに入った7月21日からは特に激しさを増し、29日には1日の降灰量が1m^{2}当たり2,476gと、過去の記録を軽く突破した。7月21日から8月8日までの19日間は、暑さの中で連日降灰が続き、その量は1m^{2}当たり7,733gにも達した。鹿児島市が行った8月末までの降灰除去量は1万5,000t以上となった。さらに12月5日午前6時43分と午後零時49分に相次いで爆発、この年416回目の爆発を記録した。1960年の414回を上回り、鹿児島地方気象台が観測を始めて以来の最高。市民は灰かぐらに泣いた。県農政部の調べでは桜島島内のかんきつ類が全滅。被害額は過去最も多かった78年の65億円を上回った。

● 被害額65億円以上

1212 海面火山 1986年（昭和61）1月19日
小笠原諸島硫黄島

1月19日午後4時ごろ、小笠原諸島硫黄島の南南東48km付近の海面から白い噴煙が上がっているのを、海上自衛隊員が発見。噴煙の高さは最高4,000mに達した。このため海上保安庁では同海域を航行する船に注意するよう警告した。

●──

1213 地震 1986年（昭和61）2月12日
関東地方、東北地方

2月12日午後11時59分、関東地方から東北地方にかけて地震があった。震源地は茨城県沖、震源の深さ50km、マグニチュードは6.3、水戸と銚子で震度4、白河、福島、小名浜、宇都宮、東京、千葉で震度3を記録した。

●──

1214 地震 1986年（昭和61）3月2日
東北地方

3月2日午後4時9分、東北地方を中心に、東日本の各地で地震があった。震源は宮城県沖で、震源の深さ約40km、マグニチュードは6.1、宮古と盛岡で震度4、仙台、石巻、八戸、酒田、大船渡、福島、白河で震度3を記録。この地震で東北新幹線は安全確認のため、上下線6本が7分間の停車をした。

●──

1215 地震 1986年（昭和61）3月9日
東京都八丈島東方沖

3月9日午後9時25分、東京都八丈島の東方沖を震源とする地震があった。震源の深さは約80km、八丈島で震度3を記録した。

●──

1216 地震 1986年（昭和61）5月2日
関東地方

5月2日午前9時37分と43分、関東地方と東北地方の一部で地震があった。震源は茨城県沖で、震源の深さは約20km。

●──

1217 地震 1986年（昭和61）5月26日
岩手県

5月26日午前11時59分、岩手県北部を震

1986年(昭和61)〜

源とする地震があった。マグニチュード4.7。

1218 地震 1986年(昭和61)5月31日
北海道東部

5月31日午後0時40分、北海道東部で地震があった。震源は根室支庁南部で、震源の深さは約80km、釧路で震度3を記録した。

1219 地震 1986年(昭和61)6月24日
関東地方、中部地方

6月24日午前11時53分ごろ、関東地方を中心に北海道から中部地方にかけて強い地震があった。地震は房総半島南東沖の深さ約80kmで、マグニチュードは6.9。東京など首都圏は震度4で、東北から静岡にかけて太平洋沿岸と伊豆、小笠原諸島に津波注意報が出されたが、津波は観測されなかった。東海道、東北、上越の新幹線と、首都圏の国鉄、私鉄が一時ストップしたほか、成田、羽田両空港の滑走路も一時閉鎖された。

1220 地震 1986年(昭和61)7月10日
茨城県

7月10日午前11時10分、関東地方から東北地方にかけて地震があった。震源は茨城県中部沿岸で、震源の深さ70km、水戸で震度3を記録した。マグニチュード4.5。

1221 地震 1986年(昭和61)7月20日
千葉県

7月20日午前8時46分、千葉県で地震があった。震源は茨城県沖で、震源の深さ40km、銚子で震度3を記録した。

1222 地震 1986年(昭和61)8月8日
関東地方

8月8日午後10時40分、関東地方と東北地方の一部で地震があった。震源は茨城県南西部で、震源の深さ70km、宇都宮で震度3を記録した。

1223 地震 1986年(昭和61)8月10日
青森県

8月10日、青森県南部を震源とする地震があった。マグニチュード4.5。

1224 地震 1986年(昭和61)8月24日
長野県

8月24日午前11時34分、長野県東部を震源とする地震があった。マグニチュード4.9。

1225 地震 1986年(昭和61)10月12日
東海地方

10月12日午後8時30分、伊豆半島を中心に地震があった。震源は伊豆半島東方沖で、震源の深さは約10km、網代で震度3を記録した。

1226 地震 1986年(昭和61)10月14日
関東地方、東北地方

10月14日午前6時17分、関東地方と東北地方で地震があった。震源は福島県沖で、震源の深さ約50km、小名浜で震度4、福島、水戸、宇都宮、仙台、白河で震度3を記録した。

1227 地震 1986年（昭和61）10月25日
茨城県

10月25日午後9時58分、関東地方で地震があった。震源は鹿島灘で、震源の深さ60km、水戸で震度3を記録した。

1228 地震 1986年（昭和61）11月10日
東海地方

11月10日午前0時16分と17分、伊豆半島で地震があった。震源は伊豆半島東方沖で、震源の深さ10km、静岡県・網代で震度3、大島で震度2を記録した。

1229 三原山噴火 1986年（昭和61）11月15日
伊豆大島

11月15日午後5時25分、伊豆大島・三原山（758m）の内輪山北側が噴火し、噴き上げられた溶岩が外輪山まで迫った。一時小康状態を保ったが、21日午後4時15分、内輪山と外輪山の間のカルデラ内で大噴火が起きた。噴火地点は地割れとともに北に向かって走り、合わせて2.1kmの割れ目噴火になった。一時噴煙は3,700m、火山弾は2,000m、溶岩は600mまで噴き上がった。溶岩は北側4方向に流れ、同島最大の集落、元町地区に1kmまで迫った。政府は「昭和61年伊豆大島噴火」と命名、災害救助法の適用を決め、全島民1万300人と観光客2,000人に避難命令を出し、海上自衛艦や巡視船などで22日朝までに東京、静岡に脱出させ、同島は保安要員を除いて無人島化した。12月4日から3日間、一部に日帰り帰島が認められた。三原山の割れ目噴火は、応永28年（1421年）以来565年ぶり。噴出した溶岩量は2,212m³と国土地理院が推計、1950、51年の噴火と同量だった。降灰は200km離れた千葉県館山、勝浦などに及んだ。

1230 群発地震 1986年（昭和61）11月16日
伊豆大島

11月16日午後から17日にかけて、伊豆大島で群発地震があった。16日には震度4を記録、17日には震度3を7回記録、その他、軽震、微震を含め20回以上となった。気象庁の観測によると、この地震は噴火活動に伴うもので大規模な地震の心配は少ないとしている。

1231 地震 1986年（昭和61）11月22日
東日本

11月22日午前9時41分、東日本の各地で地震があった。震源は伊豆大島近海で、震源の深さは約10km、マグニチュードは6.0、館山、三宅島、大島で震度4、東京、横浜、甲府、網代、石廊崎で震度3を記録した。伊豆大島噴火にからむ地震としては今回が最大。

1232 桜島噴火 1986年（昭和61）11月23日
鹿児島県

鹿児島県の桜島南岳が11月23日午後4時2分、今年206回目の爆発をし、直径2～3mの噴石が約3km離れた鹿児島市古里町の桜島グランドホテルを直撃、1階ロビーの鉄製屋根と床を突き破り、地下室にまで飛散した。この噴石で6人が負傷した。またホテルから1km離れた農家の牛小屋にも直径2mの噴石がおち、小屋が全焼。桜島の噴石で直接負傷者が出たのは31年ぶりであった。
●負傷者6名

1233 地震 1986年（昭和61）11月29日
関東地方、東北地方

11月29日午前7時29分、関東地方と東北

1986年(昭和61)〜

地方で地震があった。震源は茨城県沖で、震源の深さ約40km、マグニチュードは6.0、小名浜、銚子で震度4、日光、水戸、宇都宮、白河、館山で震度3を記録した。

1234 地震 1986年(昭和61)12月1日
北海道、東北地方、関東地方

12月1日午前5時15分、北海道から東北、関東地方にかけての広い範囲で地震があった。震源は宮城県沖、震源の深さ約50km、マグニチュード6.0。盛岡、大船渡、石巻で震度4、八戸、宮古、仙台、酒田で震度3を記録した。

1235 地震 1986年(昭和61)12月30日
長野県

12月30日午前9時38分、関東、中部の広い範囲で地震があった。震源は長野県北部で、震源の深さ約10km、マグニチュードは6.0、長野で震度4、松代、諏訪、松本、軽井沢で震度3を記録した。この地震で、東海道新幹線は三島・静岡間の上下線がストップ、7分後に運転を再開したが、上下35本が遅れ、帰省客など3万人に影響がでた。また、震度4の長野市では石垣が崩れるなどの被害がでた。

1236 地震 1987年(昭和62)1月9日
東北地方

1月9日午後3時14分、東北地方を中心に地震があった。関東、東海、北陸地方の計19県で揺れがあった。震源は岩手県宮古の北西20kmの内陸部、震源の深さは約80km、マグニチュードは6.9、津波の発生は無かった。盛岡、大船渡の震度5を最高に、八戸、宮古、酒田、石巻、仙台で震度4、帯広、釧路、浦河、広尾、むつ、青森、秋田、新庄、山形、福島、小名浜、白河、水戸、東京、横浜で震度3を記録した。

この地震のため東北新幹線が一時ストップ、2時間から2時間40分遅れで1万2,000人が影響を受けた。在来線も岩手県内の東北線、山田線、釜石線、宮城県内の気仙沼線、秋田県内の奥羽線、羽越線、田沢湖線、北上線、花輪線が一時ストップした。東北自動車道の点検のため午後3時15分から午後4時まで一時閉鎖。各地で建物のガラスなどが割れ、岩手県と青森県で計6人が負傷している。
●負傷者6名

1237 地震 1987年(昭和62)1月10日
東北地方

1月10日未明から、前日の広域地震の余震とみられる地震が続いた。震源は岩手県中部沖で、震源の深さ約70km、午前2時40分に盛岡で震度4を記録したのをはじめ、午前11時頃までに東北地方の各地で揺れを感じた。

1238 地震 1987年(昭和62)1月14日
北海道日高山脈北部

1月14日午後8時4分、北海道日高山脈北部でマグニチュード6.9の地震が起き、釧路で震度5を記録した。ストーブにかけたやかんの熱湯を浴びたり、倒れたたばこ自動販売機の下敷きになって足を折るなど、道内で7人が重軽傷を負った。
●負傷者7名

1239 地震 1987年(昭和62)1月21日
宮城県

1月21日午前8時36分、東北地方と関東の一部で地震があった。震源は宮城県沖で、震源の深さは約60km、仙台で震度3を記録した。

地震 1987年(昭和62)1月22日
1240 長野県

1月22日午後0時33分、長野県で地震があった。震源は長野県北部で、震源の深さは約10km、長野、松代で震度3、松本で震度1を記録した。

地震 1987年(昭和62)2月6日
1241 東北地方、関東地方

2月6日午後10時16分、東北地方を中心に北海道から中部地方にわたる広い範囲で、午後9時23分と午後10時16分の2度にわたる強い地震があった。震源は福島県沖100km、震源の深さ50km、マグニチュードは6.9、小名浜で12cm、大船渡でcmの津波を観測した。小名浜、白河で震度5、仙台、合津若松、水戸、宇都宮、銚子、千葉、東京、横浜、石巻、福島で震度4を記録した。この地震で東北新幹線は一時運転をストップし、上下合わせて4本が最高2時間遅れ、13,000人に影響がでた。

地震 1987年(昭和62)2月13日
1242 茨城県、福島県

2月13日午後7時1分、東北地方から関東地方にかけて地震があった。震源は茨城県沖で、震源の深さ約50km、小名浜で震度4、合津若松、白河、水戸で震度3を記録。また、2分後に、この地震の余震とみられる揺れが水戸で観測された。

地震 1987年(昭和62)2月28日
1243 福島県

2月28日午後3時52分、東北地方と関東地方で地震があった。震源は福島県沖で、震源の深さは約30km、白河で震度3を記録した。

地震 1987年(昭和62)3月6日
1244 静岡県

3月6日午後5時11分、静岡県で地震があった。震源は駿河湾で、震源の深さは約20km、推定マグニチュードは3.1。

地震 1987年(昭和62)3月10日
1245 関東地方

3月10日午前9時37分、関東地方で地震があった。震源は鹿島灘で、震源の深さは約60km、水戸で震度3を記録した。

地震 1987年(昭和62)3月18日
1246 宮崎県宮崎市

3月18日、宮崎市の東約80kmの日向灘を震源とする地震があった。マグニチュード6.9の規模で、宮崎市で震度5を記録した。被害は死者1人、負傷者5人。住宅や公共施設の被害額は3億8,000万円。

● 死者1名、負傷者5名、被害額3億8,000万円

地震 1987年(昭和62)4月7日
1247 関東地方、東北地方

4月7日午前9時40分、関東から東北、北海道にかけての広い範囲で地震があった。震源は福島県沖で、震源の深さ10km、マグニチュードは6.9、小名浜で震度5、東京、宇都宮、福島、仙台、水戸、白河で震度4、銚子、甲府、館山、千葉、前橋、横浜、日光、合津若松、新潟で震度3を記録、福島県では赤ちゃんが割れたガラスケースで一ヶ月のけがをした。この地震で東北新幹線が開業以来初めて全線ストップし、上下29本が最高2時間半遅れ、2万1,000人に

1987年(昭和62)〜

影響がでた。また、高速道路では速度規制や点検のため一時通行止めになるなど各地で混乱した。
●負傷者1名

1248 地震　1987年(昭和62)4月10日
関東地方

4月10日午後7時59分、関東地方を中心に地震があった。震源は茨城県南西部で、震源の深さは約60km、熊谷で震度4を記録したのをはじめ、東京、千葉、水戸、前橋、宇都宮で震度3、各地で軽震や微震を記録した。

1249 地震　1987年(昭和62)4月15日
東北地方、北海道

4月15日午前11時44分、東北地方と北海道の一部で地震があった。震源は青森県東部湾岸で、震源の深さは約110km、八戸で震度3を記録した。

1250 地震　1987年(昭和62)4月17日
福島県

4月17日午前4時23分、東北地方から関東地方にかけて地震があった。震源は福島県沖で、震源の深さは約50km、マグニチュードは推定6.2で、東京で震度3を記録した。福島県沖では2月に2回、7月に1回、マグニチュード6級の地震が発生している。

1251 地震　1987年(昭和62)4月17日
千葉県

4月17日午後4時33分、関東地方を中心に地震があった。震源は千葉県北部で、震源の深さは約80km、千葉、横浜、網代で震度3を記録した。

1252 地震　1987年(昭和62)4月23日
福島県

4月23日午前5時13分ごろ、東北から関東、北海道にかけて強い地震があり、白河で震度5、福島、水戸などで震度4を記録した。震源は福島県沖の深さ40kmで、マグニチュード6.5だった。この地震で、福島県双葉郡の東京電力福島第1原発で稼働中の5基のうち3基が自動停止した。福島沖では2月6日夜以来マグニチュード6、マグニチュード5級各5回などを含む計19回目の有感地震で、震度5は3回目。
●稼働中原発3基自動停止

1253 地震　1987年(昭和62)5月9日
和歌山県

5月9日午後0時54分、和歌山県美里町付近を震源とする地震があった。マグニチュード5.6。

1254 地震　1987年(昭和62)5月9日
千葉県

5月9日午後5時40分、房総半島の一部で地震があった。震源は千葉県中部東岸で、震源の深さは約60km、勝浦で震度3を記録した。

1255 地震　1987年(昭和62)5月12日
東北地方

5月12日午後5時51分、東北地方を中心に北海道、関東地方で地震があった。震源は宮城県沖で、震源の深さは約50km、大船渡で震度4、盛岡、仙台、石巻、宮古で震度3を記録した。この地震でJR気仙沼線が約1時間半にわたり速度規制をひいた。

~1987年（昭和62）

| 1256 | 地震　1987年（昭和62）5月13日 |
| 東海地方 |

　5月13日午後5時48分、伊豆半島東方沖を震源とする地震が発生、震源の深さは約10km、大島で震度3を記録した。

| 1257 | 地震　1987年（昭和62）5月25日 |
| 東北地方、新潟県 |

　5月25日午後9時5分、東北地方と新潟県の一部で地震があった。震源は新潟県中部で、震源の深さは約30km、新潟で震度3を記録した。

| 1258 | 地震　1987年（昭和62）5月28日 |
| 京都府 |

　5月28日午前6時3分、近畿地方を中心に地震があった。震源は京都府中部で、震源の深さは約20km、マグニチュードは5.3で、京都で震度3を記録した。

| 1259 | 地震　1987年（昭和62）6月11日 |
| 千葉県 |

　6月11日午後11時59分、関東地方で地震があった。震源は千葉県南方沖で、震源の深さは約60km、館山で震度3を記録した。

| 1260 | 地震　1987年（昭和62）6月16日 |
| 千葉県 |

　6月16日午前0時31分、関東地方の一部で地震があった。震源は千葉県中部で、震源の深さは約70km、千葉で震度3を記録した。

| 1261 | 地震　1987年（昭和62）6月16日 |
| 福島県 |

　6月16日午後4時49分、東北地方と関東地方、中部地方の一部で地震があった。震源は福島県中部で、震源の深さは約20km、マグニチュードは4.8だった。会津若松で震度3を記録した。

| 1262 | 地震　1987年（昭和62）6月30日 |
| 関東地方 |

　6月30日午後6時17分、関東地方と東北地方の一部で地震があった。震源は茨城県南西部で、震源の深さは約60km、マグニチュードは5.1、水戸で震度4、宇都宮、東京、横浜で震度3を記録した。この地震で東北新幹線は上野・那須塩原間、上越新幹線は上野・高崎間で送電を停止したほか、在来線も各線でダイヤが乱れ、約13万人に影響がでた。

| 1263 | 地震　1987年（昭和62）7月12日 |
| 茨城県 |

　7月12日午後1時31分、東北地方から関東地方にかけて地震があった。震源は茨城県南西部で、震源の深さは約60km、マグニチュードは推定で4.9で、水戸で震度3を記録した。

| 1264 | 地震　1987年（昭和62）8月23日 |
| 岩手県 |

　8月23日午後6時45分、関東地方で地震があった。震源は岩手県中部で、震源の深さは約80km、大船渡で震度3を記録した。

第Ⅱ部　地震・噴火災害一覧

1265 地震 1987年(昭和62)9月14日
長野県

9月14日午前4時13分、長野県北部を震源とする地震があった。同日45回の地震あり。9月中には75回を数えた。マグニチュード4.6。

1266 地震 1987年(昭和62)9月24日
関東地方

9月24日午後1時55分、関東地方を中心に北海道南部から甲信地方などにまたがる広い地域で地震があった。震源は茨城県沖で、震源の深さは約30km、マグニチュードは推定5.6で、東京で震度3を記録した。

1267 地震 1987年(昭和62)10月4日
東北地方、関東地方

10月4日午後7時27分、東北地方と関東地方で地震があった。震源は福島県小名浜の北東約100km沖で、震源の深さは約40km、マグニチュードは5.9。福島で震度4、会津若松、小名浜、宇都宮、大船渡、仙台、石巻、白河で震度3を記録したほか、各地で軽震や微震が観測された。この地震で東北新幹線の宇都宮・盛岡間がストップ、最高で23分の遅れが出た。また、常磐線の広野・浪江間では点検のため2時間の通行止めとなった。

●東北新幹線一時ストップ、常磐線一時通行止め

1268 地震 1987年(昭和62)10月5日
宮城県

10月5日午前6時26分ごろ、東北地方の一部で地震があった。震源は宮城県沖で、震源の深さは約20km、大船渡で震度3を記録した。

1269 地震 1987年(昭和62)10月18日
関東地方

10月18日午前3時41分、関東地方で地震があった。震源は神奈川県中部で、震源の深さは約30km、マグニチュード推定4.9で、河口湖で震度3を記録した。

1270 地震 1987年(昭和62)10月30日
関東地方

10月30日午前7時21分、関東地方北部で地震があった。震源は茨城県南西部で、震源の深さは約50km、宇都宮で震度3を記録した。

1271 地震 1987年(昭和62)11月7日
北海道

11月7日午前7時27分、北海道東部で地震があった。震源は根室半島沖で、震源の深さは約60km、マグニチュードは5.5、根室で震度4を記録したほか、各地で軽震や微震を観測した。

1272 三原山噴火 1987年(昭和62)11月16日
伊豆大島

11月16日午前10時47分、伊豆大島の三原山(758m)が噴火し、大島測候所で震度1(微震)を記録した。噴火は山頂の旧火山の通称「A火口」付近で起き、昨年の大噴火以来1年ぶり。海上自衛隊機の観測によると、噴煙は4,300m上空まで達した。午前11時には火山灰が差木地、波浮地区に降り、火山弾による小規模な山林火災が山頂付近や南東1kmの地点など5カ所で起き、火口は50mの深さで陥没した。溶岩の流出が観測されなかったことから、山頂付近にたまったガスが爆発したものとみられる。この日、爆発は午前11時2分から午後3時46

分にかけて3回あり、夜には火口の高熱の溶岩が雲に反射して、火口の縁が赤くはっきり見える「火映」現象も見えた。18日にも未明と午前の2回再噴火し、黒煙は一時2,400mの高さに達した。爆発当時、山頂付近に観光客150人がいたが全員無事に下山した。

1273 桜島南岳噴火 1987年(昭和62)11月17日
鹿児島県

11月17日午後8時56分、鹿児島県の桜島南岳が爆発、火柱が約10秒間、1,000m上空まで上がり、噴石も3合目まで降り注ぎ、雑木林の一部と付近にあった車10数台が炎上。今年70回目の爆発だが、噴火で火柱が1,000mも上がったのは、鹿児島地方気象台が昭和30年に観測を始めてから初めてのことだった。

1274 地震 1987年(昭和62)11月18日
山口県

11月18日午前0時57分、九州地方と中国地方で地震があった。震源は山口県北部で、震源の深さは約10km、山口で震度4、下関で震度3を記録した。この地震で、山口市では落ちてきた物や割れたガラス等で2人が負傷した。マグニチュード5.2。
●負傷者2名

1275 地震 1987年(昭和62)11月28日
千葉県

11月28日午前2時5分、関東地方で地震があった。震源は千葉県南部沿岸で、震源の深さは約50km、千葉、館山で震度3を記録した。

~1988年(昭和63)

1276 千葉県東方沖地震 1987年(昭和62)12月17日
関東地方、東北地方

第Ⅰ部 解説参照(p.94)
●死者2名、負傷者144名

1277 地震 1988年(昭和63)1月12日
関東地方

1月12日午前0時42分、関東地方の一部に地震があった。震源は伊豆大島近海で、ごく浅かった、大島で震度3、館山で震度2を記録した。

1278 地震 1988年(昭和63)1月16日
関東地方

1月16日午後8時42分、関東地方を中心に地震があった。震源は千葉県東方沖で、震源の深さは約50km、東京、千葉、横浜、館山で震度3を記録した。

1279 地震 1988年(昭和63)1月30日
茨城県

1月30日午前6時18分、関東地方を中心に地震があった。震源は茨城県沖で、震源の深さは約70km、マグニチュード4.9、水戸で震度3を記録した。

1280 地震 1988年(昭和63)2月3日
関東地方

2月3日午後7時11分、東北地方、関東地方の一部で地震があった。震源は茨城県沖で、震源の深さは約30km、水戸、館山、勝浦で震度3を記録した。

1281 地震 1988年(昭和63)2月3日
千葉県

2月3日午後2時43分、関東地方を中心に地震があった。震源は千葉県南方沖で、震源の深さは約70km、マグニチュード5.1、館山、勝浦で震度3を記録した。

1282 地震 1988年(昭和63)2月13日
千葉県

2月13日午前1時20分、関東地方で地震があった。震源は千葉県東方沖で、震源の深さは約80km、銚子で震度3を記録した。

1283 地震 1988年(昭和63)2月20日
関東地方

2月20日午後4時50分、東京や千葉などの一部で地震があった。震源は伊豆半島東方沖で、震源の深さは約10km、大島、館山で震度3を記録した。

1284 地震 1988年(昭和63)2月25日
千葉県

2月25日午後5時6分、千葉県を中心に地震があった。震源は千葉県中部で、震源の深さは約40km、千葉で震度3、東京、横浜で震度1を記録した。

1285 地震 1988年(昭和63)3月18日
関東地方

3月18日午前5時34分ごろ、東京都東部の深さ90kmでマグニチュード6.1の地震があり、関東を中心に東北から近畿にかけて大きく揺れた。千葉、宇都宮、館山などで震度4、東京、横浜、水戸、甲府などで震度3だった。都の直下でM6以上を記録したのは気象庁が記録を取り始めた1926年以来初めて。家具の上に置いてあっ花瓶や壁かけのスピーカーが落ちてきて当たり、東京で8人、千葉、埼玉で各1人がけがをした。東海道新幹線が東京－三島間で点検のため徐行し、上下19本が10〜44分遅れ約1万人に影響が出たほか、JR線の東海道、京浜東北、総武など21線区で上下66本が運休、522本が最高130分遅れ、通勤、通学の40万人の足が乱れた。また、高速道路では、中央自動車道が八王子－勝沼間などで1時間30分通行止めになったほか、東関東自動車道と新空港自動車道で上り線3カ所、下り線1カ所で最大35m、幅1cmの亀裂が確認されたが、交通に支障は無かった。

●負傷者10名

1286 地震 1988年(昭和63)4月19日
青森県、北海道

4月19日午前10時56分、東北地方と北海道の一部で地震があった。震源は青森県東方沖で、震源の深さは約60km、マグニチュード4.9、むつで震度3を記録したのを始め、苫小牧、室蘭、函館で震度2を記録した。

1287 地震 1988年(昭和63)5月7日
北海道、東北地方、関東地方

5月7日午前10時59分、北海道から東北、関東地方にかけて地震があった。震源は十勝沖で、震源の深さは約90km、マグニチュードは6.4、釧路、広尾で震度4を記録したのをはじめ、むつ、浦河、帯広、盛岡、八戸、青森などで震度3、東京でも震度1を観測した。

1288	地震 1988年（昭和63）5月9日
	北海道

　5月9日午前7時44分、北海道南部を中心とする地震があった。震源は日高山脈南部で、震源の深さは約70km、マグニチュードは5.2、浦河、広尾で震度3、釧路、帯広、苫小牧で震度2を記録した。北海道では2日前にも震度4の地震（震源十勝沖）が発生したが、今回の地震とは震源が違うため、直接の関係は無いとみている。

1289	地震 1988年（昭和63）5月31日
	茨城県

　5月31日午後7時45分、関東地方で地震があった。震源は鹿島灘で、震源の深さは約20km、小名浜、水戸、銚子で震度3を記録した。

1290	降灰 1988年（昭和63）6月
	鹿児島県

　6月、鹿児島県の桜島南岳で活発な噴煙活動が続いた。鹿児島地方気象台の観測によると、鹿児島市内で15日午前9時からの24時間に、1m²当たり1日降灰量としては観測史上最高の2,671gを記録した。1月からのトータル降灰量も4,536gになり、昨年の年間量の3,276gを上回った。

1291	地震 1988年（昭和63）7月7日
	北海道

　7月7日午前0時54分、北海道、東北にかけて地震があった。震源は釧路沖で、震源の深さは約60km、マグニチュード6.4と推定、釧路、浦河、広尾で震度3を記録した。

1292	地震 1988年（昭和63）7月15日
	茨城県

　7月15日午前3時18分、茨城県で地震があった。震源は茨城県南西部で、震源の深さは約70km、マグニチュード4.2、宇都宮で震度2を記録したほか、午前9時51分にも、秩父で震度3の地震があった。

1293	群発地震 1988年（昭和63）7月26日～8月25日
	静岡県伊豆半島

　静岡県伊豆半島東方沖で7月26日から群発地震が始まり、8月25日までに有感地震290回、地震総回数1万6,988回を記録した。8月4日までの10日間で有感249回、総回数1万4,526回になった。また、7月31日午前8時40分には、網代で震度3、マグニチュード5.4の地震が発生、関東地方で軽震や微震を観測、8月2日にも同規模の地震が発生した。

1294	地震 1988年（昭和63）8月12日
	関東地方

　8月12日午後2時15分ごろ、関東地方を中心にやや強い地震があり、東京、横浜、館山で震度4、千葉、大島、網代などで震度3だった。震源は館山市の北東の深さ70km、マグニチュード5.3だった。首都圏のJR線は各地で運休、速度規制が行われ、東海道、東北、上越の新幹線、在来線合わせて126本が運休、345本が最高20分遅れた。

1295	地震 1988年（昭和63）9月5日
	中部地方、関東地方

　9月5日午前0時49分、関東地方を中心に地震があった。震源は山梨県東部で、震源の深さは約40km、マグニチュードは5.4、甲府と河

1988年(昭和63)～

口湖で震度4、東京、横浜、大島、宇都宮、静岡、網代、三島で震度3を記録した。

1296 地震 1988年(昭和63)9月10日
関東地方

9月10日午後0時16分、伊豆諸島から関東地方にかけて地震があった。震源は伊豆半島東方沖で、震源の深さは約10km、マグニチュードは4.3。大島、石廊崎で震度3を記録した。

1297 地震 1988年(昭和63)9月26日
関東地方

9月26日午後5時23分、関東地方を中心に東北や北陸地方の一部に及ぶ地震があった。震源は千葉県東方沖で、震源の深さは約50km、マグニチュードは5.9、千葉県の銚子で震度4を記録したのをはじめ、東京、千葉、水戸で震度3となった。関東地方での震度4は、9月5日の山梨県東部を震源とする地震で、甲府と河口湖で記録して以来であった。

1298 地震 1988年(昭和63)9月29日
関東地方

9月29日午後5時23分、関東地方を中心に長野県から伊豆大島にかけ広い範囲で地震があった。震源は埼玉県南部で、震源の深さは約10km、マグニチュードは5.1、埼玉県秩父で震度4、東京、横浜、熊谷、前橋で震度3を記録、いわゆる直下型地震だった。また、午後8時10分にも、埼玉県南部で余震とみられる揺れがあり、秩父で震度2を記録した。

1299 地震 1988年(昭和63)9月30日
関東地方

9月30日午前2時38分、関東地方を中心に地震があった。震源は埼玉県中部で、震源の深さは約20km、秩父、熊谷で震度3を記録した。

1300 地震 1988年(昭和63)10月10日
北海道、東北地方

10月10日午後2時52分、北海道と東北地方の一部で地震があった。震源は釧路沖で、震源の深さは約80km、釧路と根室で震度4を記録したほか、帯広、広尾、八戸で震度3となった。

1301 地震 1988年(昭和63)10月19日
福島県

10月19日午前9時8分、東北地方、関東地方の一部で地震があった。震源は福島県沖で、震源の深さは約30km、小名浜で震度3を記録した。

1302 地震 1988年(昭和63)10月28日
千葉県

10月28日午後3時13分、関東地方で地震があった。震源は千葉県東方沖で、震源の深さは約80km、マグニチュードは5.0で、千葉、横浜、勝浦で震度3を記録した。

1303 地震 1988年(昭和63)11月12日
千葉県

11月12日午前6時55分、千葉県で地震があった。震源は千葉県北部で、震源の深さは約60km。

1304 地震 1988年（昭和63）11月12日
埼玉県

11月12日午前11時18分と37分に、関東地方で地震があった。震源は埼玉県南部で、震源の深さは約10kmと50km、秩父で震度3、熊谷で震度2を記録した。

1305 十勝岳噴火 1988年（昭和63）12月19日
北海道

12月19日午後9時48分ごろ、北海道・大雪山系の十勝岳（2,077m）が噴火、3本の火柱が上がった。炎は20分ほどで収まったが、噴火で幅600m、長さ1kmにわたって泥流が発生、大正火口と望岳台の中間にある避難小屋まで達した。

1306 地震 1988年（昭和63）12月28日
関東地方

12月28日午後6時ごろ、関東地方を一部で地震があった。震源は茨城県南西部で、震源の深さは約60km、マグニチュードは4.4、宇都宮で震度3、前橋、水戸、横浜で震度2を記録した。

1307 地震 1988年（昭和63）12月30日
関東地方

12月30日午前4時10分、関東地方と東北地方の一部で地震があった。震源は茨城県沖で、震源の深さは約30km、マグニチュードは4.3、水戸で震度3を記録したほか、秩父で震度2を観測した。

1308 草津白根山小噴火 1989年（昭和64）1月6日～7日
群馬県、長野県

1月6日から7日にかけ、群馬、長野県境の草津白根山で火山性微動と地震が活発化、小規模な噴火があった。同山の噴火は昭和58年11月13日以来約5年ぶり。

1309 十勝岳噴火 1989年（平成1）1月8日
北海道

1月8日午後7時38分、北海道大雪山系の十勝岳が噴火、火山性微動が約35分間続き一度はおさまったが、午後10時半ごろから約30分間再び微動が続いた。十勝支庁鹿追町では午後9時半から約30分間降灰が確認された。

1310 地震 1989年（平成1）1月25日
北海道、東北地方

1月25日午前5時すぎ、北海道東部から東北地方の太平洋側にかけて地震があった。震源は日高支庁東部で、深さは40km、マグニチュードは5.8、震源に近い浦河町で震度4、岩見沢、広尾、苫小牧、帯広、八戸で震度3を記録した。浦河町内の約2,500世帯が一時停電、水道管の一部も破裂した。

1311 地震 1989年（平成1）2月19日
関東地方

2月19日午後9時27分ごろ、関東地方を中心に東北から中部地方にかけて強い地震があった。震源は茨城県南西部で、深さ60km、マグニチュードは5.6、東京、水戸、宇都宮、秩父で震度4、千葉、横浜、銚子、熊谷、小名浜、館山、日光で震度3を記録した。この地震で、震源に近い茨城県千代田村でブロック塀の一部が崩れ、窓ガラスが割れる被害がでたほか、

千葉県習志野市では変電所の保護装置が作動250世帯が一時停電するなどした。

1312 地震　1989年（平成1）3月6日
関東地方

3月6日午後11時39分ごろ、関東地方を中心にかなり強い地震があった。震源は千葉県北部で、震源の深さは約50km、マグニチュードは6.0、千葉県銚子市では震度5、千葉、水戸、東京、小名浜、宇都宮、横浜、三宅島、館山、福島、勝浦で震度3を記録した。

1313 群発地震　1989年（平成1）7月5日
伊豆半島

7月5日午前2時28分、伊豆半島の東方沖を震源とする地震があった。震源の深さ10km、マグニチュード4.9、網代で震度4を記録した。また、同日の午前0時から午後1時までに有感地震が60回発生し、この日の地震で、市内の2カ所で水道管が、1カ所で温泉の配管が破裂したほか、タイルの落下や屋根がわらが落ちるなどの被害が出た。伊豆半島の東方沖で発生した群発地震は、6月30日から7月5日午後1時までに7,000回に達した。

1314 群発地震　1989年（平成1）7月9日
関東地方、東海地方

7月9日午前11時9分ごろ、関東と東海地方で地震が続けてあった。マグニチュードは5.5、熱海市網代で震度4、東京、伊豆大島、館山、横浜、三島、石廊崎で震度3を記録した。この地震で震源に近い静岡県伊東市では落下物などで18人がけが、家屋の損壊や崖崩れなどが発生した。

●負傷者18名

1315 海底噴火　1989年（平成1）7月13日
静岡県伊東市沖

7月13日午後6時半すぎ、静岡県伊東市の沖合2kmにある手石島付近で、6、7回にわたり海底噴火が発生、市民が避難するさわぎとなったが、その後は揺れも少なくなり、8月7日に地震予知連絡会が終息宣言を出した。

1316 地震　1989年（平成1）10月14日
関東地方

10月14日午前6時20分ごろ、関東地方と伊豆諸島を中心に地震があった。震源は伊豆大島近海、震源の深さは40km、マグニチュード5.9、横浜と伊豆大島で震度4、東京、千葉、甲府、宇都宮などで震度3を記録した。この地震の影響で東海道新幹線が東京～熱海間で停電し上下線計24本が運休するなど交通機関に乱れがでた。

1317 地震　1989年（平成1）10月27日
鳥取県

10月27日午前7時41分、鳥取県日野町付近を震源とする地震があった。マグニチュード5.3。

1318 地震　1989年（平成1）11月2日
東北地方、北海道

11月2日午前3時25分ごろ、三陸沖を震源とする地震があり、震源は宮古市の沖約110～130km、深さ30km、マグニチュード7.1。青森、八戸、盛岡、大船渡で震度4、浦河、酒田、宮古、釧路、石巻、仙台、函館、苫小牧で震度3を記録した。また、岩手県・宮古で最高56cmの津波が観測されたが被害はなかった。三陸沖では10月27日から2日午前11時

までに416回の地震があり、27日にはマグニチュード6.0と6.2、29日には同6.0と6.5が記録された。

1319 地震 1989年（平成1）12月9日
関東地方

12月9日午前2時23分ごろ、関東から東北地方にかけて地震があった。震源は茨城県沖で、震源の深さは40km、水戸、銚子で震度4、東京、白河、小名浜で震度3を記録した。

1320 地震 1990年（平成2）1月11日
近畿地方

1月11日午後8時10分ごろ、近畿から中部地方にかけて広い範囲で地震があった。震源は滋賀県南部で、深さは約20km、マグニチュードは5.3、奈良で震度4、京都、津、尾鷲、四日市、上野で震度3を記録した。

1321 地震 1990年（平成2）2月12日
茨城県

2月12日午前2時46分ごろ、関東地方から東北地方にかけて地震があった。震源は茨城県沖で深さ約40km、マグニチュードは5.5、水戸で震度4、千葉、小名浜で震度3を記録した。

1322 地震 1990年（平成2）2月20日
関東地方、東北地方

2月20日午後3時53分ごろ、関東を中心に広い地域で地震があった。震源は伊豆大島西南西の近海で、深さ約20km、マグニチュードは6.5、東京、横浜、館山、石廊崎、大島、新島、三宅島で震度4、諏訪、熊谷、河口湖、千葉、三島、静岡、網代、御前崎で震度3を記録した。

また、大島ではその後も余震が続き、30回以上の有感地震を記録した。

1323 阿蘇中岳噴火 1990年（平成2）4月20日
熊本県

4月20日午後5時8分、熊本県の阿蘇中岳が噴火、黒灰色の噴煙を火口淵から高さ500mまで噴き上げた。約1時間後には、火山雷も発生、ふもとの阿蘇郡阿蘇町や一の宮町一帯が火山灰の影響で停電になった。噴火は2月7日以来で今年4回目。

1324 地震 1990年（平成2）4月25日
沖縄県

4月25日午前11時24分、沖縄県石垣島近海を震源とする地震が発生、西表島で震度4、石垣島で震度3を記録した。

1325 桜島噴煙 1990年（平成2）5月1日
鹿児島県

5月1日午後1時35分、鹿児島県の桜島南岳が爆発、上空2,500mまで噴煙を噴き上げ約4km離れた鹿児島市街地に大量の火山灰を降らせた。空振で、桜島のふもとにある桜島病院のドアや窓ガラスなど計7枚にひびが入ったほか、県庁や市役所、県警本部でも、窓ガラスがひび割れした。

1326 地震 1990年（平成2）5月3日
関東地方

5月3日午後4時45分ごろ、関東地方を中心に地震があった。震源は茨城県中部で、深さは約60km、マグニチュードは5.3。水戸で震度4、東京、銚子、小名浜、宇都宮で震度3を記

1990年(平成2)～

録した。

1327 地震　1990年(平成2)5月24日
鹿児島県奄美大島

5月24日午後9時9分ごろ、鹿児島県の奄美大島一帯で地震があった。震源は奄美大島近海で、震源の深さは約80km、名瀬市で震度4を記録した。

1328 地震　1990年(平成2)6月1日
関東地方

6月1日午前10時22分ごろ、関東地方を中心に地震があった。震源は千葉県東方沖で、震源の深さは50km、マグニチュードは6.0、千葉、銚子で震度4、東京、勝浦、横浜、宇都宮、館山、水戸などで震度3を記録した。

1329 地震　1990年(平成2)6月5日
関東地方

6月5日午後10時43分ごろ、関東地方を中心に地震があった。震源は神奈川県中部で、深さは約120km、マグニチュードは5.3、東京と宇都宮で震度4、千葉、大島、横浜、館山、甲府で震度3を記録した。

1330 噴火　1990年(平成2)7月20日
群馬県

7月20日午前7時15分、群馬・長野県境の浅間山が微噴火し、約8.5km離れた東側のゴルフ場に降灰があった。

1331 地震　1990年(平成2)8月23日
関東地方

8月23日午前8時47分ごろ、関東地方を中心に地震があった。震源は千葉県中部で、震源の深さは50km、マグニチュードは5.2、千葉で震度4、東京、横浜、館山、勝浦で震度3を記録した。また、午前11時45分ごろにも、同じ震源でマグニチュード5.1の地震があり、勝浦で震度4、千葉、東京で震度3を記録した。

1332 地震　1990年(平成2)10月6日
関東地方

10月6日午後11時33分ごろ、関東地方一帯で地震があった。震源は鹿島灘で、震源の深さは約50km、マグニチュードは5.2、水戸で震度4、千葉、銚子、小名浜、宇都宮で震度3を観測した。

1333 雲仙・普賢岳噴火　1990年(平成2)11月17日
長崎県雲仙普賢岳

11月17日午前7時半すぎ、長崎県南高来郡小浜町の雲仙・普賢岳が約200年ぶりに噴火した。福岡管区気象台に入った連絡では、噴煙が見られたのは地獄跡火口と九十九島火口の計2カ所で、噴煙の高さは地獄跡火口が100から300mで、直径約3cmの土石が高さ15m前後まで上がった。

1334 群発地震　1990年(平成2)11月20日
長崎県雲仙

11月20日午後6時15分ごろから約1時間の間に、長崎県島原半島の雲仙・普賢岳の周辺で、有感地震10回を含む群発地震があった。震源は、普賢岳の西北西約8km、深さ約7km、マグニチュード3から4、雲仙岳で震度3を観

測した。

1335 地震 1990年(平成2)12月7日～8日
中部地方

12月7日から8日にかけて、信越地方で断続的に地震があった。震源は新潟県南部で、深さはごく浅いところ、マグニチュードは最初の地震で5.5、上越市で震度4を記録した。この地震により、新潟県刈羽郡高柳町などで、道路の陥没6カ所、亀裂56カ所、水道管が破裂するなどの被害がでた。

1336 群発地震 1991年(平成3)1月23日～5月31日
沖縄県西表島

1月23日から始まった沖縄県西表島の群発地震は、9回の震度4を含む679回の有感地震が観測されたが、5月31日に気象庁より終息宣言がだされた。

1337 地震 1991年(平成3)4月25日
静岡県

4月25日午前7時12分ごろ、静岡県を中心に地震があった。震源は静岡県中部で、深さ約30km、マグニチュードは4.8、網代で震度4の中震を観測した。

1338 雲仙・普賢岳火砕流発生 1991年(平成3)6月3日
長崎県雲仙普賢岳

第Ⅰ部 解説参照（p.96）
●死者43名、負傷者9名

1339 地震 1991年(平成3)6月15日
東北地方、関東地方

6月15日午前10時21分ごろ、東北地方から北関東にかけて地震があった。震源は岩手県中部沿岸で、深さ約60km、マグニチュードは5.2、岩手県大船渡市で震度4の中震、石巻、八戸、盛岡、宮古では震度3の弱震を観測した。

1340 地震 1991年(平成3)6月25日
東北地方、関東地方

6月25日午後0時49分ごろ、東北から関東地方にかけて地震があった。震源は茨城県沖で深さ40km、マグニチュードは5.6、水戸で震度4、宇都宮、福島、小名浜、白河で震度3の弱震を観測した。

1341 地震 1991年(平成3)6月27日
長崎県雲仙普賢岳

6月27日午前9時11分ごろ、長崎県・島原地方を中心に九州の広い範囲で地震があった。普賢岳で震度4の中震、長崎、牛深で震度3の弱震が観測された。また、9時19分にも雲仙岳で震度2、長崎で震度1の地震が観測された。

1342 地震 1991年(平成3)8月6日
関東地方

8月6日午後11時49分、関東地方を中心に地震があった。震源は茨城県沖で、深さは約40km、銚子で震度4、熊谷、水戸で震度3を観測した。

1343 地震 1991年(平成3)8月28日
中部地方、近畿地方、中国地方、四国地方、九州地方

8月28日午前10時29分、西日本各地に地震があった。震源地は島根県東部、震源は地表からごく浅く、マグニチュード6.0、松江、米子で震度4の中震、多度津、呉、高松、高知、岡山、鳥取、境港で震度3の弱震を観測した。

1344 地震 1991年(平成3)9月3日
関東地方、中部地方、近畿地方

9月3日午後5時45分ごろ、関東から近畿地方にかけて地震があった。震源は静岡・石廊崎の南約150kmで、震源の深さは40km、マグニチュードは6.3、三宅島で震度4の中震、四日市、津、八丈島、大島、館山、甲府、三島、石廊崎、諏訪で震度3の弱震を観測した。また午後7時27分ごろ、三宅島で余震とみられる震度1の地震が観測された。

1345 地震 1991年(平成3)10月19日
関東地方

10月19日午前8時31分、関東地方で地震があった。震源地は茨城県南西部で、震源の深さは約60km、マグニチュードは4.6、埼玉県熊谷市で震度4の中震、宇都宮市で震度3の弱震を観測した。

1346 地震 1991年(平成3)10月28日
九州地方

10月28日午前10時9分ごろ、九州北部地方で、地震があった。震源は宇部市沖の周防灘北西部で、震源の深さは約20km、マグニチュードは6.0、福岡市で震度4の中震、山口、下関、萩、大分、佐賀、呉、飯塚で震度3の弱震を記録した。この地震で、女性1人が落ちてきた時計に当たってけがをした。
●負傷者1名

1347 地震 1991年(平成3)11月19日
関東地方

11月19日午後5時24分、関東地方を中心とする広い範囲で地震があった。震源は東京湾の千葉市沿岸で、震源の深さは約80km。マグニチュードは4.9、東京で震度4の中震を記録した。

1348 地震 1991年(平成3)11月27日
北海道、東北地方、関東地方

11月27日午前4時40分ごろ、北海道南部を中心に東北、関東の一部にかけての広い範囲で地震があった。震源は北海道の浦河沖で、深さは約60km、マグニチュードは6.4、帯広、浦河、広尾で震度4の中震、八戸、苫小牧、小樽、釧路で震度3の弱震を記録した。

1349 地震 1991年(平成3)12月12日
東北地方、関東地方

12月12日午前11時27分ごろ、東北南部と関東地方で地震があった。震源は鹿島灘で、震源の深さは50km、マグニチュードは4.5、水戸で震度4の中震を記録した。

1350 地震 1992年(平成4)2月2日
関東地方、東北地方、中部地方

2月2日午前4時4分ごろ、関東地方を中心に東北から中部地方にかけて地震があった。震源は東京湾南部の浦賀水道付近で、深さは約90km、マグニチュード5.7、東京では6年ぶりに震度5を記録したほか、大島、館山、千葉、河口湖で震度4、熊谷、水戸、横浜、宇都宮、

甲府、網代、勝浦、三宅島、日光で震度3。この地震で東京、神奈川、埼玉、千葉の1都3県で32人がけがをした。
●負傷者32名

1351 地震　1992年(平成4)4月14日
関東地方

4月14日午後0時4分ごろ、関東地方を中心に地震があった。震源は茨城県南西部で、深さは約70km、マグニチュードは5.0、水戸で震度4の中震、東京、熊谷、小名浜、宇都宮、日光で震度3を記録した。

1352 地震　1992年(平成4)5月11日
関東地方

5月11日午後7時8分ごろ、茨城県中部を震源とする地震があった。震源の深さは約50km、マグニチュードは5.5、水戸で震度4、福島で震度3を記録した。この地震の影響で、茨城県那珂郡東海村白方の日本原子力研究所・東海研究所の試験研究用原子炉のうち、平常運転中だった3号炉が自動停止した。

1353 地震　1992年(平成4)5月14日
伊豆諸島

5月14日午前7時31分ごろ、伊豆諸島を中心に地震があった。震源は神津島近海で、深さ約10km、マグニチュードは5.1、神津島で震度4の中震を記録した。

1354 地震　1992年(平成4)6月15日
伊豆諸島

6月15日午前10時46分ごろ、伊豆諸島を中心に地震があった。震源は伊豆半島南方沖で、深さ約50km、マグニチュードは5.2、神津島で震度5の強震を記録した。この地震で、3カ所で土砂崩れが起きたほか、物が落ちたり、墓地の墓石が倒れるなどの被害が出た。
●土砂崩れ3カ所

1355 地震　1992年(平成4)7月12日
北海道、東北地方

7月12日午後8時9分ごろ、東北地方から北海道にかけて広い範囲で地震があった。震源は青森県東方沖で深さは90km、マグニチュードは6.5、八戸、むつで震度4、浦河、青森、帯広、盛岡、宮古、函館、苫小牧で震度3を記録した。また、午後8時13分には、東北地方、北海道で余震とみられる弱い地震があった。

1356 地震　1992年(平成4)8月8日
北海道、青森県

8月8日午後11時52分ごろ、北海道と青森県で地震があった。震源は北海道浦河沖で深さは約50km、浦河で震度4、広尾で震度3を記録した。

1357 地震　1992年(平成4)8月24日
北海道、東北地方

8月24日午後3時59分ごろ、北海道、東北地方を中心とする広い範囲で地震があった。震源は北海道渡島支庁東部で深さは120km、マグニチュードは6.3、帯広で震度4、青森、釧路、八戸、大船渡、むつ、広尾、根室、森で震度3を記録した。

1358 地震　1992年(平成4)8月24日
沖縄県西表島

8月24日午後0時4分、石垣島近海を震源とする地震があった。マグニチュードは5.3、西

1992年(平成4)〜

表島で震度4を観測した。

1359 地震 1992年(平成4)9月19日
沖縄県

9月19日午後6時51分ごろ、沖縄県で地震があった。震源は石垣島近海のごく浅い所で、西表島で震度4、石垣島で震度1を記録した。

1360 地震 1992年(平成4)9月22日
栃木県、茨城県

9月22日午後5時20分ごろ、栃木県と茨城県で地震があった。震源は栃木県西部でごく浅く、マグニチュードは3.9、日光で震度4を記録した。

1361 地震 1992年(平成4)9月29日
沖縄県八重山地方

9月29日午後11時29分ごろ、沖縄県八重山地方で地震があった。震源は石垣島近海のごく浅い所で、西表島で震度4、石垣島で震度1を記録した。

1362 群発地震 1992年(平成4)10月7日
沖縄県八重山地方

10月7日午後9時25分ごろ、沖縄県八重山地方で地震があった。震源は石垣島の近海のごく浅い所で、西表島で震度4を記録した。また、午前6時6分から午後11時47分までの間に19回の有感地震があり、震度3を3回記録した。

1363 群発地震 1992年(平成4)10月14日
沖縄県西表島

10月14日午後1時15分ごろ、沖縄西表島付近で地震があった。震源は西表島付近の海域で、深さはごく浅く、マグニチュードは4.7、西表島で震度5、石垣島で震度2を記録、後7時までに体に感じる地震が計81回発生した。この地域では9月17日ごろから地震が続き、この日までに335回の発生している。

1364 群発地震 1992年(平成4)10月15日
沖縄県先島諸島

10月15日午後6時58分ごろ、沖縄県先島諸島付近で地震があった。震源は石垣島近海でごく浅く、マグニチュードは4.6、震度は西表島で震度5、石垣島で震度2を記録した。また、西表島では、午後6時から10時までに地震が断続的に53回発生した。

1365 地震 1992年(平成4)10月17日
伊豆諸島

10月17日午後11時37分ごろ、伊豆諸島で地震があった。震源は三宅島近海で、深さは約30km、マグニチュードは5.0、神津島で震度4を記録し、その後も約1時間に4回の余震を記録した。

1366 群発地震 1992年(平成4)10月18日
沖縄県西表島

10月18日午前4時28分ごろ、沖縄県西表島付近で強い地震があった。震源は石垣島近海で、ごく浅い所で、西表島で震度5を記録した。西表島ではこの日、震度4を5回記録するなど約70回の有感地震が発生、この地域で9月中旬から起きている群発地震は、計700回を超

えた。

1367 群発地震 1992年(平成4)10月20日
沖縄県西表島

10月20日午後4時18分と41分に、沖縄県八重山諸島西表島で震度5を観測、震源はいずれも石垣島近海の深さ約20kmの所。この地震で、石垣が崩れたり、水道管が破裂するなどしたため、住民が避難した。マグニチュード5.0。

1368 群発地震 1992年(平成4)10月27日
沖縄県西表島

10月27日午前2時28分ごろ、沖縄県八重山諸島西表島で地震があった。震源は同島の北数kmの海底で、深さはごく浅い所、西表島で震度4を記録した。この日は正午までに18回の有感地震があり、先月17日からの有感地震は986回となった。

1369 群発地震 1992年(平成4)11月18日
沖縄県西表島

11月18日午前2時40分ごろ、沖縄県西表島付近で強い地震があった。震源は西表島付近の海域で、ごく浅い所、西表島で震度5、石垣島で震度2を記録した。この地域では2ヶ月間に計1,142回の有感地震が起きており、震度5の地震は今回が6回目。

1370 群発地震 1992年(平成4)11月29日
沖縄県八重山地方

11月29日午前6時55分ごろ、沖縄県八重山地方で地震があった。震源はいずれも石垣島近海でごく浅い場所、西表島で震度4、石垣島で震度1を記録した。また、7時5分にも西表島で震度3の地震が発生している。

1371 地震 1992年(平成4)12月12日
沖縄県西表島

12月12日午前6時28分と8時6分に、沖縄県西表島で震度4の地震を記録した。震源はいずれも石垣島近海のごく浅い所で、震度4は33回目。

1372 地震 1992年(平成4)12月27日
新潟県

12月27日午前11時17分、新潟県南部を震源とする地震があった。マグニチュード4.5。

1373 地震 1992年(平成4)12月28日
東北地方、北海道、関東地方

12月28日午前1時21分ごろ、東北地方を中心に北海道から北関東にかけ広い範囲で地震があった。震源は宮城県沖で深さは30km、マグニチュードは6.2、岩手県の宮古と大船渡で震度4を記録した。

1374 地震 1992年(平成4)12月31日
東北地方

12月31日午後4時2分と26分に、東北地方を中心に広い範囲で地震があった。震源はいずれも宮城県沖で、マグニチュードは5.9と6.1、2回目の地震で宮古、盛岡、大船渡では震度4、石巻、八戸で震度3を記録した。

1375 地震 1993年(平成5)1月11日
東海地方

1月11日午前9時59分ごろ、東海地方を中心に地震があった。震源地は愛知県中部で、震源の深さは約50km、マグニチュードは5.0、名古屋、彦根、四日市、伊良湖で震度3を記録した。

1376 平成5年釧路沖地震 1993年(平成5)1月15日
北海道、東北地方

第Ⅰ部 解説参照（p.98）
● 死者2名、負傷者471名

1377 地震 1993年(平成5)2月7日
北陸地方

2月7日午後10時27分ごろ、北陸地方を中心に広い範囲で地震があった。震源は能登半島沖で深さは30km、マグニチュードは6.6、石川県の輪島で震度5、金沢、富山、新潟県の上越などで震度4、名古屋、新潟、長野などで震度3を記録した。この地震で20人がけがをしたほか、能登半島北部の珠洲市内の道路2カ所が陥没、JR北陸線などがストップした。また、8日午前2時6分と午後0時39分にも余震があった。

● 負傷者20名

1378 地震 1993年(平成5)2月7日
沖縄県西表島

2月7日午後11時3分ごろ、沖縄県石垣島近海を震源とする地震があった。西表島で震度4を観測した。

1379 群発地震 1993年(平成5)3月～4月
中部地方

3月から4月にかけて、長野県西部の王滝村付近で、群発地震が1,544回起きていることが気象庁の観測でわかった。また、4月23日に発生した地震は、「長野県西部地震」の震源近くで、震度は4から5。

1380 地震 1993年(平成5)3月25日
伊豆諸島

3月25日午前2時9分ごろ、伊豆諸島で地震があった。震源は伊豆半島南方沖で、震源の深さは10km、マグニチュードは4.0、神津島で震度4、三宅島で震度1を記録した。

1381 地震 1993年(平成5)5月6日
北海道、東北地方

5月6日午前3時21分ごろ、北海道から関東地方にかけて広い範囲で地震があった。震源は岩手県南部で深さは110km、マグニチュードは5.9、盛岡で震度4、宮古、石巻、大船渡、八戸で震度3を記録した。

1382 西表島で震度5 1993年(平成5)5月17日
沖縄県西表島

5月17日午後5時39分ごろ、沖縄県八重山地方の西表島で地震があった。震源は石垣島近海のごく浅い場所で、マグニチュードは3.6、西表島で震度5を記録した。有感地震は平成4年9月から1,397回に上る。沖縄気象台は3月末に「群発地震は一段落した」とする見解を発表していた。

1383 地震 1993年(平成5)5月21日
関東地方、東北地方、中部地方

5月21日午前11時36分ごろ、関東地方を中心に東北から中部地方にかけて広い範囲で地震があった。震源は茨城県南西部で、深さは約60km、マグニチュードは5.2、東京、宇都宮、横浜で震度4、熊谷、水戸、網代、千葉、日光、秩父で震度3を記録した。この地震の影響で、東京の羽田空港で滑走路3本を一時閉鎖、JR東海道新幹線、東北新幹線、上越新幹線なども一部区間で一時運転を見合わせた。

1384 伊豆群発地震 1993年(平成5)5月31日
伊豆半島

5月31日午前0時20分ごろ、伊豆半島でま地震があった。震源は伊豆半島東方沖で、深さは10km、マグニチュードは4.5、伊東の臨時観測点で震度4、網代で震度3を記録した。26日以降に発生した群発地震では今回が最大。また、前日の30日には有感7回、無感647回の地震を記録していた。

1385 群発地震 1993年(平成5)6月3日
伊豆半島

6月3日午前3時19分ごろ、伊豆半島の東方沖を震源とする群発地震で、伊東、網代で震度4を観測、震源の深さは10km、マグニチュードは4.4、群発地震が始まった5月26日からの累計は、この日で9,000回となった。

1386 北海道南西沖地震 1993年(平成5)7月12日
北海道、東北地方

第Ⅰ部　解説参照（p.100）
● 死者・行方不明者230名。焼失家屋189、罹災者311名。

1387 地震 1993年(平成5)8月3日
北海道

8月3日午後6時2分ごろ、北海道羽幌で震度4の地震があった。震源は留萌支庁中部で、深さは10km。マグニチュードは3.5。

1388 地震 1993年(平成5)8月7日〜8日
静岡県

8月7日午後から8日未明にかけて、静岡市付近を震源に地震があった。最大で震度4を記録した。地震は午後3時1分、午後8時5分、午後9時22分に発生、震度4〜2を観測したほか、8日午前0時18分にも、静岡で再び震度4を記録した。

1389 余震 1993年(平成5)8月8日
北海道、東北地方

8月8日午前4時42分ごろ、北海道から東北地方にかけて強い地震があった。震源は北海道南西沖で奥尻島の南東約50km、深さは26km、マグニチュードは6.5、奥尻島で最大の震度5を観測したほか、函館、江差で震度4、室蘭、倶知安、むつ、深浦、寿都、苫小牧、青森、小樽で震度3。7月12日に起きた「北海道南西沖地震」の余震とみられる。

1390 地震 1993年(平成5)8月20日
沖縄県西表島

8月20日午後4時25分、沖縄県八重山諸島西表島で地震があった。震源は西表島北西部のごく浅い所で、震度4を観測した。

1391 地震 1993年(平成5)9月18日
関東地方、東北地方

9月18日午前11時18分ごろ、関東から東北南部にかけて地震があった。震源は鹿島灘で、深さは30km、マグニチュードは5.1、水戸で震度4、銚子で震度3を記録した。

1392 地震 1993年(平成5)10月10日
伊豆諸島

10月10日午後7時44分ごろ、伊豆諸島で地震があった。震源は伊豆大島近海で、深さは20km、マグニチュードは4.0、神津島の臨時観測点で震度4、三宅島で震度1を記録した。

1393 地震 1993年(平成5)10月12日
北海道、東北地方、関東地方、北陸地方

10月12日午前0時55分ごろ、関東甲信地方を中心に東北から北海道にかけての広い範囲で地震があった。震源は東海道はるか沖の太平洋で、深さは390km、マグニチュードは7.1、東京、横浜、日光で震度4を記録した。

1394 地震 1993年(平成5)11月11日
東北地方

11月11日午前9時6分ごろ、東北地方で地震があった。震源は岩手県沖で深さ約40km、マグニチュードは5.7、大船渡で震度4、石巻、盛岡、仙台、宮古で震度3を記録した。

1395 地震 1993年(平成5)11月27日
北海道、東北地方、関東地方、中部地方

11月27日午後3時11分ごろ、宮城県を中心に北海道南部、東北、関東甲信越地方にわたる広い地域で地震があった。震源は宮城県北部の内陸で、深さは約110km、規模はマグニチュード5.8、仙台、大船渡で震度4、福島、盛岡、宮古、石巻、酒田、小名浜、八戸で震度3を記録した。この地震で、東北電力の女川原子力発電所1号機が自動停止した。

1396 地震 1993年(平成5)12月4日
北海道、東北地方

12月4日午後6時30分ごろ、北海道から東北にかけての地域で地震があった。震源は苫小牧沖で、深さは9km、マグニチュードは5.1、苫小牧、むつで震度4、浦河、広尾、室蘭で震度3を記録した。

1397 地震 1993年(平成5)12月17日
東北地方

12月17日午後0時19分ごろ、東北地方を中心に地震があった。震源は岩手県沖で、深さは約60km、マグニチュード5.0、大船渡で震度4、石巻、宮古で震度3を記録した。

1398 地震 1994年(平成6)1月18日
沖縄県西表島

1月18日午前2時49分から4時11分にかけ、沖縄県八重山諸島・西表島で7回の有感地震があり、震度3～震度1の揺れを記録した。震源はいずれも石垣島近海のごく浅い場所。

1399 地震 1994年(平成6)2月13日
九州地方、中国地方

2月13日午前2時7分ごろ、九州・中国地方の広い範囲で地震があった。震源は鹿児島県北部で深さは約10km、マグニチュードは5.9、

鹿児島、熊本県内で震度4を観測、家具が転倒し主婦がけがをしたり、商品が壊れるなどの被害が出た。
- 負傷者1名

1400 群発地震　1994年（平成6）3月11日
伊豆諸島

3月11日午前10時ごろから午後1時ごろまでに、伊豆諸島の神津島で群発地震があった。震源はいずれも三宅島近海で、深さは10km、震度4を2回、震度3を6回、震度2を2回観測、午後0時12分の地震ではマグニチュード5.3を観測した。また、12日午前0時までに発生した有感地震は73回、無感地震を含めると230回となる。

1401 群発地震　1994年（平成6）3月16日
伊豆諸島

3月16日午後5時ごろから、伊豆諸島の神津島で地震活動が活発になり、17日午前0時までに震度4が1回、震度3が4回など、計17回の有感地震が観測された。震源はいずれも三宅島近海、最も揺れが大きかった午後9時9分の地震はマグニチュード4.1だった。

1402 地震　1994年（平成6）4月30日
九州地方、四国地方

4月30日午後0時28分ごろ、九州から四国にかけて広い範囲で地震があった。震源は鹿児島県の種子島近海で深さは約60km、規模はマグニチュード6.7、宮崎、都城、油津で震度4、大分、熊本、鹿児島、人吉で震度3を記録した。

1403 地震　1994年（平成6）5月28日
近畿地方、中部地方

5月28日午後5時4分ごろ、近畿や中部地方を中心に地震があった。震源は滋賀県中部で、深さは40km、マグニチュードは5.3、彦根、四日市で震度4、名古屋、津、岐阜、京都、敦賀、上野で震度3を観測、震源地に近い滋賀県彦根市では、赤ちゃんが棚から落ちた段ボール箱で顔に軽いけがをした。
- 負傷者1名

1404 地震　1994年（平成6）6月6日
鹿児島県

6月6日午後6時3分ごろ、奄美地方を中心に地震があった。震源は奄美大島近海で、深さは約20km、マグニチュードは5.9、名瀬で震度4、鹿児島で震度2、宮崎、種子島、屋久島、都城、沖永良部で震度1を記録した。

1405 地震　1994年（平成6）6月17日
徳島県、兵庫県

6月17日午前11時13分、徳島県を中心に地震があった。震源は徳島県東部の深さ約10kmで、マグニチュードは4.6、徳島市で震度4、兵庫県洲本市で震度1を記録した。徳島県で震度4を記録したのは、1962年1月4日以来。

1406 地震　1994年（平成6）6月28日
近畿地方、中部地方

6月28日午後1時8分ごろ、近畿から中部地方の広い範囲で地震があった。震源は京都府中部で、深さ約30km、マグニチュードは4.4、京都で震度4、奈良、津で震度3を記録した。

1994年(平成6)〜

1407 地震 1994年(平成6)6月29日
関東地方、東北地方、中部地方

6月29日午前11時2分ごろ、関東地方から東北南部、中部地方にかけて地震があった。震源は千葉県南方沖で、深さは60km、マグニチュードは5.3、勝浦、網代で震度4、横浜、東京、千葉、館山で震度3を記録した。

1408 地震 1994年(平成6)7月1日
北海道、青森県

7月1日午後2時14分ごろ、北海道の太平洋側から青森県の一部にかけて地震があった。震源は北海道・日高山脈南部で、深さは約60km、浦河で震度4、広尾で震度3を記録した。

1409 地震 1994年(平成6)7月2日
北海道、東北地方

7月2日午前7時43分ごろ、北海道から東北にかけて地震があった。震源は北海道日高支庁東部で、深さは約60km、マグニチュードは4.6、浦河で震度4を記録した。

1410 地震 1994年(平成6)7月2日
鹿児島県

7月2日午後9時8分ごろ、鹿児島県奄美大島近海で地震があった。震源は名瀬市から南東約40kmの太平洋で、深さは約20km、規模はマグニチュード5.5、名瀬で震度4、沖永良部で震度1を記録した。

1411 地震 1994年(平成6)8月25日
北海道、東北地方

8月25日午前10時24分ごろ、北海道と東北地方で地震があった。震源は北海道釧路沖で、深さは約70km、マグニチュードは5.2、釧路、厚岸で震度4、広尾、根室で震度2を記録した。

1412 地震 1994年(平成6)8月31日
北海道、東北地方

8月31日午後6時7分ごろ、北海道から東北地方にかけて広い範囲で地震があった。震源は国後島付近で、震源の深さは90km、マグニチュードは6.4、釧路で震度5、根室、厚岸町で震度4、八戸、広尾で震度3を記録した。

1413 平成六年北海道東方沖地震 1994年(平成6)10月4日
北海道、東北地方、関東地方

第Ⅰ部 解説参照(p.102)
● 負傷者343名、全半壊4戸、道路の損壊1,318カ所、浸水265戸

1414 余震 1994年(平成6)10月9日
北海道、東北地方

10月9日午後4時56分ごろ、北海道から東北地方にかけ地震があった。震源は択捉島南方沖100kmで、深さは10km未満、マグニチュード7.3、釧路で震度4、根室、浦河、帯広、苫小牧で震度3が観測された。北海道東方沖地震の余震としては最大規模だった。

1415 地震 1994年(平成6)10月25日
東海地方

10月25日午後3時6分ごろ、伊豆半島を中心とした地域で地震があった。震源は伊豆半島北部で、深さは20km、マグニチュードは4.8、神奈川県の小田原で震度4、三島、網代で震度3が観測された。

1416 地震 1994年(平成6)12月9日
三宅島近海

12月9日午前1時44分ごろ、三宅島近海を震源とする地震があった。震源の深さは40km、マグニチュードは4.2、神津島で震度4、三宅島で震度2を観測した。

1417 地震 1994年(平成6)12月18日
東北地方、関東地方、中部地方

12月18日午後8時7分ごろ、東北地方から関東信越地方にかけ地震があった。震源は福島県中部で、深さはごく浅く、マグニチュードは5.1、会津若松で震度4、日光と白河で震度3を観測した。

1418 地震 1994年(平成6)12月21日
東北地方

12月21日午前0時ごろ、東北地方北部で地震があった。震源は岩手県中部で、深さは90km、マグニチュードは5.4、大船渡で震度4、盛岡、宮古で震度3を記録した。

1419 三陸はるか沖地震 1994年(平成6)12月28日
東北地方、北海道

第Ⅰ部 解説参照(p.104)
●死者3名、負傷784名、建物全壊48棟、半壊378棟

1420 余震 1994年(平成6)12月29日〜30日
北海道、東北地方

12月29日午前5時52分、北海道、東北地方で「三陸はるか沖地震」の余震があり、マグニチュードは6.2、盛岡、大船渡、宮古で震度3、八戸、青森、むつ、秋田、仙台などで震度2を記録した。また、30日午前0時29分ごろにも、マグニチュード6.1の余震が発生、八戸で震度4、盛岡、むつで震度3、青森、函館などで震度2が観測された。

1421 地震 1995年(平成7)1月1日
関東地方

1月1日午前5時52分ごろ、関東地方を中心に地震があった。震源は東京湾で、深さは80km、マグニチュードは4.6、神奈川県小田原市で震度4、千葉、網代で震度3を記録した。

1422 地震 1995年(平成7)1月6日
伊豆諸島

1月6日午後6時48分ごろ、伊豆諸島で地震があった。震源は伊豆半島南方沖で、深さは40km、マグニチュードは4.5、神津島で震度4、三宅島で震度1を記録した。

1423 余震 1995年(平成7)1月7日
東北地方、北海道

1月7日午前7時37分ごろ、東北、北海道地方を中心に強い地震があった。震源は岩手県沖で、深さは30km、マグニチュードは6.9、八戸と盛岡でそれぞれ震度5を記録した。「三陸はるか沖地震」の余震とみられ、青森県と岩手県で23人が割れたガラスで負傷したほか、各地で停電、断水、ガス漏れなどの被害がでた。
●負傷者23名

1424 地震 1995年(平成7)1月7日
関東地方

1月7日午後9時34分ごろ、関東地方を中心とした広い範囲で地震があり、震源は茨城県南西部、北緯36.3度、東経140.0度で、震源の

1995年(平成7)〜

深さは70km、マグニチュードは5.2、水戸と日光で震度4、東京、横浜、千葉、宇都宮、熊谷、秩父、網代、白河で震度3を観測した。

1425 地震 1995年(平成7)1月15日
鹿児島県、沖縄県

1月15日午前11時40分ごろ、鹿児島県奄美大島近海を震源とする地震があった。震源の深さは約60km、マグニチュードは4.5、県沖永良部島で4、奄美大島の名瀬で震度3、沖縄県の那覇と名護で震度1を記録した。

1426 阪神・淡路大震災 1995年(平成7)1月17日
近畿地方、関東地方、中部地方、中国地方、四国地方、九州地方

第Ⅰ部 解説参照(p.106)
● 死者6,434名、倒壊家屋512,882棟、焼失家屋7,608棟、焼失面積659,402㎡

1427 余震 1995年(平成7)1月21日
北海道、東北地方

1月21日午後5時47分ごろ、北海道から東北にかけ、北海道東方沖地震の余震とみられる地震があった。震源は根室半島南東沖で、深さ70km、マグニチュードは6.2、釧路で震度4、根室で震度3を記録した。

1428 余震 1995年(平成7)1月21日
近畿地方

1月21日午後9時12分ごろ、阪神・淡路大震災の余震とみられる地震があった。震源は淡路島で、深さ10km、マグニチュードは4.1、淡路島北淡町で震度4、神戸で震度3を記録した。

1429 余震 1995年(平成7)1月23日
近畿地方

1月23日午前0時33分ごろ、阪神・淡路大震災の余震とみられる地震があった。震源は淡路島で、深さ10km、マグニチュードは4.2、淡路島北淡町で震度4、神戸で震度2を記録した。17日震災発生時から23日午前1時までに、余震の総回数は1,000回を超え、体に感じる余震は105回になった。

1430 余震 1995年(平成7)1月25日
近畿地方

1月25日午後11時16分ごろ、阪神・淡路大震災の余震があり、神戸と西宮、大阪市西淀川区で震度4を記録、震源は兵庫県東部、深さ約20kmで、マグニチュードは4.7。

1431 地震 1995年(平成7)2月15日
北海道

2月15日午前8時55分と9時56分ごろ、北海道で地震があった。震源は釧路沖で、深さ約50km、8時55分の地震ではマグニチュードは4.7、釧路で震度4、広尾で震度1、9時56分の地震ではマグニチュードは4.6、釧路で震度3、広尾で震度1を記録した。
また、午前5時48分ごろ「北海道東方沖地震」の余震とみられる地震があった。釧路で震度2、浦河と根室で震度1、震源は択捉島付近で、深さは約20km、マグニチュードは5.8。

1432 地震 1995年(平成7)2月27日
福島県

2月27日午前0時10分ごろ、福島県西部を震源とする地震があった。震源の深さは10km、マグニチュードは3.6、福島県河沼郡

柳津町で震度4を観測した。

1433 地震　1995年(平成7)3月23日
関東地方、東北地方

3月23日午前7時23分ごろ、関東地方から東北地方の南部にかけて地震があった。震源は茨城県南西部で深さは50km、マグニチュード4.6、熊谷、八郷で震度4、東京、水戸、宇都宮、日光では震度3を記録した。

1434 地震　1995年(平成7)4月1日
北陸地方、東北地方

第Ⅰ部　解説参照（p.108）
●負傷者82名、家屋損壊1,612棟

1435 地震　1995年(平成7)4月12日
関東地方、東北地方

4月12日午後2時23分ごろ、関東地方から東北地方南部にかけて地震があった。震源は茨城県中部で深さは40km、マグニチュード4.6、水戸で震度4、小名浜で震度3が観測された。

1436 地震　1995年(平成7)4月18日
関東地方、東海地方

4月18日午後8時26分ごろ、関東地方から東海地方にかけて地震があった。震源は駿河湾で深さは約20km、マグニチュード5.1、小田原と静岡で震度4、網代、三島などで震度3が観測された。また、午後8時36分と午後9時7分にも、マグニチュード4.4とマグニチュード2.7の地震があり、震度1から2が観測された。

1437 地震　1995年(平成7)5月13日
三宅島

5月13日午後10時27分ごろ、三宅島近海を震源とする地震があった。震源の深さは約10km、マグニチュードは4.5、三宅島阿古で震度4、三宅島で震度3を記録した。

1438 地震　1995年(平成7)5月23日
北海道

5月23日午後7時1分ごろ、北海道空知支庁を震源とする内陸直下型の強い地震があった。震源は北緯43.7度、東経141.7度の同支庁雨竜町と新十津川町の境界付近で、震源の深さは約10km、マグニチュードは5.6、空知支庁北竜町で震度5、留萌市で震度4、小樽、倶知安、岩見沢、芦別、羽幌、焼尻島、苫小牧で震度3を記録した。この地震で、新十津川町と滝川市で4人が軽傷を負い、北竜町では住宅の煙突が折れ、滝川市では水道管が破損するなどの被害が出た。
●負傷者4名

1439 群発地震　1995年(平成7)6月6日〜7日
和歌山県

6月6日夕から7日未明にかけ、和歌山市で9回の地震があった。いずれも震源は和歌山県北部付近で、震源の深さは約10km、マグニチュードは最大で5弱、震度は4を記録した。最大は7日午前0時52分に起きた4回目の地震。

1440 地震　1995年(平成7)7月3日
関東地方、東北地方

7月3日午前8時53分ごろ、関東地方から東北地方の広い範囲にかけて地震があった。震源は相模湾で深さは約120km、マグニチュード

は5.6、横浜や館山などで震度4を記録した。

1441 地震　1995年(平成7)7月16日
伊豆諸島

7月16日午後3時50分ごろ、伊豆諸島で地震があった。震源は三宅島近海で、深さは約10km、マグニチュードは3.7、神津島で震度4、三宅島阿古で震度2、三宅島で震度1が観測された。

1442 地震　1995年(平成7)7月30日
鹿児島県

7月30日午後8時51分ごろ、鹿児島県の奄美諸島を中心に地震があった。震源は奄美大島近海で、深さは約40km、マグニチュードは4.8、名瀬、喜界島で震度4、奄美大島龍郷で震度3を記録した。

1443 群発地震　1995年(平成7)8月10日
鹿児島県

8月10日午前6時49分ごろと7時22分ごろ、鹿児島県奄美大島近海で地震があった。震源は名瀬市から南西約15kmで、深さ約30km、マグニチュードは3.9、名瀬で震度3、喜界島で震度2を記録した。奄美大島近海では、7月9日、7月30日、8月1日にも地震が発生した。

1444 群発地震　1995年(平成7)9月11日～10月12日
静岡県

9月11日から10月12日までに、静岡県の伊豆半島東方沖を震源とする群発地震があった。9月12日に125回、18日に107回で一時小康状態となったが、29日に再び活発化し9月29から10月2日までの地震の発生数は4,803回、うち有感地震が88回で、10月2日正午前には伊東市や熱海市網代で震度4が、午前1時6分ごろにも伊東で震度4が観測された。

1445 地震　1995年(平成7)9月14日
新潟県

9月14日午後7時43分ごろ、新潟県上越地方を震源とする地震があった。震源の深さは約10km、マグニチュードは3.6、上越市の高田、上越中ノ俣で震度4を記録した。

1446 地震　1995年(平成7)10月6日
伊豆諸島

10月6日午後9時43分ごろ、伊豆諸島北部を震源とする強い地震があり、震源は神津島の南約10kmで、深さは約10km、マグニチュードは5.6、神津島で震度5、三宅島阿古で震度4が観測された。この地震で、神津島では土砂崩れや落石、家屋の損壊、道路の損壊、水道管の破裂や消火栓の破損などの被害がでた。また、この前震とみられる地震が午後9時29分ごろに、余震とみられる地震も7日午前1時までに44回観測された。

1447 余震　1995年(平成7)10月14日
近畿地方

10月14日午前2時4分ごろ、阪神・淡路大震災の余震とみられる地震があった。震源地は大阪湾で、震源の深さは約10km、マグニチュードは4.8、神戸市や淡路島北部で震度4、美方、八尾、寝屋川、芦屋、宝塚、淡路一宮で震度3を観測した。

1448 地震 1995年（平成7）10月18日
鹿児島県

10月18日午後7時37分ごろ、鹿児島県奄美地方を中心に地震があった。震源の深さ38km、マグニチュードは6.7、喜界島で震度5、奄美大島の名瀬市と龍郷町で震度4を記録した。その後も規模の小さい余震が連続して起き、19日午前0時までに有感、無感を合わせて148回の地震が観測された。この地震で、1人が軽いけがをした。

●負傷者1名

1449 地震 1995年（平成7）10月19日
九州地方

10月19日午前11時41分ごろ、九州、奄美、沖縄地方で地震があった。震源は18日夜に喜界島で震度5を観測した地震とほぼ同じ奄美大島近海で、深さは約34km、マグニチュード6.6、鹿児島県喜界町で震度5、奄美大島の名瀬市で震度4を観測した。

1450 余震 1995年（平成7）10月20日
伊豆諸島

10月20日午前9時9分ごろ、伊豆諸島で地震があった。震源は伊豆半島南方沖で、深さは約10km、マグニチュードは4.6、神津島で震度3、三宅島や同島阿古で震度2、大島津倍付で震度1を観測した。6日に神津島で震度5が観測された地震の余震とみられる。

1451 地震 1995年（平成7）11月1日
鹿児島県

11月1日午後6時36分ごろ、鹿児島県奄美大島近海で地震があった。震源は奄美大島近海の東南東約100kmで深さは約10km、規模はマグニチュード6.5、鹿児島県の喜界島で震度4、奄美大島の名瀬市で震度3を観測した。

1452 地震 1995年（平成7）11月23日
北海道、青森県

11月23日午後8時2分ごろ、北海道南部や青森県で地震があった。震源は北海道南西沖で、深さは約10km、マグニチュードは4.4、北海道渡島支庁松前町で震度4を記録した。また、午後11時13分と午後1時42分ごろにも、北海道南部や東北北部で地震があった。

1453 地震 1995年（平成7）12月4日
新島

12月4日午前6時49分ごろから7時36分ごろにかけて、伊豆諸島近海を震源とする群発地震があった。震源の深さは約10km以下で、マグニチュードは大きなもので3.9から4.3、新島の震度計では、震度4を1回、震度3を3回、震度2を2回、震度1を1回観測した。この地震で式根島小学校のコンクリート壁に亀裂が入り、村道に落石があるなどの被害があった。三宅島阿古で震度2、神津島などで震度1を観測した。

1454 地震 1995年（平成7）12月17日
鹿児島県

12月17日午前0時10分ごろ、鹿児島県のトカラ列島近海で地震があった。震源は悪石島の南西約30km、マグニチュードは4.4、名瀬市や喜界島で震度1を記録、小宝島では震度4相当の揺れを感じたらしい。

1995年(平成7)〜

1455 地震 1995年(平成7)12月20日
沖縄県、鹿児島県

12月20日午後8時39分ごろ、奄美・沖縄地方で地震があり、震源は沖縄本島近海で、震源の深さは約60km、マグニチュードは5.0、鹿児島県の沖永良部で震度4、国頭で震度3を記録した。

1456 余震 1995年(平成7)12月22日
和歌山県、兵庫県、徳島県

12月22日午後9時41分ごろ、和歌山、兵庫、徳島県にまたがる広い範囲で地震があった。震源は紀伊水道で、震源の深さは約10km、マグニチュードは4.1、和歌山市では震度4を記録した。また、午後7時7分ごろにも、兵庫県南部を中心に地震があり、淡路島一宮町で震度3を記録した。阪神・淡路大震災の余震とみられる。

1457 阪神・淡路大震災余震 1995年(平成7)
近畿地方

大阪管区気象台の発表によると、1月17日の阪神・淡路大震災から12月末までに、2,361回の余震を観測したと発表。1月に1,319回を記録したのが最多で、余震の震源域は、淡路島北部から宝塚市付近にかけての長さ約80km、幅10数kmとみており、12月末までに有感389回、無感1,972回の余震を観測、うち1月に発生した余震は1,319回。余震で最大のものは本震から約2時間後に起きたマグニチュード5.4で、震度4以上の余震は10回、うち8回が1月に集中したが、10月14日未明にも、大阪湾を震源とするマグニチュード4.8が観測された。

1458 地震 1996年(平成8)1月3日
兵庫県

1月3日午後8時55分ごろ、兵庫県で地震があった。震源は兵庫県南東部で、震源の深さは約10km、マグニチュードは3.4、兵庫県川辺郡猪名川町で震度4の中震を観測した。

1459 群発地震 1996年(平成8)1月8日
近畿地方

1月8日午前3時37分〜8時31分までに、兵庫県川辺郡猪名川町を震源地とする地震が5回、大阪府南部を震源地とする地震が1回あった。震源の深さはいずれも約10kmで、マグニチュードは2.0〜3.3、最初の地震では猪名川で震度3の弱震を記録した。

1460 地震 1996年(平成8)2月7日
北陸地方、東海地方、中国地方

2月7日午前10時33分ごろ、北陸地方を中心に東海から中国地方にかけて地震があった。震源は福井県東部で、深さは約10km、マグニチュードは5.0、石川県加賀市で震度4の中震、福井で震度3の弱震を観測した。この地震で、福井県大野市では建物のガラスや壁にひびが入るなどの被害があった。

1461 地震 1996年(平成8)2月17日
太平洋沿岸

2月17日、ニューギニア付近を震源とする地震があった。日本の太平洋沿岸各地に小津波来襲、小舟の転覆などの被害が出た。マグニチュード5.3。

1462 地震 1996年（平成8）2月17日
北海道、東北地方、関東地方、中部

2月17日午前0時23分ごろ、東北地方を中心に北海道から近畿地方にかけての広い地域で地震があった。震源は福島県沖150km付近で、深さは約50km、マグニチュードは6.6、仙台、盛岡、福島、大船渡、一関、石巻、白河、水戸などで震度4の中震、釧路、秋田、酒田、新庄、山形、小名浜、若松、日光、宇都宮、足利、銚子、網代で震度3の弱震を記録した。

●――

1463 地震 1996年（平成8）2月18日
鹿児島県奄美大島

2月18日午前6時25分ごろ奄美大島付近で地震があった。震源は奄美大島近海で、深さは約40km、マグニチュードは4.5で、小宝島で震度4の中震を観測した。奄美大島近海では午前9時42分と午後11時27分にも地震が観測されている。

●――

1464 駒ヶ岳噴火 1996年（平成8）3月5日
北海道

3月5日夕方、北海道南部にある駒ヶ岳が54年ぶりに噴火した。

●――

1465 地震 1996年（平成8）3月6日
中部地方、関東地方、近畿地方

3月6日午後11時35分ごろ、中部地方を中心に関東から近畿地方にかけて地震があった。震源は山梨県東部で、深さは約20km、マグニチュードは5.8、山梨県の河口湖で震度5の強震、山梨県南部と静岡県三島で震度4の中震、横浜、横須賀、小田原、甲府、秩父、館山、諏訪、高遠、網代、石廊崎、下田、静岡、伊東、大島で震度3の弱震を観測した。また午後11時42分にもマグニチュード3.7の余震が発生している。

●――

1466 群発地震 1996年（平成8）5月2日
神津島

5月2日午後6時30分ごろから、伊豆諸島近海を震源とする地震があった。震源の深さはいずれも浅く、マグニチュードは最大で4.5、神津島で震度4を2度記録した。地震回数は3日午前0時までに15回、無感地震も含めると65回に上る。

●――

1467 地震 1996年（平成8）6月2日
鹿児島県

6月2日午後6時37分ごろ、鹿児島県沖永良部島の北西約10kmの東シナ海を震源とする地震があった。震源の深さは約50kmで、マグニチュードは5.7、沖永良部島で震度4、名瀬、徳之島、国頭で震度3を記録、また、午後6時41分にも震度2の余震があった。

●――

1468 群発地震 1996年（平成8）8月11日～12日
東北地方、中部地方

8月11日未明から12日にかけ、宮城県北部を中心とした広い範囲で地震があった。震源はいずれも宮城、秋田の県境付近で、深さは約10km、マグニチュードは最大で5.9、宮城県栗原郡栗駒町沼倉で震度5を3回、震度4を4回、新庄で震度4、一関、男鹿、酒田、金山、新潟で震度3を記録したのをはじめ、体に感じる地震が80回あった。この群発地震で宮城、山形の各県で、割れたガラスなどで計12人がけがをしたほか、宮城県では家具が倒れたり柱が傾くなど約250戸が被害を受けた。

●負傷者12名

1996年(平成8)～

1469 地震　1996年(平成8)8月13日
東北地方

8月13日午前11時13分ごろ、宮城県北部で震度4の地震があった。震源は宮城県鳴子町付近で、深さは約10km、マグニチュードは5.0、栗駒町沼倉、鳴子町鬼首で震度4、新庄で震度3を記録、山形県最上町では3人が重軽傷を負った。
●負傷者3名

1470 地震　1996年(平成8)9月9日
九州地方

9月9日午後1時34分ごろ、九州南部で地震があった。震源は種子島近海で、震源の深さは約20km、マグニチュードは5.7、鹿児島県種子島で震度4を記録した。

1471 地震　1996年(平成8)9月11日
東北地方、関東地方、中部地方

9月11日午前11時37分ごろ、東北から関東甲信越の広い地域で地震があった。震源は千葉県犬吠埼の東約40km付近で、深さは約30km、マグニチュードは6.6、千葉県佐原市で震度5、銚子、千葉で震度4、福島、白河、小名浜、水戸、八郷、長柄、館山、勝浦、東京、大島津倍付、横浜、横須賀、諏訪、網代で震度3を観測した。

1472 地震　1996年(平成8)10月5日
東海地方、関東地方

10月5日午前9時51分ごろ、静岡県を中心に地震があった。震源は静岡県中部で、深さは約30kmで、マグニチュードは4.5、静岡県川根町家山で震度4、相良、袋井で震度3を観測した。

1473 群発地震　1996年(平成8)10月15日～17日
東海地方

10月15日夜から17日午前1時までに、伊豆半島の東方沖で群発地震があった。震源は伊東市の中心部から北東約3kmの沖合で、28時間に2,309回、うち静岡県伊東市で震度4、熱海市網代で震度3を観測した。

1474 地震　1996年(平成8)10月18日
鹿児島県

10月18日午後7時50分ごろ、鹿児島県種子島近海を震源とする地震があった。震源の深さは約60km、マグニチュードは6.2、鹿屋市で震度4、鹿児島市や宮崎市、種子島の西之表市などで震度3を記録した。この地震で、種子島田之脇では午後8時7分に17cmの津波を観測した。

1475 宮崎・日向灘地震　1996年(平成8)10月19日
九州地方

10月19日午後11時44分、九州地方で強い地震があった。震源は宮崎の東南東約50kmの日向灘で、震源の深さは約40km、マグニチュードは7.0、宮崎市や鹿児島県鹿屋市で震度5弱を観測したほか、福岡県、熊本県、大分県などの広い範囲で震度4、山口県、佐賀県、長崎県などでも震度3を記録した。また、20日午前6時18分にマグニチュード4.9の地震が観測されるなど、200回を超える余震が続き、宮崎県日南市では12cmの津波を観測した。

1476 地震　1996年(平成8)10月24日
伊豆諸島

10月24日午前11時14分ごろ、伊豆諸島

の神津島、新島近海を震源とする地震があった。震源の深さは約10km、規模はマグニチュード4.5、神津島で震度4、新島で震度3を観測した。

1477 地震 1996年(平成8)10月25日
関東地方、中部地方

10月25日午後0時25分ごろ、山梨県東部を震源とする地震があった。震源の深さは約30km、マグニチュードは4.9、山梨県大月市で震度4、東京都多摩東部や神奈川県でも震度3を観測した。また、10月26日に、この地震の余震とみられる揺れが観測された。

1478 地震 1996年(平成8)10月28日
伊豆諸島

10月28日午前1時ごろから未明にかけて、伊豆諸島の新島と神津島、三宅島などで地震があった。震源は新島と神津島間の海域で、深さは約10km、マグニチュードは最大4.7、午前1時から同5時すぎまでに発生した有感地震は20回にのぼり、新島村本村で震度4、神津島金長と三宅村阿古で震度3を記録した。

1479 地震 1996年(平成8)11月2日
伊豆諸島

11月2日午前4時50分ごろ、伊豆諸島の新島、神津島近海を震源とする地震があった。震源の深さは約10km、マグニチュードは5.0、新島で震度4、神津島で震度3を観測した。

1480 地震 1996年(平成8)11月17日
伊豆諸島

11月17日午前0時52分ごろ、伊豆諸島で地震があった。震源は新島の近海で深さ約10km、規模はマグニチュード4、新島で震度4、神津島と三宅島で震度1を観測した。

1481 地震 1996年(平成8)11月28日
関東地方

11月28日午後4時40分ごろ、房総半島の南東沖を震源とする地震があった。震源の深さは約50kmで、マグニチュード5.5、千葉県館山市で震度4、千葉県勝浦市、鴨川市、東京都・伊豆大島、三宅島、横浜市、神奈川県横須賀市で震度3を観測した。

1482 地震 1996年(平成8)12月3日
九州地方、中国地方、四国地方、近畿地方

12月3日午前7時18分ごろ、九州地方で地震があった。震源は宮崎市の南東20kmの日向灘で、震源の深さは約30km、マグニチュードは6.3、宮崎市で震度5弱を記録したほか、熊本、大分、鹿児島各県で震度4、兵庫県、鳥取県、広島県、愛媛県、山口県などで震度3を観測した。この地震で宮崎県都城市安久町では土砂崩れで市道が埋まり、宮崎市に近い3つの町で小中学校など7施設の窓ガラスが割れ、宮崎空港では管制室の天井板が一部はがれ落ちるなどの被害がでた。また、宮崎県日南市油津の検潮所では午前8時3分に高さ10cm未満の津波が観測された。

1483 地震 1996年(平成8)12月21日
関東地方

12月21日午前10時29分ごろ、関東地方で強い地震があった。震源は千葉、埼玉県境に近い茨城県南部、震源の深さは約40km、マグニチュードは5.5、今市市、益子町、板倉町などで震度5弱、水戸市、八郷町、関城町、宇都宮市、足利市、栃木市、沼田市、片品村、桐生

1997年(平成9)1月18日〜

市、熊谷市、久喜市、児玉町で震度4を観測した。この地震で、栃木県鹿沼市の工場で鉄骨が落下し1人が負傷した。
●負傷者1名

1484 地震　1997年(平成9)1月18日
九州地方

1月18日午前0時37分と53分に、九州地方南部で相次いで地震があった。震源地は奄美大島近海で、震源の深さは約30km、マグニチュード6.0と5.0、喜界島で震度4、名瀬市、鹿児島県十島村などで震度3を記録した。

1485 地震　1997年(平成9)2月12日
沖縄県

2月12日午前0時17分ごろ、沖縄県西表島付近で地震があった。震源の深さは約10km、マグニチュードは4.2、竹富町、石垣市で震度4を記録した。

1486 群発地震　1997年(平成9)3月3日〜9日
静岡県

3月3日から9日にかけて、伊豆半島東方沖を震源とする群発地震。有感・無感を合わせた全地震回数は、9日午前1時までに8,166回、このうち有感地震は381回となった。

1487 地震　1997年(平成9)3月16日
愛知県

3月16日午後2時51分、愛知県東部を震源とする地震があった。豊橋市で震度5を記録した。マグニチュード5.8。

1488 地震　1997年(平成9)3月26日
九州地方、中国地方、四国地方

3月26日午後5時31分ごろ、九州地方を中心に中国、四国地方で地震があった。震源地は鹿児島県薩摩地方の北部で、震源の深さは約20km、マグニチュードは6.2、鹿児島県川内市と阿久根市、宮之城町で震度5強を観測した。
●負傷者22名、建物一部損壊11棟、道路損壊9カ所、がけ崩れ22カ所

1489 余震　1997年(平成9)4月3日
九州地方

4月3日午前4時33分ごろ、九州南部地方を中心に強い地震があった。震源地は鹿児島県薩摩地方で、阿久根市赤瀬川、宮之城町屋地で震度5弱、芦北町芦北、隼人町内山田で震度4を記録した。3月26日の地震の余震。

1490 余震　1997年(平成9)4月4日
九州地方

4月4日午前2時33分ごろ、九州南部を中心に強い地震があった。震源地は阿久根市の東約20kmで、震源の深さは約10km、マグニチュードは4.7、鹿児島県宮之城町で震度4を記録した。3月26日の地震の余震。

1491 余震　1997年(平成9)4月5日
鹿児島県

4月5日午後1時24分ごろ、鹿児島県薩摩地方を震源とする地震があった。震源の深さは約10km。マグニチュードは4.9、鹿児島県川内市と宮之城町で震度5弱の揺れを観測した。3月26日の地震の余震。

1492 余震　1997年（平成9）4月9日
鹿児島県

　4月9日午後11時20分ごろ、鹿児島県で地震があった。震源の深さが約10km、マグニチュードは4.9、鹿児島県川内市と宮之城町で震度4を記録した。3月26日の地震の余震。

1493 地震　1997年（平成9）5月12日
東北地方、関東地方、中部地方

　5月12日午前7時59分ごろ、東北地方を中心に静岡県までの広い範囲で地震があった。震源地は福島県沖で、震源の深さは約60km、マグニチュードは5.7、郡山市、白河市で震度4、仙台市、福島市、いわき市、水戸市、今市市で震度3を記録した。

1494 鹿児島県北西部地震　1997年（平成9）5月13日
九州地方

　第Ⅰ部　解説参照（p.110）
● 負傷者74名、家屋全壊・半壊35棟、がけ崩れ58カ所

1495 地震　1997年（平成9）6月15日
北海道

　6月15日午後2時19分ごろ、北海道釧路地方を中心に広い範囲で地震があった。震源地は釧路地方南部で、震源の深さは約100km、マグニチュードは5.1、釧路市で震度4、帯広市、足寄町、本別町、広尾町、弟子屈町、厚岸町、音別町、別海町で震度3を記録した。

1496 地震　1997年（平成9）6月19日
沖縄県

　6月19日午後7時5分ごろ、沖縄県宮古島周辺で強い地震があった。震源地は宮古島近海で、震源の深さは約60km、マグニチュードは5.1、平良市で震度4を観測した。

1497 地震　1997年（平成9）6月25日
中国地方、九州地方、四国地方、近畿地方

　6月25日午後6時50分ごろ、中国地方を中心に強い地震があった。震源地は山口県北部で、震源の深さは約20km、マグニチュードは5.9、島根県益田市で震度5強、松江市、出雲市、大東町、三次市、山口市、萩市、下関市、久留米市で震度4を記録した。この地震で民家の石垣が崩落し、家屋1棟が半壊、道路のひび割れの被害があった。

1498 余震　1997年（平成9）7月26日
九州地方

　7月26日午後6時36分ごろ、鹿児島県北部を中心に地震があった。震源地は鹿児島県薩摩地方で震源の深さは約10km、マグニチュードは4.3、鹿児島宮之城町で震度4を記録した。3月26日の地震の余震とみられる。

1499 地震　1997年（平成9）9月14日
伊豆諸島

　9月14日午後2時32分と33分、伊豆諸島で相次いで地震があった。震源地は新島・神津島近海で、震源の深さは約10km、マグニチュードは3.4と4.0、新島村でそれぞれ震度3と震度4を記録した。

1500 地震　1997年（平成9）11月23日
東北地方

　11月23日午後0時51分ごろ、東北地方北

1997年(平成9)〜

部を中心に地震があった。震源は秋田県沖、震源の深さは約30kmで、マグニチュードは5.8、二戸市、能代市、男鹿市、山本町、井川町で震度4を記録した。また午後4時21分と5時12分、6時49分に同県男鹿市などで余震とみられる震度1の地震があった。

●—

1501	地震 1997年(平成9)12月7日
	東北地方、関東地方

12月7日午後0時50分ごろ、宮城県で地震があった。震源地は福島県沖で、震源の深さは約80km、マグニチュードは5.7、宮城県涌谷町で震度4を記録した。

●—

1502	地震 1997年(平成9)12月19日
	石川県

12月19日午後10時7分、石川県西方沖を震源とする地震があった。マグニチュード4.4。

●—

1503	地震 1998年(平成10)2月21日
	中部地方、関東地方

2月21日午前9時55分ごろ、新潟県を中心に地震があった。震源地は中越地方で、震源の深さは約20km、マグニチュードは5.0、新潟県の小千谷市、六日町、大和町、中里村で震度4を記録した。

●—

1504	地震 1998年(平成10)3月3日
	鹿児島県

3月3日午前8時半ごろ、鹿児島県で地震があった。震源地は薩摩地方で、震源の深さは約10km、マグニチュードは3.9、川内市で震度4、阿久根市で震度2を観測した。

●—

1505	地震 1998年(平成10)3月8日
	関東地方

3月8日午後1時46分ごろ、北関東を中心に広い範囲で地震があった。震源地は茨城県南部で深さは約40km、地震の規模を示すマグニチュードは4.7、栃木市、益子町、大利根町で震度4、日光市、宇都宮市、足利市、八郷町、熊谷市、沼田市で震度3が観測された。

●—

1506	地震 1998年(平成10)4月3日
	東北地方

4月3日午後4時58分ごろ、東北地方を中心に広い範囲で地震があった。震源地は岩手県内陸北部で、震源の深さはごく浅く、マグニチュードは6.0、岩手県雫石町で震度6弱、秋田県田沢湖町で震度4を記録した。その後も、余震とみられる地震が続き、午後9時25分には雫石町で震度3を記録した。雫石町の国民休暇村などで天井からの落下物で11人が軽傷を負った。

●負傷者11名

1507	地震 1998年(平成10)4月9日
	東北地方、関東地方

4月9日午後5時45分ごろ、東北、関東地方を中心に広い範囲で地震があった。震源地は福島県沖で、震源の深さは約90km、マグニチュードは5.4、浪江町、水戸市、今市市で震度4、郡山市、福島市、いわき市、土浦市、日光市、古川市、佐原市、成田市で震度3を観測した。

●—

1508	群発地震 1998年(平成10)4月20日〜28日
	静岡県

4月20日から28日にかけて、静岡県・伊豆半島東方沖で群発地震。震度4を記録する地震

1509 地震 1998年（平成10）4月22日
東海地方、近畿地方

4月22日午後8時32分ごろ、東海・近畿地方を中心に地震があった。震源地は岐阜県美濃中西部で、震源の深さは約10km、マグニチュードは5.2、愛知県西部などで震度4を観測した。

1510 地震 1998年（平成10）5月4日
沖縄県

5月4日午前8時30分ごろ、沖縄地方で地震があった。震源は石垣島の南東260km、深さ20km、マグニチュード7.7、宮古、八重山列島の平良市、多良間村、石垣市などで震度3を記録した。

1511 地震 1998年（平成10）5月23日
中国地方、九州地方

5月23日午前4時49分ごろ、中国地方を中心に地震があった。震源地は瀬戸内海の伊予灘西部で、震源の深さは約90km、マグニチュードは5.7、山口県光市や大分市などで震度4を記録した。この地震の影響で山陽新幹線や四国内のJR線で遅れが出た。

1512 地震 1998年（平成10）6月23日
近畿地方

6月23日午後10時54分ごろ、近畿地方などで地震があった。震源は三重県中部で、震源の深さは約40km、マグニチュードは4.4、奈良県の天理市、上牧町で震度4を記録した。

1513 地震 1998年（平成10）6月24日
関東地方

6月24日午後11時52分ごろ、関東地方で地震があった。震源地は茨城県南部で、震源の深さは約70km、マグニチュードは4.7、茨城県関城町、埼玉県騎西町、栃木県の今市市と益子町で震度4を記録した。

1514 地震 1998年（平成10）7月1日
長野県

7月1日午前2時28分ごろ、長野県で地震があった。震源地は長野県北部で、震源の深さは約10km、マグニチュードは4.5、長野県大町市で震度4を記録した。

1515 群発地震 1998年（平成10）8月7日～22日
長野県

8月7日から22日にかけて、長野県安曇村の上高地を中心に群発地震があった。震源地はいずれも長野県中部で、震源の深さは約10kmからごく浅いところ、マグニチュードは2.5から5.2、震度4以上の地震は12日、14日、16日、22日に観測されている。また、12日午後3時13分の地震では震度5弱を観測、7日から22日午前9時までに発生した地震は有感、無感を含めて5,503回となった。

1516 地震 1998年（平成10）8月29日
関東地方、中部地方

8月29日午前8時46分ごろ、関東南部を中心に関東地方から中部地方にかけての広い範囲で地震があった。震源地は北緯35.6度、東経

1998年(平成10)〜

140度で東京湾のほぼ中央部、震源の深さは約70km、マグニチュードは5.4、東京、大島、横浜などで震度4を記録した。

1517 地震 1998年(平成10)9月3日
東北地方

9月3日午後4時58分ごろ、東北地方を中心に地震があった。震源は岩手県北部の岩手山付近。深さはごく浅いところで、マグニチュードは6.0、雫石町で震度6弱、田沢湖町で震度4を記録した。この地震で、5人が落下してきたもので負傷した。
●負傷者5名

1518 地震 1998年(平成10)9月15日
東北地方

9月15日午後4時24分ごろ、東北地方を中心に地震があった。震源地は宮城県南部で、震源の深さは約10km、マグニチュードは5.1、仙台市で震度4、気仙沼市、涌谷町、柴田町、松島町、山形市で震度3を記録した。

1519 駒ヶ岳噴火 1998年(平成10)10月25日
北海道

10月25日午前9時12分ごろ、北海道南部にある駒ヶ岳が噴火した。火山性微動が数分続き、噴煙が1,200mの高さにまで上がった。

1520 地震 1998年(平成10)11月8日
関東地方11月8日

11月8日午後9時40分ごろ、関東地方で地震があった。震源地は東京湾で震源の深さは約80km、マグニチュードは4.9、横浜市で震度4を記録した。

1521 地震 1998年(平成10)11月24日
東北地方

11月24日午前4時48分ごろ、東北地方を中心に地震があった。震源地は宮城県沖で震源の深さは約80km、マグニチュードは5.4、宮城県柴田町で震度4、仙台市、石巻市、気仙沼市、大船渡市、米沢市、福島市、郡山市、原町市、日立市で震度3を記録した。

1522 地震 1999年(平成11)1月11日
福井県和泉村

1月11日午前9時10分ごろ、福井県で地震があった。震源は同県嶺北地方で、マグニチュードは4.3。同県和泉村で震度3、福井県大野市、同県勝山市、石川県加賀市で震度2を記録した。

1523 地震 1999年(平成11)1月24日
九州地方

1月24日午前9時37分ごろ、九州から近畿にかけての広い地域で地震があった。震源は種子島近海で深さは約50km、マグニチュード5.9。鹿児島県鹿屋市、田代町、西之表市、上屋久町(屋久島)で震度4、鹿児島市、鹿児島県枕崎市、山川町、志布志町、宮崎県串間市、都城市、小林市、高千穂町で震度3を記録した。

1524 地震 1999年(平成11)1月28日
長野県

1月28日午前10時25分ごろ、長野県で震度4の地震があった。震源は長野県中部で深さは約10km、マグニチュードは4.7。長野県穂高町で震度4、長野県大町市、松本市、上田市、諏訪市、坂井村、高遠町、辰野町、群馬県六合村で震度3を記録。この地震で、長野県内のJR篠ノ井線の松本〜冠着間、大糸線の松本〜

296

~1999年（平成11）

信濃大町間が、線路点検のため運転を見合わせた。

1525 地震　1999年（平成11）2月12日
近畿地方

2月12日午前3時16分、近畿地方で地震があった。震源は京都南部で深さは約20km、マグニチュードは4.4。京都府亀岡市で震度4、京都市中京区、京都府向日市、八幡市、大山崎町、園部町、大阪府島本町、能勢町、豊能町で震度3を記録した。同府で震度4以上を記録したのは平成7年1月の阪神大震災以来。

1526 群発地震　1999年（平成11）2月14日
東京都神津島村

2月14日6時27分から8時50分までの間に、神津島から新島近海で計12回の有感地震があった。震源はいずれも新島・神津島近海で深さは約10km、マグニチュードは2.8から4.2。同日午後6時51分ごろには東京都神津島村で震度3を記録した。

1527 地震　1999年（平成11）2月18日
近畿地方

2月18日午後5時45分ごろ、近畿地方から三重、福井両県にわたる広い地域で地震があった。震源は三重県中部で深さ約10km、マグニチュードは3.9。奈良県御杖村で震度3、三重県上野市、名張市、滋賀県彦根市、京都府城陽市で震度2を記録した。

1528 地震　1999年（平成11）2月21日
福島県猪苗代町

2月21日午前10時51分ごろ、福島県猪苗代町で震度3の地震があった。震源は福島県会津地方で深さは約10km、マグニチュードは4.0。

1529 地震　1999年（平成11）2月26日
山形県

2月26日午後2時18分ごろ、東北地方の日本海側を中心に広い範囲で地震があった。震源は秋田・山形県境の沿岸から数km沖で深さは20km、マグニチュードは5.4。秋田県象潟町と山形県遊佐町で震度5弱を記録した。秋田県象潟町、山形県遊佐町で震度5弱、秋田県仁賀保町、金浦町、矢島町、西目町、鳥海町、羽後町、山形県酒田市、八幡町、平田町で震度4、秋田県男鹿市、秋田市、宮城県古川市などで震度3を記録した。庄内地方で停電、地割れ、ブロック塀の倒壊などの被害が出たが、けが人はなかった。震度5弱以上を記録したのは、1998年9月3日に岩手県雫石町で震度6弱を観測して以来。

1530 地震　1999年（平成11）3月9日
熊本県

3月9日午後12時53分、阿蘇地方を震源とする地震があった。マグニチュード4.5。

1531 群発地震　1999年（平成11）3月14日
伊豆諸島

3月14日午前9時4分ごろ、伊豆諸島で強い地震があった。震源の深さは約20km、マグニチュードは4.7。神津島で震度5弱、三宅島で震度4、新島で震度3を観測した。震度5以上は平成7年10月以来。神津島では午前6時38分ごろ、震度1の地震が発生した後、同日午後3時までに震度5弱を1回、震度4を2回、震度3を5回記録した。有感地震の回数は15日午前

1999年(平成11)〜

8時までに38回に上った。

●――

1532	地震　1999年(平成11)3月16日
	近畿地方

　3月16日午後4時43分ごろ、近畿、中部、北陸、中・四国地方の広範囲で地震があった。震源は滋賀県北部で、深さ約10km、マグニチュードは5.1。滋賀県彦根市、近江八幡市、三重県鈴鹿市で震度4、京都府亀岡市、滋賀県水口町、奈良県高取町、福井県小浜市、三重県四日市市、松阪市で震度3を記録した。

●――

1533	地震　1999年(平成11)3月19日
	北海道、東北地方

　3月19日午前2時55分ごろ、北海道と東北地方で地震があった。震源は青森県東方沖で深さは約50km、マグニチュードは5.7。岩手県二戸市、青森県平内町、五戸町で震度3を記録した。

●――

1534	地震　1999年(平成11)3月25日
	和歌山県

　3月25日午前0時7分ごろ、和歌山県で地震があった。震源は紀伊水道で深さは約50km、マグニチュードは4.6。同県野上町で震度3、御坊市、有田市、湯浅町、粉河町、白浜町、大阪府岸和田市、奈良県下北山村、徳島市で震度2を記録した。

●――

1535	地震　1999年(平成11)3月26日
	関東地方

　3月26日午前8時31分ごろ、関東地方の広い範囲で地震があった。震源は茨城県北部で深さは約50km、マグニチュードは5.1、水戸市、茨城県日立市、常陸太田市、土浦市、つくば市、鹿嶋市などで震度4、茨城県美野里町、茨城町、栃木県今市市、埼玉県久喜市、群馬県邑楽町、千葉県佐原市などで震度3を記録した。この地震で、常磐自動車道の谷田部IC〜いわき勿来IC間が、午前9時20分まで通行止めとなったほか、JR常磐線と水郡線の一部区間で徐行運転を行った。また水戸市内の女性が、自宅の棚から落ちてきたつぼで頭を打ち、額に軽い切り傷を負った。

●負傷者1名

1536	群発地震　1999年(平成11)3月28日
	伊豆諸島

　3月28日未明から夕方にかけて、伊豆半島沖を震源とする有感地震が計10回あった。まず、午前1時37分、新島・神津島近海の深さ約10kmを震源とするマグニチュード4.9の地震があり、神津島村で震度4、三宅村、静岡県相良町で震度3を記録した。地震はその後も断続的に続き、神津島村では同午前11時2分までに震度2を1回、震度1を7回記録した後、午後5時8分に再び震度1を記録した。同地域では今月14日にも計38回の有感地震があり、神津島村で震度5弱を記録している。

●――

1537	地震　1999年(平成11)4月17日
	近畿地方、中国地方、四国地方

　4月17日午後5時半ごろ、近畿、中国、四国地方で地震があった。震源は兵庫県南西部で深さは20km、マグニチュードは3.9。兵庫県加西市、安富町、岡山県作東町で震度3、神戸市西区、兵庫県加古川市、岡山県加茂町、京都府八幡市で震度2を記録した。この地震のためJR山陽新幹線の新神戸〜岡山間で送電が自動的に停止、上下13本が遅れ、約4,000人に影響した。

●――

1538 地震 1999年（平成11）4月19日
東北地方

4月19日午前3時50分ごろ、東北地方で地震があった。震源は岩手県内陸南部で深さは約10km、マグニチュードは4.5。宮城県栗駒町で震度3を記録した。

1539 地震 1999年（平成11）4月25日
関東地方

4月25日午後9時27分ごろ、関東地方を中心に地震があった。震源は茨城県北部で深さは約50km、マグニチュードは5.2。水戸市、栃木県益子町で震度4、茨城県土浦市、栃木県今市市、福島県郡山市、埼玉県久喜市、千葉県成田市で震度3を記録した。また、これより先の同日午後6時13分ごろ、関東地方で震度2の地震があった。

1540 火山性地震 1999年（平成11）5月1日～5月3日
北海道

5月1日から、北海道苫小牧、千歳の両市にまたがる樽前山で火山性地震が頻発。5月3日午前8時15分、札幌管区気象台苫小牧測候所は臨時火山情報第1号を発表した。

1541 地震 1999年（平成11）5月13日
北海道

5月13日午前2時59分、釧路市付近を震源とする地震があった。マグニチュード6.4。

1542 地震 1999年（平成11）5月17日
北海道、青森県

5月17日午前6時20分ごろ、北海道の太平洋側と青森県で地震があった。震源は浦河沖で深さは60km、マグニチュードは4.8。静内町で震度3を記録した。

1543 地震 1999年（平成11）5月22日
関東地方

5月22日午前9時48分ごろ、関東地方南部で地震があった。震源は神奈川県西部で深さは約20km、マグニチュードは4.4。横浜市、相模原市、秦野市、東京都国分寺市で震度3を記録した。

1544 地震 1999年（平成11）6月14日
京都府、兵庫県

6月14日午前4時40分ごろ、京都府と兵庫県で地震があった。震源は京都府南部で深さは約10km、マグニチュードは4.2。京都府三和町、兵庫県市島町で震度3、京都市中京区、兵庫県三田市で震度2を記録した。

1545 地震 1999年（平成11）6月27日
関東地方

6月27日午後7時50分ごろ、関東地方を中心とした地震があった。震源は茨城県南部で深さは約50km、マグニチュードは4.4。茨城県協和町、埼玉県鷲宮町で震度3を記録した。

1546 地震 1999年（平成11）7月15日
関東地方

7月15日午前7時56分、関東地方で地震があった。震源は茨城県南部で深さは約70km、マグニチュードは4.8。茨城県水戸市、日立市、茨城町、美野里町、鉾田町、神栖町、東町、八郷町、千葉県佐原市で震度3を記録した。

1999年(平成11)～

| 1547 | 地震 1999年(平成11)7月15日 |
| 近畿地方 |

7月15日午後7時25分ごろ、近畿地方で地震があった。震源は大阪湾で深さは約20km、マグニチュードは3.8。兵庫県神戸市、明石市で震度3、芦屋市、大阪府岸和田市などで震度2を記録した。

| 1548 | 地震 1999年(平成11)7月16日 |
| 広島県 |

7月16日午前2時59分ごろ、広島県で地震があった。震源は同県南東部で深さは約20km、マグニチュードは4.4。同県本郷町で震度4、三原市、尾道市、福山市、愛媛県今治市、丹原町などで震度3を記録した。

| 1549 | 地震 1999年(平成11)7月20日 |
| 東京都小笠原村 |

7月20日午前9時53分ごろ、東京都小笠原村で地震があった。震源は父島近海で深さは約50km、マグニチュードは4.9。小笠原村父島、同村三日月山で震度3を記録した。

| 1550 | 群発地震 1999年(平成11)7月30日 |
| 伊豆諸島 |

7月30日午前、伊豆大島で地震が相次いだ。8時50分ごろに震度3を記録したのをはじめ、8時59分と9時13分にそれぞれ震度2を記録した。いずれも震源は伊豆大島近海で深さはごく浅く、マグニチュードはそれぞれ2.3、2.2、1.8。

| 1551 | 地震 1999年(平成11)7月30日 |
| 伊豆諸島 |

7月30日午後10時ごろ、伊豆大島近海を震源とする地震があった。震源の深さはごく浅く、マグニチュードは3.1。伊豆大島町で震度3を記録した。

| 1552 | 地震 1999年(平成11)8月2日 |
| 大阪府 |

8月2日午前4時58分ごろ、大阪府で地震があった。震源は大阪府南部で深さは約10km、マグニチュードは4.3。同府岸和田市、泉佐野市、和泉市、熊取町、田尻町で震度3、堺市、泉大津市、貝塚市、河内長野市、松原市、高石市、泉南市、阪南市、岬町、神戸市、兵庫県明石市、三木市、北淡町、東浦町、和歌山県下津町で震度2を記録した。

| 1553 | 地震 1999年(平成11)8月11日 |
| 関東地方 |

8月11日午後6時28分ごろ、関東地方で地震があった。震源は東京湾で深さは約60km、マグニチュードは4.2。横浜市緑区で震度3を記録した。

| 1554 | 地震 1999年(平成11)8月21日 |
| 三重県 |

8月21日、三重県紀伊半島で広域地震があった。尾鷲、松阪、名張などで震度4。鉄道のダイヤに乱れが生じた。

1555 地震 1999年（平成11）9月13日
青森県

9月13日午前5時32分ごろ、青森県で地震があった。震源は青森県三八上北地方で深さは約10km、マグニチュードは4.3。青森県東北町で震度3を記録。

1556 地震 1999年（平成11）9月13日
関東地方

9月13日午前7時56分ごろ、関東地方南部で地震があった。震源は千葉県北西部で深さは約80km、マグニチュードは5.1。横浜市神奈川区、保土ヶ谷区、港北区、埼玉県草加市、鳩ヶ谷市で震度4、東京都千代田区、浦和市、千葉市中央区、千葉県柏市、館山市、静岡県熱海市、横浜市鶴見区、西区、中区、神奈川県横須賀市、茨城県岩井市で震度3を記録した。各交通機関への影響はなかった。

1557 地震 1999年（平成11）10月17日
関東地方

10月17日午後6時28分ごろ、関東地方で地震があった。震源は栃木県北部で深さは約10km、マグニチュードは3.8。栃木県今市市で震度3を記録した。

1558 地震 1999年（平成11）10月19日
東北地方、関東地方

10月19日午後10時16分ごろ、関東地方から東北地方にかけて地震があった。震源は茨城県沖で深さは約50km、マグニチュードは、4.9。茨城県日立市で震度3を記録した。

1559 地震 1999年（平成11）10月23日
伊豆諸島

10月23日午後7時0分ごろ、伊豆諸島で地震があった。震源は八丈島近海で深さは約60km、マグニチュードは4.5。八丈町三根で震度3を記録。

1560 地震 1999年（平成11）10月30日
中国地方、近畿地方、四国地方

10月30日午前6時25分ごろ、中国、四国、近畿地方にわたり地震があった。震源は瀬戸内海中部で深さは約10km、マグニチュードは5.1。香川県観音寺市で震度4、岡山県里庄町、徳島県井川町、同県三加茂町、愛媛県川之江市で震度3を記録した。

1561 地震 1999年（平成11）11月3日
和歌山県

11月3日午後0時54分ごろ、和歌山県で地震があった。震源は同県北部で深さは約10km、マグニチュードは3.7。和歌山市で震度3、海南市、同下津町、同野上町、同桃山町、同貴志川町、大阪府岬町で震度2を記録した。この地震でJR阪和線、和歌山線、紀勢線の計2本が運休、34本が部分運休し、50本に最大86分の遅れが出た。

1562 地震 1999年（平成11）11月7日
福井県

11月7日午前3時34分ごろ、北陸、近畿、中国、四国地方にわたる地震があった。震源は福井県沖で深さは約20km、マグニチュードは5.0。同県敦賀市で震度4、福井市、三国町、越前町、三重県四日市市、鈴鹿市、滋賀県彦根市、京都府伊根町、兵庫県和田山町、石川県加

賀市で震度3を記録した。

1563 地震 1999年(平成11)11月29日
東海地方

11月29日午後9時34分ごろ、東海地方で地震があった。震源は愛知県西部で深さは約50km、マグニチュードは4.8。愛知県常滑市で震度4、名古屋市、岡崎市、岐阜市、三重県四日市市、長野県高森町で震度3を記録した。この地震で東海道新幹線は、三河安城（愛知県）～米原（滋賀県）間が停電のため約10分間、上下線とも運転を見合わせた。

1564 地震 1999年(平成11)12月4日
関東地方

12月4日未明、関東東部で計3回の地震があった。震源はいずれも千葉県北東部で深さは約40km、マグニチュードは3.6～4.2。午前2時37分に千葉県や茨城県で震度2、午前3時28分には千葉県佐原市、茨城県鹿嶋市で震度3、午前4時39分には茨城県美野里町で震度2を記録した。

1565 地震 1999年(平成11)12月4日
関東地方

12月4日午後2時6分ごろ、関東地方東部を中心に地震があった。震源は茨城県沖で深さは約90km、マグニチュードは5.0。茨城県水戸市、日立市、鹿嶋市、江戸崎町、栃木県今市市で震度3を記録した。

1566 地震 1999年(平成11)12月16日
関東地方、中部地方

12月16日午後10時47分ごろ、関東甲信地方で地震があった。震源は栃木県北部で深さは約10km、マグニチュードは4.2。栃木県今市市で震度4、栃木県日光市、群馬県片品村、富士見村、宮城村、粕川村、利根村で震度3を記録した。

1567 地震 1999年(平成11)12月21日
伊豆諸島

12月21日午前10時1分ごろ、伊豆諸島で地震があった。震源は新島・神津島近海で深さは約20km、マグニチュードは4.3。伊豆大島町、新島村で震度3を記録した。

1568 地震 1999年(平成11)12月27日
関東地方

12月27日午前0時6分ごろ、関東地方で地震があった。震源は茨城県南部で深さは約50km、マグニチュードは4.6。茨城県関城町、栃木県足利市、埼玉県騎西町、大利根町で震度3を記録した。

1569 地震 2000年(平成12)1月7日
長野県

1月7日午後7時35分ごろ、長野県で地震があった。震源は長野県南部で深さは約10km、マグニチュードは3.9。長野県三岳村で震度4を記録した。

1570 地震 2000年(平成12)1月10日
北陸地方

1月10日午後10時25分ごろ、北陸地方で地震があった。震源は福井県北部で深さは約10km、マグニチュードは3.8。石川県加賀市、山中町で震度3、福井県福井市、上志比村、三

国町、芦原町、金津町、丸岡町で震度2を記録した。

●——

1571 地震 2000年(平成12)1月28日
北海道

1月28日午後11時21分ごろ、北海道の太平洋側を中心に地震があった。震源は根室半島の南東沖で深さは60km、マグニチュードは6.8。釧路市、根室市、厚岸町、別海町、中標津町で震度4、北見市、帯広市、青森市、盛岡市で震度3を記録した。この地震で、根室市弁天町の女性が外に逃げようとして玄関で転倒し、額にけがをしたほか、同町光和町の男性が棚から落ちた瓶を片付けている最中に転倒、左手のひらの腱を切断した。
●負傷者2名

1572 地震 2000年(平成12)2月6日
関東地方

2月6日午前4時43分ごろ、北関東地方を中心に地震があった。震源は栃木県北部で深さは約10km、マグニチュードは4.1。栃木県日光市、今市市で震度4、群馬県片品村、利根村で震度3を記録した。

●——

1573 地震 2000年(平成12)2月11日
関東地方

2月11日午後8時57分ごろ、関東地方南部などで震度3の地震があった。震源は山梨県東部で深さは約20km、マグニチュードは4.4。横浜市神奈川区、西区、保土ヶ谷区、港南区、泉区、青葉区、神奈川県茅ヶ崎市、相模原市、秦野市、山梨県大月市、静岡県小山町で震度3を記録した。

●——

1574 火山性地震 2000年(平成12)2月24日
岩手県

2月24日午前2時半ごろ、岩手県で火山性地震があった。震源は岩手県内陸北部で深さは約10km、マグニチュードは2.9。雫石町で震度3を記録した。

●——

1575 地震 2000年(平成12)3月6日
関東地方

3月6日午後4時30分ごろ、千葉県などで震度3の地震があった。震源は千葉県北東部で深さは約40km、マグニチュードは4.0。千葉県東金市、大網白里町で震度3を記録。

●——

1576 地震 2000年(平成12)3月10日
伊豆諸島

3月10日午前9時36分ごろ、伊豆諸島などで震度3の地震があった。震源は伊豆諸島の新島と神津島の近海で深さはごく浅い。マグニチュードは4.3。東京都神津島村で震度3を記録した。

●——

1577 地震 2000年(平成12)3月19日
新潟県中越地方

3月19日午後0時49分ごろ、新潟県などで震度4の地震があった。震源は新潟県中越地方で深さは約20km、マグニチュードは4.2。新潟県高柳町で震度4、同町吉川町、小国町、浦川原村、大島村、牧村、清里村で震度3を記録した。また、同日午後9時15分ごろと同37分ごろ、余震と見られる地震があった。震源はほぼ同じ場所で深さはそれぞれ約20kmと約30km、マグニチュードは3.3及び2.9。新潟県高柳町で震度2を記録した。

●——

1578 地震 2000年（平成12）3月20日
東北地方、関東地方

3月20日午前6時26分ごろ、東北地方から関東地方にかけて地震があった。震源は仙台湾で深さは約80km、マグニチュードは5.4。山形県中山町で震度4、同県上山市、村上市、天童市、南陽市、宮城県石巻市、古川市、仙台市青葉区、福島市、福島県郡山市、原町市、茨城県日立市で震度3を記録した。

1579 地震 2000年（平成12）3月25日
新潟県

3月25日午後10時2分ごろ、新潟県を中心に地震があった。震源は同県中越地方で深さは約20km、マグニチュードは4.0。新潟県柏崎市、柿崎町で震度3を記録した。

1580 地震 2000年（平成12）3月28日
東京都小笠原村

3月28日午後8時1分ごろ、東京都小笠原村で地震があった。震源は父島近海で深さは約150km、マグニチュードは7.3。小笠原村で震度3を記録した。

1581 有珠山噴火 2000年（平成12）3月31日
北海道

3月31日、北海道南西部の伊達市、壮瞥町、虻田町にまたがる有珠山西側山麓付近でマグマ水蒸気爆発、23年ぶりに噴火。その後周辺の山を含めて断続的に噴火、大小多数の火口が出現した。3月29日に室蘭地方気象台が史上初めて噴火前に緊急火山情報を出し、周辺住民17,000人が噴火前後に避難できたため死傷者は出なかった。農業、水産業、林業、商工業、公共施設等の物的被害総額59億円、洞爺湖温泉街など周辺観光地の観光業損失は、4月だけで16億5千万円。
● 全壊家屋27棟、半壊家屋141棟、一部破壊家屋82棟、物的被害総額59億円、観光被害総額16億5千万円

1582 地震 2000年（平成12）4月10日
関東地方

4月10日午前6時半ごろ、関東地方を中心に地震があった。震源は茨城県南部で深さは約60km、マグニチュードは4.9。茨城県土浦市、岩井市、栃木県二宮町、埼玉県庄和町で震度4、茨城県、栃木県、埼玉県、千葉県、東京都、神奈川県の各地で震度3を記録した。

1583 地震 2000年（平成12）4月14日
伊豆諸島

4月14日午後9時53分ごろ、伊豆諸島で地震があった。震源は新島・神津島近海で深さは約10km、マグニチュードは4.0。神津島で震度4、三宅島、神津島で震度3を記録、また、神津島では午後10時4分ごろにも、震度3の地震があった。震源と深さは同じで、マグニチュードは3.9。

1584 地震 2000年（平成12）4月15日
和歌山県

4月15日午前2時41分、和歌山県で地震があった。震源は同県南部で深さは約50km、マグニチュードは4.9。川辺町、南部川村で震度4、海南市で震度3、和歌山市、奈良市、東大阪市、大阪府岸和田市、京都府八幡市、兵庫県明石市、徳島市で震度2を記録した。

~2000年（平成12）

1585　地震　2000年（平成12）4月26日
福島県

4月26日午前4時48分、会津若松を震源とする地震があった。塩川町で震度5を記録した。マグニチュード4.3。

1586　地震　2000年（平成12）4月28日
近畿地方

4月28日午前11時42分ごろ、近畿地方で地震があった。震源は奈良県南部で深さは約60km、マグニチュードは4.5。和歌山県新宮市、同県川辺町、奈良県下北山村で震度3、和歌山県有田市、奈良県田原本町、十津川村で震度2を記録した。

1587　地震　2000年（平成12）5月16日
近畿地方

5月16日午前4時9分ごろ、近畿地方で地震があった。震源は京都府南部で深さは約20km、マグニチュードは4.6。京都府和知町、伊根町、亀岡市、大阪府島本町、能勢町、兵庫県三田市、篠山市で震度3を記録した。また同日午前5時43分ごろに余震とみられるマグニチュード3.8の地震があった。

1588　地震　2000年（平成12）5月20日
近畿地方

5月20日午後11時39分ごろ、近畿地方で地震があった。震源は大阪府北部で深さは約10km、マグニチュードは3.7。京都府亀岡市、八幡市、大山崎町、大阪府豊能町で震度3を記録した。

1589　地震　2000年（平成12）5月21日
京都府

5月21日午前10時42分ごろ、京都府で地震があった。震源は同府南部で深さは約10km、マグニチュードは4.2。京都市上京区、城陽市、八幡市、久御山町で震度3を記録した。この地震でJR東海道新幹線の米原～京都間で自動的に停電、計7本が遅れ、約3,800人に影響が出た。

1590　地震　2000年（平成12）6月3日
東北地方、関東地方、中部地方

6月3日午後5時54分ごろ、関東地方を中心に東北、中部地方の広い範囲で地震があった。震源は千葉県北東部で深さは約50km、マグニチュードは5.8。千葉県多古町で震度5弱、茨城県、千葉県各地で震度4、茨城県、栃木県、埼玉県、東京都、神奈川県、静岡県各地で震度3を記録した。多古町では屋根がわらが落下したり、破損するなどの被害が20件以上出たほか、大網白里町では水道管が破裂した。千葉県内の鉄道や高速道路は、一時通行を見合わせた。成田空港では、滑走路を14分間閉鎖し、点検を行った。

1591　地震　2000年（平成12）6月7日
北陸地方、近畿地方など

6月7日午前6時16分ごろ、北陸、近畿、中部、中国、四国、東北、東海、信越の広い範囲で地震があった。震源は石川県西方沖で深さ約10km、マグニチュードは5.8。石川県小松市で震度5、石川県輪島市、福井市、富山県小矢部市で震度4、金沢市、富山市、滋賀県彦根市、京都府網野町、兵庫県竹野町、島根県西郷町、福井県敦賀市、愛知県碧南市、岐阜県大垣市で震度3を記録した。この地震で、石川、富山両県で計3人が重軽傷を負った。

第Ⅱ部　地震・噴火災害一覧

2000年(平成12)～

●負傷者3名

1592 地震 2000年(平成12)6月8日
中国地方、九州地方

6月8日午前9時32分ごろ、九州・山口の広い地域で地震があった。震源は熊本県熊本地方で深さは約10km、マグニチュードは4.9。同県富合町、嘉島町で震度5、熊本市、不知火町、城南町、松橋町、小川町、菊水町、御船町、益城町、甲佐町で震度4、熊本県、長崎県、大分県、宮崎県、鹿児島県各地で震度3を記録した。その後も余震とみられる地震が断続的に続き、民家などでかわらが落ちる被害が25件、落石による通行止め被害があった。

●負傷者1名

1593 地震 2000年(平成12)6月13日
北海道

6月13日午前1時54分ごろ、北海道釧路市を中心に地震があった。震源は釧路沖で深さは約60km、マグニチュードは5.0。釧路市で震度4、弟子屈町、厚岸町、別海町で震度3を記録した。

1594 三宅島噴火 2000年(平成12)6月26日
東京都三宅村

第Ⅰ部 解説参照 (p.112)
●埋没649世帯

1595 群発地震 2000年(平成12)6月29日～
東京都神津島

6月29日午後零時11分、伊豆諸島の神津島付近でマグニチュード5.2の地震があった。震度5弱を記録。その後も神津島やその北東にある新島の近海で地震が多発、7月1日午後4時1分にはマグニチュード6.4の地震が起き、神津島で震度6弱を記録。走行中の自動車が崖崩れに巻き込まれ男性1人が死亡したほか、損失家屋9戸。この群発地震は三宅島の火山活動をもたらしたマグマが近くを刺激したため、神津島東方の海域にもマグマが上昇したのが原因で起きたと考えられる。

●死者1名

1596 三宅島噴火 2000年(平成12)7月8日
東京都三宅村

7月8日、三宅島の雄山が山頂火口で噴火。14日、雄山が断続的に噴火。噴石も確認され、143人が避難。三宅島では以前より山頂直下で地震が続いており、6月26日に気象庁が緊急火山情報を出し、29日に安全宣言が出されていた。

1597 地震 2000年(平成12)7月11日
関東地方

7月11日午前2時1分ごろ、関東地方で地震があった。震源は茨城県沖で深さは約40km、マグニチュードは4.7。水戸市で震度3を記録した。

1598 地震 2000年(平成12)7月21日
東北地方、中部地方、関東地方

7月21日午前3時39分ごろ、関東地方を中心に東北、中部地方の広い範囲で地震があった。震源は茨城県沖約40kmで深さは約50km、マグニチュードは6.1。茨城県水戸市、常陸太田市、高萩市、笠間市、御前山村、栃木県市貝町で震度5弱、茨城県つくば市、栃木県今市市、福島県郡山市、埼玉県加須市、千葉県佐原市で震度4、茨城県、栃木県、福島県、埼玉県、千葉県、宮城県、山形県、群馬県、東京都、神奈川県、新潟県、長野県の広範囲で震度3を記録した。常磐線などが運転を見合わせ、計1万8,400人に影響がでた。首都圏で震度5弱以

上の地震が観測されたのは、6月3日に千葉県多古町で震度5弱を記録して以来。

1599 地震 2000年(平成12)8月6日
東北地方、関東地方など

8月6日午後4時28分ごろ、東北地方から四国地方までの広い範囲で地震があった。震源は鳥島近海で深さは約430km、マグニチュードは7.3。小笠原諸島の父島では震度4、東京都八丈町、横浜市中区、千葉県館山市、山形県中山町、福島市などで震度3を記録した。

1600 三宅島噴火 2000年(平成12)8月10日
東京都三宅村

8月10日、三宅島の雄山が山頂の火口で三度目の噴火、神着、坪田地区住民が避難所に避難。18日には雄山山頂火口で7月以来最大規模の噴火があり、噴煙は高さ8,000mに達した。29日にも雄山が噴火し、2方向に火砕流が流れた。都は9月1日に約3,800人の住民全員を島外避難させることを決定、小、中、高校生があきる野市の全寮制都立高校に集団避難し、島民も都営住宅に移り住んだ。帰島のめどが立たず避難生活が長期化するなか、都では就職相談などを進めた。

1601 群発地震 2000年(平成12)8月16日
福島県磐梯山

8月16日、福島県耶麻郡の磐梯山で小規模噴火の可能性があるとして、同県地方気象台が臨時火山情報を発表。同山では7月29日に昭和40年の観測開始以来最多となる84回の火山性地震が観測されるなど、活動が活発化していた。これを受けて猪苗代町、磐梯町、北塩原村の周辺3町村が入山規制を行ったが、9月23日に解除された。

1602 地震 2000年(平成12)8月18日
関東地方

8月18日午前4時53分ごろ、関東地方で地震があった。震源は東京都23区で深さは約40km、マグニチュードは4.0。東京都千代田区で震度3を記録した。

1603 地震 2000年(平成12)8月27日
近畿地方

8月27日午後1時13分ごろ、近畿地方で地震があった。震源は奈良県で深さは約10km、マグニチュードは4.4。大阪府太子町、奈良県御所市、香芝市、高取町、広陵町などで震度4を記録した。この地震で近鉄南大阪線と同線に接続する道明寺、長野、御所、吉野の各線で運転を一時見合わせ、上下計80本が運休し約2万5,000人に影響が出た。午後8時19分ごろには余震とみられる地震があった。震源は大阪府南部で深さは約10km、マグニチュードは3.4。

1604 駒ヶ岳噴火 2000年(平成12)9月4日～11月8日
北海道駒ヶ岳

9月4日、北海道渡島支庁の駒ヶ岳で火山性微動があり、5日、約2年ぶりに噴火した。その後、9月28日午後1時55分ごろ、10月24日午前0時1分ごろ、28日午前2時43分ごろ、小噴火、ふもとで降灰が確認された。さらに11月8日には、午前7時38分から約10分間の火山性微動を伴う小噴火が確認された。

2000年(平成12)～

1605	地震 2000年(平成12)9月9日
	関東地方

9月9日午後8時48分ごろ、関東北部を中心とする地震があった。震源は埼玉県北部で深さは約70km、マグニチュードは4.4。栃木県今市市、埼玉県吉見町と大利根町で震度3を記録した。

1606	地震 2000年(平成12)9月9日
	京都府

9月9日午後7時24分ごろ、京都府で地震があった。震源は同府北部で深さは約10km、マグニチュードは4.0。加悦町で震度3、宮津市、岩滝町、伊根町、峰山町、大宮町、網野町、弥栄町、久美浜町、兵庫県和田山町で震度2を記録した。

1607	火山性地震 2000年(平成12)9月18日
	長野県北佐久郡浅間山

9月18日前後より、長野・群馬県境の浅間山で火山性地震が多発し、19日夜、臨時火山情報が発表された。19日には、火口から最も近い観測点で、体に感じない火山性地震を431回を観測。これまで火口から2km以内だった立ち入り禁止区域が、4km以内に拡大した。その後は減少し、25日に火山観測情報の発表が中止された。火山性微動も観測されていない。浅間山に臨時火山情報が出たのは平成8年11月以来4年ぶり。

1608	地震 2000年(平成12)9月29日
	関東地方

9月29日午前8時56分ごろ、関東地方を中心に震度4の地震があった。震源は神奈川県東部で深さは約90km、マグニチュードは4.6。横浜市青葉区で震度4、東京都千代田区、世田谷区、町田市、横浜市鶴見区、神奈川区、中区、南区、保土ヶ谷区、港北区、緑区、都筑区、千葉県木更津市で震度3を記録した。同9時56分にも同県東部の深さ約90kmを震源とするマグニチュード4.1の地震があった。

1609	奄美大島悪石島地震 2000年(平成12)10月2日
	鹿児島県十島村

10月2日午後4時44分ごろ、鹿児島県鹿児島郡十島村のトカラ列島悪石島を中心に強い地震があった。震源は奄美大島近海で深さは約10km、マグニチュードは5.7。悪石島で震度5強を記録。悪石島では2日午後2時21分に震度4を観測、その後余震とみられる地震が断続的に続き、午後4時29分と5時4分には震度5弱を観測した。4時29分の地震の際は小宝村で震度3を観測した。悪石島では島民約52人が高台にあるコミュニティーセンターに避難した。

1610	鳥取県西部地震 2000年(平成12)10月6日
	鳥取県

第Ⅰ部　解説参照（p.114）
●負傷者182名、全壊家屋435棟、半壊家屋3,101棟、一部損壊家屋18,544棟

1611	桜島噴火 2000年(平成12)10月7日
	鹿児島県

10月7日、鹿児島県の桜島が爆発。今年132回目の爆発で、高さ5,000m以上の噴煙をあげた。平成7年3月以来の規模で、桜島町で駐車中の車のフロントガラスが割れ、鹿児島市には大量の火山灰が降り注いだ。人や家屋の被害はなかった。

~2000年(平成12)

1612 地震 2000年(平成12)10月8日
中国地方

10月8日午後1時17分ごろ、中国地方を中心に地震があった。震源は島根県東部で深さは約10km、マグニチュード5.4で、鳥取県西部地震の余震ではないとみられる。島根県大東町、斐川町で震度4、松江市、同県出雲市、鹿島町、東出雲町、鳥取県境港市で震度3を記録した。

●——

1613 地震 2000年(平成12)10月11日
関東地方

10月11日午後3時15分ごろ、関東地方で地震があった。震源は神奈川県東部で深さは約90km、マグニチュードは4.1。神奈川県横浜市青葉区で震度3を記録した。

●——

1614 地震 2000年(平成12)10月14日
関東地方

10月14日午後8時19分ごろ、関東地方を中心に地震があった。震源は房総半島南東沖で深さは約80km、マグニチュードは5.2。千葉県館山市で震度3を観測した。

●——

1615 地震 2000年(平成12)10月18日
栃木県

10月18日午後0時58分ごろ、栃木県で地震があった。震源は同県北部で深さは約10km、マグニチュードは4.4。今市市で震度4、日光市、藤原町、塩原町、福島県田島町で震度3を記録した。

●——

1616 地震 2000年(平成12)10月19日
関東地方、東北地方

10月19日午後4時25分ごろ、栃木県・福島県で地震があった。震源は栃木県北部で深さは約10km、マグニチュードは4.2。栃木県今市市で震度4。栃木県日光市、栗山村で震度3を記録した。

●——

1617 地震 2000年(平成12)10月31日
伊豆諸島

10月31日午前4時20分ごろ、伊豆諸島観測で地震があった。震源は新島・神津島近海で深さは約10km、マグニチュードは4.9。伊豆諸島の大島、利島、新島で震度4を記録した。

●——

1618 地震 2000年(平成12)10月31日
東海地方

10月31日午前1時43分ごろ、東海地方を中心に広い範囲で強い地震があった。震源は三重県南部で深さは約40km、マグニチュードは5.5。愛知県碧南市、三重県紀伊長島町で震度5弱、愛知県半田市、三重県鈴鹿市、滋賀県近江八幡市、奈良県天理市、京都府加茂町、和歌山県新宮市などで震度4、愛知県名古屋市、三重県四日市市、岐阜県岐阜大阪府吹田市、福井県敦賀市などで震度3を記録。

●負傷者4名

1619 地震 2000年(平成12)11月4日
中国地方

11月4日未明から昼前にかけて、島根県を中心に中国地方で地震が3回あった。震源は島根県東部、深さは約10kmで、マグニチュードは3.5～3.9。午前4時29分に島根県伯太町で震度3、7時15分に島根県伯太町、西伯町、鳥取県会見町で震度3、10時48分に島根県伯太

第Ⅱ部　地震・噴火災害一覧

町で震度3を記録した。

1620 地震 2000年(平成12)11月16日
福島県

11月16日午後6時31分ごろ、福島県で地震があった。震源は同県沖で深さは約60km、マグニチュードは5.3。同県浪江町で震度4、白河市、棚倉町、原町市、川内村で震度3を記録。

1621 地震 2000年(平成12)12月19日
鳥取県

12月19日午前6時18分ごろ、鳥取県米子市、境港市で震度4の地震があった。震源は島根県東部で深さは約10km、マグニチュードは4.3。島根県安来市、鳥取県西伯町で震度3を記録した。

1622 地震 2000年(平成12)12月20日
和歌山県

12月20日午前1時32分、和歌山県北部で地震があった。震源は、貴志川町付近、震源の深さは約10km、マグニチュードは3.4。貴志川町で震度3を記録した。

1623 地震 2000年(平成12)12月20日
鳥取県

12月20日午前10時11分ごろ、鳥取県西部で地震があった。震源は島根県東部で深さは約20km、マグニチュードは3.7。米子市、西伯町、会見町で震度3、境港市、岸本町、日吉津村、淀江町、日野町、溝口町、島根県安来市、伯太町、岡山県美甘村で震度2を記録した。

1624 地震 2001年(平成13)1月2日
新潟県

1月2日午後7時53分ごろ、新潟県で地震があった。震源は同県中越地方で深さは約20km、マグニチュードは4.5。同県高柳町で震度5弱、牧村で震度4、柏崎市、安塚町などで震度3を記録した。

1625 地震 2001年(平成13)1月4日
新潟県

1月4日午後1時18分ごろ、新潟県で地震があった。震源は同県中南部魚沼地方で深さは約20km、マグニチュードは5.1。同県中越地方で震度5弱、同県上越地方、長野県北部で震度4を記録した。この地震で、落ちてきた家具にあたるなどして新潟県の女性2人が軽傷を負い、上越新幹線は地震発生直後から約2時間30分運転を見合わせた。
● 負傷者2名

1626 地震 2001年(平成13)1月6日
東海地方

1月6日午前11時48分ごろ、東海地方などで強い地震があった。震源は岐阜県美濃東部地方で深さは約40km、マグニチュードは4.9。岐阜県笠原町で震度4、福井県朝日町、長野県諏訪市、岐阜県多治見市、中津川市、愛知県足助町、名古屋市北区、滋賀県彦根市、米原町など多数で震度3を記録したほか、岐阜県瑞浪市内の中央自動車道にある地震計が震度5を記録し、点検のため同自動車道の多治見～中津川間の上下線を通行止めにした。

1627 地震 2001年(平成13)1月9日
愛媛県

1月9日午後1時37分ごろ、愛媛県で地震が

あった。震源は伊予灘で深さは約60km、マグニチュードは4.9。同県菊間町で震度4、松山市などで震度3を記録した。

1628 地震 2001年(平成13)1月12日
近畿地方、中国地方

1月12日午前8時ごろ、近畿北部を中心に広い範囲で地震があった。震源は兵庫県北部で深さは約10km、マグニチュードは5.4。京都府加悦町、兵庫県豊岡市、鳥取県鳥取市、八東町で震度4、京都府、兵庫県、鳥取県、福井県、滋賀県、岡山県、香川県の広い範囲で震度3を記録した。また同日午後6時27分ごろ、兵庫県から中国地方にかけて地震があり、兵庫県温泉町で震度3を観測した。この地震の震源は同県北部で深さはごく浅く、マグニチュードは4.0。

1629 地震 2001年(平成13)1月14日
兵庫県

1月14日午前8時55分ごろ、兵庫県で地震があった。震源は同県北部で深さは約10km、マグニチュードは4.2。同県温泉町で震度3、竹野町、美方町、鳥取市で震度2を記録した。

1630 地震 2001年(平成13)1月16日
伊豆諸島

1月16日午後2時32分ごろ、伊豆諸島で地震があった。震源は新島・神津島近海で深さは約10km、マグニチュードは3.5。神津島村で震度4を記録した。

1631 火山性地震 2001年(平成13)1月19日
長崎県

1月19日、長崎県・雲仙岳測候所は、雲仙岳で火山性地震が増えているとして火山観測情報を出した。同情報は平成8年5月31日以来約4年8カ月ぶり。火山性微動や傾斜変動は観測されていない。火山性地震は18日午後8時～19日午後7時に計66回、すべて無感のものが観測された。

1632 地震 2001年(平成13)1月22日
中国地方

1月22日午後1時20分ごろ、中国地方で地震があった。震源は島根県東部で深さは約10km、マグニチュードは3.8。鳥取県米子市、境港市、日吉津村、島根県安来市で震度3、鳥取県西伯町、島根県東出雲町などで震度2を記録した。

1633 地震 2001年(平成13)1月26日
京都府

1月26日午前8時42分ごろ、京都府で地震があった。震源は同府南部で深さは約20km、マグニチュードは4.2。亀岡市、京北町で震度3、京都市、京都府宇治市、向日市、大阪府高槻市、四条畷市、奈良市で震度2を記録した。

1634 地震 2001年(平成13)2月1日
兵庫県

2月1日午前1時50分ごろ、兵庫県で地震があった。震源は同県北部で深さは約10km、マグニチュードは4.1。同県村岡町で震度3、豊岡市、竹野町、美方町、温泉町、京都府大江町、加悦町、伊根町、野田川町、久美浜町、鳥取県国府町で震度2を記録した。

2001年(平成13)〜

1635 地震 2001年(平成13)2月2日
関東地方

2月2日午前8時10分ごろ、関東地方を中心に地震があった。震源は神奈川県西部で深さは約10km、マグニチュードは4.4。神奈川県秦野市、横浜市神奈川区、山梨県大月市、上野原町、静岡県小山町で震度3を記録した。

1636 地震 2001年(平成13)2月5日
和歌山県

2月5日午前3時34分ごろ、和歌山県で地震があった。震源は同県北部で深さは約10km、マグニチュードは3.7。和歌山市で震度3、海南市、下津町、貴志川町で震度2を記録した。

1637 地震 2001年(平成13)2月8日
徳島県

2月8日午後2時15分ごろ、徳島県で地震があった。震源は同県南部で深さは約20km、マグニチュードは4.7。同県鷲敷町で震度4、徳島市、小松島市、阿南市、相生町、香川県津田町、寒川町で震度3を記録した。

1638 地震 2001年(平成13)2月9日
京都府

2月9日午前7時10分ごろ、京都府で地震があった。震源は京都府南部で深さは約20km、マグニチュードは3.5。亀岡市で震度3、京都市中京区、大阪府島本町で震度2を記録した。

1639 地震 2001年(平成13)2月11日
鳥取県、島根県

2月11日午前9時17分ごろ、中国地方で地震があった。震源は島根県東部で深さは約10km、マグニチュードは4.4。鳥取県米子市、境港市、日吉津村、島根県安来市で震度4、鳥取県会見町、岸本町、淀江町、大山町、溝口町、島根県東出雲町、伯太町で震度3を記録した。

1640 地震 2001年(平成13)2月13日
東京都新島村

2月13日午前1時19分ごろ、伊豆諸島の式根島周辺で強い地震があった。震源は新島・神津島近海で深さはごく浅く、マグニチュードは4.2。新島村式根島で震度5弱、新島村川原で震度3を記録した。

1641 地震 2001年(平成13)2月16日
兵庫県

2月16日午前2時19分ごろ、兵庫県で地震があった。震源は兵庫県北部で深さは約10km、マグニチュードは4.3。同県温泉町で震度3、豊岡市、村岡町、美方町、鳥取市、鳥取県国府町、岩美町、船岡町、八東町、岡山県上斎原村で震度2を記録した。

1642 地震 2001年(平成13)2月23日
東海地方

2月23日午前7時23分ごろ、静岡、岐阜、愛知県など東海地方で地震があった。震源は静岡県西部で深さは約50km、マグニチュードは5.3。岐阜県上矢作町、静岡県小笠町、愛知県旭町、小坂井町で震度4、岐阜県美濃加茂市、静岡県浜松市、三ヶ日町、愛知県豊橋市、蒲郡市で震度3を記録した。

~2001年（平成13）

1643 地震 2001年（平成13）2月25日
福島県福島市

2月25日午前6時54分ごろ、東北と関東地方の広い範囲で地震があった。震源は福島県沖で深さはごく浅く、マグニチュードは5.8。仙台市、山形県上山市、福島市、茨城県関城町、栃木県今市市で震度3を記録。また、25日午後2時5分ごろ、関東地方を中心に地震があった。震源は伊豆大島近海で深さは約20km、マグニチュードは4.3。千葉県館山市などで震度3を記録した。

1644 地震 2001年（平成13）3月4日
新島・神津島

3月4日午後3時52分ごろ、新島と神津島で震度3を記録する地震があった。震源は両島近海で深さは約10km、マグニチュードは3.4。

1645 地震 2001年（平成13）3月23日
和歌山県

3月23日午前7時45分ごろ、和歌山県で地震があった。震源は紀伊水道付近で深さは約30km、マグニチュードは4.1。同日置川町で震度3、川辺町、奈良県下北山村で震度2を記録した。

1646 芸予地震 2001年（平成13）3月24日
中国地方、四国地方

第Ⅰ部　解説参照（p.116）
●死者2名、負傷者261名

1647 地震 2001年（平成13）3月30日
鳥取県

3月30日午後0時47分ごろ、鳥取県で地震があった。震源は同県西部で深さは約10km、マグニチュードは3.2。同県会見町で震度3、西伯町、溝口町で震度2を記録した。

1648 地震 2001年（平成13）3月31日
栃木県

3月31日午前4時過ぎから7時過ぎにかけて、栃木県で相次いで地震があった。震源はいずれも同県北部で深さはごく浅い。マグニチュードは4.7〜3.2で、日光市で震度4、今市市で震度3を記録した。

1649 地震 2001年（平成13）4月3日
青森県

4月3日午前4時54分ごろ、東北地方北部で震度4の地震があった。震源は青森県東方沖で深さは約60km、マグニチュードは5.4。青森県名川町、階上町、岩手県二戸市、種市町で震度4を記録した。

1650 地震 2001年（平成13）4月3日
関東地方、中部地方

4月3日午後11時57分ごろ、東海地方を中心とする強い地震があった。震源は静岡県中部で深さは約30km、マグニチュードは5.3。静岡県静岡市で震度5強、静岡県島田市、岡部町、川根町で震度5弱、静岡県藤枝市、岐阜県上矢作町、愛知県富山村などで震度4、静岡県、岐阜県、愛知県、千葉県、東京都などで震度3を記録した。8人が負傷し、落石や水道管の破裂などの被害が起きたが、大きな被害はなかった。東海地震との関連は薄いとされる。

2001年（平成13）〜

●負傷者8名

1651 地震 2001年（平成13）4月3日
中国地方、四国地方

4月3日午後9時14分ごろ、中国地方から四国地方にかけて地震があった。震源は山口県周防灘で深さは約70km、マグニチュードは4.9。広島県大竹市、沖美町、愛媛県中島町、大洲市、明浜町、山口県光市、柳井市、久賀町、大島町、橘町、和木町、由宇町、玖珂町、周東町、大畠町、上関町、田布施町、平生町、秋穂町で震度3を記録した。

1652 地震 2001年（平成13）4月10日
関東地方

4月10日午前10時4分ごろ、関東地方を中心とする地震があった。震源の深さは約100km、マグニチュードは4.7。横浜市、千葉県一宮町、大多喜町で震度3を記録した。

1653 地震 2001年（平成13）4月14日
北海道

4月14日午前8時16分ごろ、北海道で地震があった。震源は釧路沖で深さは約50km、マグニチュードは5.4。厚岸町で震度3、釧路市、根室市、静内町、浦河町などで震度2を記録した。

1654 地震 2001年（平成13）4月16日
福井県

4月16日午後7時5分ごろ、福井県で地震があった。震源は同県南部で深さは約10km、マグニチュードは4.4。敦賀市、小浜市、滋賀県マキノ町で震度3、福井県美浜町、滋賀県湖北町、京都府伊根町で震度2を記録した。

1655 地震 2001年（平成13）4月17日
千葉県など

4月17日午前9時40分ごろ、千葉県などで地震があった。震源は千葉県東方沖で、深さは約30km、マグニチュードは5.2。茨城県神栖町、波崎町、千葉県銚子市、旭市、山田町、飯岡町、野栄町、九十九里町で震度3を記録した。

1656 地震 2001年（平成13）4月25日
宮崎県など

4月25日午後11時40分ごろ、四国南西部や大分県南部、宮崎県北部を中心に地震があった。震源は日向灘で、深さは約30km、マグニチュードは5.6。大分県佐伯市、津久見市、宮崎県北浦町、愛媛県宇和島市、高知県宿毛市で震度4を記録した。

1657 地震 2001年（平成13）4月27日
北海道

4月27日午前2時49分ごろ、北海道で地震があった。震源は根室半島南東沖で深さは約80km、マグニチュードは5.9。北海道東部で震度4を記録した。

1658 地震 2001年（平成13）5月1日
伊豆諸島

5月1日午後10時1分ごろ、伊豆諸島の新島と神津島、式根島で地震があった。震源は三島近海で深さは約10km、マグニチュードは4.5。新島と神津島、式根島では震度3、利島と三宅島で震度2を記録した。

1659 地震 2001年(平成13)5月7日
伊豆諸島

5月7日午前2時18分ごろ、伊豆諸島の三宅島で地震があった。震源は三宅島近海で深さは約20km、マグニチュードは3.1。三宅島は震度3を記録した。

1660 地震 2001年(平成13)5月11日
式根島

5月11日午後10時57分ごろ、東京都の式根島で地震があった。震源は新島・神津島近海で深さは約10km、マグニチュードは3.5。式根島で震度3、新島村本村、神津島村役場で震度2を記録した。

1661 地震 2001年(平成13)5月31日
茨城県など

5月31日午前8時59分ごろ、北関東地方を中心に広い範囲で地震があった。震源は茨城県南部で、深さは約50km、マグニチュードは4.6。栃木県藤岡町で震度4、栃木県今市市、茨城県水戸市、群馬県大泉町、埼玉県加須市、千葉県成田市で震度3をを記録した。

1662 地震 2001年(平成13)6月1日
静岡県など

6月1日午前0時41分ごろ、静岡、長野、山梨県などで地震があった。震源は静岡県中部で、深さは約40km、マグニチュードは4.8。静岡県熱海市、静岡市、島田市、浜松市、袋井市、長野県阿南町、山梨県足和田村、南部町、岐阜県上矢作町で震度3を記録した。

1663 地震 2001年(平成13)6月3日
静岡県

6月3日午前11時33分ごろ、中部地方を中心に地震があった。震源は静岡県中部で、深さは約40km、マグニチュード4.3。静岡県竜山村で震度3を記録した。同日午後9時1分ごろ、静岡県を中心に地震があった。震源は同県中部で、深さは約40km、マグニチュード3.9。静岡市などで震度2を記録した。

1664 地震 2001年(平成13)6月5日
伊豆諸島

6月5日午前3時44分ごろ、新島と神津島で地震があった。震源は新島・神津島近海で深さは約10km、マグニチュードは3.7。両島では震度3を記録した。

1665 地震 2001年(平成13)6月25日
神奈川県など

6月25日午前1時27分ごろ、関東地方南部で地震があった。震源は神奈川県東部で、深さは約40km、マグニチュードは3.9。東京都千代田区で震度3、世田谷区、横浜市鶴見区、川崎市宮前区で震度2を記録した。

1666 地震 2001年(平成13)6月27日
伊豆諸島

6月27日午後2時51分ごろ、伊豆諸島で地震があった。震源は新島・神津島近海で震深さは約10km、マグニチュードは4.1。東京都新島村、神津島村で震度3、三宅村で震度2を記録した。

2001年(平成13)～

1667 地震 2001年(平成13)7月4日～5日
伊豆諸島

7月4日夜から5日午後にかけて、伊豆諸島・青ヶ島で地震が断続的に起きた。震源は伊豆諸島・青ヶ島の南西約40kmの海域で、深さはいずれも30km未満。マグニチュード5.2～5.8。同島の近海では6月末から地震活動が活発となり、マグニチュード5を超える地震を4、5日の2日間で計4回観測。過去30年間の記録では、大きな地震がなかった区域で起きているという。

1668 地震 2001年(平成13)7月20日
茨城県など

7月20日午前6時2分ごろ、北関東地方を中心に地震があった。震源は茨城県南部で、深さは約60km、マグニチュードは5.1。この地震でJR宇都宮線、水戸線、両毛線のダイヤが乱れた。栃木県今市市、栃木市、佐野市、群馬県太田市、埼玉県行田市で震度4を記録した。

1669 地震 2001年(平成13)7月26日
関東地方

7月26日午前3時33分ごろ、関東地方を中心に地震があった。震源は茨城県南部で、深さは約80km、マグニチュード4.5。埼玉県大利根町で震度3、東京都千代田区、三鷹市、横浜市磯子区、埼玉県久喜市、などで震度2を記録した。

1670 地震 2001年(平成13)7月31日
関東地方

7月31日午後1時59分ごろ、関東地方を中心に地震があった。震源は茨城県沖で、深さは約50km、マグニチュードは4.9。茨城県神栖町で震度3、茨城県水戸市、取手市、千葉県佐原市で震度2を記録した。

1671 地震 2001年(平成13)8月7日
伊豆諸島

8月7日午後7時58分ごろ、東京都の新島付近で地震があった。震源は新島・神津島近海で深さは約10km、マグニチュード3.8。式根島で震度3、神津島村などで震度2を記録した。

1672 地震 2001年(平成13)8月10日
和歌山県

8月10日午後3時42分ごろ、和歌山県で地震があった。震源は紀伊水道で深さは約10km、マグニチュードは4.4。同県下津町で震度4、和歌山市で震度3を記録した。

1673 地震 2001年(平成13)8月14日
東北地方

8月14日午前5時11分ごろ、東北地方北部と北海道を中心とした広い地域で地震があった。震源は青森県東方沖で、深さは約30km、マグニチュード6.2。同県平内町、五戸町、名川町、福地村、岩手県二戸市で震度4を記録した。

1674 地震 2001年(平成13)8月25日
京都府など

8月25日午後10時21分、近畿地方で地震があった。震源は京都府南部、深さは約10km、マグニチュードは5.3。大津市、京都市、大阪府箕面市で震度4を記録した。新幹線は米原?新神戸間で一時運転を見合わせた。

316

~2001年(平成13)

1675 地震 2001年(平成13)9月4日
茨城県など

9月4日午後11時54分ごろ、東北から関東にかけて地震があった。震源は茨城県沖で、深さは約40km、マグニチュード5.4。福島県浪江町、茨城県高萩市、北茨城市、栃木県河内町、二宮町で震度3を記録した。

1676 地震 2001年(平成13)9月13日
小笠原諸島

9月13日午前7時24分ごろ、小笠原諸島で地震があった。震源は父島近海で深さは約10km、マグニチュードは4.6。小笠原村で震度4を記録した。

1677 地震 2001年(平成13)9月18日
関東地方

9月18日午前4時20分ごろ、関東地方を中心に地震があった。震源は東京湾で、深さは約50km、マグニチュード4.4。横浜市、千葉県君津市で震度4を記録した。また、同日午前6時10分ごろ、関東東部に地震があった。震源は茨城県沖で、深さは約30km、マグニチュード4.4。茨城県鹿嶋市、千葉県銚子市、佐原市で震度2を記録。

1678 地震 2001年(平成13)9月25日
茨城県

9月25日午前4時35分ごろ、茨城県を中心に地震があった。震源は茨城県南部で、深さは約70km、マグニチュード4.4。茨城県八郷町、関城町、埼玉県大里村で震度3を記録。また同4時57分ごろにも、同じ地域を震源とする地震があり、深さは約70km、マグニチュード4.5。茨城県関城町、栃木県高根沢町で震度3を記録した。

1679 地震 2001年(平成13)10月2日
東北地方、関東地方

10月2日午後5時20分ごろ、東北地方から関東にかけて地震があった。震源は福島県沖で、深さは約40km、マグニチュードは5.6。宮城県古川市、涌谷町、福島市、福島県郡山市、原町市、大玉村、棚倉町、船引町、浪江町、茨城県日立市、栃木県那須町で震度3を記録した。

1680 地震 2001年(平成13)10月15日
和歌山県

10月15日午前1時53分ごろ、和歌山県で地震があった。震源は同県南部で深さは約30km、マグニチュードは4.4。同県中辺路町で震度4、湯浅町、田辺市、南部町で震度3を記録した。

1681 噴火 2001年(平成13)10月16日
伊豆諸島

10月16日午前7時22分、伊豆諸島・三宅島で小規模な噴火があり、約4分間にわたり火口から高さ約1,500mの噴煙が観測された。地殻変動などに異常な変化はないという。同島の噴火は11日以来。

1682 地震 2001年(平成13)10月18日
茨城県など

10月18日午前6時半ごろ、関東北部を中心に地震があった。震源は茨城県南部で、深さは約50km、マグニチュードは4.4、土浦市、岩井市、栃木県栃木市、埼玉県久喜市で震度3を記録。

第Ⅱ部 地震・噴火災害一覧

2001年(平成13)〜

1683	噴火　2001年(平成13)10月19日
	小笠原諸島

　10月19日午前7時25分ごろ、小笠原諸島の硫黄島北西部の海岸、井戸ヶ浜で小規模な噴火があり、2〜3分間にわたって200〜300mの高さまで噴煙が観測された。同日夜にかけても、10分程度の間隔で、噴気が数百mの高さに噴き上がり、土砂も噴出した。

1684	地震　2001年(平成13)11月2日
	関東地方

　11月2日午前7時43分ごろ、関東地方北部で地震があった。震源は茨城県南部で深さは約40km、マグニチュードは4.1、栃木市、八郷町、岩瀬町で震度3を記録した。

1685	地震　2001年(平成13)11月9日
	長野県

　11月9日午後0時21分ごろ、長野県を中心に地震があった。震源は同県南部で深さは約10km、マグニチュードは3.8、日義村、三岳村、開田村で震度3を記録した。

1686	地震　2001年(平成13)11月17日
	関東地方

　11月17日午前1時32分ごろ、関東地方で地震があった。震源は千葉県北西部で深さは約80km、マグニチュードは4.5、東京都杉並区と横浜市神奈川区で震度3を記録した。

1687	地震　2001年(平成13)12月2日
	東北地方

　12月2日午後10時2分ごろ、東北地方を中心に広い範囲で強い地震があった。震源は岩手県内陸南部で深さは約130km、マグニチュードは6.3。宮城県北部で震度5弱、17都道県で震度2以上を記録。地震の影響で東北新幹線は約3時間にわたり運転を見合わせた。

1688	地震　2001年(平成13)12月8日
	関東地方

　12月8日午前4時7分ごろ、関東地方で地震があった。震源は神奈川・山梨県境付近で、マグニチュードは4.6。山梨県上野原町で震度5弱、山梨県各地、神奈川県各地、東京都国分寺市で震度3を記録。

1689	地震　2001年(平成13)12月9日
	奄美大島

　12月9日午前5時29分、奄美大島近海を震源とする地震があった。住用村で震度5を記録した。マグニチュード5.8。

1690	地震　2001年(平成13)12月10日
	東京都式根島

　12月10日午後4時ごろ、東京都の式根島で地震があった。震源は新島・神津島近海で深さはごく浅く、マグニチュードは3.6。式根島で震度3、新島で震度2を記録。

1691	地震　2001年(平成13)12月16日
	東北地方

　12月16日午後1時50分ごろ、東北地方南

部を中心とする地震があった。震源は栃木県北部で深さは約10km、マグニチュードは4.2。福島県下郷町で震度3、福島県会津本郷町と新潟県中里村で震度2を記録。

1692 地震 2001年（平成13）12月23日
東北地方

12月23日午前1時41分ごろ、東北地方太平洋側を中心とする地震があった。震源は仙台湾で深さは約100km、マグニチュードは4.6。宮城県気仙沼市、福島県霊山町、川俣町、東和町、岩瀬村、大越町、都路村、常葉町で震度3を記録した。

1693 地震 2001年（平成13）12月28日
伊豆諸島

12月28日午後8時23分ごろ、伊豆諸島で地震があった。震源は新島・神津島近海で深さは約10km、マグニチュードは3.8。式根島（東京都新島村）で震度3、神津島（神津島村）で震度2を記録した。付近では同日午後0時7分ごろと午後11時48分ごろにも地震があり、式根島で震度2を記録。

1694 地震 2001年（平成13）12月28日
北陸地方、近畿地方

12月28日午前3時28分ごろ、北陸や近畿地方を中心に地震があった。震源は滋賀県北部で深さは約10km、マグニチュードは4.5。福井県上中町で震度4、滋賀県朽木村で震度3を記録した。

1695 地震 2002年（平成14）1月3日
伊豆諸島

1月3日午後11時43分ごろ、東京都伊豆諸島で地震があった。震源は新島・神津島近海で深さは約10km、マグニチュードは3.4。式根島（東京都新島村）で震度3、新島（同村）で震度2を記録した。

1696 地震 2002年（平成14）1月4日
京都府

1月4日午前11時5分ごろ、京都府で地震があった。震源は同府南部で深さは約20km、マグニチュードは3.8。同府京北町で震度3、滋賀県守山市で震度2、京都市、大津市、大阪府島本町、福井県高浜町で震度1を記録した。

1697 地震 2002年（平成14）1月4日
和歌山県

1月4日午後、和歌山県北部を震源とする有感地震が8回あった。うち0時8分ごろの地震は震源の深さが約20km、マグニチュードは3.6、同県熊野川町で震度3を記録した。

1698 地震 2002年（平成14）1月12日
伊豆諸島

1月12日午前2時28分ごろ、伊豆諸島で地震があった。震源は新島・神津島近海で深さはごく浅く、マグニチュードは3.2。式根島で震度3を記録した。同34分にもマグニチュード3.4の地震があり、式根島で震度2を記録した。

2002年(平成14)〜

1699	地震 2002年(平成14)1月15日
	千葉県干潟町

1月15日午後9時59分ごろ、千葉県で地震があった。震源は鹿島灘で深さは約60km、マグニチュードは4.5。同県干潟町で震度3、佐原市、九十九里町、茨城県鹿嶋市、神栖町で震度2を記録した。

1700	地震 2002年(平成14)1月18日
	伊豆大島など

1月18日午後4時46分ごろ、伊豆大島などで地震があった。震源は伊豆大島近海で深さは約20km、マグニチュードは4.3。東京都大島町で震度3、東京都利島村、千葉県館山市で震度2を記録した。

1701	地震 2002年(平成14)1月20日
	伊豆大島

1月20日午前5時21分ごろ、伊豆大島で地震があった。震源は伊豆大島近海で深さはごく浅く、マグニチュードは3.0、東京都大島町で震度4を記録した。同5時8分ごろにも同島近海を震源にマグニチュード2.5の地震があり、同島で震度3を記録した。

1702	地震 2002年(平成14)1月21日
	東京都大島町

1月21日午前3時27分ごろ、伊豆大島(東京都大島町)で地震があった。震源は同島近海で深さはごく浅く、マグニチュードは2.5、震度3を記録した。

1703	余震 2002年(平成14)1月24日
	島根県

1月24日午後4時8分ごろ、島根県で地震があった。震源は同県東部で深さは約20km、マグニチュードは4.6。同県安来市、伯太町、鳥取県西伯郡、会見町、岸本町で震度4、鳥取県米子市、境港市、日野町、溝口町、島根県広瀬町、仁多町で震度3を記録した。平成12年10月6日に発生した鳥取県西部地震の余震とみられる。

1704	地震 2002年(平成14)1月27日
	岩手県など

1月27日午後4時9分ごろ、岩手県で地震があった。震源は岩手県沖で深さは約50km、マグニチュードは5.6。釜石市と山田町で震度4、盛岡市、宮古市、大船渡市、二戸市、北上市、一関市、宮城県気仙沼市で震度3を記録した。

1705	地震 2002年(平成14)1月29日
	福島県など

1月29日午前8時45分ごろ、福島県などで地震があった。震源は福島県沖で深さは約40km、マグニチュードは5.1。同県霊山町、楢葉町で震度3、相馬市、原町市、宮城県涌谷町で震度2を記録した。

1706	地震 2002年(平成14)2月4日
	和歌山県

2月4日午前6時2分ごろ、和歌山県で地震があった。震源は紀伊水道で深さは約40km、マグニチュードは4.8。同県田辺市、川辺町、日置川町で震度3、御坊市、新宮市、湯浅町、奈良県下北山村で震度2を記録した。

1707 地震 2002年（平成14）2月5日
関東地方

2月5日午後7時57分ごろ、関東地方で地震があった。震源は茨城県南部で深さは70km、マグニチュードは4.4。茨城県関城町、栃木県二宮町、埼玉県吹上町で震度3、茨城県つくば市、栃木県日光市、宇都宮市、さいたま市、千葉県野田市、東京都千代田区、川崎市宮前区で震度2を記録した。

1708 地震 2002年（平成14）2月11日
関東地方

2月11日午前10時10分ごろ、関東地方で地震があった。震源は茨城県沖で深さは約50km、マグニチュードは5.2。千葉県干潟町で震度4、銚子市、成田市、佐原市、福島県玉川村、茨城県鹿嶋市、潮来市で震度3を記録した。

1709 地震 2002年（平成14）2月12日
茨城県など

2月12日午後10時44分ごろ、関東北部を中心に地震があった。震源は茨城県沖で深さは約40km、マグニチュードは5.5。茨城県桂村、金砂郷町で震度5弱、茨城県高萩市、水戸市、東海村、常陸太田市、日立市、北茨城市、笠間市、土浦市、つくば市、福島県いわき市、郡山市、栃木県益子町で震度4を記録した。この地震で東海村の日本原子力研究所東海研究所の研究用原子炉が約2時間自動停止した。

1710 地震 2002年（平成14）2月13日
宮城県など

2月13日午後6時54分ごろ、宮城県などで地震があった。震源は宮城県北部で深さは約10km、マグニチュードは4.3。宮城県栗駒町、中田町で震度3を記録した。

1711 地震 2002年（平成14）2月14日
東北地方

2月14日午前10時12分ごろ、東北地方を中心に地震があった。震源は青森県東方沖で深さは約60km、マグニチュードは5.2。青森県むつ市で震度3、北海道苫小牧市、青森県八戸市、岩手県二戸市で震度2を記録した。

1712 地震 2002年（平成14）2月25日
関東地方など

2月25日午後10時14分ごろ、東北や北関東を中心に地震があった。震源は鹿島灘で深さは約80km、マグニチュードは4.7。茨城県鹿嶋市、日立市、福島県表郷村、玉川村、茨城県日立市で震度3を記録した。

1713 地震 2002年（平成14）3月6日
中国地方

3月6日午前7時12分、中国地方で地震があった。震源は島根県東部で深さは約20km、マグニチュードは4.6。鳥取県日野町で震度4、鳥取県境港市、淀江町、島根県安来市、東出雲町、岡山県新見市で震度3を記録した。

1714 地震 2002年（平成14）3月9日
福島県

3月9日午後0時57分ごろ、福島県で地震があった。震源は福島県沖で深さは約50km、マグニチュードは4.4。同県楢葉町で震度3、いわき市、相馬市、古殿町、富岡町、大熊町、新地町、小高町、玉川村、都路村、川内村で震度2を記録した。

2002年(平成14)〜

1715 地震 2002年(平成14)3月11日
徳島県など

3月11日午後3時54分ごろ、徳島県で地震があった。震源は同県北部で深さは約10km、マグニチュードは4.2。徳島市、小松島市で震度3、鳴門市、兵庫県津名町、香川県白鳥町で震度2を記録した。

1716 地震 2002年(平成14)3月25日
愛媛県など

3月25日午後10時58分ごろ、愛媛県で地震があった。震源は愛媛県北西の瀬戸内海で深さは約50km、マグニチュードは5.0。同県今治市、丹原町、吉海町、大西町、菊間町で震度4、広島県呉市、山口県岩国市、高知県赤岡町で震度3を記録した。

1717 地震 2002年(平成14)3月28日
関東地方など

3月28日午後3時50分ごろ、関東甲信地方で地震があった。震源は神奈川県西部で深さは約20km、マグニチュードは4.2。神奈川県綾瀬市や山梨県上野原町で震度3、神奈川県海老名市、山梨県大月市、東京都国分寺市、静岡県小山町で震度2を記録した。

1718 噴火 2002年(平成14)4月2日
伊豆諸島

4月2日午前10時ごろ、伊豆諸島三宅島(東京都三宅村)の雄山で小規模な噴火があった。噴煙の高さは約300mで、島東部で少量の降灰が確認された。

1719 地震 2002年(平成14)4月6日
愛媛県松野町

4月6日午前1時57分ごろ、愛媛県で地震があった。震源は同県南予地方で深さは約40km、マグニチュードは4.8。同県松野町で震度4を記録した。

1720 地震 2002年(平成14)5月4日
関東地方

5月4日午後8時35分ごろ、千葉県を中心に関東地方で地震があった。震源は千葉県東方沖で深さは約40km、マグニチュードは4.8。同県東金市で震度4、成田市、千葉市、茨城県潮来市で震度3を記録した。また、同日午後11時半ごろ、茨城県南部を震源とする弱い地震があり、同県江戸崎町や東京都江戸川区などで震度2を記録した。

1721 地震 2002年(平成14)5月12日
東北地方

5月12日午前10時29分ごろ、東北地方で地震があった。震源は岩手県内陸南部で深さは約100km、マグニチュードは5.2。同県室根村で震度4、陸前高田市、大船渡市、青森県階上町、宮城県気仙沼市、古川市、秋田県横手市で震度3を記録した。この地震でJR東北新幹線上下線14本が運休、11本が遅れ、約1万人に影響が出た。

1722 地震 2002年(平成14)5月19日
関東地方

5月19日午前5時ごろ、関東地方を中心に地震があった。震源は千葉県北西部で深さは約80km、マグニチュードは4.7。横浜市と静岡県熱海市で震度3を記録した。

1723 地震 2002年（平成14）5月28日
伊豆諸島

5月28日午前9時過ぎ、伊豆諸島で相次いで地震があった。震源は新島・神津島近海で深さは約10km、マグニチュードは4.5。式根島と新島で同24分と同33分の2回、震度4を記録した。この地震で新島の4カ所でがけ崩れが発生した。

1724 地震 2002年（平成14）6月5日
東京都伊豆大島

6月5日午後7時32分ごろ、伊豆大島（東京都大島町）で地震があった。震源は同島近海で深さは約10km、マグニチュードは3.8、震度4を記録した。同島では午後6時25分ごろにも地震が発生し、震度3を記録した。

1725 地震 2002年（平成14）6月14日
関東地方

6月14日午前11時42分ごろ、関東地方を中心に地震があった。震源は茨城県南部で深さは約50km、マグニチュードは5.2。茨城県水戸市、つくば市、土浦市、栃木県小山市、埼玉県久喜市、千葉県成田市で震度4を記録した。この地震の影響でJR東北新幹線と上越新幹線が一時運転を停止した。また、茨城県取手市内の住宅でシャンデリアが落下し、男性1人が頭に軽いけがを負った。

●負傷者1名

1726 地震 2002年（平成14）6月20日
千葉県

6月20日午前8時34分ごろ、関東地方で地震があった。震源は千葉県北東部で深さは約60km。千葉県光町、横芝町で震度3、成田市、佐倉市、茨城県潮来市で震度2を記録した。

1727 浅間山活動活発化 2002年（平成14）6月22日
長野県、群馬県

6月22日午前0時から正午にかけ、群馬・長野両県にまたがる浅間山で無感地震を273回観測するなど活動が活発化し、同日気象庁がすぐに噴火する可能性は低いが慎重に監視する必要があるとして臨時火山情報を出した。同山の臨時火山情報は平成12年9月以来。正午から23日0時までの無感地震は101回で、回数は徐々に減少。

1728 地震 2002年（平成14）7月13日
関東地方

7月13日午後9時45分ごろ、茨城県南部を震源とする関東地方の広い範囲で地震があり、同県協和町などで震度4を観測した。震源の深さは約70km、マグニチュードは4.8。

1729 地震 2002年（平成14）7月24日
東北地方、東海地方

7月24日午前5時5分ごろ福島県沖を震源とする地震があり、東北から東海地方の広い範囲で揺れを感じた。震源の深さは約20km、マグニチュードは5.8。

1730 地震 2002年（平成14）7月27日
関東地方

7月27日午後5時59分ごろ、関東地方から福島県にかけて地震があった。震源は茨城県北部で深さは約50km、マグニチュードは4.2。

1731 地震 2002年(平成14)8月2日
長野県

8月2日午後6時15分ごろ、長野県で震度3の地震があった。震源は長野県中部で、マグニチュードは2.8。

1732 地震 2002年(平成14)8月12日
東北地方

8月12日午前6時55分ごろ、東北地方北部を中心に地震があり、青森県と岩手県で震度3を観測した。震源は青森県東方沖で深さは約40km、マグニチュードは5.2。

1733 噴火 2002年(平成14)8月12日
伊豆諸島

8月12日、伊豆諸島の南にある伊豆鳥島の硫黄山(403m)山頂付近が噴火、白い噴煙が上がった。噴煙は数分おきに火口上空200～300mまで上り、約600mで西方に数十km流れていた。また、南から南東側の側壁でも、白色の噴気が出ていた。

1734 地震 2002年(平成14)8月18日
北陸地方

8月18日午前9時1分ごろ、北陸地方を中心に地震があり、福井市などで震度4を観測した。震源は福井県嶺北地方で深さは約10km、マグニチュードは4.5。

1735 噴火 2002年(平成14)8月19日
鹿児島県十島村

8月19日鹿児島県十島村の諏訪之瀬島(トカラ列島)にある御岳(標高799m)の噴火活動が活発化し、午前10時、平成12年12月以来となる臨時火山情報が出された。同日午前0時から約30分間、午前6時半から約20分間、それぞれ数秒おきの爆発音を伴った火山性微動が続いた。

1736 地震 2002年(平成14)8月21日
新潟県

8月21日午前5時51分ごろ、新潟県付近で地震があった。震源は同県上越地方で深さは約20km、マグニチュードは3.6。

1737 地震 2002年(平成14)9月2日
近畿地方

9月2日午後6時17分ごろ、近畿地方で地震があった。震源は和歌山県北部で深さは約10km、マグニチュードは3.9。奈良県下北山村、和歌山県湯浅町、広川町、野上町、下津町で震度3を記録した。

1738 地震 2002年(平成14)9月8日
宮城県

9月8日午前1時45分ごろ、宮城県で震度4の地震があった。震源は同県北部で深さは約10km、マグニチュードは3.8。

1739 地震 2002年(平成14)9月16日
中国地方

9月16日午前10時10分ごろ、中国地方で地震があった。震源は鳥取県中西部で深さは約10km、マグニチュードは5.3。鳥取県関金町、島根県仁多町、岡山県八束村で震度4、兵庫県竹野町、岡山県笠岡市、広島県呉市、香川県さぬき市で震度3を記録した。

1740 地震 2002年（平成14）9月19日
岩手県、宮城県

9月19日午前4時58分ごろ、岩手県と宮城県で震度3の地震があった。震源は岩手県南部で深さは約10km、マグニチュードは4.1。

1741 地震 2002年（平成14）10月13日
中国地方、四国地方、九州地方

10月13日午後7時6分ごろ、中・四国から九州にかけての広い地域で最大震度4の地震があった。震源は豊後水道付近で深さは約50km、マグニチュードは4.9。

1742 地震 2002年（平成14）10月14日
東北地方

10月14日午後11時13分ごろ、東北地方を中心に地震があり、青森県野辺地町で震度5弱を観測した。震源は同県東方沖で深さは約50km、マグニチュードは5.8。

1743 地震 2002年（平成14）10月16日
関東地方

10月16日午後1時4分ごろ、関東地方で地震があり、茨城県と千葉県で震度3を観測した。震源は茨城県沖で深さは約40km、マグニチュードは4.9。

1744 地震 2002年（平成14）10月21日
東北地方、関東地方

10月21日午前1時6分ごろ、東北地方から関東地方にかけて地震があり、水戸市などで震度3を記録した。震源は茨城県沖で深さは約40km、マグニチュードは5.3。

1745 地震 2002年（平成14）10月23日
島根県

10月23日午前6時22分ごろ、島根県で地震があった。震源は同県東部で深さは約20km、マグニチュードは4.2。同掛合町、邑智町で震度3、大田市、木次町、広島県高野町、神辺町で震度2を記録した。

1746 地震 2002年（平成14）10月24日
鳥取県

10月24日午前9時52分ごろ、鳥取県で地震があった。震源は同県中西部で深さは約20km、マグニチュードは3.6。同県会見町で震度3、米子市、境港市、島根県安来市で震度2を記録した。

1747 地震 2002年（平成14）10月25日
東北地方

10月25日午前5時ごろ、東北地方北部で地震があった。震源は秋田沖で深さは約20km、マグニチュードは4.8。

1748 地震 2002年（平成14）11月3日
東北地方

11月3日午後0時37分ごろ、東北地方を中心に東日本の広い範囲で地震があり、宮城県北部の桃生町などで震度5弱を観測した。震源は同県沖で深さは約45km、マグニチュードは6.1。

2002年(平成14)〜

1749　地震　2002年(平成14)11月4日
九州地方

11月4日午後1時36分ごろ、九州地方を中心に地震があり、大分県蒲江町などで震度5弱を観測した。震源は宮崎県日向市の東沖約20kmで深さは約35km、マグニチュードは5.7。

1750　地震　2002年(平成14)11月16日
宮城県

11月16日午後0時19分ごろ、宮城県を中心に地震があり、同県志波姫町などで震度3を記録した。震源は同県北部で深さは約10km、マグニチュードは4.1。

1751　地震　2002年(平成14)11月17日
石川県など

11月17日午後1時50分ごろ、石川県で地震があった。震源は同県加賀地方で深さはごく浅く、マグニチュードは4.6。同県河内村、吉野谷村、尾口村で震度4、寺井町、辰口町、富山県城端町、利賀村で震度3を記録した。

1752　地震　2002年(平成14)12月4日
長野県

12月4日午前8時9分ごろ、長野県南部を中心に地震があり、三岳村で震度4を観測した。震源は同県南部で深さは約10km、マグニチュードは4.3。

1753　地震　2002年(平成14)12月23日
関東地方

12月23日午前5時31分ごろ、関東地方で地震があり、茨城県大和村で震度3を記録した。震源は茨城県南部で深さは約50km、マグニチュードは4.1。

1754　地震　2003年(平成15)2月6日
京都府など

2月6日午前2時37分ごろ、京都府で地震があった。震源は同府南部で深さは約20km、マグニチュードは4.2。京都市、亀岡市、久御山町で震度3、宇治市、滋賀県信楽町、大阪府高槻市、兵庫県加古川市、奈良市で震度2を記録した。

1755　噴火　2003年(平成15)2月6日
群馬県、長野県

2月6日正午ごろ、浅間山で小規模な噴火があり、一時噴煙が上がった。山頂付近で少量の降灰が見られた以外は被害はなかった。

1756　地震　2003年(平成15)2月12日
東京都伊豆諸島

2月12日午後10時13分ごろ、伊豆諸島で地震があり、東京・三宅島で震度4を観測した。震源は三宅島近海で深さは約20km、マグニチュードは4.7。

1757　地震　2003年(平成15)2月13日
千葉県

2月13日午前1時50分ごろ、千葉県で地震があり、勝浦市と大多喜町で震度3を記録した。震源は同県南部で深さは約50km、マグニチュードは3.9。

1758 地震 2003年(平成15)2月14日
茨城県

2月14日午前10時55分ごろ、茨城県を中心とする地域で地震があった。震源は同県北部で深さは約50km、マグニチュードは4.2。

1759 地震 2003年(平成15)3月3日
東北地方

3月3日午前7時47分ごろ、東北地方で震度4の地震があった。震源は福島県沖で深さは約40km、マグニチュードは5.9。

1760 地震 2003年(平成15)3月13日
関東地方

3月13日午後0時13分ごろ、関東地方で震度4の地震があった。震源は茨城県南部で深さは約50km、マグニチュードは5.1。

1761 地震 2003年(平成15)3月23日
和歌山県

3月23日午前4時10分ごろ、和歌山県で地震があった。震源は同県北部で深さは約10km、マグニチュードは3.5。同県粉河町で震度3、橋本市、桃山町で震度2を記録した。

1762 地震 2003年(平成15)3月26日
四国地方、九州地方

3月26日午前4時8分ごろ、四国地方と九州地方にわたる地震があった。震源は豊後水道で深さは約10km、マグニチュードは4.7。愛媛県吉田町、明浜町、大分県鶴見町で震度3、愛媛県宇和島市、大分県佐伯市、高知県宿毛市、山口県久賀町、宮崎県高千穂町で震度2を記録した。

1763 噴火 2003年(平成15)3月30日
長野県、群馬県

3月30日午前1時54分ごろ、長野・群馬県境の浅間山(2,568m)が、噴火した。小規模で被害はなく、地震や地殻変動など観測データにも大きな異常はなかった。

1764 地震 2003年(平成15)4月1日
中部地方

4月1日午前9時25分ごろ、中部地方で地震があり、長野県開田村で震度4を観測した。震源は同県南部で深さは約10km、マグニチュードは4.2。

1765 地震 2003年(平成15)4月2日
島根県

4月2日午前1時45分ごろ、島根県で地震があった。震源は同県東部で深さは約10km、マグニチュードは4.1。同県掛合町、佐田町、湖陵町で震度3、大田市、広島県高野町で震度2を記録した。

1766 噴火 2003年(平成15)4月7日
長野県、群馬県

4月7日、長野・群馬県境の浅間山(2,568m)が午前9時24分ごろ噴火した。

1767 地震 2003年(平成15)4月8日
関東地方

4月8日午前4時17分ごろ、関東地方で震度

3の地震があった。震源は茨城県南部で深さは約50km、マグニチュードは4.8。

1768 地震 2003年(平成15)4月13日
東京都伊豆諸島

4月13日午後9時22分ごろ、伊豆諸島の式根島、神津島などで地震があった。震源は新島・神津島近海で深さはごく浅い。マグニチュードは3.9。

1769 地震 2003年(平成15)4月17日
東北地方

4月17日午前3時ごろ、東北地方北部で震度4の地震があった。震源は青森県東方沖で深さは約50km、マグニチュードは5.5。

1770 噴火 2003年(平成15)4月18日
群馬県、長野県

4月18日午前7時半ごろ、群馬、長野両県境の浅間山で、ごく小規模な噴火があった。灰白色の噴煙が火口上空約300mまで上がり、約3分間で収まった。

1771 地震 2003年(平成15)4月21日
関東地方

4月21日午前10時18分ごろ、関東地方で地震があり、茨城県日立市で震度4を観測した。震源は同県沖で深さは約60km、マグニチュードは4.6。

1772 地震 2003年(平成15)5月10日
関東地方

5月10日午前11時46分ごろ、千葉県北西部を震源とする地震があり、横浜市で震度3を観測した。震源の深さは約80km、マグニチュードは4.3。

1773 地震 2003年(平成15)5月12日
関東地方

5月12日午前0時57分ごろ、東京都内や茨城県南部、埼玉県南部などで震度4を記録する地震があった。揺れは関東の広い範囲に及び、震源は千葉県北西部で深さは約60km、マグニチュードは5.1。東京都板橋区の中学生が起き上がろうとした際にベッドから転落して腕の骨を折るなど、都内で3人がけがをした。
●負傷者3名

1774 地震 2003年(平成15)5月17日
関東地方

5月17日午後11時33分ごろ、千葉県で震度4の地震があった。震源は千葉県北東部で深さは約50km、マグニチュードは5.1。

1775 地震 2003年(平成15)5月18日
長野県

5月18日午前3時23分ごろ、長野県を中心に最高で震度4を記録する地震があった。震源は同県南部で深さは約10km、マグニチュードは4.5。同日午後8時19分ごろにも、地震があり、三岳村で震度3を記録した。震源は同県南部で深さは約10km、マグニチュードは3.5。

1776	宮城県沖地震 2003年(平成15)5月26日
	東北地方

第Ⅰ部　解説参照（p.118）
●負傷174名

1777	地震 2003年(平成15)5月31日
	東北地方

5月31日午後6時40分ごろ、岩手県で震度3を記録する地震があった。震源は宮城県北部で深さは約80km、マグニチュードは4.6。

1778	地震 2003年(平成15)5月31日
	関東地方

5月31日午前2時47分ごろ、関東地方北部で地震があった。宇都宮市は震度3。震源は茨城県南部で深さは約50km、マグニチュードは4.2。

1779	地震 2003年(平成15)5月31日
	愛媛県など

5月31日午前3時58分ごろ、愛媛県で地震があった。震源は伊予灘で深さは約70km、マグニチュードは4.8。同県大洲市、保内町、伊方町、大分県鶴見町で震度3を記録。

1780	地震 2003年(平成15)6月10日
	千葉県

6月10日午前7時29分ごろ、千葉県大多喜町で震度3の地震があった。震源は同県東方沖で深さは約30km、マグニチュードは4.0。

1781	地震 2003年(平成15)6月13日
	中部地方

6月13日午前10時7分ごろ、長野県などで地震があった。震源は長野県南部で深さはごく浅く、マグニチュードは3.9。

1782	地震 2003年(平成15)6月16日
	東北地方、関東地方

6月16日午後6時34分ごろ、東北から関東にかけて地震があり、福島県大越町などで震度4を観測した。震源は茨城県沖で深さは約70km、マグニチュードは5.1。

1783	地震 2003年(平成15)6月28日
	東北地方

6月28日午後8時19分ごろ、東北地方で地震があった。震源は宮城県沖の太平洋で深さは約70km、マグニチュードは4.6。

1784	地震 2003年(平成15)7月3日
	北海道

7月3日午前8時52分ごろ、北海道東部で地震があった。震源は釧路沖で深さは約50km。規模を示すマグニチュードは6.0。

1785	地震 2003年(平成15)7月10日
	長野県

7月10日午後1時8分ごろ、長野県で震度3の地震があった。震源は同県南部で深さは約10km、マグニチュードは3.5。

2003年(平成15)〜

| 1786 | 地震 2003年(平成15)7月18日
長野県 |

7月18日午前8時57分ごろ、長野県で震度4の地震があった。震源は同県南部で深さは約10km、マグニチュードは3.8。同9時8分ごろにもマグニチュード3.1の余震があり、三岳村で震度2を記録した。長野県三岳村で震度4を記録した。

| 1787 | 宮城県北部地震 2003年(平成15)7月26日
東北地方 |

第Ⅰ部 解説参照（p.120）
●負傷者676名

| 1788 | 地震 2003年(平成15)7月27日
東北地方 |

7月27日午後3時26分ごろ、青森県から宮城県にかけて震度3の地震があった。震源は日本海北部で深さは約480km、マグニチュードは7.1。

| 1789 | 地震 2003年(平成15)8月4日
宮城県鳴瀬町 |

8月4日午前1時9分ごろ、宮城県鳴瀬町で震度3の地震があった。震源は同県北部で深さは約10km、マグニチュードは3.0。

| 1790 | 地震 2003年(平成15)8月6日
和歌山県 |

8月6日午前9時48分ごろ、和歌山県で地震があった。震源は同県北部で深さは約10km、マグニチュードは4.0。同県湯浅町、金屋町で震度3を記録した。

| 1791 | 地震 2003年(平成15)8月8日〜9日
宮城県 |

8月8日から9日にかけて宮城県を中心に地震があった。8日午前9時51分ごろ宮城県内で震度4を観測した。震源は同県北部で深さは約10km、マグニチュードは4.5。宮城県河南町、桃生町、矢本町、涌谷町、南郷町、鳴瀬町で震度4を記録。午後10時24分ごろ、鳴瀬町で震度3を記録。震源は同じでマグニチュードは3.3。9日午前2時54分ごろ、鳴瀬町で震度4を記録。マグニチュードは4.0。

| 1792 | 地震 2003年(平成15)8月12日
宮城県 |

8月12日午前9時28分ごろ、宮城県で震度4の地震があった。震源は同県北部で深さは約10km、マグニチュードは4.5。

| 1793 | 地震 2003年(平成15)8月14日
四国地方 |

8月14日午後11時46分ごろ、四国地方で地震があった。震源は高知県東部で深さは約50km、マグニチュードは4.4。同県高知市、徳島県上那賀町、香川県観音寺市などで震度3を記録した。

| 1794 | 地震 2003年(平成15)8月16日
宮城県 |

8月16日午前9時53分ごろ、宮城県内で震度3を観測する地震があった。震源は宮城県北部で深さは約10km、マグニチュードは3.6。同鳴瀬町で震度3を記録した。

330

~2003年(平成15)

1795	地震 2003年(平成15)8月18日
	関東地方

8月18日午後6時59分ごろ、関東地方で地震があった。震源は千葉県北西部で深さは約70km、マグニチュードは4.7。茨城県岩井市、栃木県二宮町、壬生町、埼玉県志木市、和光市、さいたま市、千葉県木更津市、東京都墨田区、台東区、江東区、品川区、江戸川区、中央区、杉並区、葛飾区、千代田区、文京区、大田区、荒川区、足立区、横浜市、神奈川県厚木市、静岡県熱海市で震度3を記録した。

1796	地震 2003年(平成15)8月30日
	北海道

8月30日午後7時6分ごろ、北海道日高東部で震度4、十勝南部で震度3の地震があった。震源は浦河沖で深さは約60km、マグニチュードは5.2。浦河町で震度4を記録した。

1797	地震 2003年(平成15)9月4日
	宮城県

9月4日午後10時55分ごろ宮城県河南町、桃生町、鳴瀬町で震度3の地震があった。震源は同県北部で深さは約10km、マグニチュードは3.6。

1798	地震 2003年(平成15)9月20日
	関東地方

9月20日午後0時55分ごろ、関東の広い範囲で地震があり、東京都千代田区などで震度4を観測した。震源は千葉県東方沖で深さは約80km、マグニチュードは5.5。東京都千代田区、千葉県浦安市、横浜市鶴見区、茨城県岩井市、栃木県市貝町、埼玉県幸手市で震度4を記録した。

● 負傷者7名

1799	十勝沖地震 2003年(平成15)9月26日
	北海道、東北地方

第Ⅰ部 解説参照(p.122)
● 負傷者849名、行方不明者2名

1800	地震 2003年(平成15)10月4日
	北海道

10月4日午前5時38分ごろ、北海道で震度3の地震があった。震源は日高支庁東部で深さは約60km、マグニチュードは4.7。

1801	地震 2003年(平成15)10月4日
	東北地方

10月4日午前8時11分ごろ、東北地方で地震があった。震源は宮城県沖で深さは約70km、マグニチュードは4.5。岩手県陸前高田市、大船渡市、宮城県石巻市で震度3を記録した。

1802	地震 2003年(平成15)10月5日
	岐阜県

10月5日午前0時29分ごろ、岐阜県飛騨地方が震源とみられる地震があった。震源の深さは約10km、マグニチュードは4.5。岐阜県高根村上ヶ洞で震度4を記録した。

1803	地震 2003年(平成15)10月6日
	山形県

10月6日午後8時57分ごろ、山形県で地震があり、山辺町で震度4を記録した。震源は同県村山地方で深さは約10km、マグニチュードは3.7。

第Ⅱ部 地震・噴火災害一覧

1804 余震 2003年（平成15）10月8日
北海道

10月8日午後6時7分ごろ、北海道東部で地震があり、釧路市などで震度4を記録した。震源は釧路沖で深さは約50km、マグニチュードは6.3。十勝沖地震の余震とみられる。

1805 余震 2003年（平成15）10月9日
北海道

10月9日午前8時15分ごろ、北海道・釧路中南部で十勝沖地震の余震とみられる地震があった。震源は釧路沖で深さは約30km、マグニチュードは5.9。釧路町で震度4。釧路市、更別村で震度3を記録した。

1806 地震 2003年（平成15）10月11日
北海道

10月11日午前9時9分ごろ、北海道の釧路から日高地方にかけての太平洋岸を中心に震度3を記録する地震があった。震源は釧路沖で深さは約30km、マグニチュードは6.1。

1807 地震 2003年（平成15）10月15日
関東地方

10月15日午後4時半ごろ、関東地方の広い範囲で地震があり、東京都の区部や千葉市などで震度4を記録した。震源は千葉県北西部で深さは約80km、マグニチュードは5.0。この地震により、東京都台東区清川の住宅で、無職女性が階段から転落し、頭などを強く打ち死亡。江東区と小平市では、棚から落下した皿が頭に当たるなど計2人が軽傷を負った。東京都中央区、埼玉県草加市、千葉市、横浜市で震度4を記録した。
●負傷者3名

1808 地震 2003年（平成15）10月23日
宮城県、青森県

10月23日午後2時ごろ、宮城県を中心に震度4を記録する地震があった。震源は同県北部で深さは約10km、マグニチュードは4.5。同県涌谷町、南郷町、矢本町、鳴瀬町で震度4を記録した。また、同日午前11時27分ごろ、青森県で地震があった。震源は陸奥湾で深さは約10km、マグニチュードは3.7。同県蟹田町で震度3を記録した。

1809 地震 2003年（平成15）10月28日
東京都伊豆大島

10月28日午前11時20分ごろ、伊豆大島で震度3の地震があった。震源は伊豆大島近海で深さは約10km、マグニチュードは4.0。東京都大島町で震度3を記録した。

1810 地震 2003年（平成15）10月31日
東北地方、関東地方

10月31日午前10時6分ごろ、東北から関東地方にかけての広い範囲で地震があり、宮城県北部で震度4を観測した。震源は福島県沖で深さは約30km、マグニチュードは6.8。宮城県桃生町、涌谷町、迫町で震度4。地震発生から約50分後に津波注意報が発令された。気象庁は「予測より潮位が高くなり、注意報を出すのが遅れた。なぜ予測を誤ったのか原因を調査する」と釈明。宮城県牡鹿町で最高30cmの津波が観測された。

| 1811 | **地震** 2003年（平成15）11月8日
宮城県 |

　11月8日午前3時13分ごろ、宮城県で地震があった。震源は同県北部で深さは約10km、マグニチュードは3.7。同県鳴瀬町で震度3、石巻市、矢本町、大郷町で震度2を記録した。
●――

| 1812 | **地震** 2003年（平成15）11月11日
愛知県 |

　11月11日午前7時54分、愛知県で地震があった。震源は三河湾で深さは約20km、マグニチュードは3.7。三河地方で震度3を記録した。
●――

| 1813 | **地震** 2003年（平成15）11月12日
関東地方など |

　11月12日午後5時25分ごろ、北海道から近畿地方にかけての広い範囲で地震があり、宇都宮市などで震度4を観測した。震源は紀伊半島沖で深さは約390km、マグニチュードは6.5。震源の真上（震央）から約400kmも離れた関東地方などで強い揺れを観測するという異常震域現象が起こった。
●――

| 1814 | **地震** 2003年（平成15）11月15日
福島県、茨城県 |

　11月15日午前3時44分ごろ、東北地方から中部地方の広い範囲で地震があり、福島、茨城両県で震度4の揺れがあった。震源は茨城県沖で深さは約40km、マグニチュードは5.3。茨城県伊奈町で女性が自宅の階段を踏み外して顔などに軽傷を負った。福島県小高町、水戸市、茨城県茨城町、大洋村で震度4を記録した。
●**負傷者1名**

| 1815 | **地震** 2003年（平成15）11月19日
式根島 |

　11月19日午後8時42分ごろ、東京都の式根島で震度4の地震があった。震源は新島・神津島近海で深さは約20km、マグニチュードは4.0。神津島村で震度3を記録した。
●――

| 1816 | **地震** 2003年（平成15）11月23日
千葉県 |

　11月23日午前7時ごろ、千葉県を中心に地震があり、同県干潟町で震度4を観測した。震源は同県東方沖で深さは約30km、マグニチュードは5.1。地震による停電で新幹線の東京〜宇都宮、東京〜高崎間で運転を見合わせ、東北新幹線11本、上越新幹線8本、長野新幹線6本が最大10分遅れた。銚子市、佐原市、茨城県鹿嶋市で震度3を記録した。
●――

| 1817 | **地震** 2003年（平成15）11月24日
北海道 |

　11月24日午後9時18分ごろ、北海道忠類村で震度4の地震があった。震源は日高東部で深さは約70km、マグニチュードは5.1。新冠町、静内町、浦河町、苫小牧市、厚真町、鹿追町、更別村、芽室町、豊頃町、長沼町で震度3を記録した。
●――

| 1818 | **地震** 2003年（平成15）12月13日
香川県 |

　12月13日午後0時32分ごろ、瀬戸内海の播磨灘で地震があった。震源は小豆島北部、深さは約10km、マグニチュードは4.4。香川県内海町、土庄町で震度4、同県直島町、岡山県備前市で震度3を記録したほか、中国、四国、近畿、北陸の2府12県で揺れを感じた。

2003年(平成15)〜

1819 地震 2003年(平成15)12月19日
新潟県

12月19日午後0時49分ごろ、新潟県佐渡で地震があった。震源は同県沖で深さは約20km、マグニチュードは4.7。同県佐和田町で震度4、相川町、真野町、羽茂町、西川町で震度3を記録した。

1820 地震 2003年(平成15)12月22日
新潟県

12月22日午後9時7分ごろ、新潟県・佐渡で震度4の地震があった。震源は佐渡付近で深さは約20km、マグニチュードは4.6。新潟県相川町、佐和田町で震度4を記録した。

1821 地震 2003年(平成15)12月23日
滋賀県

12月23日午後2時34分ごろ、滋賀県で地震があった。震源は同県北部で深さは約10km、マグニチュードは4.4。同県余呉町、木之本町、西浅井町、高島町、朽木村で震度3を記録した。

1822 地震 2003年(平成15)12月30日
式根島など

12月30日午後9時59分から31日午前0時42分までに東京都の式根島などで計7回の地震があった。震源はいずれも新島・神津島近海で深さは約10km、マグニチュードは最大4.3。式根島で震度4、神津島で震度3、新島で震度2を記録した。

1823 噴火 2004年(平成16)9月1日
群馬県、長野県

9月1日午後8時2分ごろ、浅間山で火山性地震多発。噴火があった。噴石が広範囲に飛散し火山灰や火山れきを確認した。

1824 地震 2004年(平成16)9月5日
東海・中部・近畿・中国地方

第Ⅰ部解説参照（p.124）。
●負傷者46名

1825 地震 2004年(平成16)10月6日
茨城県、埼玉県

10月6日午後11時40分ごろ、茨城県南部を震源とする地震があった。深さは約66km、マグニチュード5.7。茨城県関城町、つくば、埼玉県宮代町で震度5弱などを記録した。
●負傷者5名

1826 新潟県中越地震 2004年(平成16)10月23日
東北地方、中越・関東・甲信越地方

第Ⅰ部解説参照（p.126）。
●死亡68名、負傷者4,805名

1827 地震 2004年(平成16)11月29日
北海道

11月29日午前3時32分ごろ、釧路沖を震源とする地震があった。マグニチュード7.1。深さは約48km。釧路町、弟子屈町、別海町で震度5強などを記録した。逆断層型地震であった。
●負傷者65名

1828 地震 2004年（平成16）12月14日
北海道

12月14日午後2時56分ごろ、留萌支庁南部を震源とする地震があった。マグニチュード6.1。深さは約9km。苫前町で震度5強。羽幌町で震度5弱などを記録した。逆断層型地震であった。
●負傷者8名

1829 地震 2005年（平成17）2月16日
茨城県、栃木県、埼玉県、千葉県、東京都、神奈川県

2月16日午前4時46分ごろ、茨城県南部を震源とする地震があった。マグニチュード5.4。深さは約45km。つくば、土浦、玉里村で震度5弱などを記録した。水道管破裂や交通機関に影響があった。
●負傷者26名

1830 福岡県北西沖地震 2005年（平成17）3月20日
九州・四国地方

第Ⅰ部解説参照（p.128）
●死者1名、負傷者1,087名

1831 地震 2005年（平成17）4月11日
千葉県、茨城県、埼玉県

4月11日午前7時22分ごろ、千葉県北東部を震源とする地震があった。マグニチュード6.1。深さは52km。干潟町、八日市場市、旭市、小見川町、茨城県神栖町で震度5強などを記録した。鹿島東部のコンビナートが操業停止した。
●負傷者1名

1832 地震 2005年（平成17）6月3日
熊本県、長崎県

6月3日午前4時16分ごろ、熊本県天草芦北地方を震源とする地震があった。マグニチュード4.8。深さは約11km。上天草市で震度5弱。熊本県宇城市、富合町、千丁町、五和町、坂本村、長崎県小浜町で震度4などを記録した。
●負傷者2名

1833 地震 2005年（平成17）6月20日
新潟県など

6月20日午後1時3分ごろ、新潟県中越地方を震源とする地震があった。マグニチュード5.0。深さは15km。柏崎市、長岡市で震度5弱などを記録した。余震発生。
●負傷者1名

1834 地震 2005年（平成17）7月23日
千葉県、東京都、神奈川県、埼玉県

7月23日午後4時35分ごろ、千葉県北西部を震源とする地震があった。マグニチュード6.0深さは約73km。東京・足立で震度5強。千代田区、大田区、横浜、川崎、千葉・市川、船橋、浦安などで震度5弱を記録した。
●負傷者39名

1835 宮城県沖地震 2005年（平成17）8月16日
東北・関東地方

第Ⅰ部解説参照（p.130）。
●負傷者91名

1836 地震 2005年（平成17）8月21日
新潟県など

8月21日午前11時29分ごろ、新潟県中越地方を震源とする地震があった。マグニチュード5.0。深さは17km。長岡市で震度5強、小千谷市で震度5弱などを記録した。余震あった。
●負傷者2名

1837 地震 2005年（平成17）10月16日
茨城県、栃木県、埼玉県、千葉県、東京都、神奈川県

10月16日午後4時5分ごろ、茨城県南部を

2005年(平成17)〜

震源とする地震があった。マグニチュード5.1。深さは約40km。古河市、埼玉県さいたま市、千葉県野田市、東京都杉並区、神奈川県横浜市などで震度4を記録した。
●負傷者2名

1838	地震 2005年(平成17)10月19日
	茨城県、福島県、栃木県、千葉県

10月19日午後8時44分ごろ、茨城県沖を震源とする地震があった。マグニチュード6.3。深さは約48km。鉾田市で震度5弱、水戸市、つくば市、東海村、福島県郡山市、いわき市、栃木県益子町、千葉県佐原市などで震度4を記録した。。
●負傷者2名

1839	地震 2005年(平成17)12月17日
	宮城県、岩手県

12月17日午前3時32分ごろ、宮城県沖を震源とする地震があった。マグニチュード6.2。深さは約50km。宮城県石巻市、岩手県陸前高田市などで震度4を記録した。通信回線の障害が原因で、気象庁で震度計30地点のデータに誤りがあった。
●負傷者2名

1840	地震 2006年(平成18)11月15日
	千島列島

11月15日午後8時15分ごろ、千島列島・択捉島の東北東約390kmを震源とする地震があった。マグニチュード7.9。深さは30km。津波警報・注意報発令したが、解除後、津波観測。三宅島80cm、宮城県で漁船転覆。カリフォルニアでも観測された。
●――

1841	地震 2006年(平成18)4月21日
	東京都、神奈川県、静岡県

4月21日午前2時50分ごろ、伊豆半島東方沖を震源とする地震があった。マグニチュード5.4。深さは約7km。伊豆大島町、利島村、小田原、真鶴、熱海、伊東、下田、伊豆などで震度4を記録した。17日から有感、無感地震が多発した。
●負傷者3名

1842	地震 2006年(平成18)6月12日
	大分県、愛媛県、広島県、山口県

6月12日午前5時1分ごろ、大分県中部を震源とする地震があった。マグニチュード6.2。深さは約146km。大分・佐伯、愛媛・今治、八幡浜、伊方、西予、広島・呉で震度5弱などを記録した。
●負傷者8名

1843	地震 2007年(平成19)1月13日
	千島列島

1月13日午後1時24分ごろ、千島列島東方沖を震源とする地震があった。マグニチュード8.2。深さは30km。北海道太平洋沿岸部や小笠原諸島などで津波観測。津波警報・注意報発令したが住民の避難率の低さが指摘された。
●――

1844	能登半島地震 2007年(平成19)3月25日
	石川県、新潟県、富山県

3月25日午前9時42分ごろ、石川県能登半島沖を震源とする地震があった。マグニチュード6.9。深さは11km。石川県七尾市、輪島市、穴水町6強などを記録した。平成19年(2007年)能登半島地震、と呼ばれる。
●死者1名、負傷者336名

1845 地震 2007年(平成19)4月15日
三重県

　4月15日午後12時19分ごろ、三重県中部を震源とする地震があった。マグニチュード5.4。深さは約16km。亀山市で震度5強。津、鈴鹿、伊賀で震度5弱を記録した。
●負傷者13名

1846 新潟県上中越沖地震 2007年(平成19)7月16日
新潟県、長野県

　第Ⅰ部解説参照（p.132）。
●死者11名、負傷者1,987名

1847 地震 2007年(平成19)8月15日
南米・ペルー

　8月15日午後6時41分ごろ、ペルー・リマ南南東沖145kmを震源とする地震があった。マグニチュード8.0。深さは約41km。ピスコ市で被害大、教会や家屋倒壊、余震多数。北海道などで津波が観測された。
●死者513名、負傷者1,500名

第Ⅲ部
地震−震源地とマグニチュード一覧
参考文献

地震－震源地とマグニチュード一覧 ^(注) 震源地とマグニチュード一覧である。不明あるいは正確でない場合は、一方のみ記載。

679年(天武天皇7)1月　M6.5～7.5　　　　0005
684年(天武天皇12)11月29日　M8.4　　　　0007
715年(霊亀1)7月4日　M6.5～7.5　　　0010
715年(霊亀1)7月5日　M6.5～7　　　0011
745年(天平17)6月5日　M7.9　　　0013
762年(天平宝字6)6月9日　M7.4　　　0014
818年(弘仁9)　M7.5以上　　　　0021
827年(天長4)8月11日　M6.5～7　　　0023
830年(天長7)2月3日　M7～7.5　　　0024
841年(承和8)　M7　　　0026
850年(嘉祥3)12月7日　M7.0　　　0027
856年(斉衡3)　M6～6.5　　　　0028
868年(貞観10)8月3日　M7.0以上　　　　0033
869年(貞観11)7月13日　三陸沖　M8.3　　　　0034
878年(元慶2)11月1日　M7.4　　　0036
880年(元慶4)11月23日　M7　　　0037
881年(元慶4)1月13日　M6.4　　　0038
887年(仁和2)7月6日　M6.5　　　0041
887年(仁和3)8月26日　紀伊半島沖　M8.0～8.5　　　　0043
890年(寛平2)7月10日　M6　　　0045
934年(承平4)7月16日　M6　　　0048
938年(天慶1)5月22日　M7　　　0050
976年(貞元1)7月22日　　　0051
1070年(延久2)12月1日　M6～6.5　　　0059
1091年(寛治5)9月28日　M6.2～6.5　　　　0062
1093年(寛治7)3月19日　M6～6.3　　　0063
1096年(嘉保3)12月17日　遠州灘南方沖　M8.0～8.5　　　　0064
1099年(康和1)2月22日　紀伊半島南方沖　M8.0～8.3　　　　0065
1177年(治承1)11月26日　M6～6.5　　　　0067
1185年(元暦2)8月13日　M7.4　　　0068
1241年(仁治2)5月22日　M7.0　　　0073
1257年(正嘉1)10月9日　相模湾内　M7.0～7.5　　　　0075
1293年(正永6)5月27日　M7　　　0077
1317年(文保1)2月24日　M6.5～7.0　　　　0078
1325年(正中2)12月5日　M6.5　　　0079
1331年(元弘1)8月15日　M7以上　　　0080
1341年(興国2)10月31日　青森県西方沖　　　　0083
1350年(正平5)7月6日　M6　　　0084
1360年(正平15)11月22日　紀伊半島沖　M7.5～8　　　　0085
1361年(正平16)8月3日　紀伊半島沖　M8.25～8.5　　　　0087
1408年(応永14)1月21日　紀伊半島沖　M7～8　　　　0089
1423年(応永30)11月23日　M6.7　　　0092
1425年(応永32)12月23日　M6　　　0093

```
1433年(永享5)11月6日  相模灘  M7以上        0094
1449年(宝徳1)5月13日  M5.75～6.5        0095
1494年(明応3)6月19日  M6        0099
1498年(明応7)7月9日  日向灘  M7～7.5        0100
1498年(明応7)9月20日  伊豆沖～紀伊沖  M8.2～8.4        0101
1502年(文亀1)1月28日  M6.5～7        0102
1510年(永正7)9月21日  M6.5～7        0103
1520年(永正17)4月4日  紀伊半島沖  M7～7.75        0107
1579年(天正7)2月25日  M6        0114
1586年(天正14)1月18日  M7.8        0116
1586年(天正14)7月9日  M8.25        0117
1589年(天正17)3月21日  M6.7        0118
1592年(文禄1)  M6.7        0119
1596年(慶長1)9月1日  M7.0        0121
1596年(慶長1)9月5日  M7.5        0122
1597年(慶長2)9月10日  M6.4        0123
1605年(慶長9)2月3日  遠州灘沖  M7.9        0125
1611年(慶長16)9月27日  M6.9        0127
1611年(慶長16)12月2日  三陸東方沖  M8.1        0128
1614年(慶長19)11月26日  M7～7.5        0130
1615年(慶長20)6月26日  M6.25～6.75        0131
1616年(元和2)9月9日  金華山沖  M7.0        0132
1619年(元和5)5月1日  M6.0        0133
1625年(寛永2)7月21日  M5～6        0135
1627年(寛永4)10月22日  M6.0        0137
1628年(寛永5)8月10日  M6.0        0138
1630年(寛永7)8月2日  M6.25        0139
1633年(寛永10)3月1日  相模湾  M7.0        0140
1635年(寛永12)3月12日  M6.0        0141
1639年(寛永16)  M6.1        0143
1640年(寛永17)11月23日  M6.25～6.75        0145
1644年(正保1)10月18日  M7.0        0148
1646年(正保3)6月9日  M6.5～6.7        0150
1647年(正保4)6月16日  M6.5        0152
1648年(慶安1)6月13日  相模湾  M7.1        0154
1649年(慶安2)3月17日  M7.0        0155
1649年(慶安2)7月30日  M7.0        0156
1649年(慶安2)9月1日  M6.4        0157
1650年(慶安3)4月24日  M6～6.5        0158
1659年(万治2)4月21日  M7.0        0160
1662年(寛文2)6月16日  琵琶湖西方  M7.6        0161
1662年(寛文2)10月31日  日向灘東方  M7.5～7.75        0162
1664年(寛文3)1月4日  M5.9        0165
1665年(寛文4)6月25日  M6        0168
1666年(寛文5)2月1日  M6.4        0169
1667年(寛文7)8月22日  M6～6.4        0170
```

1668年(寛文8)8月28日　M5.9　　　　0172
1670年(寛文10)6月22日　M6.75　　　0174
1670年(寛文10)7月21日　M6.4　　　0175
1677年(延宝5)4月13日　下北半島東方沖　M7.25〜7.5　　0179
1677年(延宝5)11月4日　房総半島東方沖　M8.0　　　0180
1678年(延宝6)10月2日　三陸海岸東方沖　M7.5　　　0181
1683年(天和3)6月17日　M6.0〜6.5　　　0183
1683年(天和3)6月18日　M6.5〜7.0　　　0184
1683年(天和3)10月20日　M7.0　　　0185
1685年(貞享2)　M6.5　　　0187
1686年(貞享3)10月3日　M6.5〜7　　　0190
1691年(元禄4)　M6.2　　　0193
1694年(元禄7)6月19日　M7.4　　　0194
1697年(元禄10)11月25日　M6.5　　　0197
1698年(元禄11)10月24日　M6.0　　　0199
1700年(元禄13)1月26日　M9　　　0201
1700年(元禄13)4月15日　M7.0　　　0202
1703年(元禄16)12月31日　M6.5　　　0204
1703年(元禄16)12月31日　房総半島沖　M7.9〜8.2　　　0205
1704年(宝永1)5月27日　M6　　　0207
1706年(宝永3)1月19日　M5.75　　　0210
1706年(宝永3)10月21日　M5.7　　　0211
1707年(宝永4)10月28日　紀伊半島沖　M8.4　　　0212
1710年(宝永7)9月15日　いわき沖　M6.5　　　0224
1710年(宝永7)10月3日　M6.5　　　0225
1711年(宝永8)3月19日　M6.25　　　0226
1715年(正徳4)2月2日　M6.5〜7　　　0232
1717年(享保2)5月13日　金華山沖　M7.5　　　0238
1718年(享保3)8月22日　M7.0　　　0240
1723年(享保8)12月19日　M6.5　　　0247
1725年(享保10)5月29日　M6.0　　　0248
1725年(享保10)6月17日　M5.9　　　0249
1729年(享保14)8月1日　M6.6〜7.0　　　0256
1731年(享保16)10月7日　M6.5　　　0259
1733年(享保18)9月18日　M6.6　　　0261
1736年(元文1)4月30日　M6.0　　　0264
1749年(寛延2)5月25日　M6.75　　　0276
1751年(宝暦1)3月26日　M5.5〜6.0　　　0279
1751年(宝暦1)5月21日　M7.0〜7.4　　　0280
1756年(宝暦6)2月20日　M5.5〜6.0　　　0286
1762年(宝暦12)10月31日　佐渡東方沖　M6.6　　　0289
1763年(宝暦13)1月29日　陸奥八戸北東沖　M7.4　　　0290
1763年(宝暦13)3月11日　陸奥八戸東方沖　M7.25　　　0291
1763年(宝暦13)3月15日　陸奥八戸東方沖　M7.0　　　0292
1766年(明和3)3月8日　M6.9　　　0294
1767年(明和4)10月22日　M6.0　　　0296

1768年(明和5)7月19日　M5.0　　　　0297
1769年(明和6)8月29日　豊後佐伯湾付近　M7.4　　　　0302
1771年(明和8)4月24日　石垣島南方　M7.4　　　　0303
1772年(安永1)6月3日　M6.9　　　　0304
1780年(安永9)5月31日　ウルップ島付近　M7.0　　　　0308
1780年(安永9)7月20日　M6.5　　　　0309
1782年(天明2)8月23日　M7.3　　　　0311
1784年(天明4)8月29日　M6.1　　　　0314
1786年(天明6)3月23日　M5.0〜5.5　　　　0316
1789年(寛政1)5月11日　M7.0　　　　0317
1791年(寛政3)1月1日　M6.0〜6.5　　　　0319
1791年(寛政3)7月23日　M6.75　　　　0320
1792年(寛政4)5月21日　M6.4　　　　0321
1792年(寛政4)6月13日　積丹半島沖　M6.9　　　　0322
1793年(寛政5)1月13日　M6.25〜6.5　　　　0323
1793年(寛政5)2月8日　津軽半島西方沖　　　　0324
1793年(寛政5)2月17日　三陸はるか沖　M8.25　　　　0325
1796年(寛政7)1月3日　M5.0〜6.0　　　　0327
1799年(寛政11)6月29日　M6.4　　　　0328
1801年(享和1)5月26日　M6.5　　　　0330
1802年(享和2)11月18日　M6.5〜7.0　　　　0331
1802年(享和2)12月9日　M6.5〜7.0　　　　0332
1804年(文化1)7月10日　M7.0　　　　0334
1810年(文化7)9月25日　M6.6　　　　0335
1811年(文化8)1月27日　三宅島　　　　0336
1812年(文化9)4月21日　M6.9　　　　0337
1812年(文化9)12月7日　M6.6　　　　0338
1815年(文化12)3月1日　M6.0　　　　0340
1817年(文化14)12月12日　M6.0　　　　0341
1819年(文政2)8月2日　M7.4　　　　0342
1821年(文政4)12月13日　M5.5〜6.0　　　　0344
1823年(文政6)9月29日　M5.75〜6.0　　　　0346
1826年(文政9)8月28日　M6.0　　　　0347
1828年(文政11)5月26日　M6.0　　　　0348
1828年(文政11)12月18日　M6.9　　　　0349
1830年(文政13)8月19日　M7.4　　　　0350
1831年(天保2)11月14日　M6.1　　　　0351
1832年(天保3)3月15日　M6.5　　　　0352
1833年(天保4)5月27日　M6.4　　　　0353
1833年(天保4)12月7日　酒田西方沖　M7.4　　　　0354
1834年(天保5)2月9日　M6.4　　　　0355
1835年(天保6)3月12日　M5.5　　　　0357
1835年(天保6)7月20日　宮城県沖　M7.0　　　　0358
1836年(天保7)3月31日　伊豆新島　M5.0〜6.0　　　　0360
1839年(天保10)5月1日　M7.3　　　　0362
1841年(天保12)1月19日　M6.0以下　　　　0363

1841年(天保12)4月22日　M6.4　　　　0364
1841年(天保12)11月3日　M6.0　　　　0365
1843年(天保14)3月9日　M6.3　　　　0366
1843年(天保14)4月25日　釧路南東沖　M7.5　　　　0367
1847年(弘化4)5月8日　M7.4　　　　0371
1847年(弘化4)5月13日　M6.5　　　　0372
1848年(弘化5)1月10日　M5.9　　　　0373
1848年(弘化5)1月13日　M6.0　　　　0374
1853年(嘉永6)1月26日　M6.5　　　　0376
1853年(嘉永6)3月11日　M6.5　　　　0377
1854年(安政1)7月9日　M6.9　　　　0379
1854年(安政1)8月28日　M6.5　　　　0380
1854年(安政1)12月23日　遠州灘南沖　M8.4　　　　0381
1854年(安政1)12月24日　紀伊半島南西沖　M8.4　　　　0382
1854年(安政1)12月26日　伊予西部沖　M7.3〜7.5　　　　0383
1855年(安政2)3月18日　M6.75　　　　0385
1855年(安政2)9月13日　金華山沖　M7.25　　　　0387
1855年(安政2)11月7日　遠州灘　M7.0〜7.5　　　　0388
1855年(安政2)11月11日　東京湾　M6.9　　　　0389
1856年(安政3)8月23日　三陸はるか沖　M8.0　　　　0391
1856年(安政3)11月4日　M6.0〜6.5　　　　0392
1857年(安政4)7月8日　M6　　　　0394
1857年(安政4)7月14日　M6.25　　　　0395
1857年(安政4)10月12日　M7.25　　　　0396
1858年(安政5)4月9日　M6.9　　　　0398
1858年(安政5)7月8日　八戸東方沖　M7.0〜7.5　　　　0400
1858年(安政5)9月29日　青森湾　M6.0　　　　0402
1859年(安政6)1月5日　石見沖　M5.9　　　　0403
1859年(安政6)1月11日　M6.0　　　　0404
1859年(安政6)10月4日　M5.9　　　　0405
1861年(文久1)10月21日　M6.4　　　　0406
1864年(元治1)3月6日　M6.25　　　　0407
1870年(明治3)5月12日　小田原　M6.0〜6.5　　　　0410
1872年(明治5)3月14日　石見沖　M7.1　　　　0411
1880年(明治13)2月22日　東京湾　M5.9　　　　0414
1881年(明治14)10月25日　歯舞諸島東方　M7.0　　　　0415
1884年(明治17)10月15日　東京付近　　　　0417
1886年(明治19)7月23日　信越国境　M6.1　　　　0418
1887年(明治20)1月15日　神奈川相模　M2.9　　　　0419
1887年(明治20)9月5日　M6.3　　　　0420
1888年(明治21)4月29日　栃木県宇都宮付近　M6.0　　　　0421
1889年(明治22)2月18日　神奈川県川崎付近　M6.0　　　　0423
1889年(明治22)7月28日　熊本市　M6.3　　　　0424
1890年(明治23)1月7日　長野・犀川流域　M6.2　　　　0425
1890年(明治23)4月16日　三宅島付近　M6.8　　　　0426
1891年(明治24)10月28日　岐阜県西部　M8.0

1891年(明治24)12月24日　山梨県東部　M6.5　　　　0428
1892年(明治25)6月3日　東京湾北部　M6.2　　　　0429
1892年(明治25)12月9日　能登西南部沿岸沖　M5.8　　　　0430
1893年(明治26)6月4日　色丹島沖　M7.5以上　　　　0431
1893年(明治26)9月7日　鹿児島　M5.3　　　　0433
1894年(明治27)3月22日　根室沖　M7.9　　　　0434
1894年(明治27)6月20日　東京湾北部　M7.5
1894年(明治27)8月8日　熊本県中部　M6.3　　　　0436
1894年(明治27)10月7日　東京湾　M6.7　　　　0437
1894年(明治27)10月22日　庄内平野北部　M7.0
1895年(明治28)1月18日　利根川下流　M7.3　　　　0440
1895年(明治28)8月27日　熊本阿蘇山付近　M6.3　　　　0441
1896年(明治29)1月9日　茨城県沖　M7.5　　　　0443
1896年(明治29)4月2日　能登半島北端部　M5.7　　　　0444
1896年(明治29)6月15日　三陸沖　M8.5
1896年(明治29)8月31日　秋田・真昼山山地　M7.2
1897年(明治30)1月17日　長野県北部　M6.3　　　　0447
1897年(明治30)2月7日　秋田県沖　M7.5　　　　0448
1897年(明治30)2月20日　金華山沖　M7.4　　　　0449
1897年(明治30)3月23日　岩手県沖　M6.9　　　　0450
1897年(明治30)7月22日　福島県沖　M6.8　　　　0451
1897年(明治30)8月5日　仙台沖　M7.7　　　　0452
1897年(明治30)8月16日　岩手県沖　M7.2　　　　0453
1897年(明治30)10月2日　金華山沖　M6.6　　　　0454
1898年(明治31)　宮城県沖　M7.2　　　　0455
1898年(明治31)4月3日　山梨県南西部　M5.9　　　　0456
1898年(明治31)4月3日　山口・見島南方沖　M6.2　　　　0457
1898年(明治31)4月23日　金華山沖　M7.2　　　　0458
1898年(明治31)5月26日　新潟・南魚沼郡　M6.1　　　　0459
1898年(明治31)8月10日　福岡県西部付近　M6.0　　　　0460
1899年(明治32)3月7日　三重・尾鷲付近　M7.6　　　　0462
1899年(明治32)5月8日　根室半島沖　M6.9　　　　0463
1899年(明治32)11月25日　宮崎沖日向灘　M7.5〜7.6　　　　0464
1900年(明治33)3月22日　福井・鯖江　M6.6　　　　0465
1900年(明治33)5月12日　宮城県北部　M7.3　　　　0466
1900年(明治33)11月5日　御蔵島、三宅島　M6.6　　　　0467
1901年(明治34)6月24日　奄美大島近海　M7.5　　　　0468
1901年(明治34)8月9日　八戸地方　M7.7　　　　0469
1902年(明治35)1月30日　三戸地方　M7.4　　　　0470
1902年(明治35)5月28日　釧路沖　M7.4　　　　0471
1902年(明治35)6月23日　神奈川県東部　M6.8　　　　0472
1903年(明治36)8月10日　飛騨乗鞍岳西方　M5.7　　　　0474
1904年(明治37)5月8日　新潟・六日町　M6.1　　　　0475
1905年(明治38)6月2日　安芸灘　M7.25　　　　0477
1905年(明治38)6月7日　伊豆大島北西沖　M5.8　　　　0478
1905年(明治38)7月23日　新潟安塚町付近　M5.9　　　　0479

```
1906年(明治39)1月21日  三重県沖  M7.6      0480
1906年(明治39)2月23日  安房沖  M7.3       0481
1906年(明治39)2月24日  東京湾口  M7.7      0482
1907年(明治40)12月23日  根室薫別付近  M6.9   0483
1909年(明治42)3月13日  房総半島南東沖  M7.2～7.7   0484
1909年(明治42)7月3日  東京湾  M6.1         0486
1909年(明治42)8月14日  姉川流域  M6.8
1909年(明治42)8月29日  沖縄本島那覇東沖   0488
1909年(明治42)11月10日  宮崎南西部  M7.9    0489
1910年(明治43)7月24日  有珠山  M6.5       0491
1910年(明治43)9月8日  天塩鬼鹿沖  M5.3     0493
1911年(明治44)6月15日  喜界島南方  M8.2    0494
1911年(明治44)12月6日  M6.0   0496
1912年(明治45)5月31日  M6.0   0497
1912年(大正1)8月17日  長野・上田  M5.1      0500
1912年(大正1)9月8日  M5.3    0501
1913年(大正2)6月29日  鹿児島県西方  M5.7    0504
1913年(大正2)6月30日  鹿児島県西方  M5.9    0505
1913年(大正2)12月15日  東京湾  M6.0       0507
1914年(大正3)3月15日  秋田仙北付近  M7.1    0509
1914年(大正3)3月28日  秋田・平鹿郡  M6.1    0510
1915年(大正4)3月18日  北海道・広尾沖  M7.0   0512
1915年(大正4)11月1日  金華山沖  M7.5      0514
1915年(大正4)11月16日  房総茂原付近  M6.7   0515
1916年(大正5)2月22日  浅間山山麓  M6.2     0516
1916年(大正5)3月18日  十勝沖  M7.0       0517
1916年(大正5)9月15日  房総半島南東沖  M7.0   0518
1916年(大正5)11月26日  明石付近  M6.3     0519
1916年(大正5)12月29日  肥後南部  M6.1  M5.6   0520
1917年(大正6)5月18日  静岡・大井川中流付近  M6.3   0521
1918年(大正7)6月26日  神奈川県丹沢西方  M6.3   0522
1918年(大正7)9月8日  北太平洋・ウルップ島沖  M8.0  M6～12   0523
1918年(大正7)11月8日  ウルップ島南島沖  M7.7   0524
1918年(大正7)11月11日  長野・大町東方  M6.1   0525
1921年(大正10)4月19日  日向灘東方沖   0529
1921年(大正10)12月8日  茨城県土浦南方  M7.0   0530
1922年(大正11)4月26日  浦賀水道  M6.8    0534
1922年(大正11)5月9日  茨城県南西部  M6.1   0535
1922年(大正11)12月8日  長崎・千々石湾  M6.5  M5.9   0536
1923年(大正12)1月14日  茨城県水海道  M6.1   0537
1923年(大正12)6月2日  茨城県沖  M7.3     0538
1923年(大正12)7月13日  種子島付近  M7.1   0539
1923年(大正12)9月1日  小田原付近  M7.9
1923年(大正12)9月2日  勝浦沖  M7.4      0541
1923年(大正12)10月4日  神奈川県西部  M6.4  0542
1923年(大正12)11月18日  茨城県沖  M6.3   0543
```

1923年(大正12)11月23日　神奈川県東部　M6.2　　　0544
1924年(大正13)1月15日　丹沢山塊　M7.3　　　0545
1924年(大正13)9月18日　茨城県中部　M6.6　　　0546
1925年(大正14)5月23日　兵庫県但馬地方　M6.8
1926年(大正15)8月3日　東京市南東部　M6.3　　　0549
1927年(昭和2)3月7日　丹後半島北方沖　M7.2
1927年(昭和2)8月6日　宮城県阿武隈川河口の沖合　　　0551
1927年(昭和2)12月2日　和歌山県有田川流域　　　0554
1927年(昭和2)12月4日　長崎県千々石湾の沖合　　　0555
1928年(昭和3)5月21日　千葉付近　M6.2　　　0560
1928年(昭和3)5月27日　岩手県宮古町の北東沖　　　0561
1928年(昭和3)11月5日　大分県西部　M4.7　　　0563
1929年(昭和4)1月2日　福岡県南部　M5.5　　　0565
1929年(昭和4)5月22日　宮崎県東方沖　　　0566
1929年(昭和4)6月3日　伊勢湾口付近　　　0567
1929年(昭和4)7月27日　神奈川県西部　M6.3　　　0570
1929年(昭和4)8月8日　福岡付近　M5.1　　　0571
1929年(昭和4)11月20日　和歌山・有田川付近　M5.8　　　0572
1930年(昭和5)2月5日　福岡県西部　M5.0　　　0573
1930年(昭和5)2月11日　和歌山付近　M5.3　　　0574
1930年(昭和5)2月〜5月　伊東沖　M5.9　　　0575
1930年(昭和5)6月1日　茨城県那珂川下流域　　　0576
1930年(昭和5)10月17日　M6.3　　　0577
1930年(昭和5)11月26日　伊豆半島北部　M7.3
1930年(昭和5)12月20日　広島県三次付近　M6.1　　　0583
1931年(昭和6)1月6日　北海道新冠川流域　　　0585
1931年(昭和6)2月17日　北海道浦河町の付近　　　0586
1931年(昭和6)3月30日　釧路・音別付近　M6.6　　　0587
1931年(昭和6)3月9日　青森県南東沖　M7.6　　　0588
1931年(昭和6)5月3日　滋賀県彦根町付近　　　0589
1931年(昭和6)9月16日　山梨県東部　M6.3　　　0593
1931年(昭和6)9月21日　埼玉県西部　M6.9　　　0594
1931年(昭和6)11月2日　日向灘　M7.1　　　0595
1931年(昭和6)11月4日　岩手県小国村付近　　　0596
1933年(昭和8)1月4日　父島の南東沖　　　0605
1933年(昭和8)1月7日　岩手県宮古町の東北東沖　　　0606
1933年(昭和8)2月9日　八丈島の南西沖　　　0607
1933年(昭和8)3月3日　三陸沖　M8.1
1933年(昭和8)3月12日　父島西北西沖　　　0610
1933年(昭和8)3月19日　八丈島南方沖　　　0611
1933年(昭和8)4月8日　熊本県中部　M4.3　　　0612
1933年(昭和8)4月22日　三宅島東方沖　　　0613
1933年(昭和8)5月2日　択捉島南方沖　　　0614
1933年(昭和8)5月24日　北海道知床岬北方沖　　　0615
1933年(昭和8)5月29日　八丈島西南西沖　　　0616
1933年(昭和8)6月9日　岩手県宮古町東北東沖　　　0617

日付	場所	規模	番号
1933年(昭和8)6月13日	気仙沼湾の付近		0618
1933年(昭和8)6月14日	青森県馬淵川河口の東方沖		0619
1933年(昭和8)6月19日	金華山東方沖		0620
1933年(昭和8)7月9日	択捉島の南東沖		0621
1933年(昭和8)7月10日	岩手県はるか東方海上		0622
1933年(昭和8)7月21日	金華山東方沖		0623
1933年(昭和8)8月7日	岩手県釜石町東方沖		0625
1933年(昭和8)8月15日	父島の北北東沖		0626
1933年(昭和8)9月21日	能登半島七尾湾付近	M6.0	0627
1933年(昭和8)10月4日	新潟県小千谷	M6.1	0628
1934年(昭和9)1月9日	徳島県西部	M5.6	0630
1934年(昭和9)3月21日	伊豆半島		0632
1934年(昭和9)8月18日	岐阜県八幡付近	M6.3	0635
1935年(昭和10)7月3日	宮崎県・大淀川流域	M4.6	0639
1935年(昭和10)7月11日	静岡市付近	M6.4	0640
1936年(昭和11)2月21日	奈良・橿原	M6.4	0644
1936年(昭和11)11月3日	宮城・金華山沖	M7.5	0646
1936年(昭和11)11月	会津若松	M4.1	0647
1936年(昭和11)12月27日	新島近海	M6.3	0648
1937年(昭和12)1月27日	熊本付近	M5.1	0649
1937年(昭和12)2月27日	瀬戸内海屋代島	M5.9	0650
1937年(昭和12)7月27日	宮城・金華山沖	M7.1	0651
1938年(昭和13)1月2日	岡山県北部	M5.5	0654
1938年(昭和13)1月12日	和歌山田辺湾沖	M6.8	0655
1938年(昭和13)5月23日	福島塩屋崎沖	M7.0	0656
1938年(昭和13)5月29日	北海道屈斜路湖付近	M6.1	0657
1938年(昭和13)6月10日	宮古島北北西沖	M6.7	0658
1938年(昭和13)9月22日	鹿島灘	M6.5	0659
1938年(昭和13)11月5日	福島県東方沖	M7.5	0660
1939年(昭和14)3月20日	日向灘沖	M6.5	0661
1939年(昭和14)5月1日	男鹿半島	M6.8	0662
1940年(昭和15)8月2日	積丹半島北西沖	M7.5	0666
1941年(昭和16)3月7日	長野県中野付近	M5.0	0668
1941年(昭和16)4月6日	山口県須佐付近	M6.2	0669
1941年(昭和16)7月15日	長野市付近	M6.1	0671
1941年(昭和16)7月16日	長野市の北方		0672
1941年(昭和16)11月19日	日向灘宮崎東方沖	M7.2	0673
1942年(昭和17)2月21日	福島県沖	M6.5	0674
1942年(昭和17)2月22日	愛媛佐田岬付近	M5.4	0675
1943年(昭和18)3月4日	岡山・鳥取県堺	M6.2	0677
1943年(昭和18)6月13日	八戸東方沖	M7.1	0678
1943年(昭和18)8月12日	福島県田島付近	M7.2	0679
1943年(昭和18)9月10日	鳥取砂丘付近	M7.2	
1943年(昭和18)10月13日	長野県古間村	M5.9	0681
1944年(昭和19)12月7日	山形県左沢町	M5.5	0684
1944年(昭和19)12月7日	志摩半島南南東沖	M8.0	

1945年(昭和20)1月13日	三河湾伊良湖岬付近	M7.1	
1945年(昭和20)2月10日	八戸東方沖 M7.1		0687
1945年(昭和20)8月11日	佐渡島西岸沖合		0688
1945年(昭和20)8月21日	岩手県宮古市南東沖		0689
1945年(昭和20)8月29日	八丈島南方沖		0690
1945年(昭和20)9月19日	北海道襟裳岬南東沖		0691
1945年(昭和20)10月9日	熊野灘付近		0692
1945年(昭和20)10月9日	北海道根室町納沙布岬南東沖		0693
1945年(昭和20)10月24日	茨城県古河町付近		0694
1945年(昭和20)11月18日	北海道積丹岬西方沖		0695
1945年(昭和20)12月1日	佐渡島北東沖		0696
1946年(昭和21)1月6日	北海道襟裳岬東方沖		0697
1946年(昭和21)1月30日	千葉県大網町付近		0698
1946年(昭和21)1月31日	福島県小名浜港北東沖		0699
1946年(昭和21)2月17日	千葉県館山市洲崎の南南西沖		0700
1946年(昭和21)2月20日	千葉県船橋市付近東京湾		0701
1946年(昭和21)2月21日	和歌山県田辺市南方沖		0702
1946年(昭和21)3月2日	色丹島東方沖		0703
1946年(昭和21)3月6日	色丹島北東沖		0704
1946年(昭和21)3月13日	和歌山県串本町潮岬の南東沖		0706
1946年(昭和21)3月31日	佐渡島東方沖		0707
1946年(昭和21)4月6日	千葉県勝浦町の南方沖170km		0708
1946年(昭和21)5月10日	岩手県釜石市の東南東沖		0710
1946年(昭和21)5月21日	宮城・金華山南方沖		0711
1946年(昭和21)5月27日	北海道浦河町の南西沖		0712
1946年(昭和21)6月2日	宮城県気仙沼町付近		0713
1946年(昭和21)6月27日	八丈島の西方沖		0714
1946年(昭和21)7月9日	青森県八戸市の東北東沖		0715
1946年(昭和21)7月13日	知多半島付近		0716
1946年(昭和21)7月20日	福島県小名浜港の東南東沖		0717
1946年(昭和21)8月3日	鹿島灘付近		0718
1946年(昭和21)8月14日	宮城・金華山東南東沖		0719
1946年(昭和21)8月18日	八丈島の東方		0720
1946年(昭和21)8月20日	愛媛県佐田岬付近豊予海峡		0721
1946年(昭和21)9月14日	鹿島灘付近		0722
1946年(昭和21)10月3日	鹿島灘付近		0723
1946年(昭和21)12月1日	千葉県印旛郡三里塚付近		0725
1946年(昭和21)12月10日	北海道積丹岬の西方沖		0726
1946年(昭和21)12月10日	福島県東方沖		0727
1946年(昭和21)12月19日	石垣島近海 M6.75		0728
1946年(昭和21)12月21日	和歌山県潮岬沖 M8.0		
1946年(昭和21)12月21日	紀伊半島南端の潮岬と高知県南東端の室戸岬との中間点付近 0730		
1946年(昭和21)12月21日	和歌山県田辺市付近		0731
1946年(昭和21)12月22日	和歌山県串本町潮岬付近		0732
1946年(昭和21)12月22日	北海道根室町の南東沖		0733

1946年(昭和21)12月22日	北海道根室町の南東沖	0734
1946年(昭和21)12月23日	宮城県金華山の東北東沖	0735
1946年(昭和21)12月24日	高知県室戸岬の南東沖	0736
1946年(昭和21)12月25日	高知県室戸岬の東方沖	0737
1946年(昭和21)12月26日	紀伊半島東側の熊野灘付近	0738
1946年(昭和21)12月28日	北海道根室町の南東沖	0739
1946年(昭和21)12月29日	高知県馬路村魚梁瀬地区付近	0740
1947年(昭和22)1月17日	剣山付近	0741
1947年(昭和22)1月25日	和歌山県串本町潮岬の南西沖	0742
1947年(昭和22)2月3日	高知県室戸岬町の室戸岬の南西沖	0743
1947年(昭和22)2月5日	北海道浦河町の北東約20kmの地点	0744
1947年(昭和22)2月7日	宮城県亘理町の阿武隈川の河口沖	0745
1947年(昭和22)2月11日	千島列島の北西沖	0746
1947年(昭和22)2月16日	高知県室戸岬の南東沖	0747
1947年(昭和22)2月18日	和歌山県串本町潮岬の南東沖	0748
1947年(昭和22)2月21日	静岡県掛川町付近	0749
1947年(昭和22)2月22日	高知県室戸岬の南東沖	0750
1947年(昭和22)3月11日	静岡市安倍川河口付近	0751
1947年(昭和22)3月15日	青森県川内町付近	0752
1947年(昭和22)3月16日	宮城・金華山の東北東沖	0753
1947年(昭和22)3月18日	兵庫県姫路市の北方	0754
1947年(昭和22)3月26日	鹿島灘付近	0755
1947年(昭和22)4月5日	伊豆諸島八丈島の東方沖	0756
1947年(昭和22)4月11日	和歌山県串本町潮岬	0757
1947年(昭和22)4月14日	新潟県能生町能生谷	0758
1947年(昭和22)4月14日	北海道根室町南東沖	0759
1947年(昭和22)5月3日	鹿島灘付近	0761
1947年(昭和22)5月8日	北海道襟裳岬付近	0762
1947年(昭和22)5月9日	大分県日田市東方 M5.5	0763
1947年(昭和22)5月18日	福島県小名浜港沖合	0764
1947年(昭和22)6月10日	北海道根室町南東沖	0767
1947年(昭和22)7月17日	和歌山県串本町潮岬の南西約20km沖	0768
1947年(昭和22)9月27日	石垣北西沖 M7.4	0770
1947年(昭和22)11月4日	留萌西方沖 M6.7	0771
1948年(昭和23)5月9日	日向灘 M6.5	0772
1948年(昭和23)6月15日	和歌山・田辺市付近 M6.7	0773
1948年(昭和23)6月28日	福井県坂井郡付近 M7.1	
1949年(昭和24)1月20日	兵庫県北部 M6.3	0775
1949年(昭和24)7月12日	安芸灘 M6.2	0777
1949年(昭和24)12月26日	宇都宮市付近 M6.2	0779
1950年(昭和25)4月26日	熊野川下流域 M6.5	0783
1950年(昭和25)8月22日	島根県三瓶山付近 M5.2	0785
1950年(昭和25)9月10日	九十九里浜 M6.3	0786
1951年(昭和26)1月9日	千葉県中部 M6.1	0788
1951年(昭和26)2月15日	雲仙岳	0790
1951年(昭和26)8月2日	新潟県南部 M5.0	0792

1951年(昭和26)10月18日　青森県東方沖　M6.6　　　　0793
1952年(昭和27)3月4日　十勝沖　M8.2
1952年(昭和27)3月7日　石川県大聖寺町沖合　　　　0795
1952年(昭和27)3月10日　襟裳岬の南南東100km沖合　M6.8　　　　0796
1952年(昭和27)7月18日　吉野川上流　M6.8　　　　0797
1953年(昭和28)7月14日　北海道檜山沖　M5.1　　　　0801
1953年(昭和28)11月26日　房総半島南方沖100km以上　　　　0803
1955年(昭和30)6月23日　鳥取県西部　M5.5　　　　0811
1955年(昭和30)7月27日　徳島県南部　M6.4　　　　0813
1955年(昭和30)10月19日　秋田県米代川下流　M5.9　　　　0815
1956年(昭和31)2月14日　埼玉県東部　M5.9　　　　0817
1956年(昭和31)3月6日　網走沖　M6.3　　　　0818
1956年(昭和31)9月30日　仙台湾および印旛沼付近　　　　0820
1957年(昭和32)3月1日　秋田県北部　M4.3　　　　0822
1957年(昭和32)3月9日　アリューシャン列島　M9.1　　　　0823
1957年(昭和32)11月11日　新島近海　M6.0　　　　0825
1958年(昭和33)3月11日　八重山群島　M7.2　　　　0828
1958年(昭和33)11月7日　北海道根室市の東方約260km沖　M8.1　　　　0830
1959年(昭和34)2月28日　沖永良部島近海　M5.9　　　　0836
1959年(昭和34)11月8日　積丹半島沖　M6.2　　　　0839
1960年(昭和35)3月21日　三陸沖　M5.6　　　　0840
1960年(昭和35)5月22日　チリ中南部　M9.5
1961年(昭和36)2月2日　長岡付近　M5.2　　　　0843
1961年(昭和36)2月27日　日向灘　M7.0　　　　0844
1961年(昭和36)3月14日～6月　霧島山付近　　　　0846
1961年(昭和36)5月7日　兵庫県西部　M5.9　　　　0847
1961年(昭和36)7月22日　伊豆大島近海　M4.6　　　　0848
1961年(昭和36)8月12日　根室沖　M7.2　　　　0849
1961年(昭和36)8月19日　岐阜県荘川、高鷲村境の大日ヶ岳付近　M7.0　　　　0851
1961年(昭和36)11月15日　根室沖　M6.9　　　　0852
1962年(昭和37)1月4日　和歌山県西部　M6.4　　　　0853
1962年(昭和37)4月23日　北海道十勝沖　M7.0　　　　0854
1962年(昭和37)4月30日　宮城県北部　M6.5　　　　0855
1962年(昭和37)5月～9月頃　伊豆諸島の三宅島付近　　　　0856
1962年(昭和37)5月23日　北海道広尾町沖合　　　　0857
1962年(昭和37)6月　鳥島付近　　　　0858
1962年(昭和37)8月19日～20日　山形・宮城県境の蔵王山　　　　0862
1963年(昭和38)1月28日　北海道東部　M5.3　　　　0865
1963年(昭和38)3月27日　福井県越前町の沖合　M6.9　M6.9　　　　0866
1963年(昭和38)10月13日　択捉島の沖合　M8.0　　　　0874
1963年(昭和38)11月13日　三宅島付近　M4.7　　　　0876
1964年(昭和39)1月20日　北海道羅臼付近　M4.6　　　　0878
1964年(昭和39)5月7日　秋田県男鹿市の西方沖　M7.2　　　　0880
1964年(昭和39)6月16日　日本海粟島付近　M7.5
1964年(昭和39)6月23日　根室沖　M7.1　　　　0882
1964年(昭和39)12月9日　伊豆大島　M7.1　　　　0883

1964年（昭和39）12月～翌年4月　伊豆諸島大島および新島、神津島付近　　　　　0884
1964年（昭和39）12月11日　秋田県沖　M6.3　　　　0885
1965年（昭和40）2月4日　アリューシャン列島中部　M8.7　　　　0886
1965年（昭和40）4月20日　静岡県大井川河口付近　M6.5　　　　0887
1965年（昭和40）6月～7月　伊豆諸島の式根島付近　　　　0890
1965年（昭和40）8月～11月　伊豆諸島の神津島付近　　　　0891
1965年（昭和40）8月3日　長野県皆神山南東部　M5.4
1965年（昭和40）8月31日　北海道の弟子屈付近　M5.1　　　　0893
1965年（昭和40）10月26日　国後沖　M7.1　　　　0895
1965年（昭和40）11月6日　神津島付近　M5.2　　　　0897
1966年（昭和41）1月　伊豆諸島神津島付近　　　　0899
1966年（昭和41）3月13日　台湾東方沖　M7.8　　　　0901
1966年（昭和41）8月　伊豆諸島神津島付近　　　　0909
1966年（昭和41）9月22日　新潟県出雲崎町信濃川流域　　　　0910
1966年（昭和41）11月12日　有明海　M5.5　　　　0913
1967年（昭和42）4月　伊豆諸島の新島付近　　　　0917
1967年（昭和42）11月4日　弟子屈付近　M6.5　　　　0923
1968年（昭和43）1月29日　北海道東方沖　　　　0927
1968年（昭和43）2月　伊豆諸島神津島付近　　　　0928
1968年（昭和43）2月21日　えびの高原付近　M6.1
1968年（昭和43）2月25日　新島近海　M5.0　　　　0930
1968年（昭和43）3月25日　宮崎県えびの町　M5.7　　　　0931
1968年（昭和43）4月1日　日向灘沖　M7.5
1968年（昭和43）5月16日　青森県東方沖　M7.9
1968年（昭和43）6月12日　北海道十勝沖　M7.3　　　　0935
1968年（昭和43）7月1日　埼玉県中部　M6.4　　　　0936
1968年（昭和43）7月17日　北海道の天塩付近　M4.0　　　　0937
1968年（昭和43）8月6日　愛媛県宇和島湾　M6.6　　　　0938
1968年（昭和43）8月18日　京都府中部　M5.6　　　　0939
1968年（昭和43）9月21日　北海道十勝沖　M6.8　　　　0940
1968年（昭和43）9月21日　長野県野尻湖東岸　M5.3　　　　0941
1968年（昭和43）10月8日　北海道浦河町沖合　M6.2　　　　0942
1968年（昭和43）10月8日　小笠原諸島の沖合　　　　0943
1968年（昭和43）10月8日　千葉県中部　　　　0944
1968年（昭和43）11月12日　北海道浦河沖　M6.8　　　　0946
1969年（昭和44）1月16日　北海道南東沖　　　　0953
1969年（昭和44）4月1日　日本海の中部　　　　0956
1969年（昭和44）4月9日　栃木県中部　　　　0957
1969年（昭和44）4月21日　日向灘　M6.5　　　　0958
1969年（昭和44）8月12日　北海道根室市納沙布岬の東南東約130km　M7.8　　　　0962
1969年（昭和44）8月31日～　M5　　　　0963
1969年（昭和44）9月9日　岐阜県根尾村付近根尾谷断層　M7.0　　　　0964
1969年（昭和44）10月18日　岩手県沿岸　　　　0965
1970年（昭和45）1月1日～7月　奄美大島付近　M6.1　　　　0966
1970年（昭和45）1月9日～　青森県岩木山付近　　　　0967
1970年（昭和45）1月21日　北海道広尾町付近　M6.8　M6.7　　　　0968

1970年(昭和45)3月13日	広島県北部 M4.6	0970
1970年(昭和45)4月1日	岩手県沖合	0971
1970年(昭和45)4月9日	長野県北部 M5.0	0972
1970年(昭和45)5月21日	岐阜・滋賀県境	0973
1970年(昭和45)7月26日	宮崎市の東約110km M6.5	0975
1970年(昭和45)9月14日	岩手県沖合	0977
1970年(昭和45)9月16日	栗駒山の北側 M6.5	0978
1970年(昭和45)9月29日	広島県東南部 M4.9	0980
1970年(昭和45)10月16日	秋田県東成瀬村付近 M6.5	0981
1970年(昭和45)11月20日	北海道東部	0982
1971年(昭和46)1月5日	渥美半島	0983
1971年(昭和46)1月6日	茨城県沖合	0984
1971年(昭和46)1月30日	岩手県三陸沿岸	0985
1971年(昭和46)2月13日	宮古島付近	0986
1971年(昭和46)2月26日	新潟県上越市 M5.5	0987
1971年(昭和46)3月20日	長野県北部	0988
1971年(昭和46)5月25日	日向灘	0989
1971年(昭和46)5月26日	日向灘	0990
1971年(昭和46)5月29日	日向灘	0991
1971年(昭和46)7月23日	山梨県東部 M5.3	0992
1971年(昭和46)8月2日	北海道浦河町沖合 M7.0	0994
1971年(昭和46)9月6日	ソ連領サハリン(当時、旧樺太)の西方海底	0996
1971年(昭和46)10月11日	利根川下流域	0997
1971年(昭和46)11月10日	長野県北部 M4.5	0998
1972年(昭和47)1月14日〜15日	伊豆大島・三原山	0999
1972年(昭和47)2月29日	八丈町の東約130km M7.2	1001
1972年(昭和47)3月	長崎県雲仙岳付近	1002
1972年(昭和47)3月20日	青森県東方沖合	1004
1972年(昭和47)5月11日	北海道釧路市の沖合	1005
1972年(昭和47)7月4日	宮城県沖合	1006
1972年(昭和47)7月7日	薩南諸島の小宝島近海 M3.5	1007
1972年(昭和47)8月20日	山形県中部	1008
1972年(昭和47)8月31日	京都府の北部	1009
1972年(昭和47)8月31日	福井県東部 M6.0	1010
1972年(昭和47)9月6日	有明海 M5.2	1011
1972年(昭和47)9月25日	宮城県沖合	1013
1972年(昭和47)10月6日	伊豆半島の南西沖合	1015
1972年(昭和47)11月6日	茨城県南西部	1017
1972年(昭和47)12月4日	八丈町の東海上 M7.3	1018
1973年(昭和48)3月27日	東京湾	1021
1973年(昭和48)6月17日	根室半島南東沖 M7.4	
1973年(昭和48)6月24日	北海道根室市の南東約100km M7.3	1025
1973年(昭和48)7月20日	茨城県の沖合	1027
1973年(昭和48)9月29日	ソ連ウラジオストク市付近	1030
1973年(昭和48)9月30日	千葉県銚子市付近	1031
1973年(昭和48)10月1日	千葉県銚子市付近	1032

1973年(昭和48)11月14日～15日　伊豆大島付近　　　　1034
1973年(昭和48)11月19日　宮城県沖合　　　　1035
1973年(昭和48)11月25日　和歌山県有田市付近　M5.9　　　　1036
1974年(昭和49)5月9日　石廊崎沖　M6.9
1974年(昭和49)6月23日　宮城県北部　M4.7　　　　1042
1974年(昭和49)6月27日　三宅島南西沖　M6.1　　　　1043
1974年(昭和49)8月4日　埼玉県東部　M5.8　　　　1047
1974年(昭和49)9月4日　岩手県久慈市付近　M5.6　　　　1048
1974年(昭和49)11月9日　北海道苫小牧市付近　M6.5　　　　1049
1974年(昭和49)11月30日　鳥島付近　M7　　　　1050
1975年(昭和50)1月22日～　阿蘇山　M6.1　　　　1051
1975年(昭和50)2月8日　利根川中流域　M5.5　　　　1052
1975年(昭和50)4月2日　八丈島近海　　　　1053
1975年(昭和50)4月8日　福島県沖　　　　1054
1975年(昭和50)4月18日　茨城県西南部　　　　1055
1975年(昭和50)4月21日　大分県花牟礼山付近　M6.4
1975年(昭和50)6月10日　根室半島南東沖　M7.0　　　　1057
1975年(昭和50)6月14日　北海道根室市の沖合　M7　　　　1058
1975年(昭和50)8月15日　福島県沿岸　M5.5　　　　1059
1975年(昭和50)9月20日　浦河沖　　　　1061
1975年(昭和50)9月25日　薩南諸島小宝島近海　M5.1　　　　1062
1975年(昭和50)9月30日　北海道浦河町沖合　　　　1063
1975年(昭和50)10月～　樽前山　　　　1095
1975年(昭和50)10月20日　北海道浦河町沖合　　　　1066
1975年(昭和50)12月3日　北海道根室市沖合　　　　1068
1976年(昭和51)1月21日　北海道東方沖合　M7.0　　　　1074
1976年(昭和51)2月　伊豆諸島の大島付近　　　　1075
1976年(昭和51)6月16日　山梨県大月市付近　M5.5　　　　1078
1976年(昭和51)7月5日　宮城県鳴子付近　M4.9　　　　1079
1976年(昭和51)7月14日　茨城県南西部　　　　1080
1976年(昭和51)8月4日　栃木県栃木市付近　　　　1081
1976年(昭和51)8月18日　静岡県河津、東伊豆町付近　M5.5　　　　1082
1976年(昭和51)8月26日　静岡県河津町付近　　　　1083
1976年(昭和51)10月7日　福島県沖、茨城県沖　　　　1084
1977年(昭和52)2月24日　日高山脈南部　　　　1090
1977年(昭和52)3月7日　根室半島南東沖　　　　1091
1977年(昭和52)5月2日　島根県三瓶山付近　M5.3　　　　1094
1977年(昭和52)6月4日　千葉県勝浦市沖合　　　　1095
1977年(昭和52)6月16日～7月16日　M5.2　　　　1097
1977年(昭和52)6月20日～28日　M5.0　　　　1098
1977年(昭和52)10月5日　M5.4　　　　1101
1978年(昭和53)1月14日　伊豆半島西岸沖　M7.0
1978年(昭和53)2月20日　宮城県沖合　M6.8　　　　1104
1978年(昭和53)4月3日　福井市付近　M4.7　　　　1105
1978年(昭和53)5月16日　青森県東海岸　M5.8　　　　1106
1978年(昭和53)6月4日　赤名峠付近　M6　　　　1107

1978年(昭和53)6月12日　宮城県沖　M7.4
1978年(昭和53)9月13日　小笠原近海　M5.3　　　　1110
1978年(昭和53)12月3日　大島近海　M5.4　　　1112
1979年(昭和54)3月2日　松本市付近　M3.7　　　1114
1979年(昭和54)4月25日　福島県西部　M4.3　　　1115
1979年(昭和54)5月5日　秩父市付近　M4.7　　　1117
1979年(昭和54)7月13日　M6.3　　　　1119
1980年(昭和55)2月23日　北海道東方沖　M7.2　　　　1122
1980年(昭和55)6月～　M6.1　M6　　　1123
1980年(昭和55)6月24日～7月25日　M6.7　　　1124
1980年(昭和55)9月24日～25日　千葉県中部、茨城県西部　M6　　　　1127
1981年(昭和56)1月13日　千葉県北部　　　1133
1981年(昭和56)1月14日　種子島近海　　　1134
1981年(昭和56)1月19日　M7.5　　　　1135
1981年(昭和56)1月23日　日高西部　M7.1　　　1136
1981年(昭和56)1月24日　襟裳岬西100km　M6.9　　　　1137
1981年(昭和56)1月28日　茨城県南西部　　　　1138
1981年(昭和56)4月13日　福島県沖　　　1139
1981年(昭和56)4月13日　埼玉・栃木県付近　　　1140
1981年(昭和56)4月16日　茨城県南西部　　　　1141
1981年(昭和56)5月4日～5日　真鶴岬の北東数km　M3　　　1142
1981年(昭和56)8月8日　十勝沖　　　1144
1981年(昭和56)9月2日　茨城県沖　M6　　　1145
1981年(昭和56)9月9日　根室半島南東沖　　　　1146
1981年(昭和56)12月2日　青森県東方沖　M6.2　　　1147
1982年(昭和57)1月8日　秋田県中部　M4.9　　　1148
1982年(昭和57)3月19日　千葉県　　　1149
1982年(昭和57)3月21日　浦河町南西沖　M7.1
1982年(昭和57)7月24日　茨城県沖100km　M7.0　　　1152
1982年(昭和57)7月25日　茨城県沖、関東はるか沖　　　1153
1982年(昭和57)8月12日　伊豆大島近海　M5.7　　　1154
1982年(昭和57)9月9日　伊東沖　　　1155
1982年(昭和57)9月9日　宮城県北部の湾岸　　　1156
1982年(昭和57)11月10日　茨城県北部　　　1158
1982年(昭和57)11月10日　大島近海　　　1159
1982年(昭和57)12月28日　三宅島近海　M6.4　　　1160
1983年(昭和58)1月4日　日高支庁中部沿岸　　　1161
1983年(昭和58)1月4日　茨城県北部　　　1162
1983年(昭和58)1月27日　東京都東部　　　1163
1983年(昭和58)2月27日　茨城県南部　M6.0　M6　　　1165
1983年(昭和58)3月16日　静岡県西部　M5.7　　　1166
1983年(昭和58)5月26日　男鹿半島北西沖　M7.7
1983年(昭和58)5月30日　北海道・十勝沖　　　1169
1983年(昭和58)6月9日　秋田沖　M6.6と6.0　　　1170
1983年(昭和58)8月8日　山梨県大月南方　M6.0
1983年(昭和58)8月26日　大分県北部　M7.0　　　1174

1983年(昭和58)10月16日	新潟県西部沿岸 M5.3	1176
1983年(昭和58)10月28日	茨城県南西部 M5.3	1177
1983年(昭和58)10月31日	鳥取沿岸 M6.3	1178
1983年(昭和58)11月30日	浦河沖	1180
1984年(昭和59)1月1日	静岡県御前崎の南約250km M7.5	1181
1984年(昭和59)1月17日	茨城県沖	1182
1984年(昭和59)2月14日	神奈川・山梨県境 M5.3	1183
1984年(昭和59)3月6日	鳥島近海 M7.9	1184
1984年(昭和59)5月30日	兵庫県姫路市の北西内陸部 M5.5 M5.9	1186
1984年(昭和59)6月26日	神奈川・山梨県境	1188
1984年(昭和59)8月6日〜7日	長崎県雲仙岳一帯 M5.4	1190
1984年(昭和59)8月7日	宮崎県日向灘 M7.5 M7.2	1191
1984年(昭和59)9月14日	長野県大滝村付近 M6.8	
1984年(昭和59)9月21日	房総半島南東沖200km M5.7	1193
1984年(昭和59)10月3日	長野県西部 M5.5	1194
1984年(昭和59)12月17日	千葉県中部 M5.2	1196
1985年(昭和60)1月6日	奈良・和歌山県境 M6.0	1197
1985年(昭和60)3月1日	鹿児島県沖永良部島東60km付近	1198
1985年(昭和60)3月21日	茨城県南西部科学万博会場から15kmの地点	1199
1985年(昭和60)3月27日	国後島付近 M6.6	1200
1985年(昭和60)3月29日	秋田県北部	1201
1985年(昭和60)4月11日	東海道はるか沖 M7.0	1202
1985年(昭和60)4月29日	青森県東方沖 M6.1	1203
1985年(昭和60)8月12日	福島県沖 M6.6	1206
1985年(昭和60)10月4日	茨城・千葉県境 M6.2	1207
1985年(昭和60)10月18日	能登半島沖北約50km M5.9	1208
1985年(昭和60)10月18日	能登半島沖 M5.9	1209
1985年(昭和60)12月3日	青森県西方沖	1210
1986年(昭和61)2月12日	茨城県沖 M6.3	1213
1986年(昭和61)3月2日	宮城県沖 M6.1	1214
1986年(昭和61)3月9日	東京都八丈島の東方沖	1215
1986年(昭和61)5月2日	茨城県沖	1216
1986年(昭和61)5月26日	岩手県北部 M4.7	1217
1986年(昭和61)5月31日	根室支庁南部	1218
1986年(昭和61)6月24日	房総南東沖 M6.9	1219
1986年(昭和61)7月10日	茨城県中部沿岸 M4.5	1220
1986年(昭和61)7月20日	茨城県沖	1221
1986年(昭和61)8月8日	茨城県南西部	1222
1986年(昭和61)8月10日	青森県南部 M4.5	1223
1986年(昭和61)8月24日	長野県東部 M4.9	1224
1986年(昭和61)10月12日	伊豆半島東方沖	1225
1986年(昭和61)10月14日	福島県沖	1226
1986年(昭和61)10月25日	鹿島灘	1227
1986年(昭和61)11月10日	伊豆半島東方沖	1228
1986年(昭和61)11月22日	伊豆大島近海 M6.0	1231
1986年(昭和61)11月29日	茨城県沖 M6.0	1233

1986年(昭和61)12月1日	宮城県沖 M6.0	1234
1986年(昭和61)12月30日	長野県北部 M6.0	1235
1987年(昭和62)1月9日	岩手県宮古の北西20kmの内陸部 M6.9	1236
1987年(昭和62)1月10日	岩手県中部沖	1237
1987年(昭和62)1月21日	宮城県沖	1239
1987年(昭和62)1月22日	長野県北部	1240
1987年(昭和62)2月6日	福島県沖100km M6.9	1241
1987年(昭和62)2月13日	茨城県沖	1242
1987年(昭和62)2月28日	福島県沖	1243
1987年(昭和62)3月6日	駿河湾 M3.1	1244
1987年(昭和62)3月10日	鹿島灘	1245
1987年(昭和62)3月18日	日向灘 M6.9	1246
1987年(昭和62)4月7日	福島県沖 M6.9	1247
1987年(昭和62)4月10日	茨城県南西部	1248
1987年(昭和62)4月15日	青森県東部湾岸	1249
1987年(昭和62)4月17日	福島県沖 M6 M6.2	1250
1987年(昭和62)4月17日	千葉県北部	1251
1987年(昭和62)4月23日	福島県沖 M6.5 M6 M5	1252
1987年(昭和62)5月9日	和歌山県美里町付近 M5.6	1253
1987年(昭和62)5月9日	千葉県中部東岸	1254
1987年(昭和62)5月12日	宮城県沖	1255
1987年(昭和62)5月13日	伊豆半島東方沖	1256
1987年(昭和62)5月25日	新潟県中部	1257
1987年(昭和62)5月28日	京都府中部 M5.3	1258
1987年(昭和62)6月11日	千葉県南方沖	1259
1987年(昭和62)6月16日	千葉県中部	1260
1987年(昭和62)6月16日	福島県中部 M4.8	1261
1987年(昭和62)6月30日	茨城県南西部 M5.1	1262
1987年(昭和62)7月12日	茨城県南西部 M4.9	1263
1987年(昭和62)8月23日	岩手県中部	1264
1987年(昭和62)9月14日	長野県北部 M4.6	1265
1987年(昭和62)9月24日	茨城県沖 M5.6	1266
1987年(昭和62)10月4日	福島県小名浜の北東約100km沖 M5.9	1267
1987年(昭和62)10月5日	宮城県沖	1268
1987年(昭和62)10月18日	神奈川県中部 M4.9	1269
1987年(昭和62)10月30日	茨城県南西部	1270
1987年(昭和62)11月7日	根室半島沖 M5.5	1271
1987年(昭和62)11月18日	山口県北部 M5.2	1274
1987年(昭和62)11月28日	千葉県南部沿岸	1275
1987年(昭和62)12月17日	千葉県東方沖 M6.7	
1988年(昭和63)1月12日	伊豆大島近海	1277
1988年(昭和63)1月16日	千葉県東方沖	1278
1988年(昭和63)1月30日	茨城県沖 M4.9	1279
1988年(昭和63)2月3日	茨城県沖	1280
1988年(昭和63)2月3日	千葉県南方沖 M5.1	1281
1988年(昭和63)2月13日	千葉県東方沖	1282

1988年(昭和63)2月20日　伊豆半島東方沖　　　　　1283
1988年(昭和63)2月25日　千葉県中部　　　1284
1988年(昭和63)3月18日　東京都東部　M6.1　　　1285
1988年(昭和63)4月19日　青森県東方沖　M4.9　　　　1286
1988年(昭和63)5月7日　十勝沖　M6.4　　　　1287
1988年(昭和63)5月9日　日高山脈南部、十勝沖　M5.2　　　　1288
1988年(昭和63)5月31日　鹿島灘　　　1289
1988年(昭和63)7月7日　釧路沖　M6.4　　　　1291
1988年(昭和63)7月15日　茨城県南西部　M4.2　　　　1292
1988年(昭和63)7月26日～8月25日　伊豆半島東方沖　M5.4　　　　　1293
1988年(昭和63)8月12日　館山市の北東　M5.3　　　　1294
1988年(昭和63)9月5日　山梨県東部　M5.4　　　　1295
1988年(昭和63)9月10日　伊豆半島東方沖　M4.3　　　　1296
1988年(昭和63)9月26日　千葉県東方沖　M5.9　　　　1297
1988年(昭和63)9月29日　埼玉県南部　M5.1　　　　1298
1988年(昭和63)9月30日　埼玉県中部　　　　1299
1988年(昭和63)10月10日　釧路沖　　　　1300
1988年(昭和63)10月19日　福島県沖　　　　1301
1988年(昭和63)10月28日　千葉県東方沖　M5.0　　　　1302
1988年(昭和63)11月12日　千葉県北部　　　　1303
1988年(昭和63)11月12日　埼玉県南部　　　　1304
1988年(昭和63)12月28日　茨城県南西部　M4.4　　　　1306
1988年(昭和63)12月30日　茨城県沖　M4.3　　　　1307
1989年(平成1)1月25日　日高支庁東部　M5.8　　　　1310
1989年(平成1)2月19日　茨城県南西部　M5.6　　　　1311
1989年(平成1)3月6日　千葉県北部　M6.0　　　　1312
1989年(平成1)7月5日　伊豆半島東方沖　M4.9　　　　1313
1989年(平成1)7月9日　M5.5　　　　1314
1989年(平成1)10月14日　伊豆大島近海　M5.9　　　　1316
1989年(平成1)10月27日　鳥取県日野町付近　M5.3　　　　1317
1989年(平成1)11月2日　三陸沖　M6.2　M7.1　　　　1318
1989年(平成1)12月9日　茨城県沖　　　　1319
1990年(平成2)1月11日　滋賀県南部　M5.3　　　　1320
1990年(平成2)2月12日　茨城県沖　M5.5　　　　1321
1990年(平成2)2月20日　伊豆大島西南西の近海　M6.5　　　　1322
1990年(平成2)4月25日　沖縄県石垣島近海　　　　1324
1990年(平成2)5月3日　茨城県中部　M5.3　　　　1326
1990年(平成2)5月24日　奄美大島近海　　　　1327
1990年(平成2)6月1日　千葉県東方沖　M6.0　　　　1328
1990年(平成2)6月5日　神奈川県中部　M5.3　　　　1329
1990年(平成2)8月23日　千葉県中部　M5.1　M5.2　　　　1331
1990年(平成2)10月6日　鹿島灘　M5.2　　　　1332
1990年(平成2)11月20日　普賢岳の西北西約8km　M3～4　　　　1334
1990年(平成2)12月7日～8日　新潟県南部　M5.5　　　　1335
1991年(平成3)4月25日　静岡県中部　M4.8　　　　1337
1991年(平成3)6月15日　岩手県中部沿岸　M5.2　　　　1339

1991年(平成3)6月25日　茨城県沖　M5.6　　　　　1340
1991年(平成3)8月6日　茨城県沖　　　　1342
1991年(平成3)8月28日　島根県東部　M6.0　　　　1343
1991年(平成3)9月3日　静岡・石廊崎の南約150km　M6.3　　　　1344
1991年(平成3)10月19日　茨城県南西部　M4.6　　　　1345
1991年(平成3)10月28日　宇部市沖の周防灘北西部　M6.0　　　　1346
1991年(平成3)11月19日　東京湾の千葉市沿岸　M4.9　　　　1347
1991年(平成3)11月27日　北海道浦河沖　M6.4　　　　1348
1991年(平成3)12月12日　鹿島灘　M4.5　　　　1349
1992年(平成4)2月2日　東京湾南部・浦賀水道付近　M5.7　　　　1350
1992年(平成4)4月14日　茨城県南西部　M5.0　　　　1351
1992年(平成4)5月11日　茨城県中部　M5.5　　　　1352
1992年(平成4)5月14日　神津島近海　M5.1　　　　1353
1992年(平成4)6月15日　伊豆半島南方沖　M5.2　　　　1354
1992年(平成4)7月12日　青森県東方沖　M6.5　　　　1355
1992年(平成4)8月8日　北海道浦河沖　　　　1356
1992年(平成4)8月24日　北海道渡島支庁東部　M6.3　　　　1357
1992年(平成4)8月24日　石垣島近海　M5.3　　　　1358
1992年(平成4)9月19日　石垣島近海　　　　1359
1992年(平成4)9月22日　栃木県西部　M3.9　　　　1360
1992年(平成4)9月29日　石垣島近海　　　　1361
1992年(平成4)10月7日　石垣島の近海　　　　1362
1992年(平成4)10月14日　西表島付近の海域　M4.7　　　　1363
1992年(平成4)10月15日　石垣島近海　M4.6　　　　1364
1992年(平成4)10月17日　三宅島近海　M5.0　　　　1365
1992年(平成4)10月18日　石垣島近海　　　　1366
1992年(平成4)10月20日　石垣島近海　M5.0　　　　1367
1992年(平成4)10月27日　西表島の北数km　　　　1368
1992年(平成4)11月18日　西表島付近の海域　　　　1369
1992年(平成4)11月29日　石垣島近海　　　　1370
1992年(平成4)12月12日　石垣島近海　　　　1371
1992年(平成4)12月27日　新潟県南部　M4.5　　　　1372
1992年(平成4)12月28日　宮城県沖　M6.2　　　　1373
1992年(平成4)12月31日　宮城県沖　M5.9と6.1　　　　1374
1993年(平成5)1月11日　愛知県中部　M5.0　　　　1375
1993年(平成5)1月15日　釧路沖　M7.5
1993年(平成5)2月7日　能登半島沖　M6.6　　　　1377
1993年(平成5)2月7日　沖縄県石垣島近海　　　　1378
1993年(平成5)3月25日　伊豆半島南方沖　M4.0　　　　1380
1993年(平成5)5月6日　岩手県南部　M5.9　　　　1381
1993年(平成5)5月17日　石垣島近海　M3.6　　　　1382
1993年(平成5)5月21日　茨城県南西部　M5.2　　　　1383
1993年(平成5)5月31日　伊豆半島東方沖　M4.5　　　　1384
1993年(平成5)6月3日　伊豆半島東方沖　M4.4　　　　1385
1993年(平成5)7月12日　北海道南西沖　M7.8
1993年(平成5)8月3日　留萌支庁中部　M3.5　　　　1387

1993年(平成5)8月7日〜8日　静岡市付近　　　　　1388
1993年(平成5)8月8日　北海道奥尻島の南東約50km　M6.5　　　　1389
1993年(平成5)8月20日　西表島北西部　　　　1390
1993年(平成5)9月18日　鹿島灘　M5.1　　　　1391
1993年(平成5)10月10日　伊豆大島近海　M4.0　　　　1392
1993年(平成5)10月12日　東海道はるか沖　M7.1　　　　1393
1993年(平成5)11月11日　岩手県沖　M5.7　　　　1394
1993年(平成5)11月27日　宮城県北部　M5.8　　　　1395
1993年(平成5)12月4日　苫小牧沖　M5.1　　　　1396
1993年(平成5)12月17日　岩手県沖　M5.0　　　　1397
1994年(平成6)1月18日　石垣島近海　　　　1398
1994年(平成6)2月13日　鹿児島県北部　M5.9　　　　1399
1994年(平成6)3月11日　三宅島近海　M5.3　　　　1400
1994年(平成6)3月16日　三宅島近海　M4.1　　　　1401
1994年(平成6)4月30日　種子島近海　M6.7　　　　1402
1994年(平成6)5月28日　滋賀県中部　M5.3　　　　1403
1994年(平成6)6月6日　奄美大島近海　M5.9　　　　1404
1994年(平成6)6月17日　徳島県東部　M4.6　　　　1405
1994年(平成6)6月28日　京都府中部　M4.4　　　　1406
1994年(平成6)6月29日　千葉県南方沖　M5.3　　　　1407
1994年(平成6)7月1日　北海道・日高山脈南部　　　　1408
1994年(平成6)7月2日　北海道日高支庁東部　M4.6　　　　1409
1994年(平成6)7月2日　名瀬市南東約40kmの太平洋　M5.5　　　　1410
1994年(平成6)8月25日　北海道釧路沖　M5.2　　　　1411
1994年(平成6)8月31日　国後島付近　M6.4　　　　1412
1994年(平成6)10月4日　北海道東方沖　M8.2
1994年(平成6)10月9日　択捉島南方沖　M7.3　　　　1414
1994年(平成6)10月25日　伊豆半島北部　M4.8　　　　1415
1994年(平成6)12月9日　三宅島近海　M4.2　　　　1416
1994年(平成6)12月18日　福島県中部　M5.1　　　　1417
1994年(平成6)12月21日　岩手県中部　M5.4　　　　1418
1994年(平成6)12月28日　八戸市東方沖　M7.6
1994年(平成6)12月29日〜30日　八戸市東方沖　M6.2　　　　1420
1995年(平成7)1月1日　東京湾　M4.6　　　　1421
1995年(平成7)1月6日　伊豆半島南方沖　M4.5　　　　1422
1995年(平成7)1月7日　岩手県沖　M6.9　　　　1423
1995年(平成7)1月7日　茨城県南西部　M5.2　　　　1424
1995年(平成7)1月15日　鹿児島県奄美大島近海　M4.5　　　　1425
1995年(平成7)1月17日　淡路島北部　M7.3
1995年(平成7)1月21日　根室半島南東沖　M6.2　　　　1427
1995年(平成7)1月21日　淡路島　M4.1　　　　1428
1995年(平成7)1月23日　淡路島　M4.2　　　　1429
1995年(平成7)1月25日　兵庫県東部　M4.7　　　　1430
1995年(平成7)2月15日　釧路沖・択捉島付近　M4.7　M4.6　M5.8　　　　1431
1995年(平成7)2月27日　福島県西部　M3.6　　　　1432
1995年(平成7)3月23日　茨城県南西部　M4.6　　　　1433

1995年(平成7)4月1日　新潟県新発田付近　M5.6
1995年(平成7)4月12日　茨城県中部　M4.6　　　　1435
1995年(平成7)4月18日　駿河湾　M5.1　M4.4　M2.7　　　1436
1995年(平成7)5月13日　三宅島近海　M4.5　　　1437
1995年(平成7)5月23日　北海道空知支庁　同支庁雨竜町と新十津川町の境界付近　M5.6
　　　　　　　　　　　1438
1995年(平成7)6月6日～7日　和歌山県北部付近　M5弱　　　1439
1995年(平成7)7月3日　相模湾　M5.6　　　1440
1995年(平成7)7月16日　三宅島近海　M3.7　　　1441
1995年(平成7)7月30日　奄美大島近海　M4.8　　　1442
1995年(平成7)8月10日　名瀬市南西約15km　M3.9　　　1443
1995年(平成7)9月11日～10月12日　伊豆半島東方沖　　　1444
1995年(平成7)9月14日　新潟県上越地方　M3.6　　　1445
1995年(平成7)10月6日　伊豆諸島神津島の南約10km　M5.6　　　1446
1995年(平成7)10月14日　大阪湾　M4.8　　　1447
1995年(平成7)10月18日　M6.7　　　1448
1995年(平成7)10月19日　奄美大島近海　M6.6　　　1449
1995年(平成7)10月20日　伊豆半島南方沖　M4.6　　　1450
1995年(平成7)11月1日　奄美大島近海の東南東約100km　M6.5　　　1451
1995年(平成7)11月23日　北海道南西沖　M4.4　　　1452
1995年(平成7)12月4日　伊豆諸島近海　M3.9～4.3　　　1453
1995年(平成7)12月17日　悪石島南西約30km　M4.4　　　1454
1995年(平成7)12月20日　沖縄本島近海　M50　　　1455
1995年(平成7)12月22日　紀伊水道　M4.1　　　1456
1995年(平成7)　淡路島北部　M5.4　M4.8　　　1457
1996年(平成8)1月3日　兵庫県南東部　M3.4　　　1458
1996年(平成8)1月8日　兵庫県川辺郡猪名川町、大阪府南部　M2.0～3.3　　　1459
1996年(平成8)2月7日　福井県東部　M5.0　　　1460
1996年(平成8)2月17日　ニューギニア付近　M5.3　　　1461
1996年(平成8)2月17日　福島県沖150km付近　M6.6　　　1462
1996年(平成8)2月18日　奄美大島近海　M4.5　　　1463
1996年(平成8)3月6日　山梨県東部　M3.7　M5.8　　　1465
1996年(平成8)5月2日　伊豆諸島近海　M4.5　　　1466
1996年(平成8)6月2日　鹿児島県沖永良部島の北西約10kmの東シナ海　M5.7　　　1467
1996年(平成8)8月11日～12日　宮城・秋田の県境付近　M5.9　　　1468
1996年(平成8)8月13日　宮城県鳴子町付近　M5.0　　　1469
1996年(平成8)9月9日　種子島近海　M5.7　　　1470
1996年(平成8)9月11日　千葉県犬吠埼の東約40km付近　M6.6　　　1471
1996年(平成8)10月5日　静岡県中部　M4.5　　　1472
1996年(平成8)10月18日　種子島近海　M6.2　　　1474
1996年(平成8)10月19日　宮崎の東南東約50kmの日向灘　M4.9　M7.0　　　1475
1996年(平成8)10月24日　伊豆諸島神津島・新島近海　M4.5　　　1476
1996年(平成8)10月25日　山梨県東部　M4.9　　　1477
1996年(平成8)10月28日　伊豆諸島新島と神津島間の海域　M4.7　　　1478
1996年(平成8)11月2日　伊豆諸島新島・神津島近海　M5.0　　　1479
1996年(平成8)11月17日　伊豆諸島新島近海　M4　　　1480

第Ⅲ部　地震－震源地とマグニチュード一覧　| 361

1996年(平成8)11月28日	房総半島の南東沖 M5.5	1481
1996年(平成8)12月3日	宮崎市南東20kmの日向灘 M6.3	1482
1996年(平成8)12月21日	千葉・埼玉境に近い茨城県南部 M5.5	1483
1997年(平成9)1月18日	奄美大島近海 M6.0と5.0	1484
1997年(平成9)2月12日	M4.2	1485
1997年(平成9)3月3日～9日	静岡県伊豆半島東方沖	1486
1997年(平成9)3月16日	愛知県東部 M5.8	1487
1997年(平成9)3月26日	鹿児島県薩摩地方北部 M6.2	1488
1997年(平成9)4月3日	鹿児島県薩摩地方	1489
1997年(平成9)4月4日	鹿児島県阿久根市の東約20km M4.7	1490
1997年(平成9)4月5日	鹿児島県薩摩地方 M4.9	1491
1997年(平成9)4月9日	M4.9	1492
1997年(平成9)5月12日	福島県沖 M5.7	1493
1997年(平成9)5月13日	鹿児島県薩摩地方 M6.4	
1997年(平成9)6月15日	釧路地方南部 M5.1	1495
1997年(平成9)6月19日	宮古島近海 M5.1	1496
1997年(平成9)6月25日	山口県北部 M5.9	1497
1997年(平成9)7月26日	鹿児島県薩摩地方 M4.3	1498
1997年(平成9)9月14日	新島・神津島近海 M3.4 4.0	1499
1997年(平成9)11月23日	秋田県沖 M5.8	1500
1997年(平成9)12月7日	福島県沖 M5.7	1501
1997年(平成9)12月19日	石川県西方沖 M4.4	1502
1998年(平成10)2月21日	中越地方 M5.0	1503
1998年(平成10)3月3日	薩摩地方 M3.9	1504
1998年(平成10)3月8日	茨城県南部 M4.7	1505
1998年(平成10)4月3日	岩手県内陸北部 M6.0	1506
1998年(平成10)4月9日	福島県沖 M5.4	1507
1998年(平成10)4月22日	岐阜県美濃中西部 M5.2	1509
1998年(平成10)5月4日	石垣島の南東260km M7.7	1510
1998年(平成10)5月23日	瀬戸内海の伊予灘西部 M5.7	1511
1998年(平成10)6月23日	三重県中部 M4.4	1512
1998年(平成10)6月24日	茨城県南部 M4.7	1513
1998年(平成10)7月1日	長野県北部 M4.5	1514
1998年(平成10)8月7日～22日	長野県中部 M2.5～5.2	1515
1998年(平成10)8月29日	東京湾中央部 M5.4	1516
1998年(平成10)9月3日	岩手県北部の岩手山 M6.0	1517
1998年(平成10)9月15日	宮城県南部 M5.1	1518
1998年(平成10)11月8日	東京湾 M4.9	1519
1998年(平成10)11月24日	宮城県沖 M5.4	1521
1999年(平成11)1月11日	福井県嶺北地方 M4.3	1522
1999年(平成11)1月24日	種子島近海 M5.9	1523
1999年(平成11)1月28日	長野県中部 M4.7	1524
1999年(平成11)2月12日	京都南部 M4.4	1525
1999年(平成11)2月14日	新島・神津島近海 M2.8～4.2	1526
1999年(平成11)2月18日	三重県中部 M3.9	1527
1999年(平成11)2月21日	福島県会津地方 M4.0	1528

| 1999年(平成11)2月26日 | 秋田・山形県境の沿岸から数km沖 | M5.4 | 1529 |

1999年(平成11)2月26日　秋田・山形県境の沿岸から数km沖　M5.4　　　1529
1999年(平成11)3月9日　阿蘇地方　M4.5　　　1530
1999年(平成11)3月14日　M4.7　　　1531
1999年(平成11)3月16日　滋賀県北部　M5.1　　　1532
1999年(平成11)3月19日　青森県東方沖　M5.7　　　1533
1999年(平成11)3月25日　紀伊水道　M4.6　　　1534
1999年(平成11)3月26日　茨城県北部　M5.1　　　1535
1999年(平成11)3月28日　新島・神津島近海　M4.9　　　1536
1999年(平成11)4月17日　兵庫県南西部　M3.9　　　1537
1999年(平成11)4月19日　岩手県内陸南部　M4.5　　　1538
1999年(平成11)4月25日　茨城県北部　M5.2　　　1539
1999年(平成11)5月13日　釧路市付近　M6.4　　　1541
1999年(平成11)5月17日　浦河沖　M4.8　　　1542
1999年(平成11)5月22日　神奈川県西部　M4.4　　　1543
1999年(平成11)6月14日　京都府南部　M4.2　　　1544
1999年(平成11)6月27日　茨城県南部　M4.4　　　1545
1999年(平成11)7月15日　茨城県南部　M4.8　　　1546
1999年(平成11)7月15日　大阪湾　M3.8　　　1547
1999年(平成11)7月16日　広島県南東部　M4.4　　　1548
1999年(平成11)7月20日　父島近海　M4.9　　　1549
1999年(平成11)7月30日　伊豆大島近海　M2.3　M2.2　M1.8　　　1550
1999年(平成11)7月30日　伊豆大島近海　M3.1　　　1551
1999年(平成11)8月2日　大阪府南部　M4.3　　　1552
1999年(平成11)8月11日　東京湾　M4.2　　　1553
1999年(平成11)9月13日　青森県三八上北地方　M4.3　　　1555
1999年(平成11)9月13日　千葉県北西部　M5.1　　　1556
1999年(平成11)10月17日　栃木県北部　M3.8　　　1557
1999年(平成11)10月19日　茨城県沖　M4.9　　　1558
1999年(平成11)10月23日　八丈島近海　M4.5　　　1559
1999年(平成11)10月30日　瀬戸内海中部　M5.1　　　1560
1999年(平成11)11月3日　和歌山県北部　M3.7　　　1561
1999年(平成11)11月7日　福井県沖　M5.0　　　1562
1999年(平成11)11月29日　愛知県西部　M4.8　　　1563
1999年(平成11)12月4日　千葉県北東部　M3.6〜4.2　　　1564
1999年(平成11)12月4日　茨城県沖　M5.0　　　1565
1999年(平成11)12月16日　栃木県北部　M4.2　　　1566
1999年(平成11)12月21日　新島・神津島近海　M4.3　　　1567
1999年(平成11)12月27日　茨城県南部　M4.6　　　1568
2000年(平成12)1月7日　長野県南部　M3.9　　　1569
2000年(平成12)1月10日　福井県北部　M3.8　　　1570
2000年(平成12)1月28日　根室半島南東沖　M6.8　　　1571
2000年(平成12)2月6日　栃木県北部　M4.1　　　1572
2000年(平成12)2月11日　山梨県東部　M4.4　　　1573
2000年(平成12)2月24日　岩手県内陸北部　M2.9　　　1574
2000年(平成12)3月6日　千葉県北東部　M4.0　　　1575
2000年(平成12)3月10日　伊豆諸島新島・神津島近海　M4.3　　　1576

年月日	震源地	マグニチュード	ページ
2000年(平成12)3月19日	新潟県中越地方	M4.2 M3.3及び2.9	1577
2000年(平成12)3月20日	仙台湾	M5.4	1578
2000年(平成12)3月25日	新潟県中越地方	M4.0	1579
2000年(平成12)3月28日	父島近海	M7.3	1580
2000年(平成12)4月10日	茨城県南部	M4.9	1582
2000年(平成12)4月14日	新島・神津島近海	M4.0 M3.9	1583
2000年(平成12)4月15日	和歌山県南部	M4.9	1584
2000年(平成12)4月26日	会津若松	M4.3	1585
2000年(平成12)4月28日	奈良県南部	M4.5	1586
2000年(平成12)5月16日	京都府南部	M3.8 M4.6	1587
2000年(平成12)5月20日	大阪府北部	M3.7	1588
2000年(平成12)5月21日	京都府南部	M4.2	1589
2000年(平成12)6月3日	千葉県北東部	M5.8	1590
2000年(平成12)6月7日	石川県西方沖	M5.8	1591
2000年(平成12)6月8日	熊本県熊本地方	M4.9	1592
2000年(平成12)6月13日	釧路沖	M5.0	1593
2000年(平成12)6月29日〜		M5.2 M6.4	1595
2000年(平成12)7月11日	茨城県沖	M4.7	1597
2000年(平成12)7月21日	茨城県沖約40km	M6.1	1598
2000年(平成12)8月6日	鳥島近海	M7.3	1599
2000年(平成12)8月18日	東京都23区	M4.0	1602
2000年(平成12)8月27日	奈良県・大阪府南部	M4.4 M3.4	1603
2000年(平成12)9月9日	埼玉県北部	M4.4	1605
2000年(平成12)9月9日	京都府北部	M4.0	1606
2000年(平成12)9月29日	神奈川県東部	M4.1 M4.6	1608
2000年(平成12)10月2日	奄美大島近海	M5.7	1609
2000年(平成12)10月6日	鳥取県西部	M7.3	
2000年(平成12)10月8日	島根県東部	M5.4	1612
2000年(平成12)10月11日	神奈川県東部	M4.1	1613
2000年(平成12)10月14日	房総半島南東沖	M5.2	1614
2000年(平成12)10月18日	栃木県北部	M4.4	1615
2000年(平成12)10月19日	栃木県北部	M4.2	1616
2000年(平成12)10月31日	新島・神津島近海	M4.9	1617
2000年(平成12)10月31日	三重県南部	M5.5	1618
2000年(平成12)11月4日	島根県東部	M3.5〜3.9	1619
2000年(平成12)11月16日	福島県沖	M5.3	1620
2000年(平成12)12月19日	島根県東部	M4.3	1621
2000年(平成12)12月20日	和歌山県貴志川町付近	M3.4	1622
2000年(平成12)12月20日	島根県東部	M3.7	1623
2001年(平成13)1月2日	新潟県中越地方	M4.5	1624
2001年(平成13)1月4日	新潟県中南部魚沼地方	M5.1	1625
2001年(平成13)1月6日	岐阜県美濃東部地方	M4.9	1626
2001年(平成13)1月9日	伊予灘	M4.9	1664
2001年(平成13)1月12日	兵庫県北部	M5.4 M4.0	1628
2001年(平成13)1月14日	兵庫県北部	M4.2	1629
2001年(平成13)1月16日	新島・神津島近海	M3.5	1630

2001年(平成13)1月22日	島根県東部　M3.8	1632
2001年(平成13)1月26日	京都府南部　M4.2	1633
2001年(平成13)2月1日	兵庫県北部　M4.1	1634
2001年(平成13)2月2日	神奈川県西部　M4.4	1635
2001年(平成13)2月5日	和歌山県北部　M3.7	1636
2001年(平成13)2月8日	徳島県南部　M4.7	1637
2001年(平成13)2月9日	京都府南部　M3.5	1638
2001年(平成13)2月11日	島根県東部　M4.4	1639
2001年(平成13)2月13日	新島・神津島近海　M4.2	1640
2001年(平成13)2月16日	兵庫県北部　M4.3	1641
2001年(平成13)2月23日	静岡県西部　M5.3	1642
2001年(平成13)2月25日	福島県沖,伊豆大島近海　M5.8　M4.3	1643
2001年(平成13)3月4日	新島・神津島近海　M3.4	1644
2001年(平成13)3月23日	紀伊水道付近　M4.1	1645
2001年(平成13)3月24日	広島県安芸灘　M6.7	
2001年(平成13)3月30日	鳥取県西部　M3.2	1647
2001年(平成13)3月31日	栃木県北部　M4.7〜3.2	1648
2001年(平成13)4月3日	青森県東方沖　M5.4	1649
2001年(平成13)4月3日	静岡県中部　M5.3	1650
2001年(平成13)4月3日	山口県周防灘　M4.9	1651
2001年(平成13)4月10日	M4.7	1689
2001年(平成13)4月14日	釧路沖　M5.4	1653
2001年(平成13)4月16日	福井県南部　M4.4	1654
2001年(平成13)4月17日	千葉県東方沖　M5.2	1655
2001年(平成13)4月25日	日向灘　M5.6	1656
2001年(平成13)4月27日	根室半島南東沖　M5.9	1657
2001年(平成13)5月1日	新島・神津島近海　M4.5	1658
2001年(平成13)5月7日	三宅島近海　M3.1	1659
2001年(平成13)5月11日	新島・神津島近海　M3.5	1660
2001年(平成13)5月31日	茨城県南部　M4.6	1661
2001年(平成13)6月1日	静岡県中部　M4.8	1662
2001年(平成13)6月3日	静岡県中部　同県中部　M4.3　M3.9	1663
2001年(平成13)6月5日	新島・神津島近海　M3.7	1664
2001年(平成13)6月25日	神奈川県東部　M3.9	1665
2001年(平成13)6月27日	新島・神津島近海　M4.1	1666
2001年(平成13)7月4日〜5日	伊豆諸島・青ヶ島の南西約40km　M5.2〜5.8　M5	1667
2001年(平成13)7月20日	茨城県南部　M5.1	1668
2001年(平成13)7月26日	茨城県南部　M4.5	1669
2001年(平成13)7月31日	茨城県沖　M4.9	1670
2001年(平成13)8月7日	新島・神津島近海　M3.8	1671
2001年(平成13)8月10日	紀伊水道　M4.4	1672
2001年(平成13)8月14日	青森県東方沖　M6.2	1673
2001年(平成13)8月25日	京都府南部　M5.3	1674
2001年(平成13)9月4日	茨城県沖　M5.4	1675
2001年(平成13)9月13日	父島近海　M4.6	1676

2001年(平成13)9月18日	東京湾、茨城県沖　M4.4　M4.4	1677
2001年(平成13)9月25日	茨城県南部　M4.4　M4.5	1678
2001年(平成13)10月2日	福島県沖　M5.6	1679
2001年(平成13)10月15日	和歌山県南部　M4.4	1680
2001年(平成13)10月18日	茨城県南部　M4.4	1682
2001年(平成13)11月2日	茨城県南部　M4.1	1684
2001年(平成13)11月9日	長野県南部　M3.8	1685
2001年(平成13)11月17日	千葉県北西部　M4.5	1686
2001年(平成13)12月2日	岩手県内陸南部　M6.3	1687
2001年(平成13)12月8日	神奈川・山梨県境付近　M4.6	1688
2001年(平成13)12月9日	奄美大島近海　M5.8	1689
2001年(平成13)12月10日	新島・神津島近海　M3.6	1690
2001年(平成13)12月16日	栃木県北部　M4.2	1691
2001年(平成13)12月23日	仙台湾　M4.6	1692
2001年(平成13)12月28日	新島・神津島近海　M3.8	1693
2001年(平成13)12月28日	滋賀県北部　M4.5	1694
2002年(平成14)1月3日	新島・神津島近海　M3.4	1695
2002年(平成14)1月4日	京都府南部　M3.8	1696
2002年(平成14)1月4日	和歌山県北部　M3.6	1697
2002年(平成14)1月12日	新島・神津島近海　M3.4　M3.2	1698
2002年(平成14)1月15日	鹿島灘　M4.5	1699
2002年(平成14)1月18日	伊豆大島近海　M4.3	1700
2002年(平成14)1月20日	伊豆大島近海　M2.5　M3.0	1701
2002年(平成14)1月21日	伊豆大島近海　M2.5	1702
2002年(平成14)1月24日	島根県東部　M4.6	1703
2002年(平成14)1月27日	岩手県沖　M5.6	1704
2002年(平成14)1月29日	福島県沖　M5.1	1705
2002年(平成14)2月4日	紀伊水道　M4.8	1706
2002年(平成14)2月5日	茨城県南部　M4.4	1707
2002年(平成14)2月11日	茨城県沖　M5.2	1708
2002年(平成14)2月12日	茨城県沖　M5.5	1709
2002年(平成14)2月13日	宮城県北部　M4.3	1710
2002年(平成14)2月14日	青森県東方沖　M5.2	1711
2002年(平成14)2月25日	鹿島灘　M4.7	1712
2002年(平成14)3月6日	島根県東部　M4.6	1713
2002年(平成14)3月9日	福島県沖　M4.4	1714
2002年(平成14)3月11日	徳島県北部　M4.2	1715
2002年(平成14)3月25日	愛媛県北西の瀬戸内海　M5.0	1716
2002年(平成14)3月28日	神奈川県西部　M4.2	1717
2002年(平成14)4月6日	愛媛県南予地方　M4.8	1719
2002年(平成14)5月4日	千葉県東方沖、茨城県南部　M4.8	1720
2002年(平成14)5月12日	岩手県内陸南部　M5.2	1721
2002年(平成14)5月19日	千葉県北西部　M4.7	1722
2002年(平成14)5月28日	新島・神津島近海　M4.5	1723
2002年(平成14)6月5日	伊豆大島近海　M3.8	1724
2002年(平成14)6月14日	茨城県南部　M5.2	1725

日付	震源地	マグニチュード	番号
2002年(平成14)6月20日	千葉県北東部		1726
2002年(平成14)7月13日	茨城県南部	M4.8	1727
2002年(平成14)7月24日	福島県沖	M5.8	1729
2002年(平成14)7月27日	茨城県北部	M4.2	1730
2002年(平成14)8月2日	長野県中部	M2.8	1731
2002年(平成14)8月12日	青森県東方沖	M5.2	1732
2002年(平成14)8月18日	福井県嶺北地方	M4.5	1734
2002年(平成14)8月21日	新潟県上越地方	M3.6	1736
2002年(平成14)9月2日	和歌山県北部	M3.9	1737
2002年(平成14)9月8日	宮城県北部	M3.8	1738
2002年(平成14)9月16日	鳥取県中西部	M5.3	1739
2002年(平成14)9月19日	岩手県南部	M4.1	1740
2002年(平成14)10月13日	豊後水道付近	M4.9	1741
2002年(平成14)10月14日	青森県東方沖	M5.8	1742
2002年(平成14)10月16日	茨城県沖	M4.9	1743
2002年(平成14)10月21日	茨城県沖	M5.3	1744
2002年(平成14)10月23日	島根県東部	M4.2	1745
2002年(平成14)10月24日	鳥取県中西部	M3.6	1746
2002年(平成14)10月25日	秋田沖	M4.8	1747
2002年(平成14)11月3日	宮城県沖	M6.1	1748
2002年(平成14)11月4日	宮崎県日向市の東沖約20km	M5.7	1749
2002年(平成14)11月16日	宮城県北部	M4.1	1750
2002年(平成14)11月17日	石川県加賀地方	M4.6	1751
2002年(平成14)12月4日	長野県南部	M4.3	1752
2002年(平成14)12月23日	茨城県南部	M4.1	1753
2003年(平成15)2月6日	京都府南部	M4.2	1754
2003年(平成15)2月12日	三宅島近海	M4.7	1756
2003年(平成15)2月13日	千葉県南部	M3.9	1757
2003年(平成15)2月14日	茨城県北部	M4.2	1758
2003年(平成15)3月3日	福島県沖	M5.9	1759
2003年(平成15)3月13日	茨城県南部	M5.1	1760
2003年(平成15)3月23日	和歌山県北部	M3.5	1761
2003年(平成15)3月26日	豊後水道	M4.7	1762
2003年(平成15)4月1日	長野県南部	M4.2	1764
2003年(平成15)4月2日	島根県東部	M4.1	1765
2003年(平成15)4月8日	茨城県南部	M4.8	1767
2003年(平成15)4月13日	新島・神津島近海	M3.9	1768
2003年(平成15)4月17日	青森県東方沖	M5.5	1769
2003年(平成15)4月21日	茨城県沖	M4.6	1771
2003年(平成15)5月10日	千葉県北西部	M4.3	1772
2003年(平成15)5月12日	千葉県北西部	M5.1	1773
2003年(平成15)5月17日	千葉県北東部	M5.1	1774
2003年(平成15)5月18日	長野県南部	M4.5 M3.5	1775
2003年(平成15)5月26日	宮城県気仙沼沖	M7.1	
2003年(平成15)5月31日	宮城県北部	M4.6	1777
2003年(平成15)5月31日	茨城県南部	M4.2	1778

2003年(平成15)5月31日	伊予灘　M4.8	1779
2003年(平成15)6月10日	千葉県東方沖　M4.0	1780
2003年(平成15)6月13日	長野県南部　M3.9	1781
2003年(平成15)6月16日	茨城県沖　M5.1	1782
2003年(平成15)6月28日	宮城県沖　M4.6	1783
2003年(平成15)7月3日	釧路沖　M6.0	1784
2003年(平成15)7月10日	長野県南部　M3.5	1785
2003年(平成15)7月18日	長野県南部　M3.1　M3.8	1786
2003年(平成15)7月26日	宮城県北部　M5.5	
2003年(平成15)7月27日	日本海北部　M7.1	1788
2003年(平成15)8月4日	宮城県北部　M3.0	1789
2003年(平成15)8月6日	和歌山県北部　M4.0	1790
2003年(平成15)8月8日～9日	宮城県北部　M4.5　M3.3　M4.0	1791
2003年(平成15)8月12日	宮城県北部　M4.5	1792
2003年(平成15)8月14日	高知県東部　M4.4	1793
2003年(平成15)8月16日	宮城県北部　M3.6	1794
2003年(平成15)8月18日	千葉県北西部　M4.7	1795
2003年(平成15)8月30日	浦河沖　M5.2	1796
2003年(平成15)9月4日	宮城県北部　M3.6	1797
2003年(平成15)9月20日	千葉県東方沖　M5.5	1798
2003年(平成15)9月26日	北海道釧路沖　M8.0	
2003年(平成15)10月4日	日高支庁東部　M4.7	1800
2003年(平成15)10月4日	宮城県沖　M4.5	1801
2003年(平成15)10月5日	岐阜県飛騨地方　M4.5	1802
2003年(平成15)10月6日	山形県村山地方　M3.7	1803
2003年(平成15)10月8日	釧路沖　M6.3	1804
2003年(平成15)10月9日	釧路沖　M5.9	1805
2003年(平成15)10月11日	釧路沖　M6.1	1806
2003年(平成15)10月15日	千葉県北西部　M5.0	1807
2003年(平成15)10月23日	宮城県北部,陸奥湾　M4.5　M3.7	1808
2003年(平成15)10月28日	伊豆大島近海　M4.0	1809
2003年(平成15)10月31日	福島県沖　M6.8	1810
2003年(平成15)11月8日	宮城県北部　M3.7	1811
2003年(平成15)11月11日	三河湾　M3.7	1812
2003年(平成15)11月12日	紀伊半島沖　M6.5	1813
2003年(平成15)11月15日	茨城県沖　M5.3	1814
2003年(平成15)11月19日	新島・神津島近海　M4.0	1815
2003年(平成15)11月23日	千葉県東方沖　M5.1	1816
2003年(平成15)11月24日	日高東部　M5.1	1817
2003年(平成15)12月13日	小豆島北部　M4.4	1818
2003年(平成15)12月19日	新潟県沖　M4.7	1819
2003年(平成15)12月22日	佐渡付近　M4.6	1820
2003年(平成15)12月23日	滋賀県北部　M4.4	1821
2003年(平成15)12月30日	新島・神津島近海　M4.3	1822
2004年(平成16)9月5日	紀伊半島南東沖　M6.9	
2004年(平成16)10月6日	茨城県南部　M5.7	1825

2004年(平成16)10月23日　新潟県小千谷市　M6.8
2004年(平成16)11月29日　釧路沖　M7.1　　　　1827
2004年(平成16)12月14日　留萌支庁南部　M6.1　　　1828
2005年(平成17)2月16日　茨城県南部　M5.4　　　1829
2005年(平成17)3月20日　福岡県玄海島付近　M7.0
2005年(平成17)4月11日　千葉県北東部　M6.1　　　1831
2005年(平成17)6月3日　熊本県天草芦北地方　M4.8　　　1832
2005年(平成17)6月20日　新潟県中越地方　M5.0　　　1833
2005年(平成17)7月23日　千葉県北西部　M6.0　　　1834
2005年(平成17)8月16日　宮城県東方沖　M7.2
2005年(平成17)8月21日　新潟県中越地方　M5.0　　　1836
2005年(平成17)10月16日　茨城県南部　M5.1　　　1837
2005年(平成17)10月19日　茨城県沖　M6.3　　　1838
2005年(平成17)12月17日　宮城県沖　M6.2　　　1839
2006年(平成18)11月15日　千島列島・択捉島の東北東約390km　M7.9　　　1840
2006年(平成18)4月21日　伊豆半島東方沖　M5.4　　　1841
2006年(平成18)6月12日　大分県中部　M6.2　　　1842
2007年(平成19)1月13日　千島列島東方沖　M8.2　　　1843
2007年(平成19)3月25日　石川県能登半島沖　M6.9　　　1844
2007年(平成19)4月15日　三重県中部　M5.4　　　1845
2007年(平成19)7月16日　新潟県上中越沖　M6.8
2007年(平成19)8月15日　ペルー・リマ南南東沖145km　M8.0　　　1847

参考文献

著　　者	書　誌　名	発　　行	発行年月日
岐阜測候所	明治二十四年十月二十八日大震報告	岐阜県岐阜測候所	1894.4.
震災予防調査会	山形県下木造耐震町家一棟改良構造仕様	震災予防調査会	1895.5.
震災予防調査会	山形県下農家改良構造仕様	震災予防調査会	1895.7.
浅利和三朗	山田警察分署所轄 海嘯記事		1896.6.15
岩手県	陸中海嘯救助事務略記		1896.9.1
岩手県南・西閉伊郡役所	岩手県陸中国　南閉伊郡海嘯記事		1897.3.1
宮城県	宮城県海嘯誌	宮城県	1903.
震災予防調査会	滋賀岐阜両県下震後ノ家屋構造ノ注意	震災予防調査会	1909.11.
岐阜県岐阜測候所	江濃地震報告	岐阜県岐阜測候所	1910.2.18
滋賀県彦根測候所	近江国姉川地震報告	滋賀県彦根測候所	1911.3.30
越智主一郎	薬品と火災	丸善	1924.5.
東京府	東京府大正震災誌	東京府	1925.5.5
兵庫県	北但震災誌	兵庫県	1926.12.15
京都府	奥丹後震災誌	京都府	1928.5.23
中村左衛門太郎	奥丹後地震報告	斎藤報恩会学術研究総務部	1928.6.10
中央気象台	北伊豆地震概報	中央気象台	1930.12.4
静岡県警察部	駿豆震災誌	静岡県警察部	1931.7.18
宮城県	震嘯災害救護概況		1933.4.1
三陸大震災史刊行会	三陸大震災史	仙台 友文堂書房	1933.4.15
農林省水産局	三陸地方津波災害予防調査報告書		1934.1.1
内務大臣官房都市計画課	三陸津波に因る被害町村の復興計画報告書	内務大臣官房都市計画課	1934.3.1
岩手県	岩手県昭和震災誌	岩手県	1934.10.1
山口弥一郎	津浪と村	恒春閣書房	1943.9.20
中央気象台	鳥取地震概報	中央気象台	1943.11.20
中央気象台	極秘 昭和十九年十二月七日 東南海大地震調査概報	中央気象台	1945.2.20
福井県	福井震災誌	福井県	1949.6.
高知県	南海大震災誌		1949.12.1
北陸震災調査特別委員会	震害調査報告・Ⅰ土木部門		1950.12.
北陸震災調査特別委員会	調査報告・Ⅱ建築部門		1951.8.
畑市次郎	東京災害史	都政通信社	1952.5.
北海道	北海道十勝沖震災誌	北海道	1953.9.20
八戸市	チリ地震津波による被害調書		1960.1.1
神戸調査設計事務所	チリ地震津波調査報告書 昭和36年3月	神戸調査設計事務所	1960.3.1

著　　者	書　誌　名	発　　行	発行年月日
大船渡市	チリ津浪体験記黒い海	岩手県	1960.5.24
宮城県立農業試験場 佐々君治山報恩会	チリ地震津波における防潮林の効果に関する考察	宮城県立農業試験場 佐々君治山報恩会	1960.6.1
札幌管区気象台	チリー地震津波調査概報	札幌管区気象台	1960.6.4
岩手県	大船渡災害誌	岩手県	1960.6.
チリ津波合同調査班	THE CHILEAN TSUNAMI OF MAY 24, 1960	東京大学地震研究所	1961.12.25
気仙沼地区調査委員会	チリ地震記念 三陸津波誌 1960	気仙沼地区調査委員会	1960.8.15
大船渡市	チリ地震津波災害における応急対策に現況と問題点	岩手県	1960.10.
末森 猛雄	第7回海岸工学講演会公演集	社団法人 土木学会	1960.11.1
八戸市総務部庶務課長 佐々木正雄	チリ地震津波 八戸市	八戸市	1960.12.1
建設省国土地理院	チリ地震津波調査報告書　海岸地形とチリ地震津波	建設省国土地理院	1961.1.1
宮城県	チリ地震津波調査報告	宮城県	1961.3.1
宮城県	チリ地震津波災害救助誌	宮城県	1961.3.20
運輸省第二港湾建設局八戸港工事々務所 菅野 一	八戸港を中心としたチリ地震津波資料集覧	金沢慶蔵,八戸印刷荷札株式会社	1961.3.31
林野庁治山課	チリ地震津波災害調査報告	林野庁治山課	1961.4.1
岩手県大槌町	チリ地震津波誌	岩手県大槌町	1961.5.24
八戸市水産課	チリ地震津波 被害と復興	八戸漁業協同組合連合会	1961.5.24
チリ津波合同調査班	チリ地震津波踏査速報		1960.7.1
THE JAPAN METEOROLOGICAL AGENCY	THE REPORT ON THE TSUNAMI OF THE CHILEAN EARTHQUAKE, 1960	THE JAPAN METEOROLOGICAL AGENCY	1963.3.
陸前高田農業改良普及所	チリ地震津浪の記録	陸前高田農業改良普及所	1963.4.1
WOLFGANG WEISCHET	FURTHER OBSERVATIONS OF GEOLOGIC AND GEOMORPHIC CHANGES RESULTING FROM THE CATASTROPHIC EARTHQUAKE OF MAY 1960, IN CHILE	Bulletin of the Seismological Society of America	1963.12.1
CHARLES WRIGHT、ARNOLDO MELLA	MODIFICATIONS TO THE SOIL PATTERN OF SOUTH-CENTRAL CHILE RESULTING FROM SEISMIC AND ASSOCIATED PHENOMENONA DURING THE PERIOD MAY TO AUGUST 1960	Bulletin of the Seismological Society of America	1963.12.1

著者	書誌名	発行	発行年月日
LEONARDO ALVAREZ S.	STUDIES MADE BETWEEN ARAUCO AND VALDIVIA WITH RESPECT TO THE EARTHQUAKES OF 21 AND 22 MAY 1960	Bulletin of the Seismological Society of America	1963.12.1
HELLMUTH A. SIEVERS C. 他	THE SEISMIC SEA SAVE OF 22 MAY 1960 ALONG THE CHILEAN COAST		1963.12.1
J. G. KEYS	THE TSUNAMI OF 22 MAY 1960, IN THE SAMOA AND COOK ISLANDS	Bulletin of the Seismological Society of America	1963.12.1
DOAK C. COX, JOHN F. MINK	THE TSUNAMI OF 23 MAY 1960 IN THE HAWAIIAN ISLANDS	Bulletin of the Seismological Society of America	1963.12.1
新潟日報社	新潟地震の記録 自然との半月の戦い	新潟日報社	1964.8.
日本建築学会	新潟地震災害調査報告	日本建築学会	1964.12.
新潟県	新潟地震の記録―地震の発生と応急対策―	新潟県	1965.6.16
長野県警察本部	松代群発地震警備対策の概況		1965.
土木学会新潟震災調査委員会	昭和39年 新潟地震震害調査報告	土木学会	1966.6.10
新潟市	新潟地震誌	新潟市	1966.11.
日本科学史学会 編	日本科学技術史大系１１（自然）	第一法規出版	1968.3.10
十勝沖地震東京都調査団	十勝沖地震東京都調査団調査報告書		1968.6.12
日本建築学会	1968年十勝沖地震 災害調査報告	日本建築学会	1968.12.10
	港湾技術研究所報告	運輸省港湾技術研究所	1968.12.
青森県	青森県大震災の記録―昭和43年の十勝沖地震―	青森県	1968.
八戸市	地震 十勝沖震災の記録	八戸市	1969.5.
気象庁	1968年十勝沖地震調査報告 気象庁技術報告第68号		1969.
	写真でみる"惨事の記録"第一部 "火災史に残る惨事の記録"	防災ＰＲセンター	1970.2.
	1968年十勝沖地震における八戸港の強震記録と地盤特性（文部省科学研究費）		1972.6.
警視庁警備部	根室半島沖地震現地調査結果		1973.7.
愛知県警察部	明治二十四年十月二十八日震災記録	愛知県総務部消防防災課	1973.10.
清水幾太郎 監修	手記・関東大震災	新評論	1975.7.2

著　者	書　誌　名	発　行	発行年月日
広部良輔、箕輪親宏	1975年4月大分県中部に発生した地震災害現地調査報告	防災科学技術センター	1975.7.
	気象百年史	気象庁	1975.
日本建築学会	1975年大分県中部地震によるRC建物の被害調査報告　九重レークサイドホテルおよびその周辺建物の被害	日本建築学会	1976.6.25
消防庁危険物規制課	地震による危険物施設の災害事例（写真集）1964.6新潟地震	消防庁	1977.3.
東京都大島支庁	伊豆大島近海地震に関する資料		1978.1.24
	地震災害に関する要望書（被害概況を含む）	静岡県	1978.2.
仙台市消防局	宮城県沖地震の報告	仙台市消防局	1978.6.12
仙台市消防局	宮城県沖地震概要 火災発生状況報告書	仙台市消防局	1978.6.13
	'78宮城県沖地震　その記録と教訓	河北新報社	1978.6.28
仙台市ガス局災害対策本部	災害状況報告書	仙台市ガス局	1978.6.
	仙台市ガス局タンク爆発火災概要		1978.6.
仙台市北消防署	東北大学理学部化学棟火災概要 建物火災活動状況報告 実験室見取図など	仙台市北消防署	1978.6.
仙台市北消防署	東北薬科大学火災概要 活動状況報告	仙台市北消防署	1978.6.
福井市	福井烈震誌	福井市	1978.6.
鈴木理生	明治生れの町神田三崎町	青蛙房	1978.7.
建築業協会	宮城県沖地震被害状況　調査報告書	建築業協会	1978.9.
白崎正彦	コンビナートにおける地震時の災害事例－新潟地震を中心に－（講習会資料）		1978.11.
宮城県	'78宮城県沖地震災害の概況－応急措置と復興対策－	宮城県	1978.12.
東北大学工学部建築科 田中礼治	高清水町公団住宅の宮城県沖地震の被害とその復旧対策および実験結果報告書		1978.12.
佐武正雄	1978年宮城県沖地震による被害の総合的調査研究（文部省科学研究費）		1979.3.
日本瓦斯協会	宮城県沖地震と都市ガス		1979.4.
仙台市	'78宮城県沖地震Ⅰ災害の記録	宝文堂	1979.6.
櫻井恵美子・池田博子	地震！　その時私は・・・	至誠堂	1979.6.

著　者	書　誌　名	発　行	発行年月日
政策科学研究所	宮城県沖地震による都市機能および地域社会への影響に関する調査研究 研究概要		1979.8.
消防庁	1978年宮城県沖地震による危険物の被害事例集	消防庁	1979.12.
仙台市	'78宮城県沖地震Ⅱ被害実態と住民対応	宝文堂	1979.12.
日本建築学会	1978年宮城県沖地震災害調査報告	日本建築学会	1980.2.
宮城県	'78宮城県沖地震災害の教訓－実態と課題－	宮城県	1980.3.31
東北大学'78宮城県沖地震災害調査研究会	'78宮城県沖地震における住民等の対応及び被害の調査研究	東北大学'78宮城県沖地震災害調査研究会	1980.3.
土木学会東北支部	1978年宮城県沖地震調査報告書	土木学会東北支部	1980.4.
日本建築学会	1974年伊豆半島沖地震 1978年伊豆大島近海地震 災害調査報告	日本建築学会	1980.6.10
仙台市消防局・東北工業大学工学部佐賀研究室	宮城県沖地震　市民の対応と教訓	全国加除法令出版	1980.6.
大曲 駒村	東京灰燼記	中公文庫	1981.4.
田方郡教育長会、校長会、教育研究会	昭和5年の北伊豆地震に学ぶ	田方郡町村会	1981.8.1
染川藍泉	震災日誌	日本評論社	1981.8.
静岡県地震対策課・建築課	「昭和57年（1982年）浦河沖地震」による被災地（浦河町）の調査中間報告		1982.3.
東南海地震記録集編集委員会	昭和19年東南海地震の記録	静岡県中遠振興センター	1982.3.
札幌市消防局	昭和57年（1982年）浦河沖地震による被害状況（中間報告）		1982.4.
東京大学新聞研究所	昭和57年　浦河沖地震に関する調査（速報）		1982.5.
田中淳夫、高梨晃一、宇田川邦明	宮城県沖地震による鉄骨造被災建物の復旧状況 調査報告書		1983.1.20
東京都	昭和57年（1982年）浦河沖地震調査報告書	東京都	1983.2.
	1982年3月21日 浦河沖地震調査報告（文部省科学研究費 自然災害特別研究）		1983.2.
国土庁、北海道開発庁、建設省、消防庁	浦河沖地震の総合的調査報告書	国土庁、北海道開発庁、建設省、消防庁	1983.3.

著　者	書　誌　名	発　行	発行年月日
米子工業高等専門学校地域防災研究班	鳥取地震災害資料	米子工業高等専門学校	1983.4.
高木隆史	大震災 1923年東京		1983.5.
秋田労働基準局	日本海中部地震報告書	秋田労働基準局	1983.6.
秋田大学大学鉱山学部土木工学科	被害調査速報		1983.6.
自治省消防庁・消防科学総合センター	日本海中部地震調査報告書	自治省消防庁・消防科学総合センター	1983.11.
北海道大学　金田弘夫	1982年浦河沖地震における被害と住民の対応行動	北海道大学	1983.
秋田県男鹿市	1983年日本海中部地震　男鹿市の記録	秋田県男鹿市	1984.3.
自然災害科学総合研究班 乗冨一雄　他	1983年日本海中部地震による災害の総合的調査研究		1984.3.
合川南小学校地震津波遭難記録編纂委員会	わだつみのうた	秋田書房	1984.3.20
第二管区海上保安本部	日本海中部地震に関する報告書	第二管区海上保安本部	1984.3.
藪内喜一郎監修	写真　図説　日本消防史	図書刊行会	1984.6.25
北海道	昭和57・58年災害記録	北海道	1984.7.
守谷 喜久夫	長野県西部地震調査報告書	日本大学理工学部応用地質学研究室	1984.10.5
東大生産研	日本海中部地震と能代市		1984.11.
能代市	昭和58年（1983年）5月26日 日本海中部地震　能代市の災害記録　この教訓を後世に	能代市	1984.12.1
秋田県	昭和58年（1983年）日本海中部地震の記録　被災要因と実例	秋田県	1984.12.
建設省土木研究所	被害および震後体制の概要		1984.12.
日本建築学会	1982年浦河沖地震・1983年日本海中部地震災害調査報告	日本建築学会	1984.12.
	気象庁技術報告　昭和58年（1983年）日本海中部地震の概要	気象庁	1984.
吉村昭	三陸海岸大津波	中公文庫	1984.
東京大学新聞研究所	1983年5月日本海中部地震における災害情報の伝達と住民の対応	東京大学新聞研究所	1985.3.
鏡味洋史	建物被害からみた耐震性変化の事例研究		1985.3.
長野県生活環境部消防防災課	長野県西部地震の記録	長野県	1985.8

著　者	書　誌　名	発　行	発行年月日
東京大学新聞研究所「災害と情報」研究班	１９８４年９月長野県西部地震における災害情報の伝達と住民の対応－長野県の場合－	東京大学新聞研究所	1985.9.
	昭和を生きぬいた学舎－横浜震災復興小学校の記録	横浜市建築局学校建築課・横浜市教育委員会施設課	1985.10
建設省土木研究所	建設省土木研究所資料　地震災害が社会経済に与える影響に関する研究		1985.11.
渡辺偉夫	日本被害津波総覧	東京大学出版会	1985.11
長野県西部地震の記録編さん委員会	まさか王滝に！　長野県西部地震の記録	長野県王滝村	1986.3
東京ガス株式会社	東京ガス百年史	東京ガス株式会社	1986.3
	同筒貯槽のスロッシングに関する研究報告書	消防庁消防研究所	1986.3
	東京大学生産技術研究所大型共同研究成果概要		1986.6
	耐震工学研究室論文集録	北海道大学工学部	1986.8
	大規模地震と経済災害	商事法務研究会	1986.10
南海町	南海地震津波の記録　宿命の浅川港	南海町	1986.11
濱田政則 他	新潟地震および日本海中部地震における液状化による地盤の永久変位		1986.12
山下文男	戦時報道管制下　隠された大地震・津波		1986.12
東京大学新聞研究所「災害と情報」研究班	チリにおける地震に関する調査	東京大学新聞研究所	1987.3
安間 荘	事例からみた地震による大規模崩壊とその予測手法に関する研究		1987.4
Hamada, Yasuda, Isoyama	5th Canadian Conf. Earthquake Engineering		1987.12
国立防災科学技術センター	千葉県東方沖地震災害調査報告		1988.3.
北海道大学工学部建築工学教室　岡田成幸	「千葉県東方沖で発生した地震に関する調査」解析結果		1988.6
	自然災害科学事典	築地書館	1988.8.5
芦村登志雄、鷲見貞雄	郷土シリーズ34　鳥取県の災害大地震・大火災	鳥取市社会教育事業団	1988.9.10
千葉工業大学刊行専門委員会	千葉工業大学研究報告　千葉県東方沖地震被害調査報告書	千葉工業大学	1988.10.

著者	書誌名	発行	発行年月日
高圧ガス保安協会	千葉県東方沖地震影響調査 結果報告書		1988.12.
Walter C. Dudley, Min Lee	Tsunami！	Honolulu : University of Hawaii Press	1988.
東京大学新聞研究所	1987年千葉県東方沖地震における災害情報の伝達と市町村・住民の対応		1989.1.
千葉県	昭和62年（1987年）千葉県東方沖地震 －災害記録－		1989.3.
山本駿二朗	山本松谷の生涯		1991.6.
	地震学会講演予稿集	地震学会	1991.10.
東京消防庁	地震に伴う119番通報と災害状況について		1992.2.
鈴木達治	大正12年9月1日関東大震火災逢難記事	煙洲会	1992.9.
大林組技術研究所・大林組東京本社設計本部	1993年釧路沖地震 被害調査報告書 （概要集）	大林組	1993.2.
国土庁防災局震災対策課	釧路沖地震調査報告書「釧路沖地震における応急活動等に関する調査」	国土庁防災局震災対策課	1993.3.
防災都市計画研究所	1993年7月12日 北海道南西沖地震被害調査速報	防災都市計画研究所	1993.7.
東京大学社会情報研究所「災害と情報」研究会	平成5年釧路沖地震における住民の対応と災害情報の伝達	東京大学社会情報研究所	1993.7.
函館開発建設部 監修	北海道南西沖地震 [速報]	北海道開発協会	1993.8.6
大林組 技術研究所	1993年北海道南西沖地震被害調査報告書	大林組 技術研究所	1993.8.
檜山広域行政組合消防本部	北海道南西沖地震による火災発生状況		1993.8.
	奥尻島・30m大津波の恐怖	Bart	1993.9.
中村征夫	奥尻島の黒い波	小説新潮	1993.9.
	開発土木研究所報告 釧路沖地震被害調査報告	開発土木研究所	1993.9.
北海道南西沖地震災害対策本部	平成5年北海道南西沖地震に係る被害状況報告		1993.9.
釧路市	釧路沖地震記録書	釧路市	1993.10.
	建築学会構造系論文集	日本建築学会	1993.
東京大学社会情報研究所「災害と情報」研究会	1993年北海道南西沖地震における住民の対応と災害情報の伝達 －巨大津波と避難行動－	東京大学社会情報研究所	1994.1.

著　者	書　誌　名	発　行	発行年月日
	UNCRD UPDATE　プロジェクト報告シリーズ（10）1993年北海道南西沖地震災害調査報告		1994.1.
黒岩祐治	自衛隊医療は奥尻島でどう活かされたか	中央公論	1994.1.
国土庁防災局，建設省住宅局，日本建築設備安全センター	釧路沖地震の被害を踏まえたライフライン施設等の地震対策に関する調査報告書	国土庁防災局	1994.3.
鳥居壮行	情報セキュリティーネットワーク時代の安全と信頼-	日本経済新聞社	1994.3.
新潟地震30年事業実行委員会	未来への記憶	新潟地震30年事業実行委員会事務局　社団法人北陸建設弘済会	1994.6.7
隈澤文俊、楠浩一、小前健太郎	平成6年10月4日 北海道東方沖地震被害調査報告		1994.10.31
早稲田大学・日本技術開発・富士総合研究所	平成6年北海道東方沖地震被害調査速報	早稲田大学・日本技術開発・富士総合研究所	1994.11.
地域環境防災研究所	阪神・淡路大震災時の火災の延焼状況調査報告書	地域環境防災研究所	1995.3.28
日本建築学会	1995年兵庫県南部地震災害調査報告速報	日本建築学会	1995.3.31
八戸地域広域市町村圏事務組合消防本部	「平成6年三陸はるか沖地震」消防活動全記録	八戸地域広域市町村圏事務組合消防本部	1995.3.
長谷川昭	1994年三陸はるか沖地震とその被害に関する調査研究		1995.3.
自治省消防庁消防研究所	兵庫県南部地震における神戸市内の市街地火災調査報告（速報）	自治省消防庁消防研究所	1995.3.
北海道	平成5年（1993年）北海道南西沖地震災害記録	北海道	1995.3.
北海道	平成5年釧路沖地震災害記録	北海道	1995.3.
笠原稔	平成6年（1994）北海道東方沖地震およびその被害に関する調査研究（文部省科学研究費 調査研究成果報告書）		1995.3.
	阪神大震災に学ぶ「イザ」という時 100マニュアル（毎日ムック）	毎日新聞社	1995.4.
	神戸リ・セット　第2号		1995.4.
	復旧の早いLPガス	神奈川県プロパンガス協会	1995.5.

著者	書誌名	発行	発行年月日
	兵庫県南部地震に伴うLPガス貯蔵設備ガス漏洩 調査中間報告書	高圧ガス保安協会	1995.5.
災害科学研究会、建物部会	兵庫県南部地震火災調査報告	災害科学研究会、建物部会	1995.5.
全国消防長会	平成6年（1994年）三陸はるか沖地震調査報告書	全国消防長会	1995.5.
	1994年三陸はるか沖地震被害調査報告	東京大学・九州芸術工科大学・八戸工業大学・東京都立大学・千葉大学・東北大学・横浜国立大学合同調査団	1995.6.
警察庁科学警察研究所 火災研究室	地震時同時多発火災の電気的出火原因の研究報告書	警察庁科学警察研究所	1995.7.7
	北海道南西沖地震復興過程に関する調査研究	都市防災美化協会	1995.7.
三陸はるか沖地震災害調査委員会	1994年三陸はるか沖地震災害調査報告書	三陸はるか沖地震災害調査委員会	1995.7.
日本建築学会	1993年釧路沖地震災害調査報告 1993年北海道南西沖地震災害調査報告	日本建築学会	1995.8.10
建設省建築研究所	平成7年兵庫県南部地震被害調査中間報告書	建設省建築研究所	1995.8.
ガス事業新聞社	ガスエネルギー新聞が報道した―ガス復旧85日間の全記録 阪神大震災	ガス事業新聞社	1995.9.30
日本建築学会近畿支部	1995年兵庫県南部地震―木造建物の被害―	日本建築学会近畿支部	1995.9.
竹中工務店	「阪神大震災（兵庫県南部地震）」調査報告―第4報―	竹中工務店	1995.10.31
厚生省大臣官房統計情報部	人口動態統計からみた阪神・淡路大震災による死亡の状況	厚生省	1995.
神戸市消防局	阪神・淡路大震災における消防活動の記録 神戸市域	神戸市防災安全公社	1996.1.17
大阪市消防局	阪神・淡路大震災 大阪市消防活動記録	大阪市消防振興協会	1996.1.
損害保険料率算定会	平成6年（1994年）三陸はるか沖地震災害調査報告 新潟県北部の地震（平成7年4月1日）災害調査報告	損害保険料率算定会	1996.1.
奥尻町	北海道南西沖地震奥尻町記録書	奥尻町	1996.3.1
ガス地震対策検討会編集、資源エネルギー庁監修	ガス地震対策検討会報告書	ガス事業新聞社	1996.3.15

著　者	書　誌　名	発　行	発行年月日
計盛 哲夫	阪神・淡路大震災－その時、被災地で政府現地対策本部74日の活動－	21世紀ひょうご創造協会	1996.3.31
檜山広域行政組合	蘇る夢の島	檜山広域行政組合	1996.3.
建設省建築震災調査委員会	平成7年阪神・淡路大震災建築震災調査委員会報告書－集大成版－	建設省	1996.3.
建設省建築研究所	平成7年兵庫県南部地震被害調査最終報告書	建設省建築研究所	1996.3.
1.17神戸の教訓を伝える会	阪神・淡路大震災　被災地"神戸"の記録	ぎょうせい	1996.5.30
横浜市	関東大震災からの復興記録		1996.5.
日本下水文化研究会	三大地震と人々の暮らし	日本下水文化研究会	1996.7.
深尾良夫、石橋克彦	阪神・淡路大震災と地震の予測	岩波書店	1996.8.27
名護市立真喜屋小学校	真喜屋小学校創立百周年記念誌	名護市立真喜屋小学校	1996.9.1
長谷見雄二	茨城県つくば市で発見された関東大震災・発震直後の映像記録について	災害科学研究会建物部会	1996.9.
	建築知識　阪神大震災に学ぶ　地震に強い建築の設計ポイント		1996.
	地震による斜面災害　1993～1994年北海道三大地震から	北海道大学図書刊行会	1997.3.10
	寺田寅彦全集　第七巻	岩波書店	1997.6.5
気象庁地震火山部	3月26日と5月13日に鹿児島県薩摩地方の北部で発生した地震について	気象庁地震火山部	1997.6.
地震調査研究推進本部	地震に関する基盤的調査観測計画	総理府　地震調査研究推進本部	1997.8.29
日本建築学会近畿支部阪神大震災被害調査分析特別委員会	阪神大震災被害調査分析特別委員会報告書　建築構造物の耐震安全性レベルの向上に向けて	日本建築学会近畿支部阪神大震災被害調査分析特別委員会	1997.10.
日本建築学会	阪神・淡路大震災調査報告　建築編4　木造建物　建築基礎構造	日本建築学会	1998.3.20
室崎益輝、藤田和夫 他	大震災以後	岩波書店	1998.3.20
田中伯知	災害と社会構造	芦書房	1998.3.
谷口仁士編集	よみがえる福井震災	現代史料出版	1998.6.
	KOBEnet活動記録集　「阪神・淡路大震災の復旧・復興支援のための研究者連絡会」3年半の歩み	KOBEnet 東京	1998.8.
日本建築学会	阪神・淡路大震災調査報告　建築編6　火災　情報システム	日本建築学会	1998.10.20

著　者	書　誌　名	発　行	発行年月日
岩手県防災航空隊	岩手県内陸北部地震に関する岩手県防災航空隊活動概要	岩手県防災航空隊	1998.
	昭和の津波	田辺市新庄公民館・昭和の津浪復刻委員会	1999.5.31
中村浩之、土屋智、井上公夫、石川芳治	地震砂防	古今書院	2000.2.1
広島食料事務所鳥取事務所	鳥取県西部地震政府所有食料等被害状況	広島食料事務所鳥取事務所	2000.10.8
NTT-Neomeit東中国	鳥取県西部地震の被害と復旧状況	NTT-Neomeit東中国	2000.10.16
鳥取県警察本部	鳥取県西部地震関係資料	鳥取県警察本部	2000.10.
鳥取県中部県民局	鳥取県西部地震資料	鳥取県中部県民局	2000.10.
鳥取県畜産課	被害状況（溝口家畜保健所）	鳥取県畜産課	2000.10.
（社）土木学会　鳥取県西部地震調査団	2000年10月6日鳥取県西部地震被害調査報告	（社）土木学会	2000.11.1
久保村圭助、菅原操	鉄道を巨大地震から守る　兵庫県南部地震をふりかえって	山海堂	2000.11.17
建設コンサツタンツ協会中国支部	鳥取県西部地震被災調査報告書	建設コンサツタンツ協会中国支部	2000.11.
（株）ジオトップ	平成12年鳥取県西部地震　節杭を用いた建物の調査報告書	（株）ジオトップ	2000.12.
鳥取県西部広域行政管理組合消防局	平成12年鳥取県西部地震の概要と検証	鳥取県西部広域行政管理組合消防局	2000.12.
鳥取地方気象台	鳥取県西部地震　資料	鳥取地方気象台	2000.
鳥取県企業局電気課	平成12年度企業局技術職員研修　鳥取県西部地震による被害状況	鳥取県企業局電気課	2000.
首藤伸夫、劉暁東　他	海岸工学論文集	土木学会	2001.2.1
鳥取県土木部、米子土木事務所	鳥取県西部地震による道路橋被災に関する調査委託業務報告書	鳥取県土木部、米子土木事務所	2001.2.
広島大学	芸予地震　被害調査報告	広島大学	2001.3.31
京都大学防災研究所	2000年10月鳥取県西部地震による災害に関する調査研究	京都大学防災研究所	2001.3.
弓ヶ浜半島液状化対策研究会	弓ヶ浜半島液状化対策研究会報告書	弓ヶ浜半島液状化対策研究会	2001.3.
鳥取県企業局	鳥取県営工業団地液状化対策　検討委員会報告書及び別冊	鳥取県企業局	2001.3.
鳥取県教育委員会	鳥取県西部地震記録集	鳥取県教育委員会	2001.3.
日本道路公団中国支社	鳥取県西部地震災害報告書	日本道路公団中国支社	2001.3.
中国電力株式会社鳥取支店	鳥取県西部地震復旧記録	中国電力株式会社鳥取支店	2001.3.

著　者	書　誌　名	発　行	発行年月日
境有紀、藤井賢志	2001年芸予地震による建築物の被害調査報告（速報）		2001.4.5
（社）土木学会芸予地震被害調査団	2001年3月24日芸予地震被害調査報告－補足　西瀬戸自動車道の状況	（社）土木学会	2001.4.24
国土交通省国土技術政策総合研究所、独立行政法人建築研究所	2001年3月24日芸予地震被害調査報告―体育館など大空間を構成する建築物の天井落下―	国土交通省国土技術政策総合研究所、独立行政法人建築研究所	2001.5.25
島根大学鳥取県西部地震災害調査団	鳥取県西部地震災害調査報告書	島根大学鳥取県西部地震災害調査団	2001.5.25
鳥取大学工学部　細井由彦	平成12年鳥取県西部地震による水道被害とその影響調査	鳥取大学工学部	2001.5.
米子市水道局	2000年10月6日　鳥取県西部地震災害報告書	米子市水道局	2001.7.
（財）沿岸開発技術研究センター	港湾施設地震被害解析調査委託報告書（概要版）	（財）沿岸開発技術研究センター	2001.7.
	第26回地震工学研究発表会講演論文集　鳥取県西部地震における液状化被害		2001.8.
広島市地震情報ネットワークシステム検討委員会	平成13年芸予地震と広島市地震情報ネットワークシステム　―地震の概要と被害の分析ならびにシステムの検証―　報告書	広島市消防局	2001.9.
鳥取県防災危機管理課	平成12年鳥取県西部地震の記録	鳥取県防災危機管理課	2001.10.
鳥取県防災危機管理課	平成12年鳥取県西部地震災体験記録	鳥取県防災危機管理課	2001.10.
西日本旅客鉄道株式会社米子支社	鳥取県西部地震鉄道復旧記録誌	西日本旅客鉄道株式会社米子支社	2001.10.
日野町	鳥取県西部地震2000.10.6　日野町の災害・復興への記録	日野町	2001.11.
損害保険料率算定会	平成6年（1994年）北海道東方沖地震災害調査報告　地震保険調査報告24	損害保険料率算定会	2001.12.
	国土地理院時報	国土地理院	2001.
日本建築学会中国支部被害調査委員会	芸予地震　地震被害調査	日本建築学会中国支部	2001.
安来市能義郡消防組合消防本部	鳥取県西部地震関係資料	安来市能義郡消防組合消防本部	2001.
鳥取県市長会	平成12年鳥取県西部地震の概要と検証	鳥取県市長会	2001.
米子市	鳥取県西部地震記録集	米子市	2002.1.

著　者	書　誌　名	発　行	発行年月日
愛媛大学芸予地震学術調査団	愛媛大学芸予地震学術調査団最終報告書	愛媛大学	2002.3.22
安来市	鳥取県西部地震　安来市の記録	安来市	2002.3.
西伯町	鳥取県西部地震記録集　西伯町の記録	西伯町	2002.3.
境港市	平成12年鳥取県西部地震　境港市の記録	境港市	2002.3.
米子地方県土整備局、日野総合事務所県土整備局	鳥取県西部地震に伴う公共土木施設の地震災害復旧事例集	米子地方県土整備局、日野総合事務所県土整備局	2002.4.
溝口町	平成12年鳥取県西部地震の記録	溝口町	2003.1.
文部科学省　学校施設の耐震化推進に関する調査研究協力者会議	学校施設の耐震化推進に関する調査研究報告書	文部科学省	2003.4.15
宇佐美龍夫	最新版　日本被害地震総覧	東京大学出版会	2003.4.15
日本建築学会	文教施設の耐震性能等に関する調査研究（報告書）	日本建築学会	2003.5.20
	2003年7月26日宮城県北部の地震　災害調査速報会	日本建築学会災害委員会東北支部	2003.8.31
内閣府	平成13年（2001年）芸予地震について	内閣府	2003.9.19
国土交通省　国土技術政策総合研究所　石原直、（独）建築研究所　西山功	2003年十勝沖地震における一般建築物等の被害に関する現地調査報告	国土交通省　国土技術政策総合研究所	2003.10.14
（社）土木学会・地盤工学会合同宮城県沖の地震調査団	2003年5月26日に発生した宮城県沖の地震被害調査報告	（社）土木学会	2003.10.31
土木学会	2003年十勝沖地震被害調査報告会　調査報告書	（社）土木学会	2003.11.25
静岡県防災局、土木部、都市住宅部	平成15年（2003年）十勝沖地震調査報告書	静岡県	2003.11.
独立行政法人 消防研究所　畑山健・座間信作	2003年十勝沖地震の際の長周期地震動	独立行政法人 消防研究所	2003.12.16
	北海道開発土木研究所月報　平成15年（2003年）十勝沖地震被害調査報告特集号	北海道開発土木研究所	2003.
総務省消防庁	石油コンビナート等防災体制検討会屋外タンク貯蔵所における技術基準等検討部会報告書	総務省消防庁	2004.1.
仙台市消防局	実験室等の地震対策についてアンケート結果（報告）	仙台市消防局	2004.2.

著　　者	書　誌　名	発　行	発行年月日
危険物保安技術協会	第13回危険物事故事例セミナー－平成15年（2003年）十勝沖地震に対する危険物施設における対応	危険物保安技術協会	2004.2.
日本建築学会	2003年5月26日宮城県沖の地震災害調査報告　2003年7月26日宮城県北部の地震災害調査報告	日本建築学会	2004.3.25
（社）土木学会・地盤工学会合同宮城県北部地震調査団	2003年7月26日に発生した宮城県北部地震被害調査報告	（社）土木学会・地盤工学会	2004.4.30
総務省消防庁	出光興産（株）北海道製油所屋外タンク貯蔵所火災の火災原因調査結果	総務省消防庁	2004.6.22
地震調査研究推進本部 政策委員会、調査観測計画部会	今後の重点的な調査観測について（中間報告）	総理府　地震調査研究推進本部	2004.7.26
秋田大学　工学資源学部土木環境工学科　水工学研究室	2004年9月5日東海道沖の地震による津波	秋田大学	2004.9.
危険物保安技術協会	屋外タンク貯蔵所浮屋根審査基準検討会報告書	危険物保安技術協会	2004.9.
畑山健、座間信作、山田實　他	石油タンクのスロッシングと長周期地震動	消防研究所	2004.9.
地震調査研究推進本部地震調査委員会	長岡平野西縁断層帯の長期評価について	総理府　地震調査研究推進本部	2004.10.13
地震調査研究推進本部地震調査委員会	2004年10月23日新潟県中越地震の評価	総理府　地震調査研究推進本部	2004.10.24
防災科学技術研究所	2004/10/23 新潟県中越地震	防災科学技術研究所	2004.10.
三重県	平成16年9月5日の紀伊半島南東沖地震に関する県民行動調査	三重県	2004.10.
九州工業大学災害調査団	平成16年新潟県中越地震－第二次被害調査速報版－	九州工業大学	2004.11.8
日本地震学会災害調査委員会	新潟県中越地震速報・検討会報告	日本地震学会災害調査委員会	2004.11.12
	SDR－2004年10月23日新潟県中越地震	（株）システムアンドデータリサーチ	2004.11.
気象庁	平成16年（2004年）新潟県中越地震について－速報－	気象庁	2004.11.
三陸はるか沖地震10周年シンポジウム実行委員会	三陸はるか沖地震10周年シンポジウム論文集	三陸はるか沖地震10周年シンポジウム実行委員会	2004.12.3
土木学会・第二次調査団	平成16年新潟県中越地震　社会基盤システムの被害等に関する総合調査「調査結果と緊急提言」Ⅰ報告・提言編	（社）土木学会	2004.12.10

著　者	書　誌　名	発　行	発行年月日
三重県、三重大学、東北大学大学院	2004年9月5日「紀伊半島南東沖の地震」県民避難行動調査結果	三重県	2004.12.17
土木学会・第二次調査団	平成16年新潟県中越地震　社会基盤システムの被害等に関する総合調査「調査結果と緊急提言」Ⅱ記録・資料編	(社) 土木学会	2004.12.21
国土交通省国土技術政策総合研究所、建築研究所	平成16年新潟県中越地震建築物被害調査報告	国土交通省国土技術政策総合研究所、建築研究所	2004.12.
港湾空港技術研究所　海洋・水工部　高潮津波研究室	2003年十勝沖地震津波の現地調査について	港湾空港技術研究所	2004.
航空・鉄道事故調査委員会	東日本旅客鉄道株式会社　上越新幹線における列車脱線事故に係る鉄道事故調査について(経過報告)	航空・鉄道事故調査委員会	2005.1.24
土木学会調査団	福岡県西方沖地震・土木学会被害調査団速報　第2報	(社) 土木学会	2005.4.19
内閣府中央防災会議	災害教訓の継承に関する専門調査会報告書　平成17年3月　1896 明治三陸地震津波	内閣府	2005.7.
新潟県中越地震ガス地震対策調査検討会	新潟県中越地震ガス地震対策調査検討会報告書	経済産業省	2005.7.
福岡県	福岡県西方沖地震　震災対応調査点検委員会報告書	福岡県	2005.7.
元結正次郎　他	2005年8月16日宮城県沖を震源とする地震による天井落下被害速報	日本建築学会	2005.8.24
人と防災未来センター	2005年8・16宮城地震災害対応調査報告	人と防災未来センター	2005.8.
地震調査研究推進本部	2005年8月16日宮城県沖の地震の評価	地震調査研究推進本部	2005.8.
日本建築学会	2005年福岡県西方沖地震災害調査報告	日本建築学会	2005.9.
スポパーク松森事故対策検討委員会	スポパーク松森天井落下事故調査報告書	仙台市	2005.10.
木股文昭、林能成、木村玲欧	三河地震　60年目の真実	中日新聞社	2005.11.
日本集団災害医学会	厚生労働科学研究費補助金研究報告書　新潟県中越地震を踏まえた保健医療における対応・体制に関する調査研究	日本集団災害医学会	2006.1.17
PFI方式による公共サービスの安全性確保に関する検討委員会	PFI方式による公共サービスの安全性確保に関する調査検討報告書	仙台市	2006.3.24

著　　者	書　誌　名	発　　行	発行年月日
内閣府中央防災会議	災害教訓の継承に関する専門調査会報告書　平成18年3月　1891 濃尾地震	内閣府	2006.3.
総務省消防庁　次世代震度情報ネットワークのあり方検討会	次世代震度情報ネットワークのあり方検討会最終報告書	消防庁	2006.3.
土木学会　地盤工学委員会　斜面工学研究小委員会	新潟県中越地震の斜面複合災害のモニタリングに関する研究	(社) 土木学会	2006.3.
福岡市	福岡県西方沖地震から一年　記録誌	福岡市	2006.3.
国土交通省　社会資本整備審議会建築分科会	「エレベーターの地震防災対策の推進について」建議	国土交通省	2006.7.
内閣府中央防災会議	災害教訓の継承に関する専門調査会報告書　平成18年7月　1923 関東大震災	内閣府	2006.7.
日本建築学会	2004年10月23日新潟県中越地震災害調査報告	日本建築学会	2006.8.30
福岡市都市整備局	玄界島復興事業概要	福岡市都市整備局	2006.9.29
土木学会、日本建築学会	海溝型巨大地震による長周期地震動と土木・建築構造物の耐震性向上に関する共同提言	土木学会、日本建築学会	2006.11.20
仁杉監修、久保村、町田編著	巨大地震と高速鉄道　新潟県中越地震をふりかえって	山海堂	2006.11.20
社団法人日本地すべり学会	中山間地における地震斜面災害－2004年新潟県中越地震報告(Ⅰ)－地形・地質編	社団法人　日本地すべり学会	2007.4.25
土木学会、地盤工学会、日本地震工学会、日本建築学会、日本地震学会	2007年新潟県中越沖地震災害調査報告会（報告）	土木学会、地盤工学会、日本地震工学会、日本建築学会、日本地震学会	2007.8.22
三重県大紀町	避難状況調査結果	三重県大紀町	2007.
静岡県	伊豆半島沖地震災害誌	静岡県	
宮崎地方気象台	宮崎県の被害地震	宮崎地方気象台	
岐阜県防災局	昭和の南海地震	岐阜県防災局	
北後明彦、村田明子	新潟県中越地震の火災被害に関する調査研究		
鳥取県	震災誌	鳥取県	
地震予知情報センター　菊地正幸	地震研究所公開講義「大地震の起こり方とその予測可能性」	地震予知情報センター	

著　者	書　誌　名	発　行	発行年月日
（財）消防科学総合センター　地震時における出火防止対策のあり方に関する検討委員会	地震時における出火防止対策のあり方に関する調査検討報告書	消防庁、（財）消防科学総合センター	
国土交通省	鳥取県西部地震緊急調査報告	国土交通省	
田山花袋	東京震災記	博文館新社	
日本火災学会	1995年兵庫県南部地震における火災に関する調査報告書	日本火災学会	
	KHKだより	危険物保安技術協会	
	NDIC	九州大学西部地区自然災害資料センター	
	Safety & Tomorrow	危険物保安技術協会	
	Security	セキュリティワールド	
	SEISMO	（財）地震予知総合研究振興会	
	SEシリーズ　続　事故に学ぶ	総合安全工学研究所	
	ビルディングレター	日本建築センター	
	ビルメンテナンス	全国ビルメンテナンス協会	
	安全工学	安全工学協会	
	學鐙	丸善	
	火災	（社）日本火災学会	
	活断層研究センターニュース	産業技術総合研究所活断層研究センター	
	環境情報科学	環境情報科学センター	
	危険物事故事例セミナー	危険物保安技術協会	
	気象	日本気象協会	
	気象年鑑	日本気象協会	
	京都大学防災研究所年報	京都大学	
	近代消防	全国加除法令出版／近代消防社	
	月刊消防	東京法令出版	
	建築雑誌	日本建築学会	
	建築防災	（財）日本建築防災協会	
	高圧ガス	高圧ガス保安協会	
	砂防と治水	（社）全国治水砂防協会	
	砂防学会誌	新砂防刊行会	
	災害の研究	日本損害保険協会	

著　者	書　誌　名	発　行	発行年月日
	自然災害科学	日本自然災害学会	
	自然災害科学研究西部地区部会報研究論文集	自然災害科学研究連絡委員会	
	住宅金融月報	住宅金融公庫	
	消研輯報	自治省消防庁消防研究所	
	消防科学と情報	(財)消防科学総合センター	
消防研究所	消防研究所資料	消防研究所	
消防研究所	消防研究所報告	消防研究所	
	消防白書	大蔵省印刷局	
	新都市	都市計画協会	
	新都市開発	新都市開発社	
	震災予防	震災予防協会	
	震災予防調査会報告	震災予防調査会	
	人と国土	国土計画協会	
	設備と管理	オーム社	
	川のMONTHLY INFORMATION	河川情報センター	
	総合都市研究	東京都立大学都市研究センター	
	地域開発	日本地域開発センター	
	地学雑誌	敬業社	
	地質ニュース	産業技術総合研究所	
	地震	地震学会	
	地震ジャーナル	地震予知総合研究振興会	
	地震研究所彙報	東京大学地震研究所	
	地震工学ニュース	震災予防協会	
	地震工学振興会ニュース	震災予防協会	
	地震防災論文集	日本技術開発	
	地震予知連絡会会報	地震予知連絡会	
	津波工学研究報告	東北大学	
	鉄道事故調査報告書	航空・鉄道事故調査委員会	
	電力土木	電力土木技術協会	
	都市計画論文集	日本都市計画学会	
	都市問題	東京市政調査会	
	土と基礎	地盤工学会	
	土木学会誌	土木学会	
	土木学会論文集	土木学会	

著　者	書　誌　名	発　行	発行年月日
	土木学会論文報告集	土木学会	
	土木技術	土木技術社	
	土木施工	山海堂	
	東京消防	(財) 東京消防協会	
	東北大学工学部津波防災実験所研究報告	東北大学	
	なゐふる	日本地震学会	
	日経アーキテクチュア	日経BP社	
	日経コンストラクション	日経BP社	
	日経ものづくり	日経BP社	
	日本火災学会論文集	日本火災学会	
	日本建築学会技術報告集	日本建築学会	
	日本建築学会計画系論文集	日本建築学会	
	日本建築学会構造系論文集	日本建築学会	
	日本国有鉄道百年史	日本国有鉄道	
	日本地震学会ニュースレター	日本地震学会	
	日本地震工学会論文集	日本地震工学会	
	被害地震の表と震度分布図	日本気象協会	
	防災	(財) 東京連合防火協会	
	防災システム	日本防災システム協会	
	防災科学技術研究所研究資料　主要災害調査	防災科学技術研究所	
	防災科学技術研究所研究報告	防災科学技術研究所	
	防災白書	大蔵省印刷局	
	予防時報	日本損害保険協会	
	理科年表	丸善	
	歴史地震	歴史地震研究会	

鉄道・航空機事故全史 〈シリーズ災害・事故史1〉

災害情報センター，日外アソシエーツ 共編　A5・510頁　定価8,400円（本体8,000円）　2007.5刊

明治以降の鉄道事故・航空機事故を多角的に調べられる事典。第Ⅰ部は大事故53件の経過と被害状況・関連情報を詳説、第Ⅱ部では全事故2,298件を年表形式（簡略な解説付き）で総覧できる。索引付き。〈日外選書Fontana〉

環境史事典──トピックス1927-2006

A5・650頁　定価14,490円（本体13,800円）　2007.6刊

昭和初頭から2006年まで、環境問題に関わる出来事を年月日順に掲載した記録事典。気候変動・生態系など地球自然環境の問題から、人為的な問題、政治・経済と関わる問題、地球温暖化など全地球的な問題まで5,000件を収録。

災害・事故・大事件などを年表形式に排列

災害史事典シリーズ

平成災害史事典

平成元年～平成10年	定価15,750円（本体15,000円）	1999.5刊
平成11年～平成15年	定価13,125円（本体12,500円）	2004.5刊

昭和災害史事典

※②は「昭和災害史年表事典」

①昭和2年～昭和20年	定価9,991円（本体9,515円）	1995.11刊
②昭和21年～昭和35年	定価8,971円（本体8,544円）	1992.6刊
③昭和36年～昭和45年	定価14,068（本体13,398円）	1993.7刊
④昭和46年～昭和55年	定価15,087円（本体14,369円）	1995.2刊
⑤昭和56年～昭和63年	定価15,087円（本体14,369円）	1995.7刊
総　索　引	定価8,155円（本体7,767円）	1995.11刊

お問い合わせは…　データベースカンパニー　日外アソシエーツ

〒143-8550　東京都大田区大森北1-23-8
TEL.(03)3763-5241　FAX.(03)3764-0845
http://www.nichigai.co.jp/